U0262807

国家社会科学基金项目“基于新时代
‘美好生活需要’的城市设计伦理研究”
成果（18BZX119）

城市设计伦理

秦红岭　著

中国建筑工业出版社

前　言

思想家与一个想把各种联系描绘出来的制图员十分相似。[1]

——［奥］路德维希·维特根斯坦

著名城市设计学者马修·卡莫纳（Matthew Carmona）强调，无论何时，对城市设计的讨论，都应旨在城市设计应该怎样，而不在于城市设计是什么。[2]伦理学是构成另一种研究城市空间的方式，一种对城市的人文未来越来越重要的视角。[3]本书就是关于“城市设计应该怎样”的思考，是从人文和伦理视角关注城市未来，是对城市设计伦

1　维特根斯坦．文化与价值[M]．涂纪亮，译．北京：北京大学出版社，2012：18.

2　卡莫纳，迪斯迪尔，希斯，等．公共空间与城市空间：城市设计维度[M]．马航，张昌娟，刘堃，等，译．北京：中国建筑工业出版社，2015：3.

3　CHAN J K H. Urban ethics in the anthropocene: the moral dimensions of six emerging conditions in contemporary urbanism[M]. Singapore: Palgrave Macmillan, 2019: 5.

理研究的一个探索性和总结性成果，旨在较为系统地建构城市设计伦理这一交叉研究领域的理论框架。

我思考和探讨城市设计伦理的最终旨趣，并非建构理论框架本身，而是想要寻求城市设计与伦理之间的深刻联系，挖掘城市设计活动的伦理和价值要素，使之更好地满足人民的美好生活需要。我深知这项工作难度很大，完成这项跨学科研究任务，需要有伦理学和城市设计、建筑学、城市规划等学科的研究基础，尤其是对跨学科知识的融会贯通程度有较高要求。而且，伦理学者作为城市设计活动的观察者和评论者，还需要克服理论与实践之间的可能分野。但我愿意克服这些困难和局限，接受挑战。我欣赏的城市理论家大卫·哈维（David Harvey）喜欢引用马克思在《资本论》法文版序言中的一段名言："在科学上没有平坦的大道，只有不畏劳苦沿着陡峭山路攀登的人，才有希望达到光辉的顶点。"我也以此自勉，虽然本书呈现的成果，远远达不到"光辉的顶点"，但却是一种通向城市设计伦理研究之途的建设性尝试。

在此，对本书的内容框架赘言几句，对读者整体性地了解全书的基本观点有所裨益。本书共设七章，分五个方面对城市设计伦理进行考察、探讨和阐释。

第一部分是全书导言，旨在厘清"城市设计是什么"，其中，城市设计的规范性和价值性内涵是本书关注和探讨的主题。在"导论：城市设计的伦理之维"一章，首先，总结梳理了理解城市设计的多重视角。总体上看，城市设计至少有四副不同定位的"面孔"：城市设计是对公共空间及其基础设施布局的综合环境设计技术，城市设计是城市空间形态和场所营造的艺术，城市设计是一项体现政府城市管理职能的公共政策活动，城市设计体现为一种独特的伦理行为。其次，在对城市设计进行多维阐释的基础上，重点分析了作为一种伦理行为的城市设计，它是城市设计活动的一种内在规定，反映了城市设计蕴含的价值尺度、伦理承诺和伦理因素。该部分为全书的立论和对具体问题的展开分析确定了问题域。

第二部分是对城市设计伦理思想史的探讨。第二章“礼制表征：中国古代城市设计的伦理内核”和第三章“西方城市设计伦理思想的历史透视”，从中西方城市设计文化思想史的视角，将动态的城市设计历史观引入城市设计伦理研究，把城市设计伦理现象同延绵不断的城市设计文化思想连接起来，从而揭示城市设计与伦理的历史关联和内在逻辑。第二章系统阐述了中国古代城市设计的伦理内核。在中国古代都城营建思想体系中，周代以来形成且延续数千年的城市设计思想是重要组成部分。基于对传统城市设计和营城理念伦理因素研究不足的问题，阐释了中国传统城市设计内蕴的伦理内核，以期为现代城市设计带来有价值的启迪。一是以《礼记·王制》和《周礼·考工记》为中心剖析了传统城市设计所体现的政治伦理要求；二是阐述了城市营建与城市设计的礼制等级；三是对传统城市设计的独特伦理表征——天人之和的宇宙象征主义进行了分析；四是分别阐释了传统城市设计所体现的中轴对称的礼制空间秩序和礼乐相成的中和之美；五是从“城以盛民”的惠民要求与“因天材，就地利”的实用理性两个方面，分析了传统城市设计的民本伦理意蕴。传统城市设计伦理思想的演变历程，总体上是一个礼制等级秩序与惠民实用要求相互渗透、不断平衡的过程。绵延数千年的中国古代城市设计蕴含的独特伦理品性，用一句话表述就是，世界上独具一格的礼制所塑造的城市设计文化模式，经由制度化及其运行过程，代代相传，成为历代中国城市营建的核心精神和文化属性。同中国一样，在西方城市设计思想史上，也积淀了较为丰富的城市设计伦理思想传统。第三章选择性地探讨了西方城市设计思想史中有代表性的城市设计伦理观点，勾勒出城市设计内蕴的伦理因素。本章先是分析了亚里士多德对城邦本质的伦理学解读，提出古典时期雅典城市思想蕴含的基本伦理指向——城市为美好生活而存在。以让人过上美好生活为目标的古希腊城邦体制，最重要的成果之一是以各种类型的公共建筑和公共空间为载体，促进了公共生活的充分发展，使城市成为人们展示自我、培养公民民主意识与公共精神的人性场所。近现代城市规划和城市设计自产生之时，便背负着改造社会、改造城市的道德使命，其思想基础有着鲜明的价值诉求。从本书对圣西门、傅立叶、欧文等空想社会主义者的社会乌托邦思想，到埃比尼泽·霍华德（Ebenezer Howard）、帕特里克·格迪斯（Patrick Geddes）和刘易斯·芒福德（Lewis Mumford）的城市设计思想的回顾中，不难发现，理想主义与人本主义大致构成近代以来西方城市设计思想的两个基本价值诉求。现代建筑运动主导下的城市设计所担负的道德使命，则主要表现在建筑设计和城市设计的服务主体经历了从服务权贵阶层到服务普通大众的转变，更加关注普通人的住宅需求以及城市环境的整体改善，将城市规划和城市设计作为一种改造社会、改造城市的可能手段，这尤其体现在现代建筑运动和城市设计的先驱者伊利尔·沙里宁（Eliel Saarinen）、弗兰克·劳埃德·赖特（Frank Lloyd Wright）和勒·柯布西耶（Le Corbusier）的城市设计思想之中。本章还较为系统地分析了20世纪颇具批判性和原创性的城市思想家简·雅各布斯的城市设计伦理思想，介绍了埃蒙·坎尼夫（Eamonn Canniffe）的城市伦理观。其中，简·雅各布斯（Jane Jacobs）的思想对我们诊断当代中国城市设计所面临的突出问题，满足市民人性化的美好生活需要，有重要的启示和借鉴价值。

第三部分探讨了城市设计伦理的基本理论问题。一个较为完整的应用伦理的理论框架至少由两部分组成，即关于价值目标的阐释和关于如何行动的基本原则的阐释，也即价值目标和基本原则两部分，以此确立应然性的规范分析框架。城市设计价值目标昭示了城市设计活动"应当如何"的方向，它意味着城市理想要求超越现有状态。第四章"城市设计伦理的价值目标与基本原则"首先以凯文·林奇（Kevin Lynch）关于城市设计价值问题的思考为中心，梳理了当代学者对城市设计价值目标的代表性观点。在此基础上，回归当代中国本土视域，探讨了新型城镇化背景下城市设计的价值目标，主要体现在四个方面，即人人共享城市、城市形态人性化、人居空间宜居性、公共空间公平性。城市设计伦理的基本原则是对城市设计价值目标基本共识的提炼，它为城市设计价值目标的实现提供了规范城市设计活动的准则。本书提出并阐释了城市设计的四个基本原则，即公共性原则、共享正义原则、人本性原则和可持续性原则。这四项基本原则构成了城市设计伦理价值目标之间相互支撑、具有一定融贯性的价值准则框架。

第四部分是对城市公共空间设计伦理的研究。第五章"城市公共空间设计伦理”以公共空间设计为主题，探讨城市公共空间所蕴含的伦理性因素和其他社会文化内涵，以期建构城市公共空间设计伦理框架。“公共空间”概念是社会政治文化领域和城市设计领域的共同术语，故而至少有政治文化意义上的公共空间概念，以及城市设计领域基于物质环境（或建成环境）意义上的公共空间概念，且两种视域下公共空间概念有一定的内在关联。公共空间是城市设计实践的本体领域，城市设计区别于重视二维土地功能和利用的城市规划，一个重要的方面就是聚焦三维空间形态和城市公共空间体系的营造。城市设计视域下的公共空间蕴含丰富的社会文化与精神价值，本章重点阐述了公共空间独特的政治伦理价值和隐性教化功能，探讨了人性化城市公共空间设计的主要特征，即人文关怀、个性化与多样化、场所感、空间尺度宜人性和公共艺术的成功介入。从一定意义上说，城市生活的繁荣与否取决于公共空间的活力，成功的公共空间设计让城市充满温情与惊喜，而且公共空间本身也成为城市生活不可或缺的一部分，成为城市集体记忆的载体。本章还针对城市空间设计存在的性别盲视现象，提出城市设计应从性别盲视走向性别敏感，分析了当代社会性别敏感视角从“女性关怀的性别敏感设计”转向“包容性的性别敏感设计”的趋势，强调空间设计应积极应对不同人群的差异化需求，这是实现城市设计包容性和公平价值的重要路径。

第五部分着力回应当代城市设计面临的生态环境、公共健康、城市更新等新挑战，以期拓展城市设计伦理研究的论域。第六章“城市设计环境伦理：可持续性与健康城市”以专题探讨的方式聚焦城市设计环境伦理这一主题，从城市设计可持续发展价值观的重塑、环境伦理视野下的低碳城市建设问题、基于环境正义视角的城市绿色空间规划、现代城市规划设计与公共卫生之间的关系以及增强社区空间韧性与应对公共卫生危机五个专题切入，阐述了城市设计环境伦理的价值取向和多维实现路径。第七章“城市设计治理与城市更新伦理”聚焦城市设计治理与城市空间更新的价值维度，主要探讨两个问题，即城市设计治理伦理与城市更新伦理。在第七章最后，还以北京老城为例，建构基于历史景观叙事和公共空间整合的城市设计治理路径，以此探索我国历史文化名城更新过程中历史文化遗产的整合性保护策略。

目 录

第一章 导论：城市设计的伦理之维

如果我们要理解城市的本质，那么就应该记得"城市"（city）这个词本身是来自拉丁语中的"civilis"，意为"为公民造福"。我们还应该记得"文明"这个词同样来源于这个词根。所谓文明，就是指那些发生在伟大城市中的一切事情！[1]

——［英］杰弗里·勃罗德彭特（Geoffrey Broadbent）

1 勃罗德彭特. 城市空间设计概念史[M]. 王凯，刘刊，译. 北京：中国建筑工业出版社，2017：3.

20世纪80年代初，美国城市设计学者凯文·林奇提出过一个他自认为“天真”但却十分重要的问题：“什么能造就一个好的城市？”[1]他认为，城市形态研究存在一个误区，即重视对城市聚落经济和物质环境作用方式的分析，但却忽视对城市形态价值标准的探讨。实际上，当代城市设计理论仍然存在同样的误区，即将城市设计视为对空间形态的技术控制和城市空间的发展策略，鲜有对城市设计的价值基础进行的系统研究，对“什么是一个好的城市设计”缺乏价值层面的深入反思。当代中国城市设计活动存在一些价值失序现象，如资本力量操控城市设计而造成“形式追随利润”倾向；城市公共空间设计“见物不见人”，缺乏场所感；城市人居环境空间资源配置不公平，优质景观资源被排他性占有；忽视城市生态文明建设，城市设计存在不节地、不节水、不尊重生态基底等问题。这些问题的产生，很大程度上可归因于城市设计价值导向出了问题。将城市设计伦理作为一种规范性理论，并以此为出发点，探讨城市设计的伦理之维，才能为我们追寻和建设美好城市提供独特的洞察力和正确的价值导向。

1 林奇. 城市形态[M]. 林庆怡，陈朝晖，邓华，译. 北京：华夏出版社，2001：序言.

一、理解城市设计的多重视角

城市设计是一个历史悠久的新课题。虽然学界一般认为，学科意义的现代城市设计（urban design）概念产生于20世纪50年代[1]，是伴随对现代建筑运动失败之处的反思，以及为了解决由此产生的城市空间及社会问题而产生的，但“在现代城市设计概念和思想产生之前，城市设计就已存在于人类聚落的建设计划之中——建设者们一直在不自觉地进行着城市设计实践[2]。”比如，公元前5世纪左右《周礼·考工记》记载的王城规划设计礼制模式，成为几千年间中国古代都城设计与营建的基本指导理念与模式；几乎是同一时期，古希腊城市通过运动流线如雅典城每年举行的“泛雅典娜节女神游行”（Panathenaic Procession）组织城市空间；米利都的希波丹姆斯（Hippodamus）提出了影响西方城市形态设计数千年的设计形制——崇尚几何模数、以严整的棋盘式方格网为骨架的城市布局思想（图1-1）。

1 朗. 城市设计：美国的经验[M]. 王翠萍，胡立军，译. 北京：中国建筑工业出版社，2008：序言. 克里格，桑德斯. 城市设计[M]. 王伟强，王启泓，译. 上海：同济大学出版社，2016：18. 1956年，在时任美国哈佛大学设计研究生院院长何塞·路易·塞特（Josep Lluís Sert）的倡导下，举办了第一届城市设计会议，以回应当时建筑和城市规划领域出现的一系列问题。该次会议有许多建筑界、城市规划界和设计界的学者出席，如埃德蒙·N. 培根（Edmund N. Bacon）、刘易斯·芒福德、劳埃德·罗德温（Lloyd Rodwin）、简·雅各布斯等。正是在此次会议上，具有新内涵的“城市设计”概念被明确提出并加以讨论，随后哈佛大学在全美开设了首个城市设计课程。这一时期，在欧洲，在城镇景观和城市形态的主题研究中，可以发现对城市设计内涵的讨论。

2 段进，刘晋化. 中国当代城市设计思想[M]. 南京：东南大学出版社，2018：2.

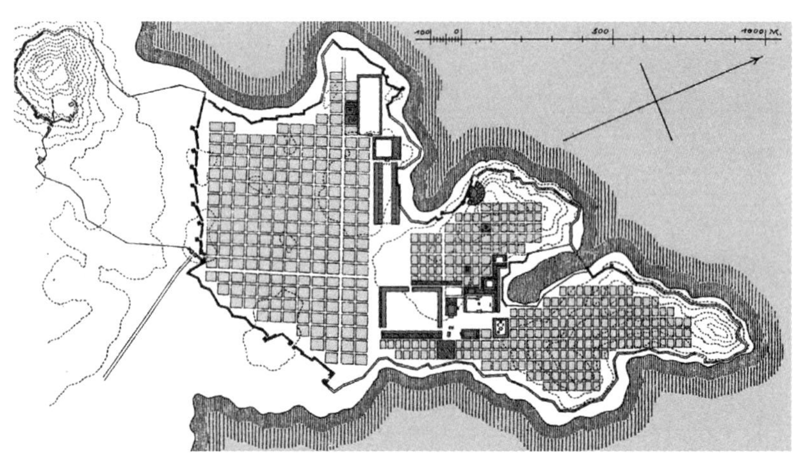

图1-1 希波丹姆斯规划设计的米利都城
来源：陈文捷. 文明的开端：从伊甸园到雅典学堂（西方建筑的故事）[M]. 北京：机械工业出版社，2018：551.

时至今日，虽然城市设计作为一种独立的学科或研究领域发展了近70年，但在现实中，城市规划和城市设计是相互交织、不可分割的实践活动。目前对城市设计尚无一个被广泛接受且达成共识的定义，甚至在今天，"'城市设计'这一术语几乎用来阐述发生在任何城市环境中的任何设计[1]"。某种程度上说，城市设计研究的魅力就在于城市设计概念的开放性与包容性。城市空间的复杂性，导致从不同视

1 兰. 城市设计：过程和产品的分类体系[M]. 黄阿宁，译. 沈阳：辽宁科学技术出版社，2008：3.

角理解和认识城市设计问题成为一种基本趋势，城市设计也因其集艺术性、技术性、政策性、管理性、社会性于一体的综合交叉属性，呈现一副复杂的“面孔”。

乔恩·朗（Jon Lang）提出了现代城市设计的四种态度或四个视角，即实用性财政主义的城市设计、作为艺术的城市设计、作为解决问题方法的城市设计以及社区设计式的城市设计。他还基于城市设计师的职业定位，提出了作为意象制造者和形式化艺术家的城市设计师、作为实用生态学家的城市设计师、作为基础结构设施设计师的城市设计师以及作为社会力量的城市设计师。[1]马修·卡莫纳等学者将城市设计视为一种整合的设计行为，明确提出并论述了城市设计的六个维度（图1–2），分别是：形态维度（morphological dimension），重点在城市形态、城市布局、地块设计以及相互连接的道路模式；认知维度（perceptual dimension），强调对城市环境的认知，尤其是对“场所”的认知和体验，关注如何营造场所感；社会维度（social dimension），聚焦人与空间的关系、公共空间与公共生活、邻里关系、环境平等与安全、可达性等空间与社会的关系问题；视觉维度（visual dimension），强调城市环境审美和空间视觉质量等城市设计的艺术问题；功能维度（functional dimension），涉及场所如何运作以及城市设计师如何打造更好的场所，重点讨论空间结构、人性空间、健康环境设计和基础设施设计等问题；时间维度（temporal

1　朗. 城市设计：美国的经验[M]. 王翠萍，胡立军，译. 北京：中国建筑工业出版社，2008：107，445-446.

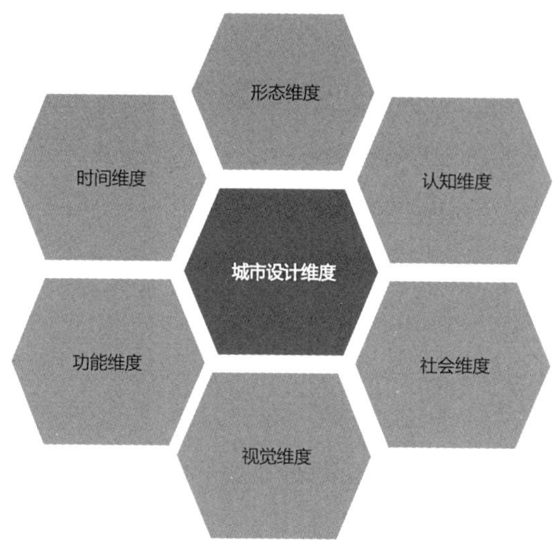

图1-2　马修·卡莫纳等学者提出的城市设计维度示意图

dimension），强调城市设计师需要了解时间周期和空间活动的时间管理，要理解和管理环境变化，注重时间对场所的意义和影响。[1]

亚历克斯·克里格（Alex Krieger）认为，相比于单一的阐释城市设计的方式，他倾向于用多种视角的行为范畴模式来理解城市设计这一专业领域，他由此总结了十种可划归于城市设计名下的城市行为范畴，即：连接规划与建筑的桥梁，如将规划目标转化为设

1　卡莫纳，迪斯迪尔，希斯，等. 公共空间与城市空间：城市设计维度[M]. 马航，张昌娟，刘堃，等，译. 北京：中国建筑工业出版社，2015：85-299.

计导则；基于形式范畴的公共政策，如对人们认同的好的都市生活环境特征，通过监管和治理工具，授权或加以鼓励；以塑造公共空间为核心的城市建筑学；基于城市复兴的城市设计，如新城市主义倡导的复兴尺度宜人、步行友好、有社区凝聚力的传统城市环境；基于“场所营造”艺术的城市设计，目标是创造与众不同的场所以满足人性需要；基于精明增长的城市设计，主张环境管理思维应成为城市设计思维的重要构成；城市的基础设施，主要是将交通优化作为一个独立的变量融入城市设计；基于“景观都市主义”的城市设计，主要致力于将生态、景观建筑学、基础设施融入城市设计，使良好的城市设计在生态、工程、设计和社会政策的交集中得以体现；基于城市愿景的城市设计，旨在提供人们对理想城市和社区空间方式的思考与梦想；基于社区宣传的城市设计，注重与城市社区居民直接相关的街区改善、可负担住宅、交通宁静化及营建更美好的人文街道环境等。[1]

阿里·迈达尼普尔（Ali Madanipour）从引起城市设计不确定性的问题入手，基于五个视角提出问题，以此进一步明晰城市设计概念，这五个方面的问题分别是：宏观还是微观城市设计？该问题涉及对城市设计对象的空间尺度规模的不同认识，宏观上看城市设计就是塑造城市空间的活动，微观上看城市设计主要针对“市政设计”或小

1　克里格，桑德斯．城市设计[M]．王伟强，王启泓，译．上海：同济大学出版社，2016：105-115.

尺度规划。城市设计作为视觉控制还是空间控制？该问题反映了城市设计的两种倾向，一种是城市设计作为美好意象，或者说城市设计是基于视觉控制、视觉品质要求创造美好空间形象的一种活动；另一种是城市设计作为城市环境美学，反对孤立地强调城市空间的视觉品质，而应意识到视觉品质需要存在于建成环境的整体空间品质之中。城市设计是对社会还是对空间的管理？即认为城市设计不仅关乎空间布局，还要关注建成环境的更新、提升与管理，城市设计可被看作是城市环境的一种“社会—空间”的管理运作过程。城市设计是过程还是产品？该问题旨在强调城市设计是空间塑造的一个过程，而非建成环境的最后“产品”。城市设计是“客观—理性的”还是“主观—非理性的”？这是对作为过程的城市设计的进一步阐发，将其划分为三种类型，即作为技术过程的城市设计、作为社会过程的城市设计和作为创造性过程的城市设计（如林奇所言，城市设计是对城市形态的一种愉悦且富有想象力的创造）。在回答这些问题的基础上，阿里·迈达尼普尔指出：“城市设计能被定义为塑造与管理城市环境的多学科的行为活动，既注重城市空间塑造的过程，又注重它所帮助塑造的空间。将技术、社会和表达所关注的内容结合，城市设计师不仅利用用于沟通交流的视觉和语言手段，而且参与到城市社会—空间连续统一体的方方面面。”[1]

1 迈达尼普尔．城市空间设计：社会—空间过程的调查研究[M]．欧阳文，梁海燕，宋树旭，译．北京：中国建筑工业出版社，2009：117.

斯蒂芬·马歇尔（Stephen Marshall）主要从三种视角定义城市设计的含义，即：城市设计被认为是一门艺术，涉及空间和建筑的构成，关注视觉美学和城市尺度的象征主义；城市设计涉及一系列技术考虑，涵盖城市区域内任何类型的设计技术，包括基础设施设计、城镇空间设计和市政工程设计技术；城市设计因其要处理公共领域问题而被视为公民的或社会政治的活动，可称为一种“公民城市主义”（civic urbanism），城市设计就是艺术的、技术的和公民维度的结合或交叉领域[1]（图1–3）。

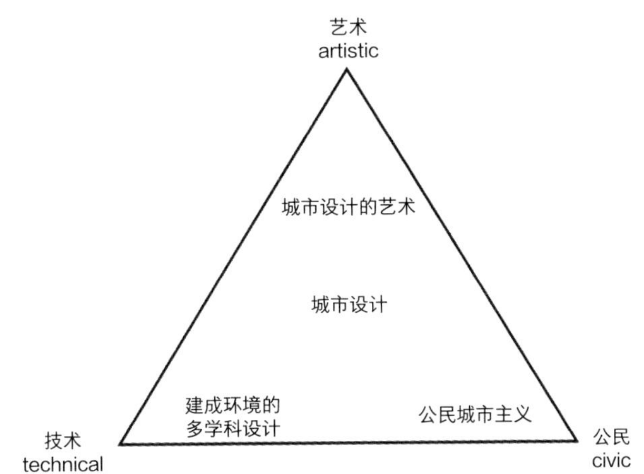

图1–3　斯蒂芬·马歇尔城市设计是艺术、技术和公民维度的结合示意图
来源：MARSHALL S. Refocusing urban design as an integrative art of place[J]. Urban design and planning, 2015, 168(1): 9.

1　MARSHALL S. Refocusing urban design as an integrative art of place[J]. Urban design and planning, 2015, 168(1): 9.

我国学者理解城市设计意义的视角同样较为综合与多元。王建国认为，对城市设计的各种看法大体可分为两大类，即作为理论形态来理解的城市设计和作为应用形态来理解的城市设计。[1]理论形态的城市设计，主要指城市设计领域的不同理论流派，如实用主义、经验主义、理性主义、范型理论对城市设计本质和意义的认识。应用形态的城市设计，主要是将城市设计视为一种"工具"或"技术"，注重城市建设中的具体问题及其解决路径。王富臣认为，对城市设计的概念可以从不同视角加以理解，大致包括三大类，第一类是注重空间效果的城市设计，该类视角将空间形态的组织与构成作为城市设计的核心任务，在空间构成上强调三维空间的组织艺术，在形态处理上注重立体造型的美学效果，把时间看作城市空间的第四维，将动态感受作为评判城市空间质量的标准；第二类是强调过程的城市设计，该类视角强调把城市物质空间的形成发展看作一种社会过程的结果，其中包含了政治、经济、文化和技术等要素的作用，城市设计就是过程控制，在过程的演进中实现城市形态的进化；第三类是将城市设计作为一种关系的建构，该类视角认为城市设计是在建构一种"关系"，这种"关系"在组成城市空间形态的各种元素之间建立了联系，由此使城市空间形态成为各种关系的物化表现。[2]唐燕认为，现代城市设计已经成为一个内容丰富、含义广泛、多学科交叉、设计与管理并重的有关城市建设发展的研究领域。整体上看，城市设计是从美学、形式、功

1 王建国. 城市设计[M]. 3版. 南京：东南大学出版社，2011：1-3.

2 王富臣. 形态完整：城市设计的意义[M]. 北京：中国建筑工业出版社，2005：41-47.

能、社会、认知等视角出发，研究城市三维空间形成的环境品质、公共价值、心理行为等问题，通过具体设计或建构政策及行为框架来指导城市建设的实践活动。[1]

综上所述，城市设计的内涵和意义是多维的，可以从不同视角界定城市设计、理解城市设计。城市设计视角的丰富性，凸显了当代城市设计日益综合化和融贯性的特征。城市设计关涉的要素繁多，彼此之间以及它们与城市环境之间有着错综复杂的关联，如果仅就物质空间要素进行设计，无法正确理解城市生活的本质和多样性，只有对所有关联性要素进行综合，从总体特性上研究，注重各要素之间的相互影响和相互制约关系，才能做出好的城市设计。对此，亚历克斯·克里格指出："城市设计在成为一门独立学科前的半个多世纪里，已从原始设计和规划学科中获取了自主权，演变成一些为致力于改善城市生活方式的各个基础学科所共享的一种思想框架，而非单纯的一门技术学科。"[2]理查德·马歇尔（Richard Marshal）认为："城市设计……是一种'思维方式'。它不是分离和简化，而是综合。它尝试处理城市空间的全部现实问题，而不是基于学科的镜头看到狭窄的切片。"[3]亚历山大·R. 卡斯伯特（Alexander R. Cuthbert）认为，城市设计的正确基础应该定位于空间政治经济学而非建筑决定论，他将"空间政治经济学"（spatial political economy）视为一种元叙事，城市设计被

1　唐燕. 城市设计运作的制度与制度环境[M]. 北京：中国建筑工业出版社，2012：8-9.

2　克里格，桑德斯. 城市设计[M]. 王伟强，王启泓，译. 上海：同济大学出版社，2016：17.

3　BAHRAINY H, BAKHTIAR A. Toward an integrative theory of urban design[M]. Berlin: Sgeringer, 2018: 7.

视为物质和象征维度上的空间社会生产，城市设计不需要成为一个独立领域，而应作为“空间政治经济学”元叙事框架内的一个子集。[1]马修·卡莫纳认为，城市设计是一门“混血学科”，它的理论基础来自不同的学科——社会学、人类学、心理学、政治学、经济学、生态学、健康科学、城市地理学和艺术学，也来自不同“专业”的理论和实践——建筑、景观、规划、法律、经济、工程和管理。[2]丹尼斯·斯科特·布朗（Denise Scott Brown）形象地说明了城市设计更为关注对象之间的关系、连接而不是对象本身的特质，对于建筑学、城市设计和规划之间的差异，她描述道：“将一群建筑师、城市设计师和规划师置于一辆观光巴士上，他们的行为将显示出他们关注的局限性。建筑师会对着建筑、高速公路、桥拍照，而城市设计师期待着上述三者并列的那一刻，规划师则忙于交谈而无暇顾及窗外的风景。”[3]

事实上，无论是作为一种思想框架、思维方式、认知框架还是“混血学科”，城市设计都具有从横向上将当代有关城市空间研究的多种学科联系在一起，形成一个综合整体框架的特性，尤其是面向实施的城市设计还是一个多部门作用、多因素交互的长期的治理过程。城市设计有助于整合各种尺度的空间实践活动，具有克服建筑学与城市规划等学科划分所产生的城市空间发展碎片化的优势。吴良镛认为，他提出的“广义建筑学”（integrated architecture）这一构想，不

1 卡斯伯特. 城市形态：政治经济学与城市设计[M]. 孙诗萌，袁琳，翟炳哲，译. 北京：中国建筑工业出版社，2011：12-17.

2 CARMONA M. The place-shaping continuum: a theory of urban design process[J]. Journal of urban design, 2014, 19(1): 2-3.

3 克里格，桑德斯. 城市设计[M]. 王伟强，王启泓，译. 上海：同济大学出版社，2016：79.

是传统建筑学的堆积，而是以“良好的居住环境的创造”为核心，以“向各方面汲取营养的融贯学科”为模式，进行整体思维，逐步形成的学术框架。[1]可见，“广义建筑学”实质上就是建筑学向城市设计学的拓展。

总体上看，现代城市设计是一种多维概念，至少有四副不同定位的“面孔”（图1-4）。

第一，城市设计是对公共空间及其基础设施布局的综合环境设计技术。城市设计的重要任务是对城市空间及其基础设施进行物质规划与空间塑造，它需要以建筑学、城市规划学和市政工程学为基础的专业技能。陈占祥所撰写的《中国大百科全书·建筑、园林、城市规划卷》“城市设计”条目，其内涵界定强调城市设计作为一种综合环境设计这一专业技术性的“面孔”，他指出：“城市设计是对城市体型环境所进行的设计。一般指在城市总体规划指导下，为近期开发地段的建设项目进行的详细规划和具体设计。城市设计的任务是为人们的各种活动创造具有一定空间形式的物质环境，内容包括各种建筑、市政公用设施、园林绿化等，必须综合体现社会、经济、城市功能、审美等各方面的要求，因此也称为综合环境设计。”[2]

第二，城市设计是城市空间形态和场所营造的艺术。在城市环境和空间营建过程中，功能性、适用性与审美性要求不可分割，如果

1　吴良镛．广义建筑学[M]．北京：清华大学出版社，2011：179.

2　中国大百科全书总编辑委员会《建筑·园林·城市规划》编辑委员会．中国大百科全书·建筑、园林、城市规划卷[M]．北京：中国大百科全书出版社，1992：72.

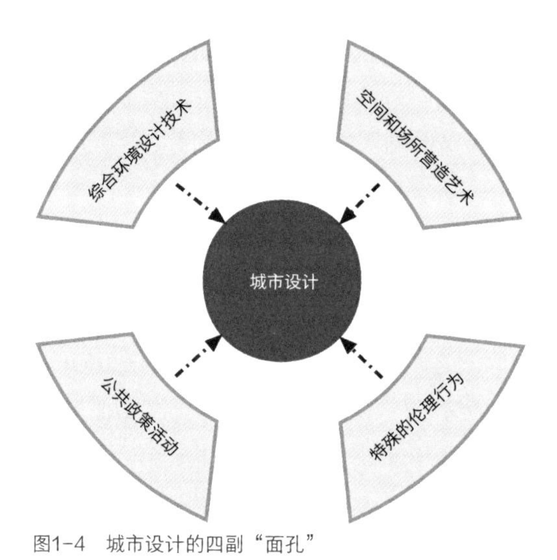

图1-4 城市设计的四副“面孔”

很好地做到了这一点，城市设计就可能成为一种艺术。埃德蒙·N.培根认为，城市设计只有介入城市空间，亲临其境了解居民的感受，才能构想更美好、更健康的城市综合形象，而当设计者把规划设计和建造一个城市的过程转变为一种艺术创作过程时，真正的介入才能出现。[1]实际上，城市设计传统上首先被认为是一门艺术，要将其与技术性更强的市政工程和缺乏创造性的规划政策干预区分开来。西方城市

1 培根. 城市设计[M]. 黄富厢，朱琪，译. 北京：中国建筑工业出版社，2003：23.

设计思想的先驱者卡米洛·西特（Camillo Sitte）著有《遵循艺术原则的城市设计》（1889年）一书，在该书中，西特试图延续文艺复兴时期欧洲城市设计的艺术性传统，强调建筑、广场、街道以及城市形态之间所形成的空间、轴线、视线和连续性关系，重视城市空间的特征、比例、韵律等，提出了改良城市设计的艺术手法。[1]西特对城市设计内涵的理解，突出的是城市设计作为一种城市建设艺术这一维度，启示人们思考何谓美学或视觉艺术意义上的城市设计。在当代城市更新和城市复兴的背景下，城市设计从主要基于建筑形态和公共空间的设计艺术，转向更加注重“场所营造”的设计艺术。例如，英国环境、运输和区域事务部在其《规划系统中的城市设计：迈向更好的实践》这一报告中，将城市设计定义为“为人营造场所的艺术。它包括社区安全等场所运行问题以及公共场所的外观形象[2]。”斯蒂芬·马歇尔认为，当今应重新强调城市设计作为一种综合性场所艺术的特征，城市设计的艺术性不仅仅是关于城市结构的“如画”（picturesque），也不是粗鄙的象征主义或单纯视觉上的装饰，也不完全等同于公共艺术，它有更深的意义，是与让人产生依恋感的场所不可分割的。[3]将城市设计界定为场所营造艺术，有助于超越单纯注重视觉秩序、艺术形式法则的审美局限，突出城市设计在营造可识别性的、有活力的、优美和谐

1 西特．遵循艺术原则的城市设计[M]．王骞，译．武汉：华中科技大学出版社，2020．

2 Great Britain Department of the Environment, Transportation and the Regions, Commission of Architecture and the Built Environment. By design: urban design in the planning system: towards better practice[R]. London: DETR, 2000: 8.

3 MARSHALL S. Refocusing urban design as an integrative art of place[J]. Urban design and planning, 2015, 168(1): 12-14.

的、人性化的场所和公共生活方面的独特作用。

第三，城市设计是一项体现政府城市管理职能的公共政策活动。"城市设计作为公共政策"（urban design as public policy）这一表述由乔纳森·巴内特（Jonathan Barnett）于1974年首次使用，他主要以此描述美国纽约在20世纪60年代末至70年代初所使用的鼓励设计敏感的房地产开发控制和设计控制工具，以获得更好的设计质量。[1]面对城市更新和郊区扩张，为保护历史城市肌理，通过城市设计导则以及更严格的保护控制和额外的设计审查程序，英美等国家的城市发展了复杂的设计控制和设计审查（design review）工具，强化了城市设计的公共干预功能及公共政策属性（表1-1）。总体上看，从现代城市规划和城市设计实践来看，城市规划政策需要通过城市设计加以实施和执行，同时城市设计仅仅靠设计文本、图纸和设计工程技术是远远不够的，还要仰仗相关设计导则、设计法规以及设计管控和治理方法，以此为城市设计实施提供可操作的规则，使城市设计成为城市环境形态管理的有力工具。故而，自20世纪70年代以来，西方城市设计思想对设计过程社会属性和价值属性的强调，大体上又是城市设计由"关注空间形态设计""关注场所营造设计"到城市设计"作为公共政策"和"作为治理工具"转变的过程。

1 BARNETT J. Urban design as public policy: practical methods for improving cities[M]. New York: Architectural Record, 1974.

欧美国家城市设计审查的12项原则　表1-1

城市设计审查的12项原则
原则1：致力于环境美与设计的全面协调愿景。
原则2：在社区和城市开发行业的支持下，制定和监测城市设计计划，并定期审查。
原则3：利用最广泛的行动者和手段促进更好的设计。
原则4：减轻控制策略和城市设计法规的排斥效应。
原则5：解决分区的局限性并将其更好地纳入规划。
原则6：兑现对城市设计的承诺，不仅仅是对建筑立面的控制，还要解决社区、活力、可达性和可持续性问题。
原则7：开发通用设计原则和情境设计原则，区分强制性要求和设计指引。
原则8：顺应有机自发性、创新性和多元化，让设计技术蓬勃发展。
原则9：确定城市设计干预的明确的先验规则。
原则10：建立适当的行政制度来管理自由裁量权。
原则11：实施高效、建设性和有效的许可程序。
原则12：提供适当的设计技术和专业知识，以支持设计审查过程。

来源：PUNTER J. Developing urban design as public policy: best practice principles for design review and development management[J]. Journal of urban design, 2007, 12(2): 167-202.

除上述三副“面孔”，基于价值观视角看，城市设计还是一种特殊的伦理行为或伦理活动，以下将具体阐释其内涵，揭示城市设计的伦理之维。

二、城市设计作为伦理行为

作为一种为人创造场所并主要关注城市公共空间设计的活动，城市设计是一种具有公共艺术性和工程特性的设计与技术实践过程。然而，正如亚历山大·R. 卡斯伯特所言，城市设计不仅仅是设计城市的技艺，它要研究文明如何在空间形态中被呈现，“城市设计是存在于特定城市形态之下的城市意义的表达”[1]。城市设计不仅要体现人类城市文明的意义体系，其本身也是一种蕴含多种价值选择且具有社会性、政治性、伦理性、经济性和公共政策属性的社会实践过程。

尼格尔·泰勒（Nigel Taylor）在探讨第二次世界大战结束后50年间西方城镇规划理论领域的重大变化时指出：“从严格意义上讲，城镇规划还不是一门科学。相反，它是一种社会活动的形式，为一定的道德、政治和审美价值观念左右，为塑造城市物质空间环境提供指引。换句话说，城镇规划是一个‘道德’（政治）实践。”[2]这里，尼格尔·泰勒提出了城市规划是一种“道德实践”。在《公共空间与城市空间：城市设计维度》一书中，马修·卡莫纳等学者认为，城市设计不仅仅是某种开发活动的物质或视觉表征，它关注的核心是为人创造更好的场所。由于城市设计是为人创造更好的场所而不是生产这些场所，因而“无论何时对城市设计的讨论都应在于城市设计应该怎样，而不是在于城市设计是什么”，并由此提出城市设计是一种伦理行为（ethical activity）。“首先，它具有价值论意义（因为它密切关注价值观问题），其次，城市设计关注或是说应该关注诸如社会公正、公平、环境可持续等特定的价值观。”[3]马修·卡莫纳等学者虽然从城市设计关注价值观问题这一视角，提出了城市设计是一种“伦理行

1 卡斯伯特．城市形态：政治经济学与城市设计[M]．孙诗萌，袁琳，翟炳哲，译．北京：中国建筑工业出版社，2011：1.

2 泰勒．1945年后西方城市规划理论的流变[M]．李白玉，陈贞，译．北京：中国建筑工业出版社，2006：150.

3 卡莫纳，迪斯迪尔，希斯，等．公共空间与城市空间：城市设计维度[M]．马航，张昌娟，刘堃，等，译．北京：中国建筑工业出版社，2015：vii，3.

为”的论断，但在该书中并没有对这一论断作进一步阐释。

对城市空间的伦理维度进行较为系统的探讨，并提出当代城市设计中的“城市伦理”（urban ethic）概念的是埃蒙·坎尼夫。在《城市伦理：当代城市设计》（*Urban Ethic: Design in the Contemporary City*）一书中，坎尼夫聚焦城市的空间特性，试图建构一种包容性城市设计准则体系，提出了由格局（patterns）、叙事（narratives）、纪念（monuments）与空间（spaces）构成的城市伦理之“四重模式”（具体参见本书第三章相关内容）。布兰登·F. D. 巴雷特（Brendan F. D. Barrett）等学者提出了建设伦理城市（the ethical city）的新城市议程，他们认为，“伦理城市”作为一种城市发展的方法，核心要求是为城市居民做正确的事情，他们将“伦理城市”定位为一个元概念或元框架，认为城市管理者在寻求将自己的城市提升为伦理城市时，首先要结合气候行动、善治和消除不平等这三方面的要求行动，关注公民参与和享有城市基本服务的权利。[1]“伦理城市”的框架，间接将具有公共治理属性的城市设计纳入其中，换句话说，作为一种伦理行为的城市设计是实现伦理城市的重要路径。

城市设计的伦理维度通过对现代城市主义的反思得以浮现。早在20世纪60年代，简·雅各布斯基于对现代主义自上而下蓝图式功能城市主义的反思，批判了现代主义城市设计忽视真实城市生活运转的复杂性和人的多样化需求。她认为，社区意识和归属感是城市主义价值

1　BARRETT B F D. HORNE R, FIEN J. The ethical city: a rationale for an urgent new urban agenda[J]. Sustainability, 2016(8): 1197.

追求的一个核心方面，而以勒·柯布西耶为代表的现代城市主义却将其完全抛弃，由此导致城市责任伦理失落。“勒·柯布西耶的乌托邦为实现他称之为最大的个人自由提供了条件，但是这样的条件似乎不是指能有更多行动的自由，而是远离了责任的自由。在他的辐射城市里，很可能没有人会为家人照料屋子，没有人会需要按自己的想法去奋斗，没有人会被责任所牵绊。”[1]

约翰·普洛格（John Pløger）提出，晚期现代城市主义的一个重要发展趋势是城市规划设计的美学—伦理转向（aesthetic-ethical turn）。城市主义（urbanism）通常被定义为“建设城市的艺术”，或者是对城市发展和转型的控制和指导，城市主义的实践是在城市政策和城市设计的共同作用下发展的。他认为，现代城市主义的历史，如城市分区、网格规划、住宅和公共空间的设计、形式服从功能的功能主义格言，以及预防犯罪的设计，都暗示了形式与规范、美学与伦理之间的关系，这似乎是无可争议的。[2]约翰·普洛格认为，当代城市规划设计有一种规划美学的回归趋势，但大多数研究者却忽略了一个相当重要的维度，即伦理维度。他以新城市主义（new urbanism）为例，认为新城市主义既是一个“美学项目”，也是一个“伦理项目”，它坚持人必须再次成为规划设计的尺度，因而有必要回归到一种基于人的尺度的建筑和城市设计。当代城市规划设计美学的哲学基础是一种审美伦理关系的认识论，审美的设计是赋予人类生活尊严与福祉的

1 雅各布斯．美国大城市的死与生[M]．金衡山，译．纪念版．北京：译林出版社，2006：17-18.

2 PLØGER J. The aesthetic-ethical turn in planning: late modern urbanism[J]. Space and culture, 2000, 3(6): 91.

方式，本质上是一种人性哲学。[1]

杰弗里·K. H. 陈（Jeffrey K.H. Chan）在《人类世的城市伦理：六种新兴条件下当代城市主义的道德维度》（*Urban Ethics in the Anthropocene: The Moral Dimensions of Six Emerging Conditions in Contemporary Urbanism*）一书中，以“人类世”[2]为背景，从伦理视角较为系统地研究城市空间问题。他认为，当今我们生活在人类创造的一个凌驾于自然世界之上城市化的“设计世界”，应当反思城市设计和城市进程如何回应人类世的环境问题和挑战，人类世背景下城市设计带来哪些新的伦理范畴，塑造哪些新的伦理关系，并产生哪些具有伦理意义的后果？换句话说，城市以什么方式塑造伦理，反过来伦理又如何揭示那些常常被忽视的城市关系？由此，他具体研究了六种新兴的城市条件及其伦理维度，即不稳定性（precarity）、邻近性（propinquity）、冲突（conflict）、愉快的惊喜（serendipity）、恐惧（fear）和城市共享（urban commons）。其中，“不稳定性”主要指的是当代城市主义的一个悖论，即城市化进程需要依赖一系列“不稳定性”空间，如火力发电厂、核电站、垃圾填埋场、殡葬馆等，但这些建筑空间及设施也制造了影响城市稳定的隐患和风险，此类空间涉及城市设计中“不要在我家后院”（Not In My Back Yard）的邻避冲突和伦理困境。“邻近性”指的是城市空间物理

1　PLØGER J. The aesthetic-ethical turn in planning: late modern urbanism[J]. Space and culture, 2000, 3(6): 90-94.

2　“人类世”一词是从anthropocene翻译而来的，也有学者译为“人新世”。人类世是由荷兰大气化学家保罗·克鲁岑（Paul Crutzen）于2000年提出的，他认为人类活动对地球的影响足以成立一个新的地质时代。人类世作为地球历史年代划分的单元，是一个尚未被正式认可的地质概念，用以描述地球最晚近的地质年代。人类世并没有准确的开始年份，一般认为是由18世纪末人类活动对气候及生态系统造成全球性影响开始的。

上的邻近状态，可以通过空间设计影响人与人之间的关系。从邻近性伦理来看，人们对待邻居和陌生人的方式可能是不同的，这种差异在伦理上有重要意义，影响着任何具有国际化理想的城市。“冲突”在城市中无处不在，许多冲突本质上是空间性的，主要围绕着利益、认知和价值观的差异而产生。如何化解城市空间冲突是一种道德选择，而且不同的选择也带来相应的道德后果。杰弗里·陈提出，建立共识和道德妥协是化解冲突的可行选择。“愉快的惊喜”的含义并不明确，主要指的是尽管现代主义规划设计留下了令人乏味的城市遗产，但今天的城市仍然渴望成为以某种形式的“愉快的惊喜”为特征的欢乐之地。杰弗里·陈认为，西方现有的城市话语倾向于狭隘地将其理解为创意城市的目标之一，但杰弗里·陈试图拓展创意城市之外的含义。“恐惧”主要指的是从历史上看，城市设计和建造从来没有脱离过对各种安全装置的设计，如墙、护栏、阻断空间和监视城市主义（surveillance urbanism）。然而，当代城市表现出了一种不同性质和规模的恐惧，主要有三种，分别是对陌生人的恐惧、对激进恐怖主义的恐惧以及对突如其来的灾难的恐惧。“城市共享”也可译为“城市公共资源”，今天城市的共享资源正在逐渐扩大。杰弗里·陈阐释了什么是城市共享以及城市共享资源在城市伦理中所发挥的作用。[1]他强调，伦理学是构成另一种研究城市空间的方式，一种对城市的人文未来越来越重要的视角。[2]

1 CHAN J K H. Urban ethics in the anthropocene: the moral dimensions of six emerging conditions in contemporary urbanism[M]. Singapore: Palgrave Macmillan, 2019: 29-168.

2 CHAN J K H. Urban ethics in the anthropocene: the moral dimensions of six emerging conditions in contemporary urbanism[M]. Singapore: Palgrave Macmillan, 2019: 5.

朱丽叶·戴维斯（Juliet Davis）在《关怀城市：城市设计伦理》（*The Caring City: Ethics of Urban Design*，2022年）一书中，从关怀伦理学视角，探讨了城市设计的伦理维度，即城市设计如何以多种方式回应不同群体的关怀需求，以营建更人性化、更和谐和更有韧性的城市景观。她关注的是城市设计如何支持城市居民日常生活，使其能够满足居民的多样化需求、提升其发展能力。传统上城市设计关怀伦理主要是通过设计关怀儿童、老人、残疾人、女性、病人等弱势群体的特定空间来实现的。然而，这种相对狭窄的关于关怀设计的认识自2010年以来发生了变化，越来越多的城市空间场所和基础设施——如街道、博物馆、公园和其他城市绿地，被当作重要的“关怀空间”（spaces of care）。人们也越来越关注社区的形态特征如何塑造关怀关系，形成人与人之间的关怀模式，为人们更多地相遇与形成支持性网络创造可能性，也包括基础设施和公共设施的可达性。此外，人们也越来越重视建筑和城市设计如何体现对地球资源和脆弱生态系统的关爱，绿色城市设计日益重要。[1]

新加坡建筑师林少伟基于为所有人界定和捍卫一个美好生活的理想，通过对上海、新加坡、河内等城市的案例分析，提出了亚洲伦理城市主义（Asian ethical urbanism）的概念框架。他明确将“伦理城市主义”定位为“空间的、三维的和城市导向的”[2]，即主要针对城市

1　DAVIS J. The caring city: ethics of urban design[M]. Bristol: Bristol University Press, 2022.

2　林少伟. 亚洲伦理城市主义：一个激进的后现代视角[M]. 王世福，刘玉亭，译. 北京：中国建筑工业出版社，2012：前言.

设计问题的“伦理城市主义”。林少伟认为，当今面临的最重要挑战之一是城市更新和城市扩张能否提升市民的幸福感，“亚洲社会当前的挑战是在城市的管治和政策中追求伦理和幸福，以超越和重新定义物质主义和商品化的主导逻辑[1]”。同时，他发现，现代主义的规划设计方法在东亚被广泛运用，但“它内在的伦理和社会职责维度常常被置于一旁”[2]，正是在这样的背景下，林少伟确定并讨论了三个价值目标——多元现代性、伦理和幸福、激进的全球本土性，以及五个城市伦理元素——保护和记忆、保护公共性、非确定性空间、土地以及空间公平。

实际上，城市设计的伦理维度并非一个现代性现象，中西方古代城市设计文化蕴含丰富的伦理要素，本书将在第二章、第三章作详细阐释。作为一种伦理行为的城市设计，反映了城市设计蕴含的价值尺度、伦理承诺和伦理要素。这里仅就城市设计活动中的伦理要素做进一步分析。

城市设计被置于跨学科领域，不是纯空间技术工作或艺术设计，它融合了多种学科，并呈现技术的、审美的、社会的、伦理的、管理的等多种维度。其中，伦理维度是城市设计活动的一种内在规定，反映的是城市设计的价值逻辑。城市设计的独特性在于，它不仅是科学的、实证的设计过程，也是规范性、价值性的活动，内蕴基于价值评

1 林少伟. 亚洲伦理城市主义：一个激进的后现代视角[M]. 王世福，刘玉亭，译. 北京：中国建筑工业出版社，2012：16.

2 林少伟. 亚洲伦理城市主义：一个激进的后现代视角[M]. 王世福，刘玉亭，译. 北京：中国建筑工业出版社，2012：28.

价的价值选择。就城市设计的技术过程而言，无论何种层次、何种类型的城市设计，都应当注重现场勘察、实地调研和定量分析，准确描述和反映客观事实。同时，还可运用各类城市空间分析及数字技术，如运用地理信息系统（geographic information system，简称GIS）和三维模拟等技术对城市空间及现状物质要素进行分析，从而制定科学的城市设计方案。然而，城市设计的复杂性在于，它面对的不是单纯的物理空间环境，而是城市社会空间系统，是一个以人为参与主体的政治、经济、文化等多要素交织的复杂空间，而且不仅是对城市自身当前状态的设计，还要考虑城市空间的过去与未来，是一种负载社会价值目标的实践过程（图1–5），实证分析、设计技术、艺术表现手段的局限性体现在不能有效解决城市设计面临的社会问题和价值选择问题。

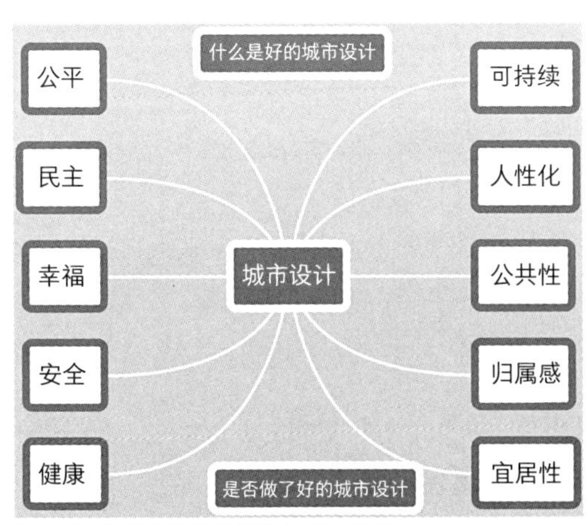

图1–5　负载多种价值目标的城市设计

进言之，城市设计包含着具有价值特征的因变项（目的）和自变项（手段）的互动，这些变项的选择往往涉及在公平、民主、幸福、自由、安全、公共性、可持续、人性化、宜居性等诸多价值要素中做出取舍，选择哪些价值或者哪种价值具有优先性，需要伦理判断与伦理抉择。例如，为汽车快速通行而设计的封闭式街道网络是有效率的，但对行人来说这样的街道可能是不友好和不宜人的；因城市设计的公众参与可能带来降低城市发展效率的问题，而忽略公众参与或使之“合法走过场”，损害了城市设计的民主性和公平性。同时，城市设计过程还涉及如何正确处理不同城市主体的利益诉求与利益矛盾的问题，如公共利益与私人利益、强势群体利益与弱势群体利益、城市发展与生态环境保护、城市开发与历史文化遗产保护等诸多利益关系问题。对于这些问题，不同处理方案背后暗含不同的价值判断标准，需要伦理学提供一种规范理论的一般框架，回答应当做什么和如何选择的问题，并且帮助城市设计者们更好地思考城市设计内蕴的价值要素。从本质上说，重要的城市设计决策几乎都是在复杂的社会政治结构和利益关系中作出的。城市设计所涉及的空间布局和空间资源分配等问题，其背后反映着错综复杂的社会利益关系。城市设计作为一个具有广泛社会关联性的行动过程，或者作为政府引导并调控城市空间发展的工具，要协调和处理社会中不同利益群体在空间资源上的不同利益诉求，减少社会不和谐，保障公共利益实现，维护社会公平。因而，城市设计不可能简化为一种单纯的技术活动或艺术活动，而是一个具有鲜明价值色彩的社会实践过程，一定意义上，可以说是伦理观念和政治意志在空间形态上的体现。

路易斯·D. 霍普金斯（Lewis D. Hopkins）论及城市规划发生作

用的准则时，提出了“计划（即规划）所追求的结果及所使用的工具在伦理上是否恰当”的问题。他指出：“计划能影响决策、行动及结果，产生的利益足以弥补成本，在逻辑上是内在一致的，但由于它所追求的目标或它所用的工具，仍旧可能是坏的计划。外在效度要求计划遵循伦理的标准。”[1]他认为，规划的好坏，不仅要看它是否被执行，还要考虑它是否带来了预期的结果，以及这些结果是否符合社会伦理规范，如社会公平性要求。贯穿城市规划全过程的城市设计也是如此。可以这样说，技术维度的城市设计主要关心是否把城市设计工作做好了，伦理维度的城市设计则更多地要考虑我们是否做了好的城市设计；技术维度的城市设计主要探讨“城市设计如何”，伦理维度的城市设计主要探讨“城市设计应当如何”“什么是好的城市设计”。例如，近年来一些城市的湖滨、河畔、公园等优质景观周围到处是林立的别墅区而变成富人的“后花园”。从城市设计的技术维度看，也许这类居住区开发设计项目做得不错。但是，从伦理维度看，城市自然景观属于城市公共资源，应当由全体市民共享而不能“私有化”为富裕阶层的独享资源。因此，这类开发项目非但不是好的城市设计项目，还因违反公共利益而应予以限制与纠正。可见，伦理维度的城市设计通过建构对城市设计活动的价值关切立场，有助于其确立正当的价值目标，以此给城市设计活动一定的导向和限制，使城市设计在更深层次上关注市民生活质量的普遍提升与城市的和谐发展。

1　霍普金斯．都市发展：制定计划的逻辑[M]．赖世刚，译．北京：商务印书馆，2009：61.

第二章 礼制表征：中国古代城市设计的伦理内核

惟王建国，辨方正位，体国经野。设官分职，以为民极。

——《周礼·考工记》

中国古代城市设计具有悠久而独特的历史文化传统。贺业钜说："我国早在公元前11世纪左右，业已建立了一套较为完备的、具有华夏文化特色的城市规划体系。此中包括城市规划理论、建设体制、规划制度以及规划方法。这是世界城市规划科学领域中较早形成的城市规划体系。"[1]城市设计界对我国源远流长的城市设计传统的研究，比较重视从城市的物质结构和形制模式，即城市的聚落营建、空间形态结构及物质元素等方面进行探讨，而对其蕴含的伦理要素和价值要素研究不足，人文内涵挖掘不够。本章将主要基于伦理视角，探讨中国古代城市设计的精神和文化特征，勾勒中国传统城市设计内蕴的伦理内核，以期为现代城市设计带来有价值的启迪。

城市不同于聚落，是一个具有政治职能、经济要素、社会联系与文化脉络等功能与意义的人类聚居形态。整体上看，中国古代城市营建与城市设计，作为一种延续时间最长、特征突出且极具稳定性的城市营建体系，从商周时期业已开启其独特的城市设计逻辑。刘庆柱说："从新中国70年来的考古发现与研究来看，夏商周三代都城，至秦汉、魏晋南北朝、隋唐宋与辽金元明清都城，其选址、布局形制等规划理念一脉相承，并被视为国家统治者政治'合法性'的'指示物'与中华文明核心政治理念'中和'的'物化载体'。这在古代世界历史上是极为罕见的，它凸显了中华五千年不断裂文明的特点。"[2]可以

1 贺业钜．中国古代城市规划史[M]．北京：中国建筑工业出版社，1996：3.

2 刘庆柱．中华文明五千年不断裂特点的考古学阐释[J]．中国社会科学，2019，(12)：15-16.

这样概括，绵延数千年的中国古代城市设计所蕴含的独特伦理品性和严整有序的整体性设计意匠，用一句话表述就是，世界上独具一格的礼制所塑造的城市设计文化模式，经由制度化及其运行过程，代代相传，成为历代中国城市营建的核心精神文化属性。发轫于夏商周三代时期中国古代城市设计的这一典型属性，在随后几千年的王朝时代居于压倒地位而没有发生实质性变化，这是我们认识和把握中国古代城市设计伦理内核的关键。

一、礼与礼制传统

卜工认为："中国古代礼制，不仅源远流长，而且更具有强烈的凝聚力、博大的兼容性和顽强的生命力，是古代中国文化的基本内涵，是中国智慧的集中代表，是唯一一把能够全面开启近万年以来中国古史大门的钥匙。"[1]礼制这把"钥匙"，尤其能够开启数千年中国城市设计思想史的大门。

有关中国古代"礼"的起源问题，学术界有多种看法，其中祭祀说较为主流。礼与原始宗教、巫术、祭祀活动和原始风俗习惯的紧密关联性，《礼记》等典籍有述，不少史学家如王国维、郭沫若也做过

1　卜工. 文明起源的中国模式[M]. 北京：科学出版社，2007：3.

总结与研究[1]，兹不赘述。简言之，古礼最初是以祭祀神灵（祖先）为核心的原始宗教仪节和习俗，体现了先民对象征性仪式与实质性的人与宇宙神灵和祖先之间关系的认识。至少从殷商时期开始，礼从原始宗教和巫术活动中分化出来，保留其祭祀活动的形式，如《礼记·祭统》云“礼有五经，莫重于祭”，并逐步将“事神”与“治人”两项重要功能有机结合起来，“礼”的应用范围不断扩展，成为一个内容丰富、功能混融的文化体系。如林语堂所言：

> 礼这个字，也可以说是一种社会秩序原理，以及社会上一般的习俗……礼是包括民俗、宗教风俗规矩、节庆、法律、服饰、饮食居住，也可以说是“人类学”一词的内涵。在这些原始存在的习俗上，再加以理性化的社会秩序之中的含义，对“礼”字全部的意义就把握住了。[2]

1 《礼记·礼运》中说：“夫礼之初，始诸饮食，其燔黍捭豚，污尊而抔饮，蒉桴而土鼓，犹若可以致其敬于鬼神。”大意是说，远古时期，人们通过贡奉日常的饮食牺牲、击鼓作乐等方式敬奉于鬼神，这就是“礼”的初始。《说文解字·示部》说：“禮（礼），履也，所以事神致福也。从示，从豊。”王国维指出：“盛玉以奉神人之器谓之囲若豊，推之而奉神人酒醴亦谓之醴，又推之而奉神人之事通谓之礼，其当初皆用囲若豊二字，其分化为醴禮二字，盖稍后矣。”（王国维. 观堂集林：卷6 第1册[M].北京：中华书局影印本，1991：291.）他认为，礼的发展经历了由“祭器”到“酒醴”到“祭事”的过程，即礼最早是指用器皿盛玉献祭神灵，后来也兼指以酒献祭神灵，再后来则泛指一切祭祀神灵之事。郭沫若的观点也大致相同，他认为：“大概礼之起，起于祀神，故其字后来从示，其后扩展而为对人，更其后扩展而为吉、凶、军、宾、嘉的各种仪制。”（郭沫若. 十书批判[M]. 北京：东方出版社，1996：96.）杨向奎认为：“礼仪起源于原始社会的风俗习惯，在当时，人们有一系列的传统习惯，作为全体氏族成员在生产、生活的各种领域内遵守的规范。等到阶级和国家产生后，贵族们对其中某些习惯加以改造和发展，逐渐形成各种礼仪，作为稳定阶级秩序和加强统治的一种制度和手段。”（杨向奎. 宗周社会与礼乐文明[M]. 北京：人民出版社，1992：229.）

2 林语堂. 林语堂名著全集：第22卷[M]. 长春：东北师范大学出版社，1994：145-146.

“礼”是儒家学说的核心范畴，是儒家思想的基本根源。孔子说：“殷因于夏礼，所损益可知也；周因于殷礼，所损益可知也。其或继周者，虽百世，可知也。”[1]从这段话中可以看出，夏礼、殷（商）礼和周礼之三代之礼，有因有革，有减有增，因革相沿。尤其是经由“周公制礼”，礼的典章制度较夏商更为完备，形成了周代辉煌的礼制体系，发展到“郁郁乎文哉”[2]的发达程度，呈现高度制度化的特征，这一点从现存《周礼》之中可窥其梗概。周对夏商之礼的“增益”，突出表现在周公改造殷商的宗教性天命观，用“敬德保民”“修德配命”[3]之政治伦理思想充实礼制内涵，勾连“天命”与“敬德”，使“德”成为统治者永保天命、延续王朝统治合法性的重要依据。用王国维的话来说即是周公制礼作乐“其旨则在纳上下于道德，而合天子、诸侯、卿、大夫、士、庶民以成道德之团体。”[4]

春秋战国之际政治秩序的变化，如权力下移至诸侯和大夫，造成春秋五霸“挟天子以令诸侯”及战国七雄逐鹿中原，导致前所未有的动荡和混乱，西周建立起来的统治秩序濒于瓦解。与此相应，礼制秩序也不断遭到僭越与破坏。孔子“堕三都”之策便从一个侧面反映了这一现象。“三都”指鲁国三大贵卿的三座城邑，即叔孙氏的郈邑、季孙氏的费邑和孟孙氏的成邑，“堕三都”就是要将这三座城邑的城墙拆除，或者至少降低“三都”的城墙高度和宽度。按周礼规定，天子、诸侯、大夫筑城的高度与宽度都有定制，但当时三大贵卿的三座

1　杨伯峻．论语译注[M]．北京：中华书局，2006：22．

2　杨伯峻．论语译注[M]．北京：中华书局，2006：30．

3　尚书[M]．顾迁，译注．北京：中华书局，2016：152-164．

4　王国维．观堂集林：外二种[M]．石家庄：河北教育出版社，2003：232．

城邑都超过了礼制规定，在孔子看来这是不合礼制要求的。为了加强鲁国国君的权力，孔子提出“堕三都”之策。西周统治阶层的衰颓，尤其是对原有礼制的僭越与废除现象，让孔子痛感他那个时代“礼崩乐坏”，其主要理想是志在恢复“周礼”，重新确立按照亲疏等级制定的各种权利义务关系的社会秩序，有效发挥礼的控制和稳定作用。

其实，孔子及其所代表的儒家并非简单恢复或全盘复辟周礼，而是既强调“礼也者，反本修古，不忘其初者也”[1]，又将礼的内涵发展到更高层次，对它做新的理论诠释，赋予其新的意义，如以仁释礼，赋予礼以仁的伦理内核。周礼的成熟主要体现在典章制度之粲然大备，儒家则更强调礼义和礼教，即礼作为一种道德规范的约束力和教化作用。儒家之礼关心人伦之礼重于鬼神之礼，重视“人道”而非“神道”，强调礼的功能是“分”和“异”，是等级制的名分内容，即身份的等级划分要分明，要“辨异”“有别”，本质要求是尊卑贵贱明确且有严格的等级规定，以实现个人、家庭和社会全方位的秩序与和谐。如《荀子·礼论》说：“礼者，谨于治生死者也。生，人之始也；死，人之终也。终始俱善，人道毕矣。”《荀子·富国》说：“礼者，贵贱有等，长幼有差，贫富轻重皆有称者也。”《荀子·议兵》说：“礼者，治辨之极也，强固之本也，威行之道也，功名之总也。”《礼记·曲礼上》说：“夫礼者，所以定亲疏、决嫌疑、别同异、明是非也。”《礼记·曾子问》中说：“贱不诔贵，幼不诔长，礼也。”

传统礼的内涵是多层次、多维度的。邹昌林指出：“‘礼’在其

1 礼记[M]. 胡平生，张萌，译注. 北京：中华书局，2017：415.

他文化中，一般都没有越出‘礼俗’的范围。而中国则相反，‘礼’不但是礼俗，而且随着社会的发展，逐渐与政治制度、伦理、法律、宗教、哲学思想等都结合在了一起。这就是从‘礼俗’发展到了‘礼制’，继而从‘礼制’发展到了‘礼义’”。[1]邹昌林认为“礼”至少有三个层次，即礼俗、礼制和礼义。简而言之，礼是习俗（民间礼仪），礼是制度（典章制度），礼是义理（道德规范）。从礼所具有巩固国家政权、区别等级秩序和协调人际关系的功能看，礼的三个层次中，礼制最为重要与关键，它既包括与礼节仪式相关的国家制度，也包括有关社会政治结构等级的政令法规。礼制具有敬天安民、治国与修身的双重功能，是王朝稳定的基础，有助于建构一个等级分明、尊卑有序、不容犯上僭越的社会。

礼制在周代达到了系统化、仪节化、典章化和规范化的高度，并对其后的整个封建社会产生了极其深远的影响。礼的制度化或礼所包含的制度性内容，在《礼记・王制》篇和《周礼》中记载得最为翔实，“根据《王制》，有职官（《周礼》）、班爵、授禄构成的官僚等级体系，有土地制度、关税制度、行政区划制度、刑律体系、朝觐制度、（国家）祭祀制度、自然保护制度、贵族丧祭制度、学校养老制度等，即传统所谓‘典章制度’”[2]。除此之外，周礼对衣服、饮食、道路、宫室以及各种生活仪俗等都有等级秩序的规定，可谓事无巨细。其中，对城市设计产生较为直接影响的主要是土地制度、行政区划制度、城郭道路宫室之制和祭祀制度。

1　邹昌林. 中国古礼研究[M]. 台北：文津出版社，1992：11.

2　陈来. 古代宗教与伦理：儒家思想的根源[M]. 北京：三联书店，2009：270.

二、中国古代城市设计礼制传统——以《礼记·王制》和《周礼·考工记》为中心

有关礼制的典籍可谓卷帙浩繁，其中最重要的是俗称“三礼”的儒家经典，即《周礼》《仪礼》《礼记》三部著作。《周礼》主要是对政治等级制度的设计，《仪礼》主要记述周代的典礼仪式，《礼记》则不仅涉及周代的礼乐制度，也侧重阐发君子的道德修养和治世理想。在“三礼”中，对城市设计有较为直接影响是《周礼·考工记》和《礼记·王制》。相对而言，城市设计领域探讨传统礼制之影响时更重视《周礼·考工记》，对《礼记·王制》(以下简称《王制》)的研究不够，因此本书将首先从《王制》展开讨论。

(一)《礼记·王制》：理想化的政治空间秩序

《礼记》成书复杂，内容丰富而又庞杂。《王制》在《礼记》中占有重要地位，是礼法合一的国家理想制度形态的集中体现，从“四海之内九州”的政治空间讲到“五方之民”的关系格局，从天子讲到庶人，从官爵制讲到土地配给和区划制度，一直到学制和刑制。《王制》在晚清尤其受学者重视，廖平认为，经学的核心问题是政治制度，《周礼》与《王制》分别代表了古文经学和今文经学的礼制，《王制》是今文经学的宗祖之作，是永世可采的制度经典。[1]康有为认同廖平的观点，专门将《王制》从《礼记》中提取出来加以考定和注释，

1 廖平．今古学考[M]//续修四库全书：第179册．上海：上海古籍出版社，2002：440.

在《考定〈王制〉经文序》（1894年）一文中，他评价《王制》："《礼记·王制篇》，大理物博，恢恢乎经纬天人之书。其本末兼该，条理有序，尤传记之所无也。"[1]

从城市设计思想视角看，《王制》体现的中国古代城市设计的礼制传统如下：

凡四海之内九州，州方千里。州，建百里之国三十，七十里之国六十，五十里之国百有二十，凡二百一十国。名山大泽不以封，其余以为附庸间田。八州，州二百一十国。天子之县内，方百里之国九，七十里之国二十有一，五十里之国六十有三，凡九十三国。名山大泽不以盼。其余以禄士，以为间田。凡九州，千七百七十三国，天子之元士、诸侯之附庸，不与。

自恒山至于南河，千里而近；自南河至于江，千里而近；自江至于衡山，千里而遥；自东河至于东海，千里而遥；自东河至于西河，千里而近；自西河至于流沙，千里而遥。西不尽流沙，南不尽衡山，东不近东海，北不尽恒山，凡四海之内，断长补短，方三千里，为田八十万亿一万亿亩。

以上主要描述的是"四海之内九州"的疆域范围和政区制度，这是正统王朝思想理论化的"天下"观，是儒家经典文献《王制》所构想的天下秩序模型，在此理想化的政治空间秩序下，固定的中央形成对东南西北四方的等级性统摄，以实现对天下的控制和治理。由"四海"所包围的方三千里的领域，被构想和划分为由九个方千里之州所

1　康有为. 康有为全集（增订本）第二集[M]. 北京：中国人民大学出版社，2020：24.

组成的九州，而位于其中心方千里的一州领域，则被规划为“天子之田”“天子之县内”，即天子直接统治的畿内。位于方千里的“天子之县”以外的八州，则各自设置方伯，统属于各州所属之国。[1]这是一个维护王权中心地位的天下地理构成，天下是“四海之内”由九州所构成的领域，九州方三千里、王畿方千里、公侯之国方百里，天子所属政治空间远远大于诸侯，并在此结构中处于中心和统辖地位。日本学者渡边信一郎结合《王制》《周礼·职方氏》九服制[2]、《周礼·秋官·大行人》九州之朝贡制[3]和《尚书·夏书·禹贡》五服制[4]而绘制的“天下四海图”（图2-1），以“同心方”的形式描绘了天子与诸侯的政治空间关系格局。故《王制》“四海之内九州”的观念虽然与城市设计原则没有直接关联，但它成为以王权为中心划定行政区域等级

1 渡边信一郎. 中国古代的王权与天下秩序[M]. 增订本. 徐冲，译. 上海：上海人民出版社，2021：53.

2 九服指的是王畿以外的九等地区。《周礼·职方氏》云：“乃辨九服之邦国：方千里曰王畿，其外方五百里曰侯服，又其外方五百里曰甸服，又其外方五百里曰男服，又其外方五百里曰采服，又其外方五百里曰卫服，又其外方五百里曰蛮服，又其外方五百里曰夷服，又其外方五百里曰镇服，又其外方五百里曰藩服。”

3 《周礼·秋官·大行人》云：“邦畿方千里。其外方五百里谓之侯服，岁壹见，其贡祀物。又其外方五百里谓之甸服，二岁壹见，其贡嫔物。又其外方五百里谓之男服，三岁壹见，其贡器物。又其外方五百里谓之采服，四岁壹见，其贡服物。又其外方五百里谓之卫服，五岁壹见，其贡材物。又其外方五百里谓之要服，六岁壹见，其贡货物。九州之外谓之蕃国，世壹见，各以其所贵宝为挚。”按此，邦畿（王畿）方千里与六服（侯服、甸服、男服、采服、卫服、要服）合在一起构成方七千里的领域。

4 《尚书·夏书·禹贡》云：“五百里甸服：百里赋纳总，二百里纳铚，三百里纳秸服，四百里粟，五百里米。五百里侯服：百里采，二百里男邦，三百里诸侯。五百里绥服：三百里揆文教，二百里奋武卫。五百里要服：三百里夷，二百里蔡。五百里荒服：三百里蛮，二百里流。东渐于海，西被于流沙，朔南暨声教，讫于四海。禹锡玄圭，告厥成功。”按此描述，这里的“五服制”指五个地理空间圈层——即甸服、侯服、绥服、要服、荒服，甸服居中，涵盖东西和南北各五百里，即边长五百里的正方形区域；后四服皆从上一服边界向东、西、南、北各延展五百里，形成一个更大的正方形区域。

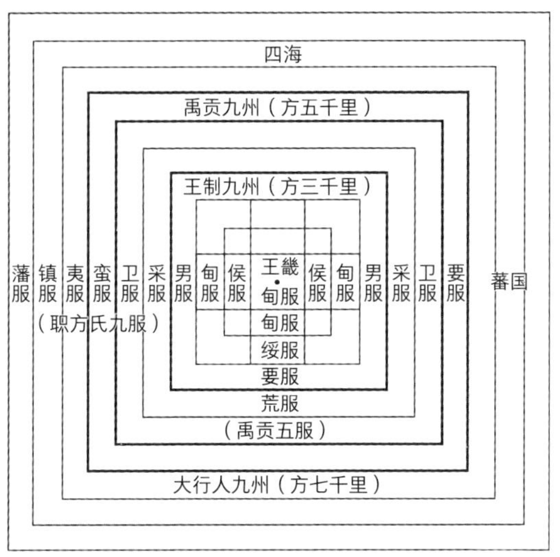

图2-1　天下四海图
来源：渡边信一郎．中国古代的王权与天下秩序[M]．增订本．徐冲，译．上海：上海人民出版社，2021：54.

的重要依据。

天子之田方千里，公、侯田方百里，伯七十里，子、男五十里。不能五十里者，不合于天子，附于诸侯，曰“附庸”。天子之三公之田视公、侯，天子之卿视伯，天子之大夫视子、男，天子之元士视附庸。

制：农田百亩。百亩之分：上农夫食九人，其次食八人，其次食七人，其次食六人；下农夫食五人。庶人在官者，其禄以是为差也。

凡四海之内九州，州方千里。州，建百里之国三十，七十里之国六十，五十里之国百有二十，凡二百一十国；名山大泽不以封，其余以为附庸、间田。八州，州二百一十国。天子之县内，方百里之国九，七十里之国二十有一，五十里之国六十有三，凡九十三国；名山大泽不以盼，其余以禄士，以为间田。凡九州，千七百七十三国。天子之元士、诸侯之附庸，不与。……千里之内曰甸，千里之外，曰采、曰流。

以上主要规定的是土地配给制度。首先，《王制》规定了天子诸侯的禄田之广狭。按照公、侯、伯、子、男五等不同爵位等级配给禄田，天子的禄田是一千里见方，公、侯的禄田是百里见方，伯则七十里见方，子、男是五十里见方。禄田没有五十里的小诸侯不需要朝见天子，属较大的诸侯管辖，叫作附庸。天子三公的禄田数量比照公侯，天子卿的禄田比照伯，天子大夫的禄田比照子、男，天子上士的禄田比照附庸。其次是对庶人之田的规定，提出了对后世土地制度极有影响力的“一夫授田百亩”的制度设计。[1]该制度规定，每个农户受耕田一百亩。百亩之田按土质肥瘠分为五等，分别养活从九口之家到最末等的五口之家。庶人在官府当差的，其俸禄也参照这个等差受田。“一夫百亩”实际上是将农耕土地划分为阡陌纵横有一定面积方田的井田制，一百亩为一个方块，称为“一田”，郭沫若所言“周制百步为亩，一夫百亩，称为一田，是井田的基本单位”[2]。周代将此制度推广到城市设计之中，每个农户所受的一百亩耕田，既是井田的基本单位，也被用来作为城市设计用地的基本单位，形成古代城邑形制较为规整的格局。

1 郭齐勇.《礼记》哲学诠释的四个向度：以《礼运》《王制》为中心的讨论. 复旦学报（社会科学版）[J]. 2016（1）：47.

2 郭沫若. 奴隶制时代[M]. 北京：人民出版社，1973：29.

第三,《王制》规定了包含畿外之制与畿内之制的畿服制。《说文》中讲，畿，天子千里地。以逮近言之则曰畿也。畿主要指的是古代王城所领辖的方千里之地，这是天子直辖的区域，服则用于统称王畿之外的区域。按照畿外之制，四海之内共有九个州。每个州的面积都是千里见方。各州之内分封百里见方的大诸侯国三十个，七十里见方的中等诸侯国六十个，五十里见方的小国一百二十个，总共二百一十个诸侯国。各州内的名山大泽则不用来分封。分封剩下的土地天子留着赏赐用或者作为附庸。按照畿内之制，即天子直接管辖的王畿，分配给公卿大夫的国土，方百里者九国，方七十里者二十一国，方五十里者六十三国，总共九十三国。其中如有名山大川，也不用来分配。在服制即王畿之外区域上的划分是："千里之内曰甸，千里之外曰采、曰流。"上述畿服制试图以王畿为中心，依据地理上的远近，安排中心与周边地区的亲疏关系，显然这是一种理想化的模式设计，现实中很难实现。如朱子所曰："恐只是诸儒做个如此算法，其实不然，建国必因山川形势，无截然可方之理。"[1]畿服制虽然是一种理想化的圈层政治构想，都城王畿之地由天子直接管辖，其余则分封给各诸侯，并根据与诸侯的距离远近形成一种尊卑秩序，其背后反映了等级化的礼义精神，对此齐义虎认为："畿服制是中国古代的政治地理学，是古人对于天下格局之政治思考在地理空间上的投射……根据与天子关系的密切程度，服又可以由近及远分为多个层次。整个畿服制便是以王城为中心的一套政治空间之差序格局。"[2]

1　陈澔，注．万久富，整理．礼记集说[M]．南京：凤凰出版社，2010：95.

2　齐义虎．畿服之制与天下格局[J]．天府新论，2016（4）：54.

天子七庙，三昭三穆，与太祖之庙而七。诸侯五庙，二昭二穆，与太祖之庙而五。大夫三庙，一昭一穆，与太祖之庙而三。士一庙。庶人祭于寝。

以上规定的是宗庙祭祀制度。等级分明的宗庙祭祀制度对周代城邑建立和祭祀空间的影响很大。“宗”，按《说文解字》，“宀”为房顶，“示”为神主，上下合指供奉神主之位的庙宇，原始意义为“尊祖庙也”。宗庙是中国古代社会身份性阶层祭祀祖先的礼制性建筑，旨在报本追远，维系亲亲与尊尊的人伦秩序，是宗法伦理的一个典型象征。张光直认为，宗庙不仅充当祭祀祖先礼仪的活动场所，“而且本身就成为一个象征，既为仪式的中心，也是国家事务的中心”[1]。其实周代的宗庙不仅是国家事务中心，政治上、军事上的大典须在宗庙举行，宗庙还是君主权力的重要来源，守护宗庙是天子的重要职责。《春秋穀梁传》中记述武王克纣，不仅“其屋亡国之社，不得上达也”，还使“亡国之社以为庙屏”[2]，即用灭亡了的殷朝之社作为宗庙的屏蔽，以示宗庙已灭，这叫作“灭宗庙”，象征国家覆亡。《墨子・明鬼》中说：“且惟昔者虞夏、商、周三代之圣王，其始建国营都，曰：必择国之正坛，置以为宗庙。”可见，西周之前宗庙在都城空间中处于中心地位。

具体到庙数问题，周代自天子至士，宗的形制相同，只是等级上有所差异，地位越高享有的庙数即祭祀空间规模越大。《王制》的上

1 张光直．美术、神话与祭祀：通往古代中国政治权威的途径[M]．郭净，陈星，译，沈阳：辽宁教育出版社，1988：25.

2 白本松，译注．春秋穀梁传[M]．贵阳：贵州人民出版社，1998：599.

述规定表明，天子、诸侯、大夫、士与庶人依据不同的社会等级地位，其相应的庙制也从七依奇数级差而递减，天子可以立三昭庙、三穆庙，加上太祖庙共七座宗庙（左边三个昭庙即文王、高祖、祖，右边三个穆庙即武王、曾祖、父，加上正中一个太祖庙，共七庙），诸侯（即高祖、祖二昭庙，曾祖、父二穆庙，加上太祖庙，共五庙）、大夫（一昭一穆，加上太祖庙，共三庙）、士（只设一庙）则依次相应降等，庶民则只能在自家住宅（正寝）祭祖。除此之外，还要求“寝不逾庙”，即日常居住的堂屋，规制不能逾矩超过宗庙。

司空执度，度地居民，山川沮泽，时四时。量地远近，兴事任力。……凡居民材，必因天地寒暖燥湿，广谷大川异制。

凡居民，量地以制邑，度地以居民。地、邑、民、居，必参相得也。无旷土，无游民，食节事时，民咸安其居，乐事劝功，尊君亲上，然后兴学。

以上是有关度地制邑以治其民的城邑规划规定。夏商周三代实行城邑制，邑一般指的是居民的聚居点，“把夏、商的聚落方式用图来表示的话，就可以变成大邑—族邑—小邑，或是王邑—族邑—属邑的关系”[1]。需要强调的是，邑非自然形成的聚落，而是经过人为规划设计的形制各异、大小不同的行政建制单位。《左传·庄公二十八年》说：“筑郿，非都也。凡邑，有宗庙先君之主曰都，无曰邑。邑曰筑，都曰城。”这里指的是西周礼制将没有祭祀先祖之宗庙的城邑，不算作都而称作邑。《王制》述及城邑规划与设计时，通过阐述

1　斯波义信．中国都市史[M]．布和，译．北京：北京大学出版社，2013：7.

司空的基本职责，间接提出了城邑设计因地制宜、民本厚生的理念。有关司空之职，郑玄笺《诗经·大雅·绵》云："司空，卿官也，掌营国邑。"《大戴礼记·千乘》中讲："司空、司冬，以制度制地事。"《周礼》中司空为六官之"冬官"，主掌土木和水利建设之职。《王制》实际将司空的地位提升，具有掌营国邑邦土、负责丈量土地使人民居住的重要职能，能够让"民咸安其居"，即其工作可以为社会奠定安居乐事的基础。由此，要求司空测量土地安置人民时，要观测山川沼泽的不同地势，测定气候的寒暖燥湿，测量土地的远近，然后才征用民力兴建工程，同时安置百姓住处时，要考虑使百姓的生活习惯和当地的气候地势相适应，要"量地以制邑，度地以居民"，即根据土地的广狭来确定修建城邑的大小，同时城邑的面积要与居住于此的人口规模相契合，总之要使土地广狭、城邑大小、被安置民众的多少这三者互相配合得当，如此百姓才能安居乐业。

（二）《周礼·考工记》：辨方正位

《周礼》全书共六篇，即《天官冢宰》《地官司徒》《春官宗伯》《夏官司马》《秋官司寇》和《冬官司空》，主要通过设官分职的方式记述周代的各类礼制制度，蕴含了儒家、法家和阴阳五行等中国文化思想。其中，关于城市建设和规划设计的礼制规定，主要列在主管营造的《冬官司空》中，但遗憾的是《冬官司空》存目无文，至西汉时河间献王刘德补以《考工记》存世，《周礼·考工记》遂成我国古代传世的都城营建和设计礼制的主要典籍。"中国亦可说是世界上保有历史最悠久和最详备的有关城市理论和城市规划的成文档案的国家，这些理论和准则，一直在这三千年中规范或指导了中国传统城市的发展。这就是以《周礼》(考工记)中所记载的有关理论和准则。”[1]《考工记》对城市建设的方位布局、分区规划、形制等级等有较为明晰的表述，所述礼制规划思想与儒家伦理有紧密联系，对中国古代都城营建产生了深远的影响，是中国城市古代设计思想的渊源性典籍。《考工记》的基本结构分为两部分，即总论与分论，总论阐述百工的重要性，分论则详细记载轮人、舆人、匠人等当时的三十种工匠之职。这其中，与城市营建和城市设计直接相关的是《考工记·匠人》篇。

1. 辨方正位：都城的方位布局及分区规划设计

《周礼》在其每篇开头简述官职设置之理由的“叙文”中，开宗明义的第一句话皆是：

惟王建国，辨方正位，体国经野，设官分职，以为民极。

上述二十个字尤其是“辨方正位，体国经野”八个字既是《周礼》一书的思想总纲，也是都城空间规划的核心价值，更是治理天下的基本法则。赵冈指出：“周代的城不是由自然村演化而来，而是为了特殊政治使命而建造的，所以有明显的规划性。从选择地点到城内建筑物布局都有一套理论与原则，加以诸侯各国互相观摩仿效，久而久之便形成一套标准模式。”[2]《周礼》特别强调王者建立都城，首先需要“辨方正位”，“择吉土以建国为先”，因为选定的吉土、方位作为城市空间及其建筑平面定位的依据，对于都城空间规划设计至关重要，有助于建立符合礼制秩序的空间格局，辅佐王者名正言顺地控制和安

1　薛凤旋. 中国城市与城市发展理论的历史[J]. 地理学报. 2002(6)：724.

2　赵冈. 中国城市发展史论集[M]. 北京：新星出版社，2006：46.

定天下，同时还能够“以为民极”[1]，使天下人各安其位，符合中正准则。

“辨方”就是确定东西南北四方之地理方位的分别，定位作为天下之中的“地中”。《周礼·地官·大司徒》中的一段话说明了当时如何“辨方”及确定“地中”的重要意义：

以土圭之法测土深，正日景，以求地中。日南则景短多暑，日北则景长多寒，日东则景夕多风，日西则景朝多阴。日至之景，尺有五寸，谓之地中：天地之所合也，四时之所交也，风雨之所会也，阴阳之所和也。然则百物阜安，乃建王国焉。制其畿方千里而封树之。

可见，周代主要是以立表测影的土圭之法来辨方取正。土圭之法是中国古代天文观测的传统智慧，是以土圭仪测量日影长短以定四时、测土地南北远近之法，根据日影的长短求得大地中央位置所在，即“地中”，地中是天的中和之气与地的中和之气汇合之处，在此才能建立王国的都城，划定王畿千里见方的区域。冯时认为，《周礼·地官·大司徒》中所体现的“地中”思想，即“天地之中夏至日正午的影长不仅体现着地理的中心，更重要的是体现着阴阳的协和，这一观念实际对中国传统政治观的建立有深刻的影响”[2]。可见，土圭之法测“地中”的作用，不仅是周代大司徒用来测量时间、四季与土地面积、方位的法则，还通过辨方正位的城市设计形式体现了阴

1 郑玄注“以民为极”时云：“极，中也。言设官分职者，以治民，令民得其中正，使不失其所故也。”参见郑玄注，贾公彦疏．周礼注疏：上[M]．上海：上海古籍出版社，2010：6.

2 冯时．文明以止：上古的天文、思想与制度[M]．北京：中国社会科学出版社，2018：145.

阳相合的哲学观念和王权政治观，“土圭之法的主要目的是立中与制域，在天下尺度上确立王都之所在，在邦国尺度上确立社稷之所在，进而进行多层级的空间范围划分，立中是通过确立空间上的中心位置以明确政治上的绝对权威地位，制域则是通过空间界定进一步强化这种地位”[1]。

“正位”指的是“谓四方既有分别，又于中正宫室、朝廷之位，使得正也”[2]。正位就是赋予东西南北四方的方位之尊卑区别，确定都城处于中心位置的前提下，再具体确定宫室、朝廷、宗庙等重要建筑的布局，不同的空间位置对应不同的尊卑等级。“辨方正位”用郑玄的话表述就是“于中辨四方，正宫庙之位”[3]，以此作为中国古代城市空间设计的首要原则，不仅仅是识别与确定地理空间的方位、结构化城市空间的基本单元，更是一种礼制规范要求，是空间规划概念与礼制规范概念的有机统一。

而国土管理和城乡土地区划以“体国经野”为基本原则。《周礼》把周代天子直接统治的王畿划分为“国”与“野”两大地理与政治区域，分而治之，这就是周代所谓的国野制。“国”一般包括都城（国都）之城邑及周边四郊之地，“野”则是郊之外的区域，一般指都城外半径为五百里的地域。清代段玉裁《说文解字注》有“邑外谓之郊，郊外谓之野”一说，可见国与野的划分以“郊”为界。国野制是

1 郭璐，武廷海．辨方正位　体国经野：《周礼》所见中国古代空间规划体系与技术方法[J]．清华大学学报（哲学社会科学版），2017（6）：43-44.

2 郑玄注，贾公彦疏．周礼注疏：上[M]．上海：上海古籍出版社，2010：4.

3 郑玄注，贾公彦疏．周礼注疏：上[M]．上海：上海古籍出版社，2010：2.

周代分封制在国土空间中的具体体现。所谓“体国经野”，就是对整个王畿进行经营布置，划定国野域界，主次有别地进行国都建设。按唐晓峰的观点，“所谓‘体国经野’之法，实则是皇（王）权在地理空间中的摆布方式、号令格局。方式、格局一旦建立，则产生各级行政疆界。此行政疆界乃是一种君临形式，显示的是皇权的分而治之”[1]。

如果说“辨方正位”旨在于空间坐标系中确立都城的原点及其重要建筑的位置，以此作为权力合法性的象征，那么，“体国经野”则是王权对疆域内的土地做统一安排，旨在规划城市与郊野的空间区划，如此才能做到都鄙有章。“‘辨方正位’”与‘体国经野’二者内容各有侧重，同时又有内在的紧密联系，相辅相成，共同构成《周礼》中的空间规划体系与技术方法，建构了下自闾里、上至天下的理想空间格局。”[2]

芮沃寿（Arthur F. Wright）以长安等古代城市为例，指出：“当人们建造城市——尤其是规划城市时——其意图和行动要比仅仅满足城市的实际需要更多。他们建造的城市，以及他们遗留在考古遗址和历史典籍中的城市，戏剧化地向我们展示了其社会秩序——既有现实的，也有理想的，以及他们对宇宙的看法、在宇宙中的地位以及他们的价值等级。”[3]我国古代城市文明早在四千年前，就大致形成了以礼

1 唐晓峰. 新订人文地理随笔[M]. 北京：三联书店：2018：329.

2 郭璐，武廷海. 辨方正位 体国经野：《周礼》所见中国古代空间规划体系与技术方法[J]. 清华大学学报（哲学社会科学版），2017（6）：51.

3 WRIGHT A F. Symbolism and function: reflections on Changan and other great cities[J]. The journal of Asian studies, 1965, 24(4): 667.

制为核心的营国制度和价值系统，并在城市选址及其布局设计上彰显出来。除了“辨方正位，体国经野”的礼制原则，《考工记》中的另一个著名论断则较为具象地展示了理想的都城空间设计蓝图：

匠人营国，方九里，旁三门。国中九经九纬，经涂九轨。左祖右社，面朝后市。市朝一夫。

《考工记》所记载的“营国”，有三个等级，第一级是作为周天子国都的王城，第二级是作为诸侯封国的国都，第三级为宗室和卿大夫采邑即“都”。以上所述空间格局，主要描绘的是理想的王城规划格局，其他两类城邑则按礼制要求依次递减规格。具体而言，营建王城时，设计建造者丈量土地和规划国都，其规模是九里见方，即每边长为九里的一座城池；国都内部的空间设计是每边开有三个城门，城内纵横各有九条街道，即有九条南北大道和九条东西大道，每条大道宽度可容九辆马车并行。以宫城为全城规划的中心，左右对称布置宗庙（居东）和社稷坛（居西），处理国家大事的外朝在前（即南部），从事经济活动的商市居后（即北部）[1]，朝和市的面积各为一百步见方。其中，郑玄注“左祖右社，面朝后市”时强调，此段话是据“王宫所居处中”而言之，即左右前后的空间安排关系是以王宫为中心坐

1　“面朝后市”中的“朝”，不少学者认为指的是路寝之前的三朝，即外朝、治朝、燕朝。贺业钜认为，此“朝”指的是外朝。（参见：贺业钜.《考工记》营国制度研究[M]. 北京：中国建筑工业出版社，1985：24.）此外，典籍中曾记载宋神宗解读“面朝后市”之义，说明了这一城市设计原则所折射的独特意义。宋人沈作喆所著《寓简》中讲：“神宗皇帝御经筵，时方讲《周官》，从容问：‘面朝后市’何义？侍讲官以王氏《新义》对曰：‘朝，阳事；市，阴事。故前后之次如此。’上曰：‘何必论阴阳。朝者，君子所会；市者，小人所集。义欲向君子而背小人也。’”（沈作喆. 寓简[M]. 上海：商务印书馆，1939：910.）

标而界定的。[1]此段描述最为精妙的一点是，虽然并没有明确指明以天子所居宫城为中心，但从城门、主要道路、主要祭祀建筑布局及商市的位置布设来看，所强调的又是以宫城为中心坐标而对称分布。对此，华裔地理学家段义孚有一个形象描述：“皇帝坐在城市中心大殿的宝座上，这个中心不仅坐落于横向空间中的一个位置，同时也具有竖向维度。皇帝坐北朝南，俯瞰通向市井生活的南北向主干道。”[2]

后世有不少儒者按照《考工记》的记载，复原周王城平面布局，如北宋聂崇义《三礼图》中所绘的“王城图”和清代戴震《考工记图》中的“王城图”（图2-2、图2-3）。显然，图中所示王城平面是

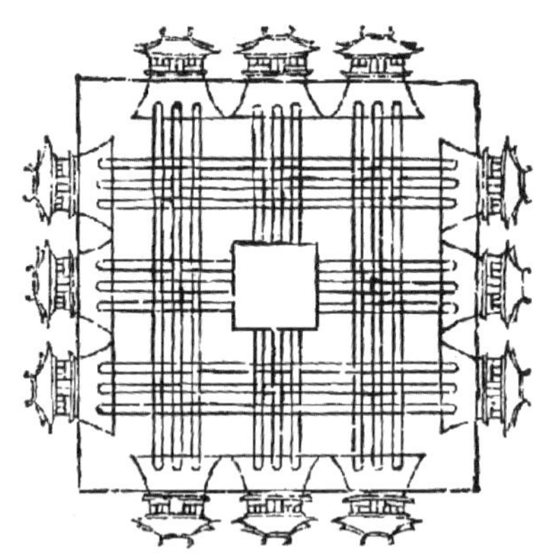

图2-2　北宋聂崇义《三礼图》绘制的周王城平面图

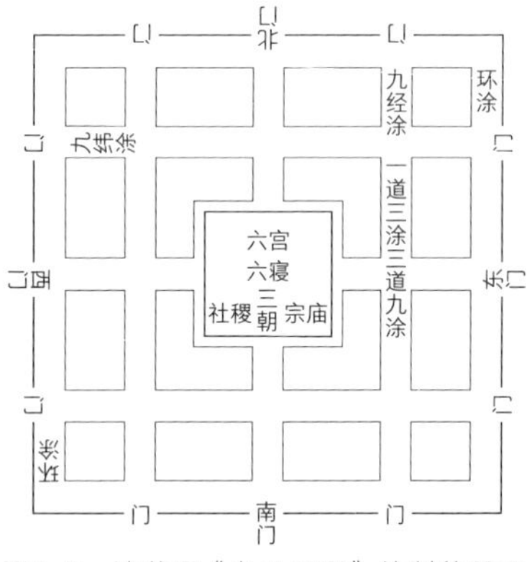

图2-3　清戴震《考工记图》绘制的周王城平面图

1　郑玄，贾公彦. 周礼注疏：下[M]. 上海：上海古籍出版社，2010：1664.

2　段义孚. 浪漫地理学：追寻崇高景观[M]. 陆小璇，译. 南京：译林出版社，2021：114.

一个空间秩序极其规整的理想化设计蓝图，天子所居宫城居中，以此为平面坐标布置其他重要建筑，城邑用地被经纬涂正交干道及次一级的街巷组成的方格网规整地划分为若干街坊，以独特的方式表现了城市格局的礼制规划秩序，“所谓礼制规划秩序，即方位尊卑观念，布置不同礼制等级的功能分区，从而形成中心突出、层次分明、井然有序的严谨规划秩序。营国制度的王城规划结构，便是这种秩序的典型表现”[1]。《考工记》描绘的王城规划格局，是典型的标准理想模式，旨在确立都城的礼制等级格局，其宣教意义高于现实指导价值，东周时期诸侯列国都城的形制多与理想规制不符，后世都城设计制度不可能全部照搬照套，但其所确立的城市设计基本理念如宫城崇方居中、左祖右社等原则，却影响深远。

2. 都城营建等级规定

周代礼制文化的核心价值是突出尊卑贵贱的等级属性，建立尊卑有别的社会秩序，以稳固其统治基础。作为礼制构成中非常重要的营国制度，同样也要在城市规模、城门和道路规划设计形制等方面贯彻等级化的礼制精神。《考工记》中的一段，清楚表明了周代为满足宗法等级政治的需要，实行依爵位尊卑而定的三级城邑营建等级制：

王宫门阿之制五雉，宫隅之制七雉，城隅之制九雉。经涂九轨，环涂七轨，野涂五轨。门阿之制，以为都城之制；宫隅之制，以为诸侯之城制。环涂以为诸侯经涂，野涂以为都经涂。

1　贺业钜. 中国古代城市规划史[M]. 北京：中国建筑工业出版社，1996：257.

周代制度体系的两大支柱，一是宗法制度体系，二是封建爵位体系。前者是一种以宗族血缘为纽带，以嫡长子为大宗，以男性家长为尊所构成的“血缘—政治”制度，旨在将贵族成员都纳入宗法系统，通过将血缘宗族集团与地缘政治相结合的方式巩固政权，核心包括嫡长子继承制、宗庙祭祀制度等。后者是一种随着分封制而确立的政治爵位体系，按公、侯、伯、子、男五等次序排列诸侯贵贱尊卑的爵秩等列。分封的诸侯国，等级地位不同，若不规定其封都城邑的大小规模和形制，国家政治秩序就会乱。于是，五等诸侯爵位的尊卑自然就要体现在城市设计上。首先，根据都邑的营建规模，把城市分为三个等级。第一级是天子或帝王的王城，处于都城系统的最高层次；第二级是诸侯的都城；第三级是宗室和卿大夫在其采地内所建的采邑，称为“都”。这三个不同等级的城邑在城隅高度、道路宽度、城门数量、规划形制等方面有不同规格，等级分明。按《考工记》要求就是：王宫城门的规制高度是五雉，宫墙四角浮思[1]的规制高度是七雉，城墙四角浮思规制高度是九雉。王城内横贯南北、东西的大道宽九轨，环城大道宽七轨，城郭外野地的大道宽五轨。将王宫门阿的规制高度五雉，作为公和王子弟所封采邑城四角角楼浮思高度的标准。将王宫宫墙四角浮思的规制高度七雉，作为诸侯都城四角浮思高度的标准。将王都内环城大道的宽度七雉，作为诸侯

1 孙怡让在《周礼正义》中解释：“浮思者，《广雅》《释名》《古今注》皆训为门外之屏。角浮思者，城之四角为屏以障城，高于城二丈，盖城角隐僻，恐奸宄逾越，故加高耳。”

都城中南北主干道宽度的标准。将王城郭外野地大道的规制宽度五雉，作为公和王子弟所封采邑城中南北主干道宽度的标准。[1]可见，《考工记》的营国设计制度主要是依诸侯爵位尊卑等级而定其城邑营建等级，基本方法是以王城为基准，然后根据“自上而下，降杀以两，礼也”[2]的原则有序递减，以此控制各级城邑的大小规模。

沈文倬认为，用礼来表现等级身份，一个重要的方法是“名物度数”，“就是将等级差别见之于举行礼典时所使用的宫室、衣服、器皿及其装饰上，从其大小、多寡、高下、华素上显示其尊卑贵贱”[3]。城邑等级如同宫室之制，同样可以通过“名物度数”之礼制方法，表达礼的价值判断，区分尊卑等级。其中，“名物是指上古时代某些特定事类品物的名称。这些名称记录了当时人们对特定事类品物从颜色、性状、形制、等差、功能、质料等诸特征加以辨别的认识”[4]。其实，简单说，“名物”就是搞清楚礼典中使用的是什么东西，叫什么名字，“度数”就是搞清楚有什么用处，有什么礼仪规矩。《周礼》中包含了较为丰富的建筑和城邑类名物词，如昭、穆、社、稷、宫、城、郭、野、鄙等，所以要辨其名称和种类。“度数”则指从数量上区分尊卑贵贱，使“数量”所决定的大小、多寡、高下等形制成为标识建筑和城邑等级的重要符号。《礼记·郊特牲》有言：“礼之所尊，尊其义也。失其义，陈其数，祝史之事也。故其数可陈也，其义难知

1　译文参见：徐正英，常佩雨译注．周礼：下[M]．北京：中华书局，2014：999.

2　杨伯峻．春秋左传注（下）[M]．修订本．北京：中华书局，1990：1114.

3　沈文倬．宗周礼乐文明考论[M]．杭州：浙江大学出版社，1999：5.

4　刘兴均．“名物”的定义与名物词的确定[J]．西南师范大学学报（哲学社会科学版），1998（5）：85.

也。”这里所说“数”即是礼的等级形式表征。如《礼记·礼器》中云：“礼，有以多为贵者：天子七庙，诸侯五，大夫三，士一”；“有以高为贵者：天子之堂九尺，诸侯七尺，大夫五尺，士三尺；天子、诸侯台门。此以高为贵也。”对于城邑等级而言，区分尊卑贵贱还可以从城市设计的空间布局来区分，这其中最为重要的礼制传统莫过于赋予地理方位以尊卑象征意涵，择中立都、“居中为尊”，即为对“中”的空间意识的崇尚，《考工记》中的营国制度就是中心拱卫式的城市设计模式。

基于《考工记》营国制度而形成的城市设计的等级制度，对中国古代城市设计历史产生了深远影响。下文还将以其他古代典籍为参考，进一步讨论古代城市设计礼制传统的等级化特征。

3. 体现《考工记》城市设计思想的都城

几千年来中国古代都城的规划布局，难以绝对按照《考工记》之理想形制建造，且至今考古未发现古代都城完全符合“匠人营国”制度的城市遗址。[1]然而，《考工记》中有利于皇权统治的礼制精神却拥有顽强的生命力，成为指导中国古代都城规划与设计的价值坐标。同

1 董鉴泓认为，周代的王城布局是否如《考工记》，尚无确切证据，但春秋战国时代留下的燕下都、齐临淄、赵邯郸和郑韩都城等遗址，均与之相距甚远。秦都咸阳城址大部被渭河冲毁，从一些片断的文献中难于弄清其规划，而汉长安城遗址尚在，其规划也与《考工记》相距甚远（参见：董鉴泓．城市规划历史与理论研究[M]．上海：同济大学出版社，1999：74．）。美国汉学家芮沃寿认为，商周时代沿传下来的一些重要的城市规划方面的规范，在汉代早期都城建设中很少得到体现。汉都也不符合由礼官、阴阳五行家等流派所演化出来的象征主义与宇宙论。究其原因，与西汉初期残酷的政治军事斗争以及秦朝时对列国档案的焚毁有关（参见：芮沃寿．中国城市的宇宙论[M]//施坚雅．中华帝国晚期的城市．叶光庭，等，译．北京：中华书局，2000：48.）。

时，由于《考工记》在汉以后成了儒家“三礼”之首《周礼》的重要部分，在治礼儒生的推动下，进一步强化了其作为统治阶级意识形态的影响力。

总体上看，从曹魏都城邺城（邺北城）开始，以宫城为中心的中轴对称的都城平面规划开始变得较为明显。邺城规划有明确的功能分区，宫城建于北部中央，有比较明确的中轴线（将在后文进一步阐述）。许宏以曹魏邺城为节点，依照城郭形态之不同，将中国古代城市发展划分为两大阶段，即实用性城郭阶段和礼仪性城郭阶段。显著的标志就是中国古代早期都城中分散的宫殿区布局被中轴对称的规划格局所取代。[1] 邺城除了作为曹魏都城，后来还成为东魏、北齐等多个朝代的都城。其中，东魏和北齐邺城（邺南城）的设计思想都可看出受《考工记》的影响。邺南城有很强的规划性，据《魏书》记载，北魏自洛阳迁都到邺城，原先的建筑和城墙等均已毁坏。起部郎中辛术推荐李业兴统率画工设计都城的图样，并就邺南城设计提出：“今皇居徙御，百度创始，营构一兴，必宜中制。上则宪章前代，下则模写洛京”。[2]在此理念之下，邺南城布局整齐划一，宫城位于都城的中央位置，有明显的中轴线。

《考工记》的设计理想较为深刻地影响了隋唐都城长安的规划。相比于曹魏邺城，隋唐长安总体上为相对更严谨的左右对称布局。隋朝初期，隋文帝议定从原西汉所建长安城迁都，任命宇文恺负责兴建新都大兴城，也就是后来的唐长安城。之所以迁都重建都城，一个重

1　许宏．大都无城：中国古都的动态解读[M]．北京：三联书店，2016：15-25.

2　魏收．魏书：第五册　卷84：儒林传·李业兴．北京：中华书局，1974：2012.

要原因是隋文帝认为汉长安城格局不规整，皇宫也不在城市中心，不足以体现周礼所要求的君临天下般的威严。583年初步建成的新都，基于皇权至上的核心原则，在城市布局上的突出特征是气魄宏大、东西对称、整齐划一，后来唐长安在此基础上只做局部调整，没有整体扩建改建。隋唐长安宫城位于都城北部正中，皇城在宫城之南，宫城和皇城之南与东西两侧为外郭城，从宫城的北门玄武门到皇城的南门朱雀门，再进一步向南延伸，经朱雀门大街到外郭城正门明德门，以这一南北方向的中轴线为中心，整个长安城呈现方正规整的东西对称布局（图2-4）。皇城内规划有太庙与社稷坛，太庙位于皇城东南隅，社稷坛位于皇城西南隅，外郭东、西、南三面各设三门，基本对应“左祖右社”“旁三门”的《考工记》模式。

在我国古代都城规划中，对《考工记》规划设计思想体现得最为彻底的当属元大都城（图2-5）。侯仁之认为，《考工记》的理想设计在都城中的体现，“只是到了元朝营建大都城的时候，这才第一次把这一理想设计付诸实现，但也并不是机械地照搬，而是结合这里的地理特点，又加以创造性地发展，终于形成了一幅崭新的设计图案”[1]。

1260年，元世祖忽必烈将统治中心南移到燕京，并将燕京改名“中都”。1266年，忽必烈诏命张柔、段天祐同掌工部事，并派遣刘秉忠来燕京相地，1274年在原金中都城址的东北侧兴建了元大都。元大都的规划设计者刘秉忠除了对天文地理、阴阳五行等有较深造诣之外，受儒学礼制之说影响也很大。他在规划设计元大都城时，恪

1 侯仁之. 北京城的生命印记[M]. 北京：三联书店，2009：215.

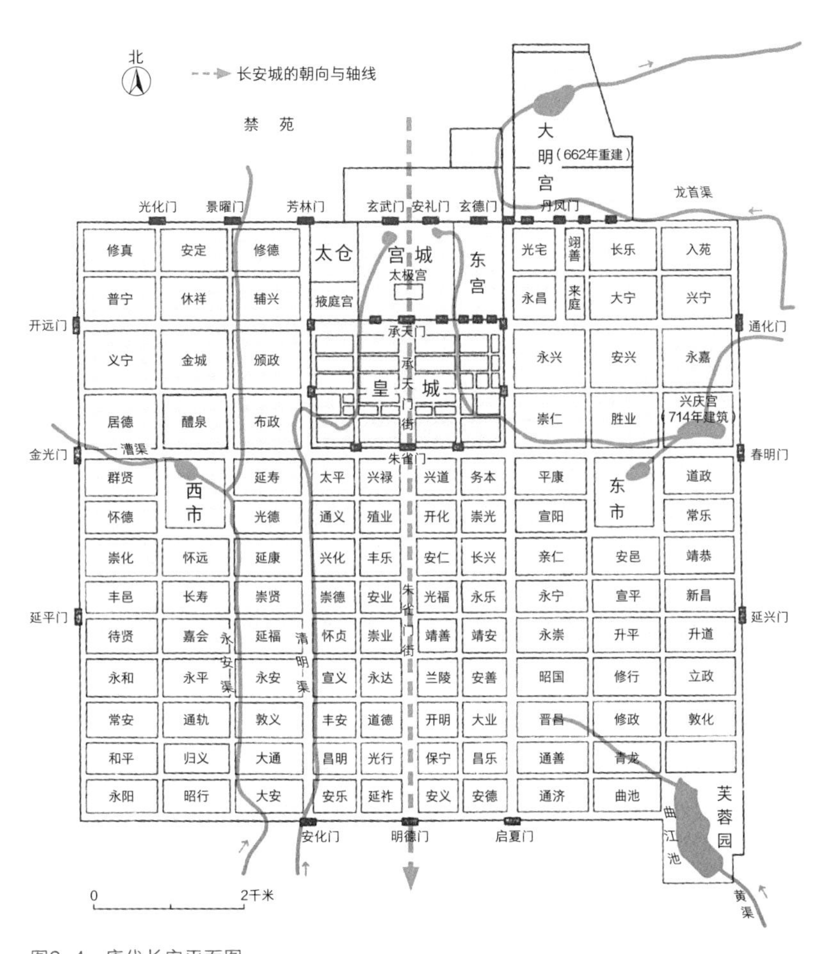

图2-4　唐代长安平面图

来源：李零，刘斌，许宏. 了不起的文明现场：跟着一线考古队长穿越历史[M]. 北京：三联书店，2020：231.

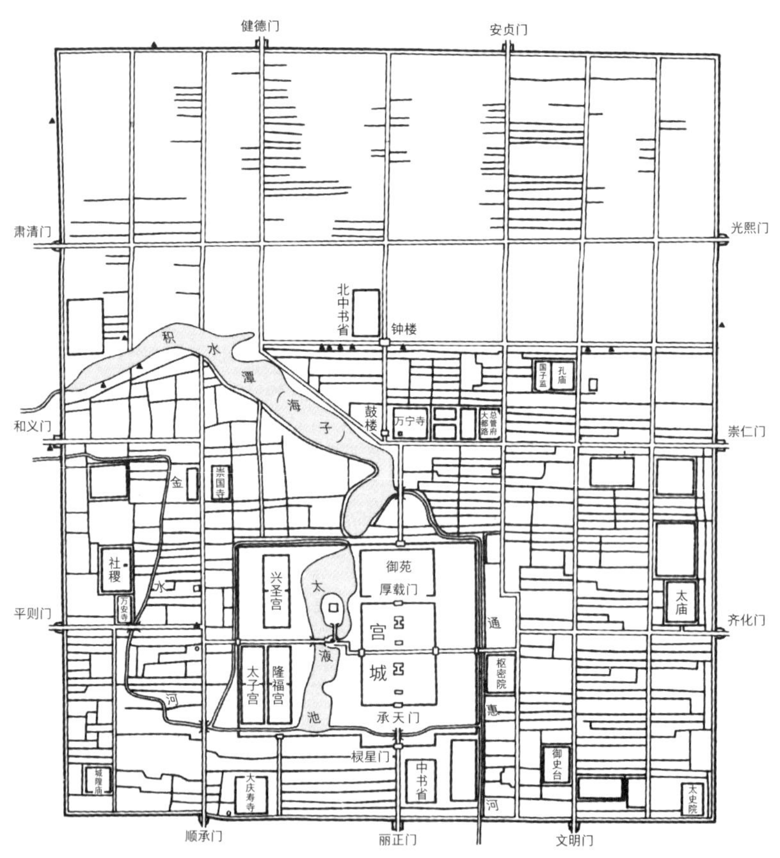

图2-5　元大都城布局复原示意图
来源：《国家人文历史》杂志社官方网站

守《考工记》王城的规制模式。大都城的轮廓严谨方正，南北略长。城墙的东、南、西三面开三个门，北面继承了汉魏洛阳以来都城北墙正中不开门的传统，故元大都共有十一座城门。大都城内的主要建筑群的布局合乎“面朝后市、左祖右社”的基本原则，宫城在城内南部中央，商业区在宫城正北。1277年于齐化门内路北建太庙，在宫城之东；1293年于平则门内路北筑社稷坛，在宫城之西。大都城内连同顺成街在内共有南北干道和东西干道各九条，与《考工记》九条之数相符，南北与东西街道相交，形成一个个棋盘格式的居民区。

明清北京城虽被改造为内外二城，但所遵循的宗旨同样是《考工记》，其布局彰显了以皇权为中心的政治伦理意识（图2–6）。城市几

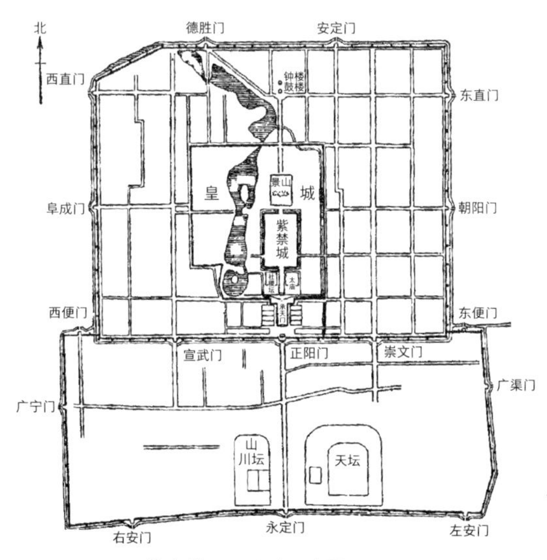

图2–6　明北京城平面设计示意图

何中心由元大都的中心台变为紫禁城北面万岁山的位置，强化了中轴线的地位，宫城位居轴线中心，突出“面南而王”、唯我独尊的帝王意识。太庙、社稷坛分列宫前左右（与元代不同的是，将太庙和社稷坛迁入皇城之中，设置在宫城之前，左右并列），使“左祖右社”布局更为紧凑，突出尊祖敬宗、社稷为重的主题。

三、城市营建与城市设计的礼制等级

受儒家崇尚的礼制，本质在于明上下、别贵贱，突出特征是亲亲、尊尊的等级制。以孔子和荀子为代表的儒家伦理倡导等级式的社会设计，把建立尊卑有序的社会等级秩序看成是立国兴邦的之本，用《左传·昭公二十九年》中的一句话来表达就是“贵贱无序，何以为国”。以伦理等级化形态所表现的宫室之制[1]和都城布局营建之制，作为一种理想政治规范模式的物化形态，是礼制体系的重要内容。陈来指出：“古代礼制中那些器物、车舆、宫室的繁复安排在社会功能上都是为了彰明等级制的界分、增益等级制的色彩、强化等级制的区别。”[2]汪德华认为：“将国家制度中的严格等级观念运用到城市的规划和建设中，不断加以规范化、程式化，以体现封建制度中君臣、父子、上下的尊卑，即是古代城市规划所走过的一条规范化道路。”[3]

中国古代都城布局营建之礼制化，指的主要是都城布局和营建在

1 有关宫室之制问题，具体参见：秦红岭．建筑伦理学[M]．北京：中国建筑工业出版社，2018：58-76.

2 陈来．古代宗教与伦理：儒家思想的根源[M]．北京：三联书店，2009：299.

3 汪德华．中国城市规划史[M]．南京：东南大学出版社，2014：60.

形制上的程式化和规模上的等级化。如同中国古代的建筑等级制度是指统治者按照人们在政治上、社会地位上的等级差别，制定出一套典章制度或礼仪规矩，用于确定合适于自己身份的建筑形式、建筑规模、色彩装饰、建筑用材与构架等，中国古代都城布局营建的等级制则从单体建筑扩展至城市层面。如李允鉌所说："在中国的城市设计思想中，建城就等于计划建设一座庞大的建筑物"[1]，这座庞大的建筑物的方方面面都要体现等级化要求，从而使城市空间成为礼制的物化象征。古代中国城市布局营建等级制在周代明确形成，以后大致为历代所继承。秦汉以后，诸侯、大夫之封国和城邑虽被全国统一的郡县制所取代，都城的布局亦有变化，但礼制等级性内核并没有改变，或者可以说，周代礼制所确立的等级结构和相应的儒家伦理形态，成为秦汉之后直至明清两代都城营建空间范型的母本。

传统典籍有关都城布局营建等级制的礼制规定，除上述《周礼·考工记》和《礼记·王制》篇所述之外，在《左传》[2]《国语》等典籍以及礼主刑辅的中国古代礼律中亦有体现。

（一）从《左传》和《国语》中的两个故事管窥城市营建礼制等级

1.《左传》郑伯克段于鄢

《左传》是我国现存第一部叙事详细的编年体历史典籍，其中记

1　李允鉌. 华夏意匠：中国古典建筑设计原理分析[M]. 天津：天津大学出版社，2005：379.

2　原名为《左氏春秋》，汉代改称《春秋左氏传》，简称《左传》。

载了大量春秋时期有关筑城的史实。有学者对《左传》中记载的城邑修筑活动进行了统计，总计有60处，涉及78座城邑。[1]《左传》对这些筑城活动的记载与评价，体现出强烈的礼制等级的价值标准，“郑伯克段于鄢”就是其中较为典型的事件。

“郑伯克段于鄢”是《左传》中脍炙人口的经典名篇，《古文观止》把它收录为全书第一篇。它是《左传》开启“礼崩乐坏”的春秋乱世的第一个关键事件，主要叙述了一个兄弟阋墙的故事，即郑国的郑庄公与胞弟共叔段围绕君主之位展开的政治斗争。这场斗争包含了一系列事件与情节，如储君之争、庄公封弟、叔段违礼、觊觎君位和原谅姜氏等，结局是共叔段最终被兄长在鄢地击败。“郑伯克段于鄢”以世袭制的问题，揭示了宗法制度和礼制的危机。其中，与城邑营建礼制相关的是共叔段违礼事件。共叔段企图夺取国君之位的一系列违背礼制法度的行为，也包括在营建城邑方面的僭越行为。对此，《左传·隐公元年》有如下一段话：

祭仲曰：“都，城过百雉，国之害也。先王之制：大都，不过参国之一；中，五之一；小，九之一。今京不度，非制也，君将不堪。”[2]

这段话借郑大夫祭仲献言郑庄公，说明了都城营建规模的礼制要求，即侯伯之城，方五里，径三百雉，故其都城不得过百雉（约300丈），否则就会成为国家的祸害。按照先王的礼制，它下面所属大城的规模不能超过国都的三分之一，中等城市的规模不超过五分之一，

1 李明丽. 论《左传》叙事的尊“国”意识[J]. 山东理工大学学报（社会科学版），2021（3）：28.

2 杨伯峻. 春秋左传注：上[M]. 修订本. 北京：中华书局，1990：11.

小城的规模不超过九分之一。庄公将京这座大城封与其弟共叔段，其尺度规模已经不合乎先王规矩，但共叔段获分封控制大城京邑后，还不断扩建城池，修整城郭，面积规模远远超出法度，其实这也是他为发动叛乱夺权所做的准备，同时也反映了当时各有差等的筑城规制渐遭破坏。对于这样的逾礼违制行为，郑庄公说“多行不义，必自毙，子姑待之”。

2.《国语》范无宇论城

《国语》是先秦时期一部以记言为主的国别体史书，它同《左传》一样，同样以记载春秋时期的史实为主，保存了大量先秦礼制的史料。其中，也有反映诸侯国君建造都城和宫室的礼制等级要求。《国语·楚语上》中记载了楚灵王大兴土木修筑陈国、蔡国、不羹的城邑，派子皙去询问范无宇不能使中原各国归附的原因时，范无宇针对当时各国贵族之祸，有一段涉及营建城邑规模礼制要求的对答：

对曰：“其在志也，国为大城，未有利者。昔郑有景、栎，卫有蒲、戚，宋有萧、蒙，鲁有弁、费，齐有渠丘，晋有曲沃，秦有征、衙。叔段以景患庄公，郑几不克，栎人实使郑子不得其位。为蒲、戚实出献公，宋萧、蒙实弑昭公，鲁弁、费实弱襄公，齐渠丘实杀无知，晋曲沃实纳齐师，秦征、衙实难桓、景，皆志于诸侯，此其不利者也。

且夫制城邑若体性焉，有首领股肱，至于手拇毛脉，大能掉小，故变而不勤。地有高下，天有晦明，民有君臣，国有都鄙，古之制也。先王惧其不帅，故制之以义，旌之以服，行之以礼，辩之以名，书之以文，道之以言。既其失也，易物之由。夫边境者，国之尾也，譬之如牛马，楚暑之出纳至，虻蠜之既多，而不能掉其尾，臣亦惧之。不然，是三城也，岂不使诸侯之心惕惕焉。”

从上述这段话中可以看出，范无宇论城有三个观点值得重视。一是阐述“国为大城，未有利者”以及“国有都鄙，古之制也”，这实际上是在强调体现周礼所要求的“体国经野”和“以国治野”的空间划分法则，将国野制所奉行的“都鄙之别”[1]视为如同“地有高下，天有晦明”的自然法则和“民有君臣”般的等级要求的礼制秩序，不可更改。二是提出了“制之以义”的制城基本原则。范无宇强调，国家有国都和边邑，这是自古以来的制度，先王恐怕有人不遵守，才用道义来制约它，此外还用服饰来彰显它，用礼仪来推行它，用名号来分辨它，用文字来记载它，用语言来表述它。如果“失义”，不仅改变了尊卑等级秩序，还可能发生叛离内乱。三是提出“制城邑若体性”的城市设计观点，认为修筑城邑就像人的身体一样，有头、有四肢，一直到手指、毛发和血脉，大的部位能调动小的部位，所以行动起来才不劳累。这一观点初步提出了人的体性即身体的观念与城邑构造的关系，是观察城市功能极为独特的视角。然而，正如贺业钜的观点，“制城邑若体性”并没有超越礼制窠臼，它借人体各部位的关系比喻主从不能紊乱，方可形成一个秩序井然的有机整体，“似此主次

1 “国”与“野”又可称为“国”与“鄙”，“鄙”一般指郊以外或边远地区。《左传·隐公元年》中讲：“既而大叔命西鄙、北鄙贰于己。”杜预注：“鄙，郑边邑。”《国语·齐语》中讲：“参其国而伍其鄙。”韦昭注：“国，郊以内也。……鄙，郊以外。”

分明、等级森严的组织秩序，实即周人所强调的礼治秩序”[1]。

（二）从都城布局变化管窥皇权至上的礼制等级

杨宽认为，综观中国古代都城规划的历史，都城布局有三次重大的发展变化：一是从西周到春秋战国时期，都城由一个“城”发展为“城”和“郭”连接的结构；二是从西汉到东汉，都城布局从坐西朝东转变为坐北朝南；三是从魏晋南北朝到隋唐，从坐北朝南发展为东西对称、南北向的中轴线布局。[2]他还提出，城市布局的这三次重大变化，除第一次变化主要是基于政治上和军事上的需要之外，后两次变化主要与礼制等级变革有紧密关联。例如，西汉以前的都城采用坐西朝东的空间布局，是基于维护宗法制度的礼制，依据以东向为尊的礼俗而设计的，“无论宗庙中的室，宫殿中的室，都是以西南角的‘奥’作为尊长安居之处，都是坐西朝东，以东向为尊。古代都城的设计者，就是把整个都城看作一个‘室’，因而把尊长所居的宫城或宫室造在西南隅，整个都城的布局都是坐西朝东的。这是周人的传统习俗”[3]。都城布局的第二次变化即东汉以后都城布局改为坐北朝南，以及第三次变化发展为南北向的中轴线布局，同样是基于礼制要求，只不过是以皇权至上的礼制等级替代宗法礼制。郭黎安通过对魏晋南北朝都城形制的研究，提出中国都城设计在魏晋南北朝出现了许

1　贺业钜．中国古代城市规划史[M]．北京：中国建筑工业出版社，1996：206.
2　杨宽．中国古代都城制度史研究[M]．上海：上海人民出版社，2016：184-191.
3　杨宽．中国古代都城制度史研究[M]．上海：上海人民出版社，2016：194.

多前所未有的新形制和新发展，相当于杨宽所说的中国古代都城布局的第三次大变化。如都城中均有一条纵贯南北的中轴线，宫城位于北部中轴线上，中央宫署和庙社集中在南部中轴线两侧，逐渐形成我国都城对称、平稳、庄重的建筑风格。这不仅利于防卫，更体现了封建帝王唯我独尊的意识。[1]

因此，基于礼制视角透视中国古代城市规划中都城布局的变迁，可以发现，当宫殿取代了宗庙的政治和宗法角色，当维护皇权至尊高于一切时，都城布局中彰显的礼制要求自然要随之变革。日本学者斯波义信以公元前221年秦朝推行“郡县制”为标志，提出“四千多年的中国都市史在时间上可以整齐地划分为二，前半部分为邑制都市时期，后半部分为县制都市时期”[2]。其实，大体上也可以以结束春秋战国五百年乱世的秦王朝为界，将中国古代城市设计礼制史在时间上划分为前半部分为宗法礼制时期，后半部分为皇权礼制时期。

概括地说，宗法制和君主专制是传统城市设计思想所依赖的社会政治结构。周代时以血缘关系和宗姓氏族为纽带的宗法制完备而系统，对城邑建立的影响很大。对此，张光直认为，“高度层序化”是中国宗法制的基本特点，各氏族由若干宗族群所组成，单个宗族甚至每个宗族中的单个成员其政治地位都有高下之分。宗族分支制度会产生新的支系和建立新城邑的需要。分支宗族的聚集核心便是城墙环

1 郭黎安. 魏晋南北朝都城形制试探[C]//中国古都研究（第二辑）：中国古都学会第二届年会论文集，中国古都学会会议论文集，1984：57.

2 斯波义信. 中国都市史[M]. 布和，译. 北京：北京大学出版社，2013：3.

绕的城邑。因此，“就动机而论，城市构筑其实是一种政治行动，新的宗族以此在一块新的土地上建立起新的权力中心”，“城邑、氏族和宗族的分级分层，组成了一幅理想的政治结构图”。[1]从西周后期开始，以宗法制为基础的社会体系和封邦建国制度逐渐式微，代之以皇权君主专制一统天下、控御万民的政治格局，正如董仲舒在《春秋繁露·立元神》中所言：“君人者，国之元，发言动作，万物之枢机。枢机之发，荣辱之端也。”需要强调的是，秦以后政治制度形态的变化虽然并没有改变宗法制内含的“家国同构”和等级层序的礼制文化基因，但皇权的至尊性和垄断性所带来的礼制功能却开始转型，需要以更宏大的平面空间布局体现皇权浩大。王毅曾指出，中国皇权通过一套高度缜密的网状结构渗透了整个制度文化体系，“在皇权文化总体格局和统一制度指向的统摄之下，社会文化的每一具体的分支都不断在其内部建构起日渐致密的网络形态”[2]，使得几乎任何具体的文化形态，包括宫城和皇城的布局，都不能不将这种权力制度的法理、脉络和结构方式复制到自己立身的基础之中。

具体在城市营建制度方面，作为体现皇权国家权力体制的物质载体，城市空间布局首要的礼制要求，是将君权放在一个宇宙模式背景下表达其经纬天地的至上性和神圣性。杨宽认为，西汉以前都城布局坐西朝东，以东向为尊，东汉以后都城布局改为坐北朝南，有两个重要原因，都与推崇皇权有关。一是在中央集权的政治体制下，基于皇

1　张光直．美术、神话与祭祀：通往古代中国政治权威的途径[M]．郭净，陈星，译．沈阳：辽宁教育出版社，1988：6-7，21.

2　王毅．中国皇权制度研究[M]．北京：北京大学出版社，2007：67.

权至尊的需要，把皇帝祭天之礼作为每年举行的重大典礼，规定在国都南郊举行；二是为了满足举行盛大的元旦朝贺皇帝仪式的需要，以进一步推崇皇权和巩固全国的统一。[1]王毅认为，隋唐长安城的规划超越了汉代长安城布局较为散乱随意的格局，体现出明确成熟、统一严整的规划设计主旨，其庞大城市网络体系之中的每一局部的具体建构定位，都与城市的整体布局有着清晰严整的逻辑关联和层序安排（图2-4），尤其是“作为上述城市建筑制度中万象归一的根本趋向和核心的准则，乃是以具体的建筑形式体现出皇权的至尊地位及其对整个体系无处不在的统摄力”[2]。

与此同时，皇帝所居宫殿也代替周代的王室宗庙成为权力的物化象征，宫殿成为都城中心，以其恢宏的气势和高度秩序化、礼仪化的群体布局和空间划分模式，烘托出皇权的巨大威慑力，彰显帝王九五之尊的权力形象。对此，《史记・叔孙通传》的一段记载颇具说明力。汉高祖刘邦即位之初（公元前202年），由于废除了秦朝那些严苛烦琐的仪礼法规，因而群臣见他时很是随便，“群臣饮酒争功，醉或妄呼，拔剑击柱”[3]。于是，高祖命叔孙通负责拟定仪式礼节。汉高祖七年（公元前200年），长乐宫建成，这一年的正旦（十月初一）各诸侯王及朝廷群臣于晨曦微露之时，便在长乐宫前肃立恭候，朝拜皇帝。且不说那些庄严无比的仪式礼节，单是在体量宏伟的建筑空间之中，

1 杨宽．中国古代都城制度史研究[M]．上海：上海人民出版社，2016：195-197.

2 王毅．中国皇权制度研究[M]．北京：北京大学出版社，2007：55.

3 许嘉璐，安平秋．二十四史全译 史记：第2册[M]．北京：汉语大词典出版社，2004：1223.

所有官员各入其位，依次排列在大殿下台阶的东西两侧，九名戴着獬豸冠的御史官，往来于各列队之间，发现有违反礼仪者当即纠举。伴随太乐令击钟，协律都尉举麾，乐工奏乐，皇帝刘邦乘坐龙辇从宫房出来，来到正殿，南面升座，诸侯及朝廷群臣在谒者的引领下，逐一向皇帝跪拜奉贺。如此威严的仪式性安排，让君臣上下的尊卑次序借助空间的等级区隔而一目了然，诸侯群臣全都俯首而不敢仰视，无不因这威严仪式而惊惧肃敬。原本讨厌儒生礼仪的刘邦因此感叹道："吾乃今日知为皇帝之贵也!"[1]举行大朝会的汉长乐宫，根据《长安志》卷三《宫室一》"长乐宫"条引《关中记》载："周回二十余里，有殿十四。"经考古勘探，长乐宫周围约长一万米，全宫面积约六平方千米，布置有前殿和长信、长秋、永寿、永宁等宫殿十四座，连绵错落，雄伟壮观。长乐宫只是临时皇宫，继之由萧何主持修建的正式皇宫——未央宫由巍峨高耸、鳞次栉比的宫殿群构成的方形平面布局，更进一步彰显了君主之重威，成为展示皇权绝对意志的工具。《史记·高祖本纪》中有一段记载说明了修建未央宫的政治伦理意义："萧丞相营作未央宫，立东阙、北阙、前殿、武库、太仓。高祖还，见宫阙壮甚，怒，谓萧何曰：'天下匈匈苦战数岁，成败未可知，是何治宫室过度也?'萧何曰：'天下方未定，故可因遂就宫室。且夫天子四海为家，非壮丽无以重威，且无令后世有以加也。'"[2]汉长安是典型的主

1　许嘉璐，安平秋．二十四史全译　史记：第2册[M]．北京：汉语大词典出版社，2004：1224.

2　许嘉璐，安平秋．二十四史全译　史记：第1册[M]．北京：汉语大词典出版社，2004：138.

要由宫殿构成的政治之城，未央宫、长乐宫、北宫、桂宫和明光宫等皇家宫室占据城内主要空间（图2–7），其中最为重要的未央宫和长乐宫雄踞龙首山北麓制高点，“俯视”它控制下的子民。

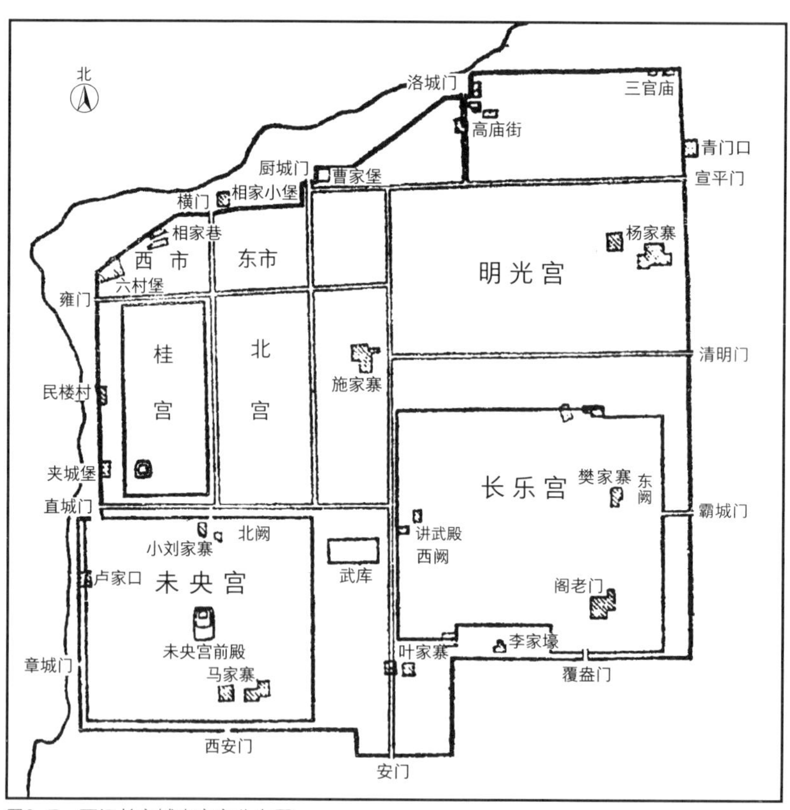

图2–7 西汉长安城内宫室分布图
来源：杨宽．中国古代都城制度史研究[M]．上海：上海人民出版社，2016：117.

四、天人之和的宇宙象征主义

美国汉学家芮沃寿认为，“所有的文明古国，都有为城市选择吉地的惯例，都有把这个城市及其各部分与神祇和自然力联系起来的象征体系”，“纵观中国城市建设的漫长历史，我们发现在城址选择和城市规划上，存在着一种古老而烦琐的象征主义，在世事的沧桑变迁中却始终不变地沿传下来”。[1]芮沃寿将他所言“古老而烦琐的象征主义”视为一种以正统儒家学说为代表的、主要由士大夫提出的城市设计宇宙论——一种仪式象征综合体系，“相信在安排城址及其各部分时，人应尊重自然力及神所管辖的自然界；相信祖先，特别是贵胄望族的祖先，作为上帝的代理人，对他们子孙后代的事务，仍会起重大作用。因而神、人与自然，有生的与无生的，被看成仿佛都是天衣无缝地交织着，相互起着影响”[2]。芮沃寿的视角触及了中国城市设计礼制传统的另一个面向，即作为一种空间象征主义的城市设计礼制传统。

从《考工记》所述营城制度可发现，早在周代，中国古代城市设计就创造了一套独特的空间象征语言，对城市空间进行等级化、系统化控制，目的是更好地发挥礼制功能，建构王权至尊的统一秩序。如前所述，中国古代城市营建等级主要采取的是数字象征和方位象征原则，这两种象征原则在各个古老的文明中都有不同程度的体现，人们

1 芮沃寿．中国城市的宇宙论[M]//施坚雅．中华帝国晚期的城市．叶光庭，等，译．北京：中华书局，2000：37.

2 芮沃寿．中国城市的宇宙论[M]//施坚雅．中华帝国晚期的城市．叶光庭，等，译．北京：中华书局，2000：45.

深信数字和方位中蕴藏着神秘的力量，不同的数字和方位各有其神圣意义。《考工记》等典籍所述城市设计相关礼制对数字体系的应用，一方面能够将城市、建筑群和单体建筑划分成不同等级，规约不同等级城邑的规模大小、面积比例、形制高低；另一方面用数列安排等级，可以通过拉开档次昭示其尊卑高下的象征性意义。《周易》把数分为地数和天数，以象征阴与阳两种不同性质的事物。作为阳数之极的“九”被视为最尊贵、最高等级的数字，是与帝王有关的数字，然后以七、五、三之级差有序递减，形成传统城市营建等级系列。城市设计对方位观念的应用，一方面能够划定城市的空间区位和重要建筑的方位，另一方面体现了方位排序具有尊卑吉凶的象征性意义。

追溯中国古代城市设计数字方位象征意义的文化渊源，则要涉及一个更为重要的空间象征主义理念——城市设计与中国传统宇宙天象观之间的关系，或者更宽泛地说是天人关系，其最终目标是通过尊法自然、象天法地的空间象征主义手法，安顿天下秩序，构造一个皇权制度与宇宙秩序相互对应支撑以及天、地、人和谐一体的理想空间。

中国古代没有自然界这个词，人与自然和宇宙系统的关系，在古代哲学思想中表现为一种特殊的天人关系。在此意义上，“天”指的是宇宙的本然逻辑，也可称为天命、天道和自然。以儒家为道统的传统哲学思想主张把人看作自然宇宙的一部分，人与天地是一个有机整体，本来就是和谐的、一体的，具有内在联系性和相互依存性，甚至是相互感应并相通的。《易·贲卦·彖传》中说：“观乎天文，以察时变；观乎人文，以化成天下。”《易传·乾·文言》中提出了“天人合德”观念，“夫‘大人’者，与天地合其德，与日月合其明，与四时合其序，与鬼神合其吉凶，先天而天弗违，后天而奉天时”。《中庸》强调人道取法天道，“万物并育而不相害，道并行而不悖”。《荀子·天论》说“天有其时，地有其财，人有其治，夫是之谓能参”，主张促进天、地、人这三大系统“三才”并进，共同组成一个统一的机体，让万物和谐相处。汉代以天人感应说闻名的董仲舒对天人关系的论述颇多，如他说：“事各顺于名，名各顺于天。天人之际，合而为一。”[1]而且，在董仲舒的推动下，儒家将阴阳五行的宇宙学说纳入其思想体系。张载更明确提出了人与天地万物为一体的“天人合一”观，他说：“儒者则因明致诚，因诚致明，故天人合一，致学而可以成圣，得天而未始遗人。”“乾称父、坤称母；予兹藐焉，乃混然中处。故天地之塞，吾其体；天地之帅，吾其性。民吾同胞，物吾与也。”[2]从上述这些观点来看，天人之和思想提供了人与自然宇宙不可分离、相互依存的思维模式和价值取向，要求理解天道节律并使人间事物与天道变化相一致，这一思想也确立了中国传统城市设计的基本哲学内涵，而秦汉之后发展起来的宇宙时空与政治制度对应关系的宇宙天象学，皇权制度与天象格局之间对应关系的设计等观念[3]，则进一步推动了城市设计对皇权至上的神圣性、合法性、正统性的竭力印

1　董仲舒．春秋繁露[M]．北京：中华书局，1992：288.

2　张载．张载集[M]．章锡琛，点校．北京：中华书局，2012：65，62.

3　王毅阐述了宇宙天象学的发展与皇权形态、皇权文化体系之间的缜密关系，认为中国秦汉以后的宇宙天象学发展为一种完整的“制度演象学”，以皇权文化为核心的指向贯穿了战国后期天象学的发展，在其后人们对天象学的构建中，总是将日月星象如何直接体现着“王道”化育天下、统辖万有的政治功能放在首要位置。（参见：王毅．中国皇权制度研究[M]．北京：北京大学出版社，2007：60.）

证，并具体在城市选址、形态布局、主体建筑和城市与其所处位置的天地联系等方面，以一种空间象征主义手法体现出来。对此，李约瑟（Joseph Needham）指出：

中国人在一切其他表达思想的领域中，从没有像在建筑中这样忠实地体现他们的伟大原则，即人不可被看作是和自然界分离的，人不能从社会的人中隔离开来。自古以来，不仅在宏伟的庙宇和宫殿的构造中，而且在疏落的农村和集中的城镇居住建筑中，都体现出一种对宇宙格局的感受及对方位、季节、风向和星辰的象征手法。[1]

周代以来，象天法地的空间象征主义思想指导了中国古代城市设计数千年。《易·系辞上》云："在天成象，在地成形，变化见矣。"《易·系辞下》云："古者包牺氏之王天下也，仰则观象于天，俯则观法于地，观鸟兽之文，与地之宜，近取诸身，远取诸物，于是始作八卦，以通神明之德，以类万物之情。"八卦本身是伏羲象天法地抽象出来的符号，由"象"而来，与数密切相关，其象征意义是圣人象天法地以实现天下大治。《周易》对古代城市设计思想的影响主要体现为一种"观物取象"的象征手法。所谓日月星辰乃天下的"指示"，天象运转与人文动态密切相关，都城设计从数量、形制到方位都要尊法自然，象天法地。

古代城市设计史上，最早明确提出并运用象天法地原则筑城的是伍子胥。春秋时，吴王建都于阖闾（今苏州），命大臣伍子胥修筑

1 李约瑟. 中国科学技术史：第四卷物理学及相关技术，第三分册土木工程与航海技术[M]. 汪受琪，等，译. 北京：科学出版社，2008：64.

都城阖闾，他所依据的城市设计原则就是象天法地，对此，《吴越春秋·阖闾内传第四》记载如下：

子胥乃使相土尝水，象天法地，造筑大城。周回四十七里，陆门八，以象天八风，水门八，以法地八聪。筑小城，周十里，陵门三，不开东面者，欲以绝越明也。立阊门者，以象天门，通阊阖风也。立蛇门者，以象地户也。阖闾欲西破楚，楚在西北，故立阊门以通天气，因复名之破楚门。欲东并大越，越在东南，故立蛇门以制敌国。吴在辰，其位龙也，故小城南门上反羽为两鲵鱙，以象龙角。越在巳地，其位蛇也，故南大门上有木蛇，北向首内，示越属于吴也。[1]

伍子胥营造都城阖闾采用象天法地的设计手法，在城门种类、数量、装饰、方位朝向等诸多方面，有意取法天地意象以决定城门的数量与命名，具有明确的象征意义，如四面各开陆门二，以象征天上随季风而风向不同的“八面之风”，开八座水门以象征地上的八卦，即将乾阳之天和坤阴之地与陆门与水门相对应，寓意是阴阳和合、天人相通。

为强化中央方位独尊的礼制观念，都城形制设计上以模仿附会天象的方式表现一种空间象征主义。传统都城设计文化在空间上的一个主要特征，莫过于择中立都、“居中为尊”，即对“中”的空间意识的崇尚。西周初期，周公继承武王“定天保、依天室”的旨意，择“土中”（即天下土地之中央）而营洛邑。[1]《考工记》“营国制度”

1　赵晔. 吴越春秋[M]. 南京：江苏古籍出版社，1999：25.

就是中心拱卫式的城市设计模式，以表达帝王独尊的绝对王权主义思想。

春秋开始，古人将二十八星宿分为东西南北四方，每方七宿与四种颜色、四组动物形象相配，叫作四象或四陆，分别是东方青龙（苍龙）、西方白虎、南方朱雀、北方玄武，尊为四方之神，以辟邪恶、调阴阳。此四象拱卫北极星。北极星周围又有许多星座，合为一区，称紫微垣，它与太微垣、天市垣合称三垣，加上二十八星宿构成古人观天象时的星象体系。其中，三垣之首紫微垣以北极星为中枢，又称中宫、中元、紫宫，如同天上的君主，坐镇中央号令四方。《论语·为政》讲："为政以德，譬如北辰，居其所而众星共之。"斗转星移、变动不居的宇宙存在着一个众星拱卫、相对稳定的"中心"——北极星，它是"天中"，整个天体都是以它为中轴循环转动。这种天象正好也象征人间的政治伦理秩序，天上世界的中央至尊紫微垣和北极星就是地上世界的中央至尊。自汉代以后，贯穿数千年的城市设计理念便是择天之下中而立国、择国之中而立都、择都之中而立宫，宫既居中，就需四方拱卫，于是"苍龙、白虎、朱雀、玄武，天之四灵，以正四方，王者制宫阙殿阁皆取法焉"[2]。

1 《逸周书·度邑》记载："旦，予克致天之明命，定天保，依天室，志我其恶，专从殷王纣，日夜劳来，定我于西土。我维显服，及德之方明。"西周初期《何尊》铭文里引武王在克大邑商以后，廷告于天说："余其宅兹中国，自之辥（乂）民"，意思是要建都于天下的中心，从这里来统治民众。《逸周书·作雒》记载："周公敬念于后，曰：'予畏同室克追，俾中天下。'及将致政，乃作大邑成周于中土。"这句话的意思是，周公认真地为后世谋虑，担心周室不能长久，就让都城建在天下之中心地。到了即将返政成王之时，就在国土中央营建大都邑成周。

2 程国政，路秉杰. 中国古代建筑文献精选（先秦　五代）[M]. 上海：同济大学出版社，2008：179.

天人相应、象天法地的都城规划设计意向，在秦都咸阳的城市设计中有较为自觉的体现，并对后世都城设计有着深远影响。吴良镛说："秦始皇统一天下之后，以前所未有的气魄开始建设中国历史上第一个中央集权国家王朝的都城。面对如此巨大的天下，秦人追求胸怀之大和宇宙之大，都城以天为范，以'象天'的手法去布局新帝都人居环境。"[1]秦都咸阳整体布局与天象呈现"上映群星、下合山川"的对应关系，形成众星拱辰、屏藩帝都的格局，以此象征君权神授。《史记·秦始皇本纪》载："二十七年，始皇巡陇西、北地，出鸡头山，过回中。焉作信宫渭南，已更命信宫为极庙，象天极。"这里指的是公元前220年，秦在渭河之南修建了信宫，由于它比附北极星的形象，于是将其命名为极庙。《史记·秦始皇本纪》还记载："三十五年……为复道，自阿房渡渭，属之咸阳，以象天极阁道绝汉抵营室也。"这里的"天极""阁道""营室"均是天象星宿的名称。公元前212年，秦始皇在渭河南岸建了一座巍峨宏大的朝宫——阿房宫，将阿房宫前殿与渭北的咸阳宫通过跨越渭水的复道连为一体，以此象征天帝通过阁道往来于天极星和营室星。《三辅黄图》记载："始皇穷极奢侈，筑咸阳宫，因北陵营殿，端门四达，以则紫宫，象帝居。渭水贯都，以象天汉；横桥南渡，以法牵牛。"[2]指的是以咸阳宫为中心建造象征天帝居住的紫微宫，渭水自西向东横穿都城比附天上银河，横桥代表阁道，象征将南北的宫阙林苑连成一体，比附牵牛星座的"鹊

1　吴良镛．中国人居史[M]．北京：中国建筑工业出版社，2014：92.

2　程国政，路秉杰．中国古代建筑文献精选（先秦　五代）[M]．上海：同济大学出版社，2008：175.

桥”。“总之，以‘象天法地’‘人神一体’的思想来营建皇皇帝居，以之与天帝常居的‘紫宫’及天上‘银河’‘鹊桥’相比拟，其目的仍在宣扬‘天地相通’‘天人感应’的皇权思想，以维护其封建统治，自始皇帝起，二世、三世，以至万世不绝。”[1]

由秦都咸阳开创的象天法地设计思想在汉代都城设计中获得了发展，主要体现在三个方面：第一，西汉长安采用小城与大郭连接的方式，延续了秦都恢宏壮丽的都城营建模式，城市布局超越了秦代刻意追求地理位置绝对对应的比附方法。汉长安城在汉惠帝刘盈元年（公元前194年）修筑外郭城，其城墙除东墙平直外，其余三面皆有多处曲折，南墙中部南凸，东段偏北，西段偏南；西墙南、北两段错开，西北部分曲折延伸（图2–8）。《三辅黄图》记载汉长安城时说：“城南为南斗形，城北为北斗形，至今人呼汉京城为斗城是也”。[2]南斗形即南斗六星的形状，北斗形即北斗七星的形状。虽有学者如贺业钜、李允鉌等认为，长安南北曲折的形制并非有意模拟天象，而是出于实际要求，受地形与河岸之制约的结果，但也不能完全否定其象天设都的深层意蕴。比如，李允鉌一方面认为“斗城”的形成是具体建城过程中适应实际地形条件的结果，另一方面他并不否认西汉长安城“体像乎天地”的意匠，并认为是象征主义在城市规划中运用得最突出的一个实例。朱士光认为，斗形布局是有意让长安城内之主要宫殿未央宫处于都城西南，其用意如东汉张衡在《西京赋》中所指出的“正紫宫于

1 朱士光．古都西安的发展变迁及其历史文化嬗变之关系[M]//陈平原，王德威．西安：都市想象与文化记忆．北京：北京大学出版社，2009：327.

2 程国政，路秉杰．中国古代建筑文献精选（先秦　五代）[M]．上海：同济大学出版社，2008：177.

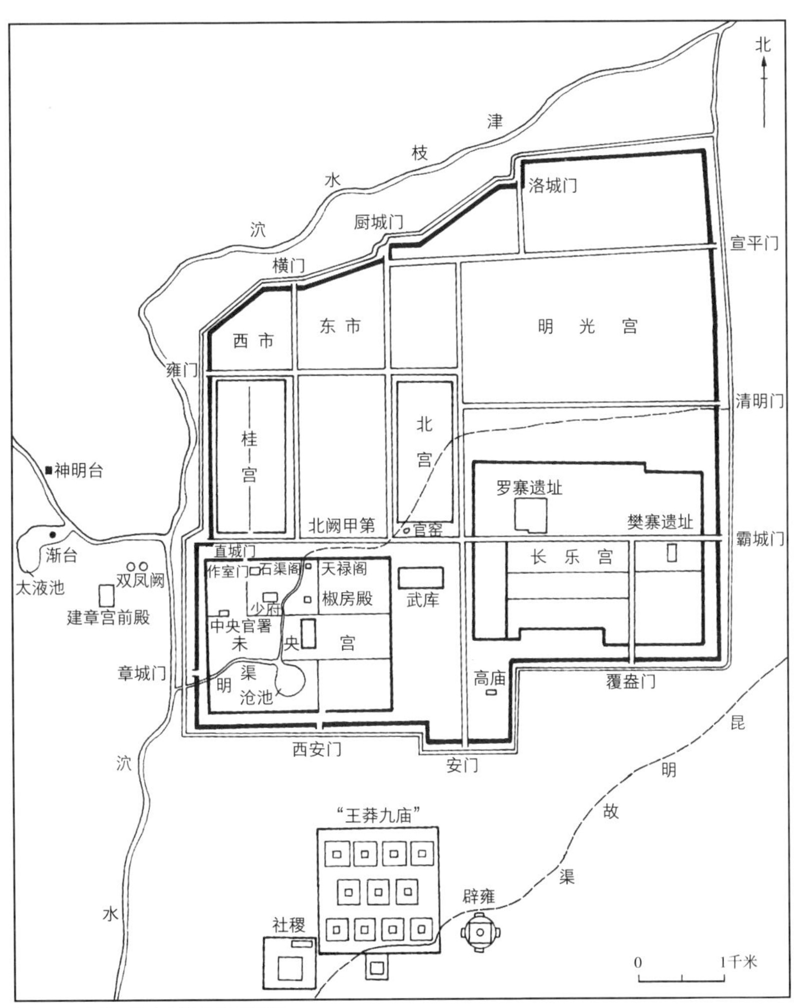

图2-8　西汉长安城平面示意图

未央，表尧阙于阊阖”，是人神与共、天人感应等皇权思想的体现。[1]

第二，西汉末王莽当政时期，以实现天地人三才和谐为目标，环绕都城布局的礼制建筑祭祀体系初步确立，由此奠定了此后历代都城礼制建筑的规划设计原则。儒生出身的王莽在托古改制的名义下，在汉长安城兴建了一组包括明堂、祭坛、灵台、“九庙”在内的规模宏大的礼制建筑群，在中国礼制建筑史上产生了深远影响。王莽于公元5年承续从成帝开始的郊礼改革，确定长安南北郊圜丘郊祀之礼，即在长安南郊设祭天的上帝坛，在北郊设祭地的后土坛。王莽后又在长安近郊设立五帝畤[2]，奠定了五帝祭祀在郊祀之礼中的地位，旨在把天地总神以下诸神以五方帝为核心分为五部，由此环绕长安城建造了祭祀天、地、五帝的祭坛与诸庙，“这些祭坛、诸庙，将作为宇宙基本构成要素的阴、阳，木、火、土、金、水之五行及其表现的各种形态都网罗于都城，通过贯穿一年四季的系统祭祀，谋求天、地、人三才的融合与和谐”[3]。王莽执政时期所修礼制建筑中，以主要作为古代天子布政之宫、宣明政教的明堂最为独特，其建筑形态如同天地的缩微，上圆下方，法象天地，在政治上有重要象征地位。《白虎通德

1 朱士光. 古都西安的发展变迁及其历史文化嬗变之关系[M]//陈平原，王德威. 西安：都市想象与文化记忆. 北京：北京大学出版社，2009：328.

2 五帝是中国古代重要的神祇系统，主要职能是分别掌管金、木、水、火、土五行系统，因此又称为五行之神；畤指古代祭祀天地五帝的固定处所。按《汉书》记载，五帝畤具体指“分群神以类相从为五部，兆天墜之别神：中央帝黄灵后土畤及日庙、北辰、北斗、填星、中宿中宫于长安城之未墜兆；东方帝太昊青灵勾芒畤及雷公、风伯庙、岁星、东宿东宫于东郊兆；南方炎帝赤灵祝融畤及荧惑星、南宿南宫于南郊兆；西方帝少皞白灵蓐收畤及太白星、西宿西宫于西郊兆；北方帝颛顼黑灵玄冥畤及月庙、雨师庙、辰星、北宿北宫于北郊兆。”（参见：班固撰，颜师古注. 汉书[M]. 北京：中华书局，1962：1268.）

3 渡边信一郎. 中国古代的王权与天下秩序[M]. 增订本. 徐冲，译. 上海：上海人民出版社，2021：189.

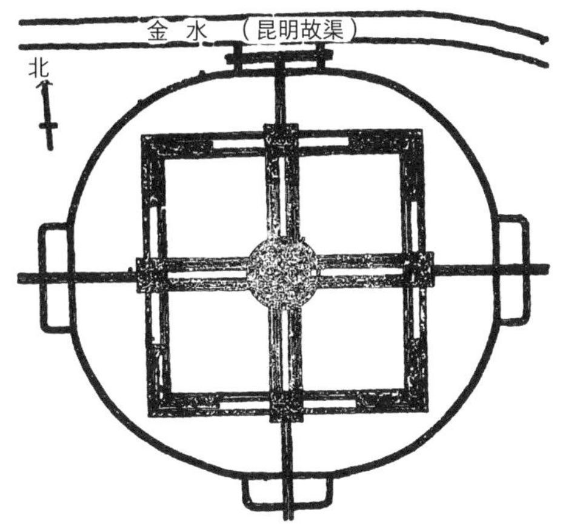

图2-9　据杨鸿勋复原西安西汉明堂辟雍平面图所做的简图
来源：北京大学历史学系. 北大史学（18）[M]. 北京：北京大学出版社，2013：17.

论·辟雍》中讲："天子立明堂者，所以通神灵，感天地，正四时，出教化，宗有德，重有道，显有能，褒有行者也。明堂上圆下方，八窗四闼，布政之宫，在国之阳。上圆法天，下方法地，八窗象八风，四闼法四时，九室法九州，十二坐法十二月，三十六户法三十六雨，七十二牖法七十二风。"经杨鸿勋考古复原研究，西汉长安南郊明堂的平面布局呈圆中套方（方形院墙外有一圈圆水沟）、方中套圆（方形宫垣中央又筑圆形夯土基座）的十字轴线对称格局[1]（图2–9），这种方圆交错的几何布局不仅能够反映天地阴阳互动的宇宙观，还充分展现了儒家礼制之理想模式。

1　杨鸿勋. 建筑考古学论文集[M]. 北京：文物出版社，1987：173-198.

图2-10 汉长安城遗址出土的四灵瓦当拓片

第三，效法四象的“四神分司四方”象征手法被明确用于城市设计和建筑设计之中。从汉代长安城遗址出土的瓦当上，可发现被尊为四方之神的东方青龙、西方白虎、南方朱雀和北方玄武的图纹，可知四灵瓦当施于宫阙殿阁等建筑上以标志方位（图2-10）。此外，王莽当政时期所建的九座宗庙，其庙的四门所用瓦当图纹也多属四象，青龙瓦当用于东门，白虎瓦当用于西门，朱雀瓦当用于南门，玄武瓦当用于北门。[1]效法四象也被运用于宫殿命名，如汉长安未央宫的东阙称“苍龙阙”，前殿西有“白虎殿”，南有“朱鸟堂”，北阙称“元武阙”。

元大都和明（清）北京的规划设计同样体现了象天法地的象征主义理念。《析津志辑佚》中说：“中书省。至元四年，世祖皇帝筑新城，命太保刘秉忠辨方位，得省基，在今凤池坊之北。以城制地，分纪于紫微垣之次。”[2]紫微垣星是天之枢纽，将宫城比作紫微垣，凸显了其万众所归的中心地位。作为元大都的总设计师，精通天文、地

1 考古研究所汉城发掘队. 汉长安城南郊礼制建筑遗址群发掘简报[J]. 考古，1960（7）：38.

2 熊梦祥. 析津志辑佚[M]. 北京：北京古籍出版社，1983：32.

理、易经的刘秉忠不仅遵循《考工记》的营国制度，更受《周易》阴阳八卦原则影响，并以象征主义方式体现于城市设计之中。黄文仲在《大都赋》中描述元大都："辟门十一，四达憧憧。盖体元而立象，允合乎五六天地之中。"[1]元大都没有按照《考工记》原则设十二个城门，而是将阳数的中位数"五"和阴数的中位数"六"相加而得"十一"，为象天法地之数，有阴阳和谐相交衍生万物之寓意。《日下旧闻考》引《大学衍义补》的一段话说明了北京城所蕴含的八卦方位理念：

夫天之象以北为极，则地之势亦当以北为极。《易》曰："艮者，东北之卦也，万物之所成终而成始也。离，万物皆相见，南方之卦也。圣人南面而听，天下向明而治。"孔子曰："为政以德，譬如北辰，居其所而众星共之。"今之京师居乎艮位，成始成终之地，介乎震、坎之间。出乎震而劳乎坎，以受万物之所归。体乎北极之尊，向乎离明之光，使万物之广，亿兆之多，莫不面焉以相见。则凡舟车所至，人力所通者，莫不在于照临之下。自古建都之地，上得天时，下得地势，中得人心，未有过此者也。[2]

明清时期，北京城按照星宿布局，处于中心的紫禁城与天上的紫微垣对应，在紫禁城的四周，南设天坛祭天，北设地坛礼地，东设日坛祀日，西设月坛祀月，这种"天、地、人"之间的有机结合，正是象天法地思想的完美体现。对老北京城墙展开过专门调查的瑞典学者

1　黄文仲撰，张宁标点．大都赋[M] //北京市社会科学研究所《史苑》编辑部．史苑：第2辑．北京：文化艺术出版社，1983：239.

2　于敏中，英廉，德保，等．日下旧闻考（一）[M]．北京：北京古籍出版社，2000：82.

喜仁龙认为，元以来北京的平面格局及城门分配蕴含着象天法地的象征主义意义。他指出："中国人历来十分重视都城的平面格局以及不同朝向和城门的象征意义。他们认为，城市被设计为方形并且朝向四个方位，并不只是出于实际用途。天象星座的位置是其依据，建设一座强大的城市不能不服从天道。我们已经知道，这种根据天象原则将城市等分为四个方位的做法，在元朝便已开始运用。"[1]

总之，中国古代都城布局所体现的天人之和的宇宙象征主义，是一以贯之的城市设计精神。除上述都城之外，隋唐长安也较为典型。隋文帝迁都的原因之一是受到星象学思想的影响，星象的变化可以用来占卜人世的吉凶，也包括都城设计的吉凶。据《北史》卷八九《艺术传上·庾季才传》记载，582年，当时的著名术士庾季才提出，"臣仰观玄象，俯察图记，龟兆允袭，必有迁都"。因此，国都的位置和设计既要符合周代以来的礼制规定，也必须符合万物有机和谐的宇宙象征主义，两者实为一体之要求。

五、中轴对称的礼制空间秩序

古代都城设计在空间上的主要特征之一，莫过于信奉择中立都、居中为尊的观念，一句话，崇尚"中"的空间意识，这种理念有华夏审美文化的基因，更是礼制的要求，恰如《荀子·大略》所云："欲

1 喜仁龙. 北京的城墙与城门[M]. 邓可，译. 北京：北京联合出版公司，2017：42.

近四旁，莫如中央，故王者必居天下之中，礼也。”很明显，荀子是用礼的秩序性要求来解释“中”的空间文化意义，相对于“四旁”而言，它代表最尊贵的地方，象征至高无上的统治威严。从夏禹建国之初就形成的“地中”或“土中”观念，周代时逐渐从一种地域中心的地理概念演变成一种礼制层面的行为准则，赋予其伦理内涵。如《白虎通》中讲：“王者京师必择土中何？所以均教道，平往来，使善易以闻，为恶易以闻，明当惧慎，损于善恶。”[1]《白虎通》解释择中立都的根据完全是基于伦理功能视角。春秋战国以来，以孔子为代表的儒家发展了尚中观念，推崇中和、时中，创立了中庸哲学。在儒家“贵和尚中”“居中不偏”“不正不威”等观念的支配下，中国传统城市营建和建筑文化大到都城设计，小到合院民居，大都强调秩序井然的中轴对称布局，城市格局显得方正、庄严、壮观，形成了极具中国特色的传统城市设计形态。乐嘉藻指出，“中国建筑在世界上的特殊之处，即为中干之严立与左右之对称也”，此种空间格局不仅运用于宫室，“周公经营洛邑，规划全局，亦以此式为主干”。[2]乐嘉藻所论“中枢严立、左右相称”之式，大体相当于中轴格局，在他看来这是中国建筑和城市规划的特殊精神，且自周代就确立。汉宝德认为，世界上没有一种文化像中国一样，在建筑空间观上强调主轴，“中国古代的都市计划就是决定这一条线的位置，画完了计划就大体完成了”[3]。

1　陈立. 白虎通疏证：上册[M]. 北京：中华书局，1994：157.

2　乐嘉藻. 中国建筑史[M]. 长春：吉林出版集团股份有限公司，2017：132-134.

3　汉宝德. 中国建筑文化讲座[M]. 北京：三联书店，2008：100.

通俗地说，中轴线不过是都城规划和建设的基准线，但正是它的存在使城市格局秩序严谨，空间主次明确，成为尊严和重要性的标识。从陕西岐山周代建筑遗址发掘材料中，就可以看出一些大型建筑群已开始应用中轴对称的布局。中国古代都城如曹魏邺城、隋唐长安城、元大都城、明清北京城的中轴对称布局都十分突出。按照许宏的观点，中国古代都城史依城郭形态不同，可以划分为两个大的阶段，即实用性城郭阶段和礼仪性城郭阶段。从曹魏邺城开始到明清以北京城为代表，是带有贯穿全城大中轴线的礼仪性城郭时代。[1]

曹魏都城邺城是中国古代城市建设史上具有里程碑意义的城市，突出表现在其中轴对称的都城平面规划。邺城将中轴对称的设计手法从一般建筑群扩大应用于整个城市的规划。从徐光冀和傅熹年所绘制的曹魏邺城平面复原图可以看出，位于城中部、由外朝前殿文昌殿南伸的南北向大道，经司马门，直通南垣中央城门中阳门为全城中轴线（图2-11、图2-12）。隋唐都城长安是我国历史上规模最大的都城，其总体布局十分严整对称。自承天门经皇城南门朱雀门，直到外城南面正门明德门，城门、中央的南北向大街即朱雀大街、宫殿建筑群形成了一条中轴线，长约5316米，突出了宫城至高无上的地位。其中街道、“市”和“坊”的大小及划分均相互对称，形成棋盘式分布，以此衬托中轴格局的规整。

1 许宏. 大都无城：中国古都的动态解读[M]. 北京：生活·读书·新知三联书店，2016：15-18.

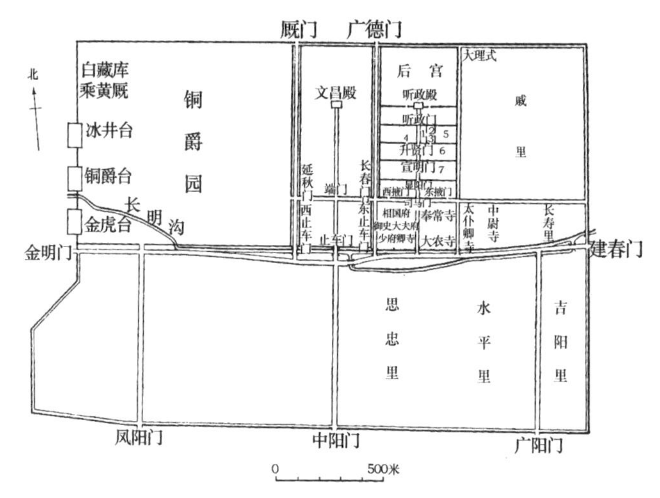

图2-11　曹魏邺城平面复原示意图（徐光冀）

来源：徐光冀．曹魏邺城的平面复原研究//中国考古学论丛：中国社会科学院考古研究所建所四十周年纪念．北京：科学出版社，1993.

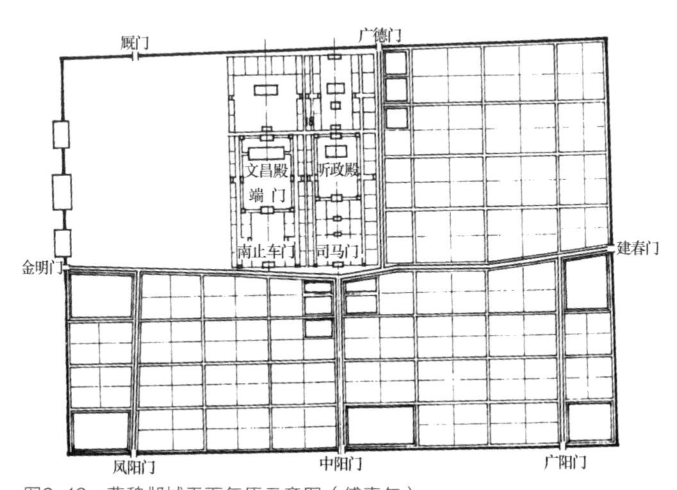

图2-12　曹魏邺城平面复原示意图（傅熹年）

来源：傅熹年．中国古代建筑史·第二卷：三国、两晋、南北朝、隋唐、五代建筑[M]．北京：中国建筑工业出版社，2001：2.

元大都中轴线也十分明显，长大约3.8千米，南起城南正门——丽正门，穿过皇城正门棂星门，宫城的崇天门、皇城北门厚载门，经万宁桥，直达大天寿万宁寺的中心阁（今鼓楼稍北处）（图2–13）。元大都城市设计比较突出的特征是通过将实测技术运用于城市设计，选定全城几何中心，并建以中心阁和中心台加以标记。元末熊梦祥所

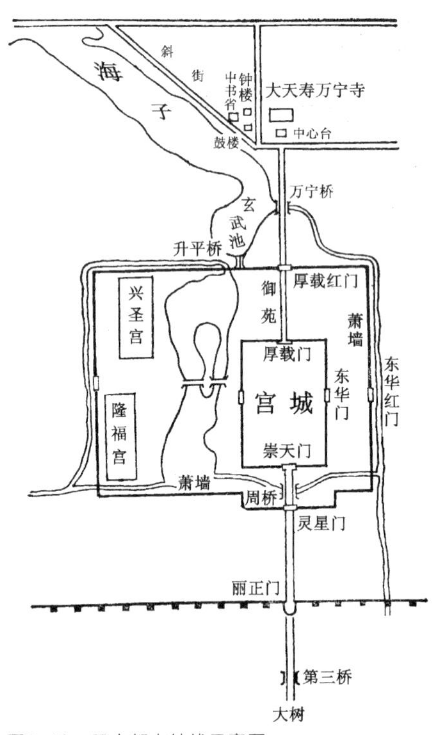

图2–13 元大都中轴线示意图

来源：杨宽. 中国古代都城制度史研究[M]. 上海：上海人民出版社，2016：504.

著《析津志》说："中心台，在中心阁四十五步。其台方幅一亩，以墙缭绕。正南有石碑，刻曰：中心之台，实都中东、南、西、北四方之中也。在原庙之前。"[1]中心台的选定，不仅可以由此确定全城中轴线的方向，而且可以确定对称的东西南北四面城墙的方位，确保大都城方正规矩，强化城市布局的秩序感，更好体现"大哉乾元"的元朝气魄。

明清北京城壮美的空间秩序，主要体现在驾驭全城长达7.8千米的中轴线。这条中轴线穿越了北京的外城、内城、皇城和宫城，其主要节点是自外城永定门起，经天桥，进正阳门，往北经过大明门（1644年更名为大清门）、千步廊、承天门（1651年更名天安门），从午门进入紫禁城，再往北至万岁山（又称景山）、地安门，直达北部终点钟鼓楼（图2-14）。这条中轴线是中国古代城市中轴线设计的顶峰，不仅淋漓尽致地彰显了礼制秩序，在城市空间序列节奏变化、空间尺度把握、空间氛围营造等城市设计意匠方面，都达到了极高水准。如梁思成所说："一根长达八公里，全世界最长，也是最伟大的南北中轴线穿过了全城。北京独有的壮美秩序就由这条中轴的建立而产生。前后起伏左右对称的体形或空间分配都是以这中轴为依据的。"[2]

虽然明清北京中轴线因其空间相联系和相承接的方式而成为城市设计典范，但其价值早已超越了单纯的物质空间秩序与建筑格局，它的核心价值，正是它所承载的极为丰富的传统文化内涵，其中最核心

1　熊梦祥. 析津志辑佚[M]. 北京：北京古籍出版社，1983：104.

2　梁思成. 建筑文萃[M]. 北京：三联书店，2006：35.

图2-14 《京师生春诗意图》轴
清乾隆三十二年（1767年）徐扬绘。画中描绘了前门大街、正阳门桥牌楼、正阳门，经大清门、天安门，直达清北京中轴线的高潮段——紫禁城。

的就是礼制秩序及其政治伦理功能，主要体现在通过中轴线空间序列的礼仪引导功能彰显封建帝王“唯我独尊”，让权力视觉化，让中轴线成为“帝王之轴”。北京中轴线的核心和高潮段是作为都城中心的宫城轴线（约2.6千米），以紫禁城严格的中轴对称布局带动了全局的礼制秩序。紫禁城对统治者权力的展示，注重通过中轴线的空间引导功能，辅之以对称与均衡、比例与尺度、节奏与韵律等结构法则生成的特殊氛围，使其呈现一个等级森严而又井然有序的空间场景，将礼制的政治伦理意义表达得淋漓尽致。紫禁城主要建筑依“前朝后寝”古制，沿南北轴线布局，前朝三大殿（太和殿、中和殿、保和殿）和内廷后三宫（乾清宫、交泰殿、坤宁宫）井然有序又颇富韵律感地排列在中轴线上，建筑空间序列主次分明，尊卑有别（图2-15）。对此，“我们可以说故宫的中轴是一个政治事件，一个指定的存在空间，一个身体的动线；它把我们的意向引向政治意识形态中心，皇帝成为中心目标”[1]。即便是位于皇城之外中轴线北端的钟楼、鼓楼，除了有“示晨昏之节”的报时功能之外，更有“且二楼相望，为紫禁后护”[2]的皇权护卫的象征意义。此外，明清北京中轴线还善于用数理象征主义城市设计手法，表达帝王至尊。例如，张杰以明清北京中轴线位置为例，探索了“九五天数”的比例和60°方位共同控制中国古代空间形态的问题，提出“北京内城从长、短边比为5：4的平面形态到中轴线按5：4定位的设计，都是中国古代城市空间布局在九五天

1　尹国均. 作为“场所”的中国古建筑[J]. 建筑学报，2000（11）：52.

2　见于北京钟楼前的乾隆御制碑碑文。碑的全文是：“朕惟神京陆海，地大物博，通阛别隧，黎庶阜殷。夫物庞则识纷，非有器齐一之，无以示晨昏之节。器钜则用广，非藉楼表式之，无以肃远近之观。且二楼相望，为紫禁后护。”

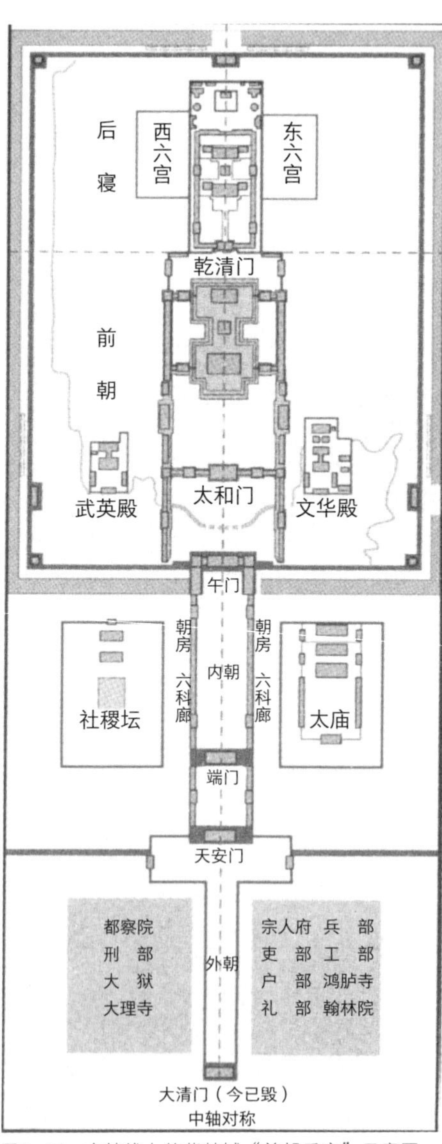

图2-15 中轴线上的紫禁城“前朝后寝”示意图
来源：阎崇年. 故宫六百年[M]. 北京：华文出版社，2020：49.

数和30°~60°方位控制原则下的城市设计典型"[1]。这样的设计暗喻的是来自易经的九五之尊比例，表现君权神授及顺应天道的合理性。

六、礼乐相成的中和之美

礼乐文化是中国传统文化尤其是儒家学说中涵盖面极广的文化范畴和象征性艺术精神，它浸透了国家政治和社会生活的方方面面，也包括城市营建和城市设计。古代中国从有文字可考的历史开始，制礼与作乐便是同时进行的。沈文倬说："各种礼典的实行都离不开乐的配合，乐从属于礼而起着积极的作用。得到乐的配合，才能使森严的礼达到'礼之用，和为贵'，'乐文同则上下和矣'。"[2]可见，礼乐既同源，又彼此依赖，互为补充。

"乐"可视为祭礼礼仪等各种礼典活动中的综合歌舞。"乐"不仅指乐舞，它是诗、乐（音乐演奏）、舞的结合，是古代礼典中表演艺术的总称，更宽泛说是礼的艺术化表现形式。孔子在继承周公礼乐精神基础上发展的礼乐文化，具有鲜明的伦理性，以"仁"为灵魂。王阳明解析《论语·八佾》"人而不仁，如礼何？人而不仁，如乐何？"时，指出"制礼作乐，必具中和之德，声为律而身为度者，然后可以语此"[3]。王阳明认为制礼作乐关键在于其所蕴含的中和之德。《礼记·乐记》说："乐者，天地之和也；礼者，天地之序也。和，故百物皆化；序，故群物

1　张杰．中国古代空间文化溯源[M]．北京：清华大学出版社，2012：62.
2　沈文倬．宗周礼乐文明考论[M]．杭州：浙江大学出版社，1999：5.
3　王阳明．王阳明全集　新编本：第一册[M]．杭州：浙江古籍出版社，2010：57-58.

皆别。”即是说，乐所表现的是天地间的和谐，礼所表现的是天地间的秩序。《荀子·乐论》说：“夫乐者，乐也，人情之所必不免也”，强调乐不同于礼的基本功能就是注重人情的正常需要；《荀子·乐论》还说：“乐合同，礼别异。礼乐之统，管乎人心矣”，明确乐的作用旨在促进和谐，礼的作用旨在规定差别。南宋思想家真德秀认为：“礼乐二者，缺一不可。记曰：乐由阳来，礼由阴作，天高地下，万物散殊而礼制行焉。……故礼属阴，乐属阳，礼乐之不可阙一，如阴阳之不可偏胜。”[1]真德秀以阴阳和合关系类比礼乐不可偏胜。进言之，“礼”之特征在“辨异”，即分别贵贱，区别次序，规范人们在社会中的地位和关系；“乐”之特征在“合同”，即保持和谐，弥合上下对立。“礼”借“乐”的审美形式来彰显自己，“乐”以“礼”为价值内核，礼乐相成即将阴与阳、秩序与和谐、理性与感性互补统一起来，达至中和之德、中和之美。

中国古代城市营建和城市设计，如同传统建筑文化一样，从一个侧面反映和表达了礼乐文化的独特品性。换句话说，古代城市设计在整体布局与空间序列等方面，也需要在“礼”的框定和制约下，发挥“乐”的特殊功能。汪德华提出，中国古代城市规划的独特艺术观就是礼乐思想观念的建立，他指出：

建筑和城市在社会生活中的视觉感受，与音乐的听觉感受具有同样的作用，也就是说，建筑和城市是凝固、不动的音乐，与“乐”的作用是一样的，这并不是现代才发现的。城市的规划和无数的建筑物

1 真德秀：问礼乐：西山文集卷三十[M]//景印文渊阁四库全书：第113册. 北京：商务印书馆，1986：474-475.

就是一首庞大的乐章。它的形象完全可以达到“和为其物而化”。所以处理礼和乐的关系，曾经是历代城市规划的大师和匠人们所要解决的最大课题。[1]

王贵祥对中国古代建筑的两个分类也适合古代城市人居空间设计。他认为，中国古代建筑可分为两个基本类型，第一类建筑是一种有严格轴线对称的、具有明显礼制等级秩序感的建筑，如宫殿建筑；第二类建筑是一种自由布置的建筑，空间形态自由，群落组织曲折，如园林建筑。这两种不同类型的建筑植根于礼乐文化的土壤之中，“儒家文化中所提倡的中国古代礼乐制度，恰恰体现并贯穿于延续两千多年的中国古代宫室建构与园林营造之中”[2]。中国古代城市形态与空间设计，仅以隋唐以来的都城为例，大致可划分为两种类型，一种按礼制要求经严格规划形成，以礼制精神统领城市空间构架，城市形态方正，有较为明显的中轴线布局，用日本学者斯波义信的表述，这类城市是“典型的规范都市”[3]，如隋唐长安、元大都和明清北京，具有威严和礼仪的象征性；另一种因应于地理和交通特点、人口增长、工商业发展等要素，会自然形成与礼制规范不太契合的城市形态与布局，如斯波义信所列举的北宋都城开封、南宋都城临安，都是“官僚都市和经济都市的混合体，是典范和向实用主义妥协的产物”[4]。都市形态和设计表现出的两种不同特征，折射了礼乐互补的文化体系所呈现的包容性和开放性。其实，即便是严格礼制秩序下的

1 汪德华. 中国城市规划史[M]. 南京：东南大学出版社，2014：60.

2 王贵祥. 中国古代人居理念与建筑原则[M]. 北京：中国建筑工业出版社，2015：136，140.

3 斯波义信. 中国都市史[M]. 布和，译. 北京：北京大学出版社，2013：53.

4 斯波义信. 中国都市史[M]. 布和，译. 北京：北京大学出版社，2013：61.

"典型的规范都市"，也可以通过灵活多变的空间序列，与自然山水之有机结合，塑造规整森严而又灵活实用的城市形态，其所蕴含的中和之美主要由三个方面决定：一是以中国古代所特有的阴阳观念为思想基础，强调礼乐之间对立的、有差异的要素能够"相成""相济"，并以此为基础形成一个和谐统一的整体；二是善于运用轴线方式组织空间，无论是宫殿布局，还是整座城市的格局，都通过以中轴线为主体，沿轴线布置建筑空间序列的对称式布局方式，彰显城市的中正之美；三是强调天人之和，重视人与自然相亲和的人文审美理念，城市格局与自然的相互交融、有机和谐。

例如，主要遵循严格的礼制等级制度而规划的明清北京城及其中轴线，在它严整而富有秩序的总体格局之下，难能可贵地呈现出规则性与自由性、对称方正与灵活有序、人工与天趣等诸多和谐统一的审美品质。在明清北京中轴线的两侧，按层次布置的建筑组群，基本呈对称分布，这样就避免了左右失衡、阴阳失调，不仅符合审美的形式法则，也具有阴阳合和、万物长久的更深寓意。而且还通过多重城门及广场形体、闭合的变化，使中轴线空间层次更丰富。埃德蒙·N.培根说："北京中心城虽然具有凝重的轴线平衡，却不是一种僵硬的轴线对称。相平衡的建筑在设计上可以截然不同，而且除中部空间追求形式外，在规则布局的范围内，却允许水道自由地弯弯曲曲。"[1]元大都中轴线的规划在很大程度上是结合地理特征，由大都城内湖泊的

1 培根. 城市设计[M]. 黄富厢，朱琪，译. 北京：中国建筑工业出版社，2003：250.

自然分布（积水潭水域）决定的，尤其是设计者敢于把浩瀚的水面布置于全城重要的位置。明初改建大都，加凿了南海，扩充了太液池的范围，完成了北海、中海、南海三海的布局。而正是这些湖沼岛屿的不规则布局，以及坛庙与白塔的错落布置，才凸显了中轴线规则对称的布局和湖泊不规则、不对称布局的变化与对比。利用开凿紫禁城护城河和南海挖掘出的泥土在紫禁城正北方堆筑而成的景山（最初叫万岁山），种植了大量松柏槐树，成为中轴线上的一处宫苑园林，让庄严规整的中轴线带给人一种与自然亲和的审美感受。中轴线上“这种完全不规整的自然形态与总体布局的绝对方正严谨，巧为配合，相得益彰，既加强了总体的严肃感，也寓自然美于人工建筑之中。自然的柔美与人工规划的雄伟是如此和谐地相伴相生”[1]。中轴线的核心——紫禁城的布局同样是礼乐相辅原则的典范。紫禁城布局沿南北轴线布局。前朝（外朝）自午门始到乾清门止。在中轴线上主要布置象征政权中心的三大殿——太和殿、中和殿和保和殿，建筑等级最高，气势最宏大，坐落在高高的“工”字形三层台基上，以此渲染皇权至尊的中心地位。后寝（内廷）位于乾清门至顺贞门之间，主体建筑是位于中轴线上的乾清宫、交泰殿和坤宁宫，统称后三宫。后三宫建筑形制与前朝三大殿类似，也建在同一座台基上，但其台基只有一层，而且殿宇的规模也比外朝三大殿小。同时为便于居住，内廷空间布局紧凑而实用，富有生活气息，还有曲廊环绕、花木环抱的园林景

1 范嗣斌，邓东，朱子瑜．北京传统城市中轴线九大特质解析[J]．城市规划，2003（4）：46.

观——御花园。可见，在礼乐文化的影响下，宫殿布局既反映了封建帝王维护严格礼制等级秩序的要求，又满足了追求和谐而适宜生活的环境的诉求。

总之，礼乐文化所孕育的中和精神，强调阴阳互补，追求在变化中求统一、于对比中求和谐，它深刻影响了传统城市设计的审美模式。于是我们看到，古代都城设计在程式化的礼制之制约下，仍然蕴含着人工与天趣、直线与曲线、对称方正与灵活有序等诸多整体和谐的设计智慧。

七、中国古代城市设计的民本伦理意蕴

中国古代礼制传统是一个一脉相承又不断发展的文化体系。美国学者罗泰（Lothar Von Falkenhausen）通过对考古资料的印证，阐明了周代礼制系统的内在特征——灵活性、可扩张性以及潜在的普适性，使礼制总是随着社会现实的发展而不断调整。[1]虽则礼制变化不是体系性、结构性的变迁过程，但却是一个损益有变且开放性的体系，尤其是在儒家伦理思想的推动下，维护君权至上的礼制传统之外并不排斥“民为贵”，“贵贱不愆”的等级秩序之外有实用精神及民生因素。华夏礼制传统的如上特征，同样也体现于中国古代城市设计之中。

1 罗泰. 宗子维城：从考古材料的角度看公元前1000至前250年的中国社会[M]. 吴长青，张莉，彭鹏，等，译. 上海：上海古籍出版社，2017：441.

（一）城以盛民：城市设计的惠民要求

张立文指出：“中华民族的哲学是在天、君、民互动融合的理性价值的统摄中起步，而非在神人对立中起始的。”[1]周代以来的礼制思想作为华夏哲学思想的重要组成部分，同样注重天、君、民之间的互动关系，并奠定了此后中国数千年的价值秩序。周公“制礼作乐”，一方面要维护贵贱有等的王权统治秩序，另一方面又提出“敬德保民”和“保惠于庶民”[2]之观念，强调要处理好君民关系。《诗经·大雅·民劳》中讲“民亦劳止，汔可小康。惠此中国，以绥四方”，大意是说人民太劳苦了，需要休息，求得稍稍安康的生活，这样就能惠及京畿百姓，安定四方诸侯小邦。孔子所代表的儒家继承了周公思想，以“仁”诠释民本德政，《论语·学而》中讲“泛爱众，而亲仁”，并认为做到“博施于民”就是圣人境界了。[3]孟子更是重视民生，强调施行仁政，《孟子·尽心下》中有“民为贵，社稷次之，君为轻”的著名论断。

“保惠于庶民”的惠民要求体现于城市营建与城市设计思想之中，用《说文》中的一句名言——“城，以盛民也”表达，精炼而贴切。段玉裁在《说文解字注》中讲：“言盛者，如黍稷之在器中也。”[4]“盛民”言指城市是盛受容纳居民的“器皿”，突出了城市作

1　张立文. 中国哲学元理[M]. 北京：中国人民大学出版社，2021：28.
2　尚书：卷四十一　周书·无逸.
3　参见：《论语·雍也》：子贡曰：“如有博施于民而能济众，何如？可谓仁乎？”子曰：“何事于仁，必也圣乎！尧舜其犹病诸！”
4　段玉裁. 说文解字注[M]. 北京：中华书局，2013：695.

为空间“容器”的功能。虽然城市与乡村都占据一定地理空间，但城市具有集中性，能够容纳数量众多的民众聚居，尤其是在政治权力资源高度集中的前提下，城市成为政治、经济和文化枢纽。《吴越春秋》讲：“鲧筑城以卫君，造郭以守民，此城郭之始也”[1]，可见在远古时期，原初城池内城与外郭连接的布局反映了天子、诸侯与庶民之间的特殊关系，修建城池的目的既是保卫国君，又是守护人民。一方面，“筑城以卫君”是古代城市形成的直接原因，突出君权至上并为封建统治阶层服务的要求，本质上城市空间设计是一种政治性活动；另一方面，“造郭以守民”，即要用坚固的城郭来保障人民安全，让官民共处一城又用城墙分隔体现“官民不相参”。不少研究中国古代城市形态的著作都偏重强调古代城市的政治和军事防御功能，这固然没有问题，但可能存在忽略古代城市形态“盛民”和“保惠于庶民”的一面，尤其是由此带来的城市经济社会功能。作为君权统治的“堡垒”，政治和军事功能是古代中国城市的主要功能，因而都城营建重心在宫殿和城墙建设方面。然而，政治功能并非城市的唯一功能。《考工记》所谓“前朝后市，市朝一夫”，说明要在城内兴“市”，以便人民有商业交易之地。管仲在《管子·小匡》中说：“士农工商四民者，国之石民也。”“四民社会”延续并影响中国长达两千多年，城市规划与设计不能不对“官”之外“民”的利益有所考虑，城市经济

1 徐坚等编纂《初学记》卷二十四，居处部，都邑第一引《吴越春秋》曰：“鲧筑城以卫君，造郭以守民，此城郭之始也。”鲧指大禹的父亲。

发展和居民生活需要的一些基础设施也需要加以考虑，如古代城市中除了注意排水设施建设外，也重视辟设火巷等城市防火措施，以及主要街道植树绿化等环境美化设计[1]。对此，贺业钜认为："由'卫君'到'盛民'实质上是城市价值观的升华，是从政治上狭隘的保卫角度转进到经济上广阔的进取角度，来看待城市的积极作用的。"[2]

孔子提出"节用爱人、使民以时"的民生思想，强调"使民"要兼顾统治者和百姓的利益。《论语·学而》中讲："道千乘之国，敬事而信，节用而爱人，使民以时。"孔子认为，治理国家不但要节约财政支出，节用民力，更要保证农时需要，不妨害农业生产的季节性。"使民以时"，即按照农业生产的时序来征用民力，不仅对农业生产极其重要，也是古代城市营建的基本惠民原则。《左传》中记载过68次筑城活动，其中有"夏，城中丘，书，不时也"（《左传·隐公·隐公七年》）、"夏，城郎，书，不时也"（《左传·隐公·九年》）之类记载，之所以记载修建中丘城、修建郎城之事，是由于君主没有做到"使民以时"，夏季是农忙季节，不是应该建城的时节。记载筑城之事，是对这种不合时宜筑城行为的讽刺。与此相对应，《左传》至少有四处记载"使民以时"的筑城活动，如《左传·桓公·桓公十六年》"冬，城向，书，时也"；《左传·文公·文公十二年》"城诸及郓。书，时也"；《左传·宣公·宣公八年》"城平阳，书，时也"；

1　杜瑜指出，古代城市对绿化工作一直比较重视，从汉以来，在主要大道两侧植槐，而洛阳从隋代起以樱桃、石榴作行道树，河岸两旁植柳树，以后唐长安与宋东京仍沿用。明清时的北京以及各地城市中普遍都较为重视城市中街道两旁的植树绿化工作，这对美化城市环境、优化城市空气都有积极作用。（参见：杜瑜．中国传统城市文化[M]．北京：中国社会科学出版社，2014：28-29.）

2　贺业钜．中国古代城市规划史[M]．北京：中国建筑工业出版社，1996：244.

《左传·成公·成公九年》“城中城，书，时也。”《左传》之所以记载上述筑城之事，是由于筑城在冬季进行，不妨碍农时，因而有赞赏之意。

孟子在孔子惠民主张的基础上，发展了“仁政”说，其最核心的理念是“制民之产”，即《孟子·梁惠王上》所言：“是故明君制民之产，必使仰足以事父母，俯足以畜妻子，乐岁终身饱，凶年免于死亡。”“制民之产”简言之就是耕者有其田，老百姓要有能够维持生存的基本生产生活资料。《孟子·梁惠王上》有一段话表达了“制民之产”的具体理想图景：

五亩之宅，树之以桑，五十者可以衣帛矣。鸡豚狗彘之畜，无失其时，七十者可以食肉矣。百亩之田，勿夺其时，数口之家可以无饥矣。谨庠序之教，申之以孝悌之义，颁白者不负戴于道路矣。七十者衣帛食肉，黎民不饥不寒，然而不王者，未之有也。

孟子的基本设想是按井田制规划土地，一户农家应有五亩宅院，百亩耕田；用宅院桑树养蚕，畜养家禽家畜，老年人就可以有衣帛有肉食；用百亩耕田种粮，只要执政者不违农时，数口之家便可温饱。如此，才可能在此物质基础上施以教化，做到孝悌仁义。孟子念兹在兹的“五亩之宅”和“百亩之田”的土地规划理想，虽难以实现，但却表达了他心目中黎民不饥不寒的人居理想。

春秋时期政治家管仲的富民思想同样具有政治伦理价值。《管子·治国》中说：“凡治国之道，必先富民，民富则易治也，民贫则难治也。”《管子·权修》中说：“地之守在城，城之守在兵，兵之守在人，人之守在粟。”《管子·牧民》中说：“凡有地牧民者，务在四时，守在仓廪。国多财则远者来，地辟举则民留处，仓廪实则知礼节，衣食足则知荣辱。”上述观点，管仲都试图阐明治国首先就要厚生、富民，物质生活是否充裕决定了城市和国家之存亡。管仲的富民观为他的城市设计思想奠定了价值基础。

西汉时晁错上呈给汉文帝的《复论募民徙塞下书》中，虽则旨在劝汉文帝移民殖边，以徙居西北边建立城邑的方式“守边备塞”，但也间接提出了一些有关城邑设计的理念，而且其理念总体上体现的是民为本的价值观，《汉书·晁错传》所载这段话勾勒了晁错关于人居空间设计的理想图景：

臣闻古之徙远方以实广虚也，相其阴阳之和，尝其水泉之味，审其土地之宜，观其草木之饶，然后营邑立城，制里割宅，通田作之道，正阡陌之界。先为筑室，家有一堂二内，门户之闭，置器物焉。民至有所居，作有所用，此民所以轻去故乡而劝之新邑也。为置医巫，以救疾病，以修祭礼，男女有昏，生死相恤，坟墓相从，种树畜长，室屋完安，此所以使民乐其处而有长居之心也。[1]

晁错提出的上述城邑设计理念，主要针对的是边疆的稳定，有其特殊之处。但其积极意义是在城邑营建时，首先考虑的不是为统治阶层服务的政治功能，而是实用性和民生功能。例如，有关城邑选址，既要“相其阴阳之和”，又要“尝其水泉之味，审其土地之宜，观其草木之饶”；而对于城市形态布局，则要求“制里割宅”，即要设里坊并划分每户舍屋范围，在此基础上，要有道路相通，有阡陌之界分割城乡，还要配置便于居民日常生活的辅助设施，如置医巫、设墓

1　班固撰，颜师古注．汉书[M]．北京：中华书局，1962：2288-2289.

地、种植树木等，最终达到“使民乐其处，而有长居之心”的目标。正如王贵祥所言：“如果说，《周礼·考工记》与《管子》中建城思想所反映出的，主要是从天子之都的王城到地方诸侯城市等不同等级城市的建造原则与基本规制，其中并没有充分涉及一般居住性城市内部的规划与布局，那么，公元前1世纪时的西汉晁错上呈给汉文帝的上书中，在建议文帝以屯戍的方式解决边患的时候，提出的一些城市建设与规划思想，更接近一座普通城市的规划与布局概念。”[1]

唐代中叶以后，随着城市经济生活的不断繁荣和城市社会制度的变革，作为一种等级制和专制权力空间表达的城市设计模式逐渐松动，城市演进的总趋势日渐市俗化与市民化。例如，原本完全按照封建统治者管制居民要求而建构的坊里制，使城市空间具有强烈的封闭性，各个空间单元相互隔离，坊门早晚都要定时开放，并以唐律规制，居民活动受到严格控制。唐中期后，城市政治形态对居民的控制约束相对缓和，坊里制被一步步打破，宋代时变成了由街道划分的街巷制，店铺临街，有了开放性的商业街市，工商业与城市之间的隔阂被打破。这方面从宋代《清明上河图》所展示的汴梁充满活力的繁荣街景便可窥见一斑（图2-16）。从宋代孟元老的《东京梦华录》中也可推断，城市到处有店铺，也无严格的时间和区域限制，东京（开封）“夜市直至三更尽，才五更又复开张。如要闹去处，通晓不绝”[2]。美国学者施坚雅（G. William Skinner）把出现在唐代中后

1 王贵祥. 中国古代人居理念与建筑原则[M]. 北京：中国建筑工业出版社，2015：223.

2 孟元老. 东京梦华录[M]. 杨春俏，译注. 北京：中华书局，2020：248.

图2-16　北宋张择端《清明上河图》（局部），再现了北宋汴京承平时期的繁荣街景

叶，尤其是北宋时期中国城市内部空间结构由封闭转向开放的变化，称为中国的“中世纪城市革命”，此时期坊市分隔制度取消，而代之以“自由得多的街道规划，可以城内或四郊各处进行买卖交易”[1]。坊市的藩篱被打破，各种商业市镇大量兴起，城市商业空前发展，在很大程度上改变了地方城市原有的作为一种行政系统（地方政府的官署所在地）的内部结构和总体布局，使一些城市的“经济性”日益凸显，工商业活动和经济功能逐渐超越政治功能，城也真正成为“盛民之器”。

1　施坚雅．中国封建社会晚期城市研究：施坚雅模式．王旭，等，译．长春：吉林教育出版社，1991：24.

（二）“因天材，就地利”：城市设计的实用理性

研究中国古代城市规划和设计思想的学者大都认为，以管仲为代表的城市设计思想，是与以《周礼》为代表的礼制等级思想并驾齐驱的两种建都原则和规划设计体系。[1]关于规划设计国都，《管子·乘马》中有一段著名的观点：

凡立国都，非于大山之下，必于广川之上。高毋近旱，而水用足；下毋近水，而沟防省。因天材，就地利，故城郭不必中规矩，道路不必中准绳。

管仲认为，营建国都和进行城市设计，需要充分考虑有利的自然条件和地理条件，以利于便取材、保安全，城墙和道路不求形式的规整，不必契合注重方正平直的礼制规矩。其实，针对都城如何勘察地形及合理选址问题，《管子·度地》中的一段话也说得很清楚：“故圣人之处国者，必于不倾之地而择地形之肥饶者。乡山，左右经水若泽。内为落渠之写，因大川而注焉。乃以其天材、地之所生利，养其人，以育六畜。天下之人皆归其德而惠其义。”《管子·八观》说：“夫国城大而田野浅狭者，其野不足以养其民；城域大而人民寡者，其民不足以守其城。”这里强调的又是城市规模要与土地面积、肥沃程度及人口多寡相适应。《管子·乘马》说：“上地方八十里，万室之国一，千室之都四。中地方百里，万室之国一，千室之都四。下地

1 参见：汪德华．中国城市规划史[M]．南京：东南大学出版社，2014：65．
董鉴泓．城市规划历史与理论研究[M]．上海：同济大学出版社，1999：74-75．

方百二十里，万室之国一，千室之都四。以上地方八十里，与下地方百二十里，通于中地方百里。”这里实际提出了如何通过土地规划，确立合理的耕地与城市人口的比例问题，即“制土分民”原则。《管子·小匡》又云：“士农工商四民者，国之石民也，不可使杂处，杂处则其言哤，其事乱。是故圣王之处士必于闲燕，处农必就田壄，处工必就官府，处商必就市井。”管仲在提出士农工商“四民”之说的基础上，提出了依职业不同分区规划居住区域的城市空间布局思路，其所遵循的原则主要是基于不同职业相互杂处，彼此有可能不安本业，影响稳定之实用目的。由此可见，管仲因地制宜、制土分民的城市设计思想，较为鲜明体现了中国古代城市营建中的实用理性精神。城市设计因地制宜、城邑面积与居民人数相配合的思想并非管仲所独有，如前所述，周礼《王制》篇就已提出类似理念，即“凡居民，量地以制邑，度地以居民。地、邑、民、居，必参相得也”。

中国传统文化中的实用理性是一种经验理性与实践理性。关于其特征，李泽厚曾有较为深刻的论述，他认为传统思想中的实用理性就是它关注于现实社会生活，事事强调“实用”和“实行”，满足于解决问题的经验论的思维水平，它由来久远，而以理论形态呈现在先秦儒、道、法、墨诸主要学派中。[1]俞吾金认为，中国人所普遍信奉的实用理性，包含着两个方面：一方面，它体现为一种顽强的生存精神。也就是说，生存本身就是最高的原则；另一方面，它对“实用”的理解倚重物质生活和人生日用。[2]城市营建与城市设计本身

1　李泽厚. 中国思想史论：下[M]. 合肥：安徽文艺出版社，1999：1148.

2　俞吾金. 超越实用理性拓展人文空间[J]. 探索与争鸣，2002（10）：13.

是关注物质空间生产的实用技艺，虽在中国古代受礼制影响深厚，但其以实用理性为原则的底色不变，如董鉴泓所说："一些平地新建城市的规划主要体现了规划者——帝王的意志，但城市的实际发展又离不开社会经济的客观规律，也不能背离城市居民生活的要求和愿望。"[1]

管仲城市设计思想较为典型地反映了注重实际、平衡适度的思维方式，以及服务于现实生活和以民生需要为重的价值取向。从考古材料来看，春秋战国时代诸侯都城营建并非完全依循周礼之制，大都会根据实际需要加以灵活规划。例如，管仲参与规划设计的齐国国都临淄城是当时规模最大、人口最多的城市之一，手工业和商业兴盛。从1958年开始到21世纪初，山东省文物考古研究所等单位在齐故城范围内进行普探和试掘，基本明晰了临淄故城的布局情况（图2-17）。故城北为平原，南有鲁山余脉牛山和稷山，东、西墙外分别有淄河、系水，既可作为天然屏障，又可作为城市水源，城内还有事先规划的排水沟道和排水口。城址呈南北向不规则长方形，城墙不规整，依淄河、系水河岸地形起伏而多处拐折，现地面以上仍可见断续的残垣，夯筑痕迹清晰可辨。《管子・度地》云："内为之城，城外为之郭。"齐国故城由先后建的大城（郭城）和小城（宫城）两部分构成，大城呈不规则长方形，小城坐西朝东，位于大城西南而并非中部，其东北部嵌入大城西南隅，其西部和南部都突出于大城之外。[2]

1 董鉴泓. 城市规划历史与理论研究[M]. 上海：同济大学出版社，1999：17.

2 参考：刘兴林. 战国秦汉考古[M]. 南京：南京大学出版社，2019：12-14.

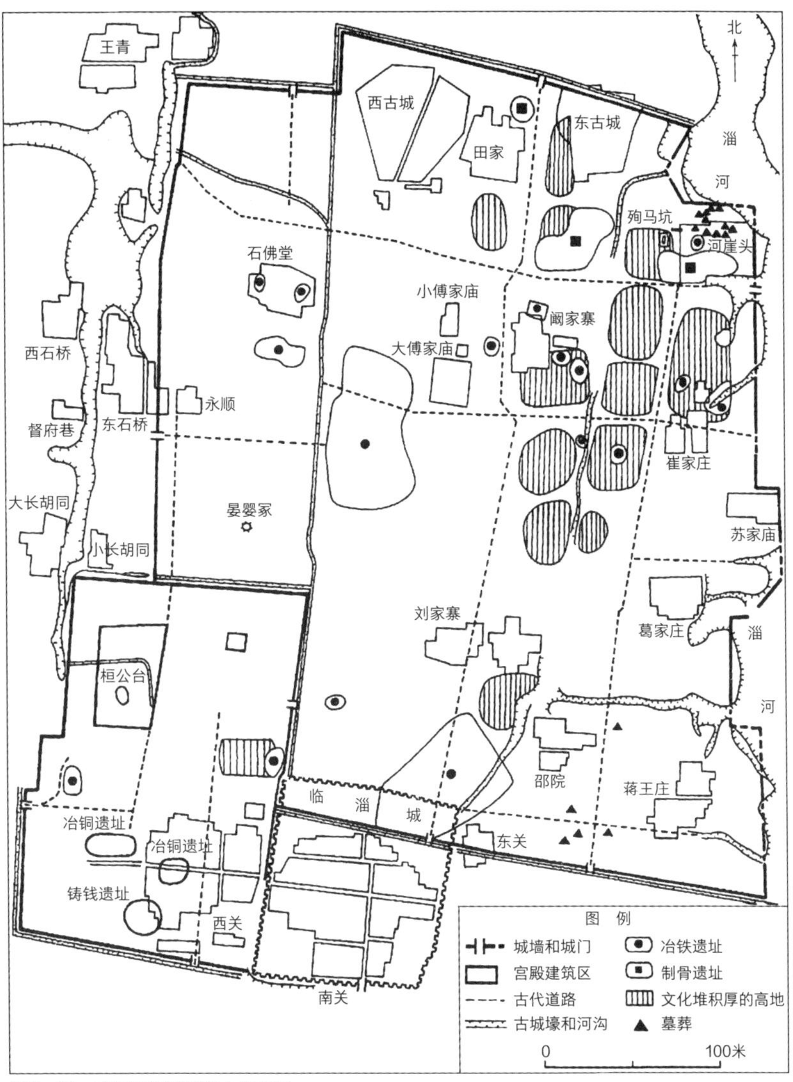

图2-17　齐国国都临淄城平面图
来源：刘兴林. 战国秦汉考古[M]. 南京：南京大学出版社，2019：13.

隋朝初期，隋文帝议定从原西汉所建长安城迁都，在龙首原以南另建新都大兴城，除受前文所述礼制因素影响之外，还有更实际的原因，那就是使用近八百年的汉长安城水资源枯竭，且经渭河冲刷，水质咸卤，供水成大问题。汉长安城位于渭水南岸，龙首原以北，始建于公元前3世纪末。废弃旧都后另建的大兴城，选址三面临水，一面傍山，水陆交通便利，尤其是水资源丰富，为解决都城供水问题提供了保障。其实，隋朝在城市基础设施建设方面最重要的贡献和创新就体现在重视水运，隋炀帝统治下，大运河的修建为商品从南到北的船运提供了极大便利，成为连接南方和北方的“大动脉”。除了开凿大运河，隋炀帝还兴建了另一项大工程，即营建东都洛阳，使隋朝拥有“双都”。但两个都城功能上却有各自的特点，大兴城是政治之都，而洛阳更像是商业之都。洛阳的城市设计更重视实用理性而不拘泥于礼制。商业繁盛的洛阳有三个市场，位置不是按周礼或政治模式而定的，其位置和分布由是否临水来决定，这种“因天材，就地利”的实用性设计，使洛阳城的三个市场更加有利于贸易活动，“贸易的中心性，特别是以水运为基础的水上贸易，在城市规划中成为一个非常重要的新特征，是中国城市格局变革过程中一个重要的进步”[1]。此后，无论是北宋都城汴梁（今开封），还是作为南宋行都的临安府（今杭州）更是脱离礼制规范而以实用理性为准绳。宋太祖赵匡胤定都于汴梁，与漕运便利有直接关联。隋朝开通的大运河经汴梁入江淮，汴

1 卜正民，陆威仪，罗威廉，等. 哈佛中国史 01：早期中华帝国：秦与汉[M]. 王兴亮，译. 北京：中信出版集团，2016：244.

梁便成为锁控南北水路交通的咽喉。从《清明上河图》描绘的汴梁就可发现，与大运河相接的汴河两岸是汴梁最繁华的街市，商旅云集，车水马龙。南宋临安府西靠西湖，东南临钱塘江，北靠大运河，由于地势关系，其城市形态因受河山之阻，并非典型的方形，而是呈上下长、中间凹的不规则形，宫城也并非位于中心而是城南凤凰山麓（图2-18）。

此外，按许宏的观点，以曹魏邺城为节点，中国古代城市进入礼仪性城郭阶段之后，虽然体现以《考工记》为核心的礼制传统更为明显，但都城规划的实用理性并没有减弱，相反得到了更好的结合。例如，对《考工记》规划设计思想体现得相对彻底的元大都城，同时又善于利用城址已有河湖水系和地形特点，因地制宜加以规划，形成了以积水潭（海子）为中心布局城市、环太液池布置宫殿的设计特色。《析津志》所载："其内外城制与宫室、公府，并系圣裁，与刘秉忠率按地理经纬，以王气为主……盖地理，山有形势，水有源泉。山则为根本，水则为血脉。"[1]城市设计考虑地理经纬，以水的形态制约城市格局，选定积水潭东北作为全城中心，便于开凿都城漕运通道，反映了对城市民生需要和经济发展的重视。"大都城的设计者考虑到城址选择在河、湖分布的地理环境，建城前先测量地形，铺设排水沟渠系统，再根据街道布局兼顾中国北方建筑避寒采光的习惯而规划房屋的朝向，又体现了中国人务实的精神与娴熟的造城技艺。"[2]

1　熊梦祥. 析津志辑佚[M]. 北京：北京古籍出版社，1983：33.

2　李孝聪. 中国城市的历史空间[M]. 北京：北京大学出版社，2015：190.

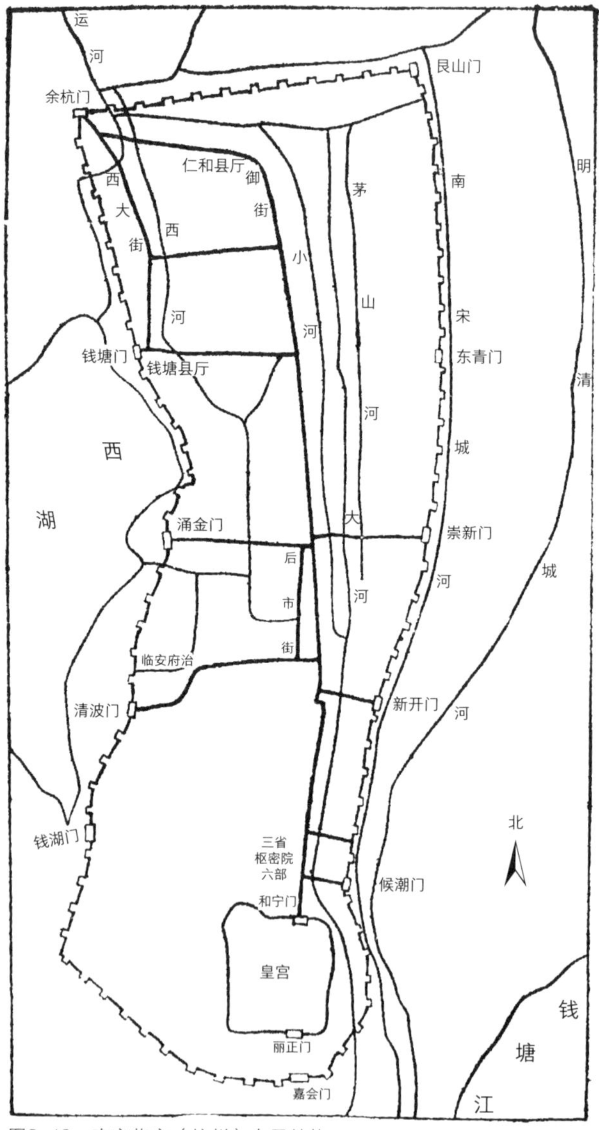

图2-18　南宋临安（杭州）布局结构

来源：杨宽．中国古代都城制度史研究[M]．上海：上海人民出版社，2016：383.

综上，中国古代都城规划设计思想是中国传统哲学体系与文化传统的产物，尤其深受礼制传统和儒家伦理的影响，显著的表现是都城设计的方方面面都受礼制文化的制约与影响，都城布局往往成为传统礼制和等级制度的一种象征与载体，体现了其独特的政治功能和伦理价值。一定程度上如美国学者吉迪恩·S. 格兰尼（Gideon S. Golany）对中国古代城市设计思想的概括："在任何情况下，城市的设计都是根据哲学家的观点来进行考虑的，并且，以城市结构的形式把伦理价值、自然力以及宇宙周期等因素结合在一起，所有城市都建筑在一个整个社会都遵重的法则的基础之上。"[1]

1　格兰尼. 城市设计的环境伦理学[M]. 张哲，译. 沈阳：辽宁人民出版社，1995：53.

第三章 西方城市设计伦理思想的历史透视

如果我们要为新的生活奠定新的基础，我们就必须明了城市的历史性质……如果没有历史发展的长远眼光，我们在自己的思想观念中便会缺乏必要的动力，不敢向未来勇敢跃进。[1]

——[美]刘易斯·芒福德

1 芒福德. 城市发展史：起源、演变和前景[M]. 宋俊岭，倪文彦，译. 北京：中国建筑工业出版社，2004：1-2.

在两千多年的西方建筑理论史上，建筑理论所固有的伦理维度从古罗马的维特鲁威开始，经历漫长的历史积淀过程而延续至今，形成了较为丰富的建筑伦理思想传统。维特鲁威开创的建筑伦理议题，如坚固、实用和美观的建筑三原则，成为不同时代得到反复讨论、充实与发展的议题，蕴含普适隽永的价值，不仅针对建筑，也涵盖城市设计。例如，维特鲁威从人本和实用方面谈城镇选址，“对人类本身的关注和研究是设计的前提，这一信念如一条红线贯穿于十书之中”[1]。维特鲁威所开创的建筑和城市思想经历中世纪的重新发现，在后来的西方城市发展史上获得了继承与发展。对此，本章将选择性地探讨古希腊时期、维特鲁威之后西方城市发展史中有代表性的城市设计伦理观点，勾勒城市设计内蕴的伦理要素。

一、美好生活的允诺：古希腊城市设计思想的伦理指向

西方文明的基石来自古希腊，古希腊文明的代表则是古雅典，“公元前5世纪的雅典的确令人惊愕。短暂但却辉煌灿烂，黄金时代始于战胜波斯人的荣耀、民主的胜利以及对美好生活的允诺，如同埃斯库罗斯高贵的剧作中所展示的一样”[2]。刘易斯·芒福德指出，“古希腊人在短短几个世纪里对自然界和人类潜在能力所作的发现，超过了古埃及人或苏美尔人在长长几千年中的成就。所有这

1 维特鲁威. 建筑十书[M]. 陈平，译. 北京：北京大学出版社，2012：8.

2 拉姆. 西方人文史：上[M]. 张月，王宪生，译. 天津：百花文艺出版社，2005：128.

些成就都集中在希腊城邦里，尤其集中于这些城市中最大的雅典城”[1]。本书主要以希腊文化最辉煌的古典时期（公元前5世纪至前4世纪）雅典城市的公共空间为例，探讨其城市设计蕴含的伦理价值和人文理念。

亚里士多德说：“我们见到每一个城邦（城市）各是某一种类的社会团体，一切社会团体的建立，其目的总是为了完成某些善业——所有人类的每一种作为，在他们自己看来，其本意总是在求取某一善果。”[2]城邦（城市）是一种为了实现善业而形成的共同体，它不仅出于人类生活的实际需要，而且是人类追求更好生活的保障，“城邦的长成出于人类‘生活’的发展，而其实际的存在却是为了‘优良的生活’”[3]。亚里士多德基于美好生活或优良生活的善业目标，洞察了城邦（城市）蕴含的伦理价值。其实，早在亚里士多德之前，希腊人就已经根据自己的经验得出了类似的结论，给希腊城市下的最好定义是，它是一个为着自身的美好生活而保持很小规模的社区。[4]这里，“美好生活”成为城市发展价值目标的关键词，对雅典城邦的城市设计产生了重要影响。

（一）城邦是为美好生活而存在的

希腊文明是一种以城市为主体的城邦文明，理解雅典城市的“美

1　芒福德. 城市发展史：起源、演变和前景[M]. 宋俊岭，倪文彦，译. 北京：中国建筑工业出版社，2005：132.

2　亚里士多德. 政治学[M]. 吴寿彭，译. 北京：商务印书馆，2008：3.

3　亚里士多德. 政治学[M]. 吴寿彭，译. 北京：商务印书馆，2008：7.

4　芒福德. 城市发展史：起源、演变和前景[M]. 宋俊岭，倪文彦，译. 北京：中国建筑工业出版社，2005：197.

好生活”，绕不开对中文译为“城邦”的polis的讨论，因为几乎无法将雅典城邦与雅典城市分开阐述。有一种常见的误区，即将古希腊城邦和古希腊城市、古希腊城邦国家与古希腊城市国家划等号。古希腊城邦与城市的兴起，几乎经历了同一个历史过程，但它们并非同时出现。若从地域性概念的角度认识，城邦比城市包括的范围更广，“希腊城邦从来就不仅仅指一个城市，一个都市地区。从一开始它就意味着城市与其周边地区的存在”[1]。也就是说，城邦由卫城、中心城区和周边的领土即乡郊组合而成，城市只是城邦的一种形态或一个部分，是有别于乡村的另一特定界域的地理空间，或者说是城邦的空间中心和活动中心。瑞士文化史学家雅各布·布克哈特（Jacob Burckhardt）指出：“城邦是希腊最终的国家模式，它是一个独立的小国家，掌握着一块土地，里面没有另一个设防的区域，当然也不允许有第二种独立的公民权。”[2]显然，城邦的实质并非一个地域概念，它是与希腊民主政治制度紧密相连的一个概念，是一个典型的希腊式政治和社会组织形式，共同体意识是其最重要的思想基础。如前所述，亚里士多德认为，城邦是为好生活（或优良的生活）而存在的，一个城邦追求的目标是为了人的好生活。从某种程度上而言，古希腊人的城邦生活就是一种城邦伦理生活，因为城邦不仅是个人的生存空间，还是一种实现人类自我完善的伦理共同体，个人只有在城邦的公共政治生活中才能最大限度地实现自己的德

1 帕克. 城邦：从古希腊到当代[M]. 石衡潭，译. 济南：山东画报出版社，2007：14.

2 布克哈特. 希腊人和希腊文明[M]. 王大庆，译. 上海：上海人民出版社，2008：93.

性，达到最高的幸福。诚如雅各布·布克哈特所言："城邦是大自然的一个高级产品；它的出现使生命成为可能，但更为重要的是为了使人们能够生活得合理、快乐、高贵，尽量使自己的存在接近优秀的标准。"[1]

城邦追求的目标是人的美好生活，反过来说，人的美好生活只有在城邦中才能实现。那么，什么样的城邦才能保证人的好生活实现？由此，亚里士多德提出了关于理想城邦的设计思想。虽然亚里士多德和柏拉图一样，主要是从政治制度和政治秩序方面阐述了理想城邦的特征，但"理想城邦"毕竟与"理想城市"有着紧密的联系，当他提出一个理想的城邦应该具备的基础条件时，他说"一个完美的城邦必须具有同它的性质相适应的配备"[2]，这里，"配备"指的是城邦的物质条件。由此，亚里士多德对作为城邦中心的城市的选址与规划、管理与建设、规模与设施等方面提出了一些独到见解，这些思想是古希腊早期城市规划和城市设计思想的重要成就。如在《政治学》第七卷中，亚里士多德提出，中心城市的选址应当注意山川形势，利于防御，在经济上和军事上都适合于成为四乡的聚散中心。他指出："就新城市本身的内部设计而言，我们的理想应着眼于四个要点。第一，最关紧要的是应该顾及健康（卫生）。"[3]基于首要的健康考虑，亚里士多德提出，城市设计选址时要"候风相地"，勘测选定良好的位置，既能得到和煦东风的吹拂，又能挡住冬季寒冷的北风，而且还

1　布克哈特．希腊人和希腊文明[M]．王大庆，译．上海：上海人民出版社，2008：106.

2　亚里士多德．政治学[M]．吴寿彭，译．北京：商务印书馆，2008：357.

3　亚里士多德．政治学[M]．吴寿彭，译．北京：商务印书馆，2008：380.

要有充足的水源、供应良好的饮水，因为这样最有利于健康。除此之外，他还强调对城防的考虑要因地制宜，在规划设计中要考虑到防御工程，如修建适于御敌的城墙；既要考虑到政治活动和城防的便利，也要考虑城市的美观。在整体上城市不能整齐划一，但某些部分和地区可以规整化修建，如此就完美地兼顾了安全与美观；要建设公共广场，“这个广场中若设置老年人游憩和健身的场所当然更好”，“按照我们的规划，设在较高地区的公共广场就专供悠闲的游憩，而商业广场则成为大家日常生活熙来攘往的活动中心”[1]。

对于古希腊人而言，获得美好生活或“优良的生活”的条件，显然不仅体现在城邦的政治、经济和军事功能方面，也不仅仅体现在城市规划和城市设计方面的实用与人本要求上，更重要的是作为公共空间的城邦所具有的神圣的精神要素，“这种充满神性的公共空间的充分展开正是使公民获得‘优良的生活’的最大保障”[2]。

（二）公共空间是城邦公共生活得以展开的舞台

希腊城邦所蕴含的精神要素不仅包含实现至善的伦理目的，更重要的成果是它促进了公共生活的充分发展，使城邦成为人们展示自我、培养公民民主意识与公共精神的最佳场所，使公民与城邦的关系如同有机体的部分与整体一样相互依存。“雅典的成就不只在于它在公共生活和个人私生活之间建立起一种可贵的中庸之道，而且随之而来的是，权力从为国王或僭主效忠的那些拿薪俸的官员手中大规模地

1 亚里士多德．政治学[M]．吴寿彭，译．北京：商务印书馆，2008：385-386.

2 吴晓群．希腊思想与文化[M]．北京：中信出版集团，2021：86.

转移到普通市民手中，市民开始行使职权了。”[1]市民行使职权的场所就是城市的公共空间，如市政广场（agora）、神庙、露天剧场、运动场、柱廊长厅等，它们共同构成城市生活的中心，是城邦公共生活得以展开的载体，而且这些公共空间为城邦公有，向公众开放，具有完全的公开性。城市公共空间不仅是市民行使职权的政治生活载体，也是公共商业生活、公共宗教生活、公共文化生活甚至公共哲学生活的载体。正是在此意义上，法国学者让・皮埃尔・韦尔南（Jean-Pierre Vernant）将城邦领域（sphere of the polis）即公共空间的出现，视为希腊城邦的本质要素，并说“城市一旦以公众集会广场为中心，它就成为严格意义上的城邦”，“我们甚至可以说，只有当一个公共领域出现时，城邦才能存在”。[2]

古典时期城邦公共生活的发达使雅典城市建设对公共空间和公共建筑高度重视。虽然雅典直至公元前4世纪，甚至更晚时期，依旧保留着原始的住房形式和落后的卫生设施，私人住宅不是特别讲究，甚至是用木料和晒干的泥土草率建成[3]，也没有什么规模宏大的王宫建筑，然而与此形成鲜明对比的却是大规模修建的辉煌壮丽的公共建筑，尤其是被马克思誉为“希腊内部极盛时期”的伯里克利当政时期，在经济繁荣、民主制度得以最大程度实行的条件下，更加追求个体与城邦更高的生活质量。为了建设和美化雅典，他们不惜重金重建和兴建了雅典卫城、帕提农神庙、赫夫斯托斯神庙、苏尼昂海神庙、

1 芒福德. 城市发展史：起源、演变和前景[M]. 宋俊岭，倪文彦，译. 北京：中国建筑工业出版社，2005：179.

2 韦尔南. 希腊思想的起源[M]. 秦海鹰，译. 北京：三联书店，1996：34，38.

3 芒福德. 城市发展史：起源、演变和前景[M]. 宋俊岭，倪文彦，译. 北京：中国建筑工业出版社，2005：137.

大剧场、音乐厅和大型雕塑像等一大批公共文化工程。“重新修建后的雅典城市，公共建筑数量更多，功能更完善，并按一定的功能区域相对集中分布，如商业区、居住区、公共和宗教活动区等，最终成为全希腊最美丽的城市和‘全希腊的学校’。”[1]

希腊城邦的公共建筑及其公共空间大致可分为三大类别，且许多空间并非单一功能，可相互交叉使用。一是政治性公共空间，如公民大会会场（露天剧场）、市政广场、议事厅（bouleuterion）、陪审法庭（heliaia）等；二是宗教性公共空间，如神庙、祭坛、市政广场等；三是用于开展文化艺术体育和哲学活动的公共空间，如市政广场、运动场馆、露天剧场、柱廊、音乐厅（odeion）等。其中，雅典市政广场“阿果拉”是城市公共空间的中心枢纽（图3-1），重要的公共建筑都在其周围布局，这是一个功能复合、人群喧哗的场所。假设我们穿越到当年并徜徉其中，会发现雅典人既在这里开展政治性、法律性和宗教仪式活动，又在这里做生意、聚会、进行戏剧或杂耍表演、讨论哲学问题，说不定苏格拉底就站在广场一角与人争辩哲学问题。露天剧场和柱廊也是复合性的公共空间。雅典露天剧场依地势建在半圆形坡地上，首先用于戏剧表演，表演具有极大的开放性和包容性，整个城邦的人都可以免费观看，既丰富了雅典人的日常文化生活，又展示了古希腊辉煌的戏剧成就，“正是在雅典宏大的露天剧场无数次万众一声的喝彩之中，三大悲剧作家埃斯库罗斯、索福克勒斯、欧里庇得斯站立

1 解光云. 希腊古典时期的战争对雅典城市的影响[J]. 安徽师范大学学报（人文社会科学版），2004（5）：579-585.

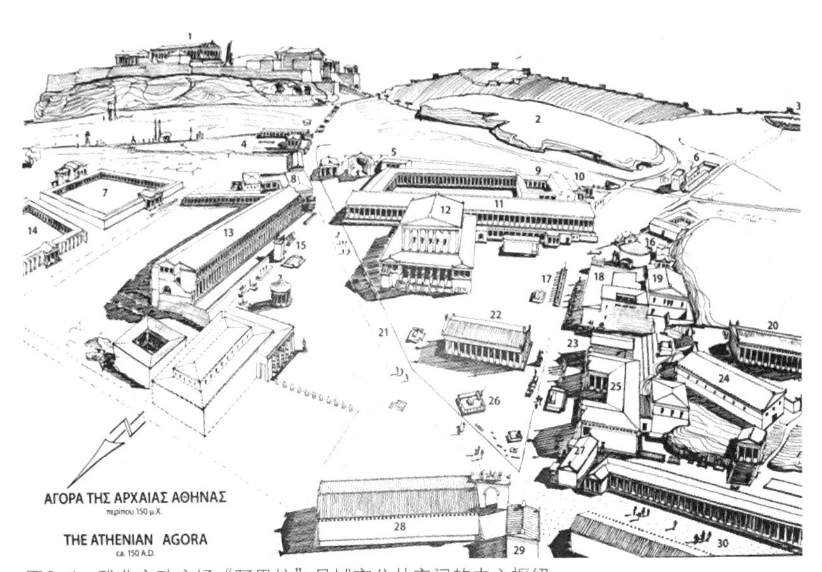

图3-1　雅典市政广场"阿果拉"是城市公共空间的中心枢纽

1. 卫城（Acropolis） 2. 最高法院（Areopagus） 3. 普尼克斯剧场（Pnyx） 4. 厄勒西尼翁神庙（Eleusinion） 5. 东南喷泉屋（Southeast Fountain House） 6. Imprisonment. 7. 罗马集市（Roman Agora） 8. 图书馆（Pantainos Library） 9. 集市（Aiakeion） 10. 西南喷泉屋（Southwest Fountain House） 11. 中间柱廊（Middle Stoa） 12. 音乐厅（Odeion of Agrippa） 13. 阿塔罗斯柱廊（Stoa of Attalus） 14. 哈德良图书馆（Library of Hadrian） 15. 高座纪念碑（Bema Monument） 16. 圆顶建筑（Tholos） 17. 艾波娜英雄纪念碑（Monument to the Heroes Epona） 18. 米特龙神庙（Metroon） 19. 议事厅（Bouleuterion） 20. 赫菲斯托斯神庙（Temple of Hephaestus） 21. 泛雅典之道（Panathenaic Way） 22. 阿瑞斯神庙（Temple of Ares） 23. 帕特洛奥斯阿波罗神庙（Patroos Temple of Apollo） 24. Arsenal. 25. 宙斯柱廊（Stoa of Zeus） 26. 12位神的祭坛（Altar of 12 Gods） 27. 皇家柱廊（Royal Stoa） 28. 彩绘柱廊（Poikile Stoa） 29. 阿佛洛狄忒的避难所（Sanctuary of Aphrodite） 30. 凯拉米克斯大街（Street of the Kerameikos）

来源：http://architecturalmoleskine.blogspot.com/2011/11/agora-of-athens-urbanism.html

图3-2　普尼克斯剧场鸟瞰图，1820年托马斯·休斯（Thomas Hughes）绘制
来源：https://commons.wiki media.org

起来，走进文化史册”[1]。与此同时，由于露天剧场面积足够大，它也用来处理政治事务，最著名的就是建于普尼克斯山丘上的剧场，全体公民大会在此召开（图3-2）。柱廊（stoa）在古希腊是较为特殊的公共空间，芝诺创立的古希腊哲学流派——斯多葛派的名称，就来自他们最初的集会地点——彩绘柱廊或画廊（poikile stoa）（图3-3），该柱廊绘有希腊著名画家波吕格诺托斯的彩色壁画。柱廊与市政广场相辅相成，市政广场周围布置有重要的公共建筑，因而环广场的这些建筑一

1　余秋雨．世界戏剧学[M]．北京：北京联合出版公司，2021：24.

图3-3　彩绘柱廊或画廊复原图
来源：https://scontent-hkg4-2.xx.fbcdn.net/

般设有门廊，通常后面是墙，前面立有列柱，设计用来提供有遮蔽的步道。同时，柱廊的存在有助于框定一个清晰的开放空间边界，让市政广场变成更具场所感的空间，也为议事厅等公共建筑提供了统一的柱廊外观，使之形成一道壮丽的建筑景观。柱廊作为介于室内与室外的过渡空间，具有复合功能，"柱廊是公民们日常散步、聊天、集会、议论城邦诸事、发表演讲、进行辩论和吟诵诗歌、讨论哲学和伦理道德问题等的场地，是城邦民主生活不可或缺的重要组成部分"[1]。

1　沈瑞英，杨彦璟. 古希腊罗马公民社会与法治理念[M]. 北京：中国政法大学出版社，2017：30.

伯里克利时期的雅典卫城是由以神庙为代表的建筑精华所构成的纪念性、宗教性公共空间（图3-4）。雅典卫城建造在海拔150米的石灰岩山岗上，被称为雅典的“阿克罗波利斯”（Acropolis），原意为“高处的城市”或“高丘上的城邦”。卫城最早是用于抵御敌人的要塞，古典时期卫城作为防御中心在军事上的重要性逐渐减弱，主要成为宗教空间和纪念空间。卫城主要由供奉女神雅典娜的帕提农神庙、供奉海神波塞冬的厄瑞克忒翁神庙和供奉胜利女神的胜利女神庙构成。其中，最著名的是体现希腊建筑理想的完美艺术——帕提农神庙（图3-5），它雄踞于山巅之上，供奉的是雅典国家的保护神雅典娜，气势庄严而雄伟，是整个卫城建筑群的核心，全雅典的人都可以仰望到它，“帕提农神庙的出现，提高了雅典集体的公民价值。它立于全

图3-4　雅典卫城复原图
来源：乔治·雷伦德（G. Rehlender）绘

图3-5　经历千年风雨洗礼后的帕提农神庙
来源：吕亚芹 摄

城都看得见的地点上，不管是新扩建的城区还是旧城区，都可以看到这块在阳光下闪闪发亮的团结标志"[1]。公元前480年，卫城被波斯人焚毁。希波战争胜利之后，希腊人决定把卫城当作城邦守护神雅典娜的圣地来重建，而且要建得比以前更加宏伟壮丽。重建后的雅典卫城建筑与地形结合紧密，没有刻板的轴线关系，不求平面视图上的对称与规则，建筑物的安排除了顺应地势，高低错落，与自然环境相和谐以外，还照顾到朝圣者、祭祀游行者的行进路线与山上山下、城内城

1　桑内特．肉体与石头：西方文明中的身体与城市[M]．黄煜文，译．上海：上海译文出版社，2016：14-15.

外观赏的最佳视觉效果，以物化的形态体现了古典时期希腊艺术的民主、自由与乐观精神。雅典卫城不但是祭拜神灵之圣地，更重要的是它还是公共活动中心，其中最重要的公共活动就是从公元前566年开始的为纪念雅典庇护女神雅典娜而设的泛雅典娜节（Panathenaea），这是所有雅典人的节日，一年一度举行“小泛雅典娜节”，每四年举办一次“大泛雅典娜节”。节日期间全城出动，万人空巷，除了举行祭祀活动、丰富多彩的竞技活动和文化艺术活动，更重要的是雅典人会举行盛大壮观的游行活动，在节庆的最后一天，全民一同上山来到帕提农神庙，向女神雅典娜的雕像进献少女亲手编织的长袍。游行前往雅典卫城的起点是一条名为“泛雅典之路”（Panathenaic Way）的道路，斜穿过市政广场，一直连接到卫城的狄庇隆门（Dypilon Gate），通过这样的公共活动，雅典重要的公共活动空间被有机串连起来。

（三）雅典城市公共空间的伦理功能

雅典公民以政治生活为本质内容的公共生活，主要是在公共空间中进行的，没有公共空间，就没有雅典文明的载体。依托城邦最主要的公共建筑，雅典城市形成了三类公共空间：第一类是宗教性公共空间，如神庙、圣殿、公共墓地等；第二类是市政性公共空间，如市政广场、议事大厅、公民大会会场、法庭等；第三类是文体性公共空间，如露天剧场、体育馆、运动场、摔跤场等。上述公共建筑和公共空间在发展城市文化与公民教化方面，发挥了举足轻重的作用。卡斯腾·哈里斯（Karsten Harris）认为：“建筑的伦理功能必然是一种公共功能。宗教的和公共的建筑给社会提供了一个或多个中心。每个人通过把他们的住处与那个中心相联系，获得他们在历史中及社会中的位置感。”[1]显然，基于城市设计伦理视角考察，雅典公共空间的伦理功能也主要体现为一种公共性功能，这些公共空间承载了公民参与城邦民主和公共事务的各种活动，包括各种宗教的仪式也意味着公共的活动；同时它们也承载了城邦的情感凝聚功能，在此过程中也增加了一定的教化功能。“古希腊的雅典人公认他们的城市的重要性，以及城市在鼓励他们时代的道德和智慧的民主方面所起的作用。广场、神庙、竞技场、剧场和它们之间的公共空间，既是古希腊文化的壮观的艺术表现，也是它的丰富的人文发展的促进因素。”[2]

首先，神庙等宗教性公共空间同公民的宗教生活和公共生活有着相当密切的关系，它是一种物化的信仰形式，深刻体现了这类公共空间所具有的特殊宗教伦理价值和公共关切价值，是使公民获得“美好生活”的重要保障。

在古希腊，宗教理念、神的允诺等精神要素，既是赋予城邦存在合法性及神圣性的依据，也为公民的“优良的生活”提供了保障，而这些又是通过在公共空间里举行的各种活动得以具体表达的。[3]的确，宗教在古希腊早期城市布局和社会结构方面占主导地位。有历史学家将希腊城邦描述为一个献祭的社会，因为各种宗教仪式浸透到它日常生活的方方面面。在希腊人看来，建城是一件十分神圣的事情，

1 哈里斯. 建筑的伦理功能[M]. 申嘉，陈朝晖，译. 北京：华夏出版社，2001：279.
2 罗杰斯，古姆齐德筒. 小小地球上的城市[M]. 仲德崑，译. 北京：中国建筑工业出版，2004：16.
3 吴晓群. 希腊思想与文化[M]. 北京：中信出版集团，2021：83-84.

城市的命运需要神的庇护和魔法的保护，因而城市建设也是一种宗教仪式和宗教行为。建城人即举行建城宗教典礼的人，无此则城不能建。[1]而对于建城人来说，头等重要的事是选址与测定建筑物的方向。“古人以为人民将来的幸福，皆视此而兴衰。因此，总须请神择定。”[2]由于宗教性公共空间对于城邦生活而言必不可少，于是雅典城内外有许多庙宇，城邦总要耗费巨大的人力和物力修建宏伟的神庙（图3-5），甚至在市政广场上还有不少为了纪念在献祭活动中的牺牲者而修建的墓碑。在公共空间举办的宗教仪式和宗教活动促进人与人之间的联系与合作，它带来的共同敬畏与共同崇拜，将团体中不同的人紧密地联系到了一起，提供了一套意义生产机制，产生了一种强烈的团体认同感与凝聚力。

梁鹤年以“泛雅典娜节女神游行”为例，从另一种角度谈到了雅典市民宗教性公共生活与城市发展的良性互动效应。古典时期，如前所述，祭祀雅典护城女神雅典娜的泛雅典娜节是雅典人最主要的节日庆典之一。它主要由供奉牺牲、竞技、祷告和祭仪游行等一系列基本的祭仪活动组成。其中，祭仪游行是主要的祭祀方式之一，成为雅典人公共生活的一部分。游行队伍在雅典城市中心的宗教圣地、市政广场与城邦边界、乡村之间来回流动，增强了城邦公民的团结意识。梁鹤年以此公共宗教祭仪为例，说明雅典市民共有、共享和共赏的公共生活如何既成就雅典的“真善”，又间接成为雅典城市发展的指导：

1 古郎士．希腊罗马古代社会研究[M]．李玄伯，译．北京：中国政法大学出版社，2005：115.

2 古郎士．希腊罗马古代社会研究[M]．李玄伯，译．北京：中国政法大学出版社，2005：109.

它（泛雅典娜节女神游行）是雅典公民生活（civic life）的中心。游行路线是固定的，经雅典城迪皮隆门开始，穿过主城，沿雅典卫城山坡而上，直抵雅典女神像脚下为终点。经过的都是雅典人每天走的路，有神庙、商店、市集、广场、民居、衙门，等等。在这每年一度的多姿多彩游行里，每一个雅典人都是主角，每一个人都是观众。官能和灵性的感受，深深地嵌在每一个人的心里。久之就成了"集体的自觉"（collective consciousness）。它变成雅典城发展的指导。地产商、开发商、建筑师们都是这"集体自觉"的创造者和受造者。沿途每一幢建筑、每一处景点、每一个视野都是这游行路线的标点符号，有感叹号，有句号，有引号，或长句，或诗歌，或叙事。各显风骚，但又互相补充。是"大我"中的"小我"；是个体，又是整体。[1]

梁鹤年所说的泛雅典娜节女神游行路线被称为神秘的祭典大道，这条线路联结着古希腊几个最神圣的地方——城门、市集、广场和卫城。帕提农神庙上原有的整个中楣浮雕描绘了游行的情景，它是由古希腊最著名的雕塑家菲狄亚斯（Phidias）完成的，原汁原味地表现了古典时期浮雕艺术所达到的美学巅峰。在游行队伍里，你能看见希腊少女、众神、祭司、骑士等各种各样的人，他们生动地表现了雅典市民对诸神的敬意（图3-6）。美国城市设计师埃德蒙·N. 培根认为，这条祭典大道是一个区域运动系统的一部分，是雅典城建筑与城市设计的中心组织力，它既是圣道，又作为雅典的一条中心主干道，沿着

1　梁鹤年. 哀公问政：孔孟思想对规划理论的启发[J]. 城市规划，2002（11）：58-62.

图3-6 帕提农神庙中楣浮雕：《行进的少女行列》（现藏于大英博物馆）

它出现了主要的商业、工业和政治活动中心，构成了城市生活。同时，“这条路线由雅典市民在他们日常生活中作多目的的使用，其作用必定曾随着他们所有的人早在孩提时期起就亲历其境的光辉而美妙的行进行列而提高”[1]。

其次，市政性公共空间、文体性公共空间同公民的政治生活与文体生活密不可分，它们本身就是一种教育的力量，间接地强化了城邦生活的民主性与集体观念，体现了这类公共建筑与公共空间所具有的隐性的政治伦理与精神教化功能，同样是使公民获得“美好生活”的重要条件。

1 培根．城市设计[M]．黄富厢，朱琪，译．北京：中国建筑工业出版社，2003：65.

雅典市政广场即“阿果拉”一词的原意是“民众大会”，作为城市中最有活力的公共活动中心，雅典人在这里聚会、闲逛、做生意、讨论政治、发表言论、进行法庭开庭以及祭拜诸神，形成了一种独特的广场文化。雅各布·布克哈特指出，“阿果拉”是希腊城邦最主要的生命器官，他们会整天泡在“阿果拉”里面，清晨的美好时光通常会用“阿果拉”来界定，清晨也就是所有人都聚集在“阿果拉”的时候。[1]这样的广场绝非单纯的物质空间形式，而是雅典民主的展示场所，它给雅典人提供了一个借由言谈对话、彼此吐露思想来展现自己的理想处所，对无形的精神活动有着强烈的心理暗示和诱导能力，“正是神庙和广场在客观条件上使公众集体活动成为可能，而且赋予严肃的、分享的、共命运的气氛，它在城邦的政治化过程中具有特殊意义”[2]。据说，苏格拉底曾告诫陪审法官们，要到市政广场的社会生活中去学习修辞术，而不必期望从他那里学得更好，他还认为市政广场自由而充满活力的精神生活，为希腊哲学注入了生机。因此，从一定意义上说，古典时期雅典城邦文化繁荣的重要原因之一，就是很好地利用了自由而开放的城市公共空间满足人性需求并对公民施行文化熏染与教化。“以城市公共空间为中心的政治、经济和社会文化活动，使人们逐渐获得的是一种集体的认同感和对雅典城市作为城邦中心的归属感。在潜移默化中培养了公民的自我觉醒意识和爱国情操。从这个意义上说，基于城市公共空间而迸发出的文化创造力，是古典

1　布克哈特. 希腊人和希腊文明[M]. 王大庆，译. 上海：上海人民出版社，2008：102-103.

2　赵汀阳. 城邦，民众和广场[J]. 世界哲学，2007（2）：64-75.

时期雅典城邦对外争霸扩张，维系城邦活力的强大精神支柱。”[1]

此外，为了公民的美好生活，从城市规模上看，希腊城邦不过是一些人口有限、疆域范围不大的蕞尔之邦。有一个词专门用于衡量一个希腊城邦应该拥有多少人口，即“自给自足”（autarkeia）。亚里士多德认为，理想城邦的适中人口限度乃是“足以达成自给生活所需要而又是观察所能遍及的最大数额”，理想城邦的疆域则“应当以足使它的居民能够过闲暇的生活为度，使一切供应虽然宽裕但仍须节制”。[2]在希腊人看来，任何共同体或组织的生长与发展都有其天然限制，只有适宜的城市规模，才能为公民与城邦之间形成一种血肉相连的特殊关系提供必要的环境条件，才能使城邦成为一个个具有独立的政治生活、自足的经济生活和丰富的文化生活的共同体，也只有这样的共同体才能为公民提供幸福的生活。“对于希腊人来说，小是美的，任何东西都要适合人的规模，城邦也像其他东西一样要适合于人的需要。”[3]

以发达的公共空间为特征所体现的古希腊城市思想中，所蕴含的珍贵伦理价值就是城市是为美好生活而存在的，城市的目的是人的好生活。这一说法，对于生活在今天的现代人而言，似乎显得简单，然而，却具有某种警醒的意味。单从城市设计、市政设施、住宅建设等

1 解光云．述论古典时期雅典城市的公共空间[J]．安徽史学，2005（3）：5-11.

2 亚里士多德．政治学[M]．吴寿彭，译．北京：商务印书馆，2008：361-362．古典时期雅典的面积约1600平方千米，人口约25万（一说10万人）。而古希腊一些较小的城邦面积为20～30平方千米，人口只有5000人或更少。

3 帕克．城邦：从古希腊到当代[M]．石衡潭，译．济南：山东画报出版社，2007：25.

城市物质生活的角度来看，看得见、摸得着的雅典城充满了缺陷，与现代城市功能相去甚远，然而就是这样一个雅典，却成了城市文化繁荣的基石。这其中，有一个不可忽视的原因就是，在雅典人看来，城市物质方面的追求似乎是次要的，城市主要应是一个精神场所，依托于各种类型的公共建筑、公共空间和公共仪式，雅典市民们快乐地展示着自己，积极投身到城市的各种公共活动与市民生活之中，形成了与自己城市的那种水乳交融般的互动、共鸣的依恋关系，让雅典成为一个充满活力的、极富人性意味的自由之城，庇护着市民的精神与身体，它如同“最好的护士，当你在柔软的土地上嬉戏时，忠诚地养育和看护着你，使你不觉得单调乏味”[1]。一个物质形态上远非理想的城市，却可以因为拥有理想的市民生活而变得光辉灿烂，雅典就是一例。

城市如何才能让市民生活更美好呢？城市为市民在全面发展方面提供了可能的支持吗？它在创造各种人性空间以激活一种充满活力、多姿多彩的城市公共生活吗？从对古典时期雅典城市设计思想的回顾中或许能够得到一些启发。刘易斯·芒福德说得好：“在我们的时代，城市如果要进一步发展，必须恢复古代城市（特别是希腊城市）所具有的那些必不可少的活动和价值观念。我们的精巧机器所播映的仪式场面，不能代替活的伙伴和同事，不能代替友谊社团——而恰恰是这些要素养育维持了人类文化的生长和繁衍，没有它们，整个精心

1 布克哈特. 希腊人和希腊文明[M]. 王大庆，译. 上海：上海人民出版社，2008：108.

制造的机器变得毫无意义。”[1]

二、理想主义与人本主义：近现代西方城市设计价值诉求

从西方城市规划和城市设计的发展历程看，现代城市规划和城市设计思想产生的一个重要原因，是为了解决工业革命所造成的城市中的各种社会问题和环境恶化问题。也就是说，现代城市设计思想，从一开始就带有强烈的社会改造理想，承担着为一个更美好、更人性的城市而奋斗这一道德使命。

（一）工业化带来的“城市病”

18世纪下半叶，工业革命首先在英国兴起。工业革命是机器大工业代替以手工技术为基础的工场手工业的革命，这不仅是一次技术革命，也是一场深刻的社会变革，对人类社会各个方面都产生了极其深远的影响，其中最重要的影响就是启动并加速了城市化进程，使人口由农村迅速涌向城市，城市以前所未有的速度和规模发展。仅以伦敦的人口增速为例，1841年人口为223.9万，1850年为268.5万，1860年为322.7万，1870年为389万，1880年为477万，到1890年时增至563.8万。短短40年时间，伦敦人口翻了一番。与此同时，1851年，英国城

1 芒福德. 城市发展史：起源、演变和前景[M]. 宋俊岭，倪文彦，译. 北京：中国建筑工业出版社，2005：580.

市人口首次超过乡村，率先在世界上实现了城市化。1890年英国城市人口占总人口的72%，1900年则达到78%，实现了高度城市化。

工业化和随之而来的城市化如此迅速发展，大大超出了人们的想象，极为迅速地改变了城市面貌。克里斯托弗·阿兰·贝利（C.A. Bayly）指出："19世纪的人们后来回想自己的时代，感到在所有最有活力的变化中，工业化与巨大的、非个性的大都市的崛起最令他们震撼。"[1]与此同时，一种几近自由放任的城市化进程给城市带来诸多负面影响，出现了后来被称为"城市病"的一系列城市问题，导致城市结构混乱、城市环境恶化、住宅拥挤、公共设施匮乏、疫病流行和道德沦丧等问题，且日益严重（图3-7）。对此，马克思在《资本论》、恩格斯在《英国工人阶级状况》等著作中有深刻描述。马克思指出，"就住宅过分拥挤和绝对不适于人居住而言，伦敦首屈一指"，他引用汉特医生的话说："有两点是肯定无疑的。第一，在伦敦，大约有20个大的贫民区，每个区住1万人左右，这些人的悲惨处境超过了在英国其他任何地方所能见到的一切惨象，而这种处境几乎完全是由住宅设施恶劣造成的；第二，在这些贫民区，住房过于拥挤和破烂的情形，比20年前糟糕得多。""即使把伦敦和纽卡斯尔的许多地区的生活说成是地狱生活，也不算过分。"[2]恩格斯通过亲身的观察与交往，直接研究了英国工人阶级的状况，尤其对曼彻斯特工人非人道的生活条件有触目惊心的描述和深刻的分析，指出每一个大城市都有一个或几

1　贝利. 现代世界的诞生：1780—1914[M]. 于展，何美兰，译. 北京：商务印书馆，2013：187.

2　马克思. 资本论：第1卷[M]. 中共中央马克思恩格斯列宁斯大林著作编译局，译. 北京：人民出版社，2004：723.

图3-7 法国版画家古斯塔夫·多雷（Gustave Dore）1869年与一名记者合作，对伦敦黑暗的底层生活状态进行了探访与调查，并通过版画形式加以形象呈现。图为古斯塔夫·多雷的版画：1870年夹在铁路桥之间的英国伦敦工人住宅

个挤满了工人阶级的贫民窟。英国城市中的这些贫民窟大体上都是一样的，这些城市中最糟糕地区的最糟糕的房屋，最常见的是一排排的两层或一层的砖房，可以说排列得乱七八糟，有许多住人的地下室。在全英国，这是最普通的工人住宅。这里的街道通常是没有铺砌过的，肮脏且坑坑洼洼，到处是垃圾，没有排水沟，也没有污水沟，有的只是臭气熏天的死水洼。[1]1839年，伦敦济贫委员会埃德温·查德

威克（Edwin Chadwick）起草的一份有关伦敦城市卫生状况的调查报告中，更是描绘了一幅可怕的英国城市图画：

以前人们都认为监狱是又脏又臭又闷的地方，可是阿诺特医生和我本人经过调查发现，爱丁堡和格拉斯哥的每一条小巷里的情况比霍华德描绘的英国最坏的监狱（他说是欧洲最坏的监狱）还要差……在利物浦、曼彻斯特或利兹以及主要都市的大部分地区，人们可以从工人阶级居住的地窖中，看到比霍华德描绘的多得多的肮脏东西、肉体痛苦和道德沦丧。[2]

针对工业革命所带来的上述城市问题，英国政府采取了各种应对措施。如1835年通过的《城市自治机构法》，建议在每个基层地区设立一个单独的公共卫生机构来管理排水、铺路与清扫；1855年伦敦市议会成立了负责排污管道和其他市政基础设施工程的大都会市政工程局。从19世纪中期开始，英国中央和各地方政府进行市政改革，颁布相关法律，依法规范城市的住宅与市政建设。如1848年和1875年颁布了《公共卫生法》，1866年颁布了《环境卫生法》，1890年颁布了《工人阶级住宅法》，有效推动了工人阶级住房条件的改善。这些法律措施的颁布，开创了政府关注城市公共卫生治理、城市环境美化和工人住宅建设等民生问题的先河。

与此同时，一批有社会责任感的思想家和社会改革者开始质疑资

1　马克思，恩格斯．马克思恩格斯全集：第2卷[M]．中共中央马克思恩格斯列宁斯大林著作编译局，译．北京：人民出版社，1957：303-358.

2　本奈沃洛．西方现代建筑史[M]．邹德侬，巴竹师，高军，译．天津：天津科学技术出版社，1996：44-45.

本主义制度的合理性，并提出了一系列解决19世纪城市问题（尤其是城市中非人性居住环境）和改革工业城市的思想和方案，它们成为现代城市规划和城市设计运动产生的直接动力和思想基础。“起初它不叫‘现代城市规划运动’，直到足够多的人接受劝导后，都认可‘城市规划可以对幸福、健康、富裕，特别是对城市居民，最终是对整个国家做出重要的必需的贡献’这个观点时，这件事才被冠以‘城市规划运动’之名。”[1]因此，作为面对经济、政治、社会发展现实问题的一种解决手段，作为政府管理城市的有力工具，真正意义上（或者说学科意义上）的城市规划是在近代工业革命以后才产生的。[2]由于现代城市规划和城市设计一开始便背负着改造社会、改造城市、追求理想社会秩序的道德使命，因而其思想基础有着鲜明的价值诉求。从对圣西门、傅立叶、欧文等空想社会主义者的社会乌托邦思想，到埃比尼泽·霍华德、帕特里克·格迪斯和刘易斯·芒福德的城市设计思想的回顾中，不难发现，理想主义与人本主义大致构成了近代以来西方城市设计思想的两个基本价值诉求。

（二）理想主义：乌托邦思想先驱者的贡献

作为一种理想的社会观，社会乌托邦思想的历史源远流长。乌托邦思想是古希腊重要的文化遗产之一，至少西方社会政治乌托邦的母

1 赖因博恩. 19世纪与20世纪的城市规划[M]. 虞龙发，等，译. 北京：中国建筑工业出版社，2009：23.

2 孙施文. 城市规划哲学[M]. 北京：中国建筑工业出版社，1997：5.

题是从柏拉图的《理想国》开始的，柏拉图设计了一种现实社会里不可能存在的美好、正义而和谐的社会模式。亚里士多德在《政治学》中描绘了理想城邦的轮廓。哈维认为："'城市'形象和'乌托邦'形象长久以来一直纠缠在一起。在它们早期的化身中，乌托邦通常被赋予一种独特的城市形态，大多数被称为城市规划的东西在很大程度上受到乌托邦思维模式的影响。"[1]

欧洲文艺复兴时期，英国的人文主义学者托马斯·莫尔（Thomas More）在《关于最完全的国家制度和乌托邦新岛的既有益又有趣的全书》（简称《乌托邦》，1516年）一书中，用生动的语言和对话体的方式，提出了改善人的生存境遇的社会方案，主张建立一个摆脱了社会邪恶与阶级剥削、财产公有、人人自由平等的理想城邦。[2]莫尔所追求的理想的精神秩序是由一个严密组织的空间形态予以保护的，即他所设想的"乌托邦新岛"，在此意义上，将乌托邦新岛作为一种"空间游戏"的城市设计颇值得注意（图3-8）。[3]第一是城市人口有严格的限制，不能过分集中。第二是每座城市划分为均等的四个部分，

1　哈维．希望的空间[M]．胡大平，译．南京：南京大学出版社，2006：152.

2　"乌托邦"(utopia)一词是由莫尔最先开始使用的。"乌托邦"是莫尔虚构出来的一个岛国的名称，它是由希腊语u和topia组成，topia来自古希腊文的topos，意为"地方""场所"，u的词源难以确定，既可能来自表示普遍否定的ou，也可能来自表示好、完美的eu。因此，utopia从词源学上来看，既可以指eutopia，即一个美好的地方，也可以指outopia，即子虚乌有的地方，或者可以同时拥有这两种含义。

3　路易丝·马林（Louis Marin）认为，莫尔的乌托邦是"空间游戏"的一个种类。莫尔实际上从众多可能的空间秩序安排中选择了一种作为表现和固定某种特定精神秩序的方式。（参见：哈维．希望的空间[M]．胡大平，译．南京：南京大学出版社，2006：156.）

图3-8　托马斯·莫尔的乌托邦构想图（《乌托邦》1518年3月版插图）

各有市场、医院与公共食堂。第三是城市的街道要宽敞，以便于行人与车辆通行。第四是有关住宅区建造的具体设计规格，“街道的布局利于交通，也免于风害。建筑是美观的，排成长条，栉比相连，和街对面的建筑一样。各段建筑的住屋正面相互隔开，中间为二十尺宽的大路。整段建筑的住屋后面是宽敞的花园，四围为建筑的背部，花园恰在其中。每家前门通街，后门通花园。”[1]托马斯·莫尔的《乌托邦》一书影响深远，使他成为空想社会主义思潮的鼻祖。他的乌托邦思想对后来的西方城市规划和设计理论也有一定的影响作用。有学者认为，莫尔及其追随者的乌托邦形态都可以描述为“空间形态的乌托邦”，“因为社会过程的暂时性、社会变革的辩证法——真正的历史——都被排除了，同时社会稳定又是由一种固定的空间形态来保证的”[2]。

17世纪初，意大利思想家托马索·康帕内拉（Tommaso Campanella）也同莫尔一样，抨击了私有制带来的种种弊端与罪恶，1602年他在狱中所写的《太阳城》（*City of the Sun*）这本书里，假借一个环球旅行航海家的游历见闻，用对话录体裁，描绘了一种被他称为“太阳城”的消灭了私有制的理想社会制度以及城市生活的方方面面。在城市设计方面，他描述了理想的城市形态，“这个城分为七个广阔的地带，即七个同心圆的城区，并以七大行星的名字命名。由一个城区到另一个城区，要通过四条铺石块的街道，并穿过各区东南西北所开的四座城

1　莫尔．乌托邦[M]．戴镏龄，译．北京：商务印书馆，2006：53.

2　包亚明．现代性与都市文化理论[M]．上海：上海社会科学院出版社，2008：146.

门”[1]（图3-9）。太阳城之所以要设计成同心圆的城市形态模式，与康帕内拉所期待的权力一元化政治理想不无关联，同心圆模式是这种政治诉求的空间表征。值得一提的是，康帕内拉的城市空间乌托邦设想还与占星术有密切关联，他认为城市空间治理体现了统治者或城市管理者对占星术的利用程度，正如德国哲学家恩斯特·布洛赫（Ernst

CAMPANELLA
SONNENSTAAT

图3-9 《太阳城》1900年德文版扉页示意图

1 康帕内拉．太阳城[M]．陈大维，黎思复，黎廷弼，译．北京：商务印书馆，2007：3.

Bloch）所说："太阳城的和谐生活首先与星星摄政者相联系。因此，在此乌托邦并不是通过某一过程创造出来的东西，而是宇宙和谐自身而已。"[1]

巴托洛米奥·德尔·本尼（Bartolomeo Del Bene）的"真理之城"与康帕内拉太阳城的空间设想有异曲同工之处。1585年，本尼写了他杰出的乌托邦作品《真理之城》，这是一部以亚里士多德《尼各马可伦理学》为基础，献给英格兰国王亨利三世的寓言诗，并成为文艺复兴时期理想城市理念的一部分。1609年，本尼的后人重新编辑该书并以《真理之城，或伦理学》（*The City of Truth; or, Ethics*）为名出版，同时以亚里士多德《尼各马可伦理学》和文艺复兴时期城市放射—向心空间模式为基础绘制插图版画，表现了通往真理之路的理想城市形态：在圆形城墙的围合下，分别代表五种美德的五条道路从中央的智慧区放射排列，越过了邪恶的泥潭，走向位于中心的"智慧之殿"，其上有五座神庙，它们都是为了宣扬智慧美德而存在的，分别致力于知识、艺术、审慎、智能和智慧，代表了对真理的终极追求。"智慧之殿"中央的火焰隐喻哲学家奥古斯丁的思想传统，代表着心灵的辉煌和意志的力量（图3-10）。事实上，理想城市的概念也与奥古斯丁有关，他的著作《上帝之城》阐述了相对于能毁坏的"世俗之城"（罗马）与那不能毁坏的"上帝之城"。

19世纪出现了以圣西门、傅立叶、欧文为代表的空想社会主义思

1　布洛赫．希望的原理：第2卷[M]．梦海，译．上海：上海译文出版社，2020：98．

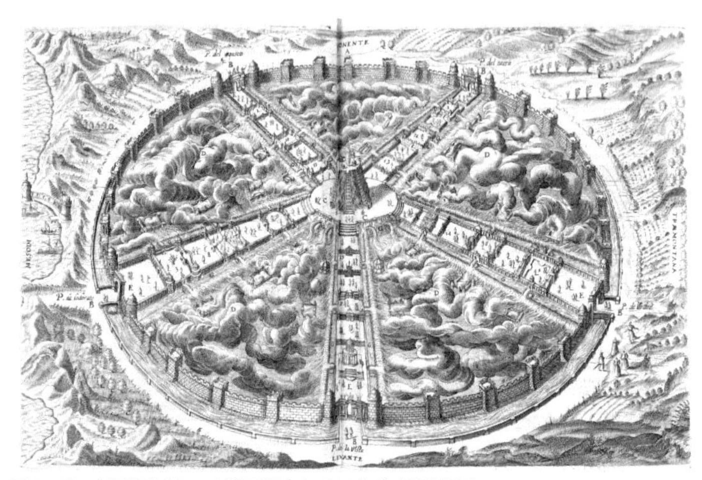

图3-10 《真理之城，或伦理学》(1609年)插图版画

潮，他们在对资本主义社会诸多方面进行批判的同时，提出了关于理想社会、理想城市的一系列思想。无论是莫尔，还是傅立叶和欧文，在描绘理想社会的状况时，都涉及对理想城市具体形态和建筑空间的精心构思。因为他们需要建立一个理想的城市来容纳和支撑他们所设计的理想社会。这些对理想社会和理想城市的设计与构想，成为现代西方城市设计重要的思想根源。

英国空想主义者罗伯特·欧文在其1813年出版的《新社会观》(*A New View of Society*)一书中，提出了"环境决定人的品性"这一观点，他认为"比起迄今为止规范社会原则能给个人带来的幸福，这种环境创造的幸福更为长久"[1]。以此为理念，他把城市作为一个完整

1 转引自：卢克赫斯特. 走廊简史：从古埃及圣殿到《闪灵》[M]. 韩阳，译. 上海：东方出版社，2021：48.

的经济共同体与生产和生活环境进行研究与实验，提出了一个改造资本主义制度的方案。1817年，他在给“致工业贫民救济委员会”（the Committee for the Relief of the Manufacturing Poor）的报告中，宣扬劳动公社是消灭失业的手段的思想，提出了理想的社会体系和居住社区计划。为了用范例证明自己的思想切实可行，欧文决心建立模范社区。1824年，他前往美国，抵达印第安纳州的新和谐镇（New Harmony），以全部身家买下了新和谐镇，计划建立一个乌托邦社区，用“劳动力交流”和“劳工市场”来消除中介，并建立一个“新的道德世界”。欧文的新和谐社区设想在大约800～1500英亩[1]的土地上建造了可容纳800～1200人的社区（住宅群），这是一个由农、商、学结合起来的大家庭，一个城乡和谐的有机整体。既有城市的生产和生活设施，又有农村的自然风光，其中居住区的建筑布局为大正方形的围合式院落，中间布置公共建筑，如教堂、公共厨房、食堂、学校、会议厅、图书馆（图3–11）。虽然欧文的一系列带有空想性质的“示范性实验”都失败了，但是他对未来理想社会和城市的憧憬，尤其是关于新和谐社区等模范社区的实践，为后人留下了积极的思想遗产。

法国空想主义者傅立叶认为，必须彻底消除资本主义的残酷和无秩序，在自然体系内存在和谐的秩序，在社会体系内同样也应当有和谐的秩序。为此，他设计的理想社会制度叫“和谐制度”，和谐社会的基层社会组织叫作法郎吉（Phalanges），理想人数规定为1620人（400个家庭），它既是生产单位，又是生活单位，具有社会生活的各

1　1英亩约为0.41公顷。

图3–11 罗伯特·欧文提出的美国印第安纳州新和谐社区规划设计鸟瞰图，F. 贝特（F. Bate）1838年绘
来源：维基百科共享图片

方面功能。在他构思的新型城市中，房屋有统一的安排。全体成员共同居住在被称为法郎斯特尔（phalanstère）的公共大厦里。法郎斯特尔的中心是食堂、商场、俱乐部、图书馆、教堂、礼堂、气象台、冬季花园等，一侧是工厂，另一侧是旅馆、大厅和宿舍。傅立叶认为，欧文选择的四方形居住区设计方案会在交往方面引起混乱，他提出了一个规划完备的法郎吉平面图，并亲手画了设计草图（图3–12），做了详细的说明。他指出：

双线代表房屋结构，白色地方表明是庭院和空地。虚点所组成的曲线和直线表示有双重河床的溪流。沿直线L-L有一条大路在法郎

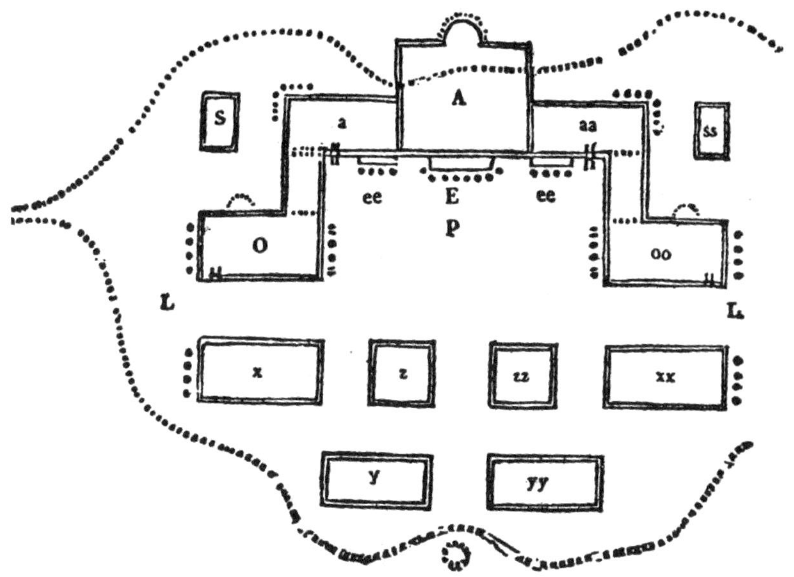

图3-12　大规模法郎斯特尔的平面图（傅立叶亲手画的草图）
来源：傅立叶．傅立叶选集：第1卷[M]．赵俊欣，等，译．北京：商务印书馆，2011：202.

斯特尔与畜圈之间通过。不过，在试验性的法郎吉内部要非常注意避免铺筑大路。反之，这种法郎吉却必须用栅栏加以围绕，以防范捣乱分子。P——是法郎斯特尔中央的检阅广场。A——是荣誉庭院，作为冬季散步的场所。这个场所种有树脂多的、具有常青簇叶的多荫的植物。a，aa；O，oo——是位于人住的房舍之间的庭院。粗点……——是按不定形式划定的柱廊和柱列，在圆形建筑的十二根圆柱之外有很大的间隔。x，y，z；xx，yy，zz——是农业房舍的庭院。II，II——是四个关闭的并有暖气设备的门廊，不向外突出。E， ee——是三个突出来的大门，供进入做各种活动之用。:: ::——两幢房屋之间的这种双点，是供做宁静工作用的，可以把教堂、交易所、评判会、歌剧团、守望楼、自鸣钟、电报局和信鸽安置在这里……[1]

欧文、傅立叶等空想社会主义者的社会乌托邦方案，是根据伦理道德和理性原则设计出来的，脱离了现实的经济和社会基础，尽管有的也付诸实验，但最终都以失败告终。然而，空想社会主义希望在已有物质文明的基础上，重塑一种新的精神文明和社会秩序，这样一种理想无疑有其独特的道德魅力，“隐喻”人类渴望获得自由和解放的终极关切。它所蕴含的理想主义精神、社会和谐的理念，以及对现实城市的人文主义的价值批判方法，都对后来的城市规划和设计思想产生了深远影响，其理想城市设计中体现的控制城市规模、城乡结合、强调社区和谐和秩序感等设计思想，对现实城市的规划和设计也有借鉴意义。

空想社会主义的乌托邦本质上不是指一种实体性的存在，而是一种对现实的价值批判与反思精神，是在批判现实城市的基础上提出的未来理想城市的设想与价值指向。它不满足于现实而指向理想，希望超出现状，有更好的社会环境。作为一种价值理想的乌托邦，影响并改变了城市规划和城市设计思考问题的出发点，将对大众阶层的普遍关注置于社会改造目标的首位，“传统建筑学和城市规划领域主要是为王公贵族和上层社会服务的，因此，基本上关注于城市的建筑样式

1 傅立叶. 傅立叶选集：第1卷[M]. 赵俊欣，等，译. 北京：商务印书馆，2011：202-204.

（或风格）以及城市的空间形式，而空想社会主义和无政府主义则更加关注城市的整体，尤其注重为广大民众和工人阶级的未来发展提供整体性的安排”[1]。另外，传统的城市规划与设计的认识常常是“过去决定现在，现在决定未来”，将思考基点定位在现在，而社会乌托邦的思考基点则定位在未来，以“将来”反观“现在”，如同为人们竖起一座指引城市发展的“灯塔”，具有一种理想主义的指向和道德浪漫主义的特征。凯文·林奇在评价城市乌托邦思想时指出：“在它们消失以后，似乎只会留下一点痕迹和一些记忆，但它们的作用却不是瞬息的，它们有效地表达出了人类最深处的感受和需求，而且，它们可以成为我们环境价值标准的指路牌，成为一种可以参考的环境试验。”[2]英国作家奥斯卡·王尔德的一段话，也点明了乌托邦的深远意义：“不包含乌托邦在内的世界地图，是不值一瞥的，因为它缺少承载人性的地方。但如果人性在那里降临，它就会展望，并看到一个更加美好的国家。人类的进步就是乌托邦的实现。”[3]

（三）人本主义：近现代西方一脉相承的城市设计价值追求

如果说以欧文、傅立叶为代表的空想社会主义的乌托邦理论与实践，使现代城市设计理论从产生之初就充满着浓重的理想主义意味，那么，以霍华德、格迪斯和芒福德为代表的城市规划和城市设计思想

1　孙施文．现代城市规划理论[M]．北京：中国建筑工业出版社，2007：68.
2　林奇．城市形态[M]．林庆怡，等，译．北京：华夏出版社，2001：52.
3　WILDE O. The soul of man under socialism [M]//DOWLING L. The soul of man under socialism and selected critical prose. London: Penguin Books, 2001: 141.

家的理论与实践，除了不变的城市乌托邦式的理想主义追求外，还凸显和表达了近代城市设计思想的另一个重要的价值诉求——人本主义。

人本主义[1]是一个指涉很广的概念，作为一种重要的“元价值”，其思想渊源可追溯到古希腊罗马文化。作为一种较为系统的理论，则是和文艺复兴思想运动联系在一起的，旨在反对禁锢人性的基督教神学，肯定对现实生活幸福的追求，强调人的价值与尊严。在欧洲启蒙运动时期，作为哲学概念的人本主义获得关注，人本主义内涵的一个核心内容是强调自由理性和科学理性精神。《简明不列颠百科全书》认为：“humanism指一种思想态度，它认为人本身以及人的价值具有重要意义。凡重视人与上帝的关系、人的自由意志和人对自然界的优越性的态度，都是人文主义。从哲学上讲，人本主义以人为衡量一切事物的标准。”[2]虽然被称为“人本主义”的思想观念在各种学科的思想表达中被大量使用，使其含义复杂而含混，但人本主义的基本价值指向是明确的，即以对人的关切为主要内容，如尊重人性，尊重人的尊严和价值，关心人的疾苦和幸福，致力于为人谋福祉。

西方近代诸多的城市设计思想家中，霍华德、格迪斯和芒福德三人的规划设计思想一脉相承[1]。他们敏锐地觉察到工业社会和机器化

1 英文为humanism，中文有人文主义、人道主义等多种译法。

2 简明不列颠百科全书编辑部. 简明不列颠百科全书：第6卷[M]. 北京：中国大百科全书出版社，1986：760-761.

大生产所带来的城市问题和对人性的摧残，把城市设计、城市建设与社会改革联系起来，把关心人和陶冶人作为城市规划设计的指导思想，被誉为西方近现代人本主义规划大师。[2]

1. 霍华德“明日的田园城市”

埃比尼泽·霍华德是英国社会改革家，1898年10月出版了《明日：一条通往真正改革的和平之路》(*Tomorrow: A Peaceful Way to Real Reform*)，1902年出第二版时改为《明日的田园城市》(*Garden Cities of Tomorrow*)，该书虽然篇幅不长，却被公认为是一部经典的城市规划理论著作，对现代城市规划和城市设计思想及实践起到了重要的启蒙作用，尤其对“二战”后西方国家的新城建设和城市理论产生过较大影响，后来的有机疏散理论、卫星城镇理论、环城绿带设计均受其影响，至今仍对现代城市设计有借鉴价值。

霍华德提出的兼具城市和乡村优点的田园城市理论，针对19世纪英国工业化和城市化带来的各种社会问题，特别是大量农村人口涌向城市后，造成城市畸形发展，出现贫民窟和环境污染，乡村人口减少、面临衰败以及城乡对立日益严重等社会问题，希望改良资本主义的城市形态。他充满激情地说：“这种该诅咒的社会和自然的畸形分隔再也不能继续下去了。城市和乡村必须成婚，这种愉快的结

1　霍华德、格迪斯和芒福德三人中，格迪斯曾经热情支持霍华德的思想，而芒福德不仅深受霍华德的影响，还一直尊称格迪斯是他的导师，因为芒福德对城市的关注源于他在1915年读到的格迪斯的《演变中的城市》一书。他1938年出版的著作《城市文化》的前言的第一句话就是：“早自1915年，在帕特里克·格迪斯的激励和影响下，我就开始注意收集城市的研究资料了。”

2　金经元. 近现代西方人本主义城市规划思想家：霍华德、格迪斯、芒福德[M]. 北京：中国城市出版社，1998：20.

合将迸发出新的希望、新的生活、新的文明。本书的目的就在于构成一个城市——乡村磁铁，以表明在这方面是如何迈出第一步的。”[1]霍华德的贡献和价值不仅体现在他提出了重新塑造城市物质形态的田园城市模式，更表现在他将城市设计与社会改革、社会规划、人本主义理念结合在一起，提出了关心人民利益，以人性的满足为立足点的城市设计指导思想。同时，霍华德并不停留于理想的空间蓝图式思考，还从务实层面分析其可行性，提出了将自己的设想付诸实践的操作模式、财务来源、管理方式和组织架构，由此构建了较为完整的田园城市思想纲领和行动方针。霍华德与他的支持者成立的“田园城市先锋公司”（Garden City Pioneer Company）在伦敦郊外购置土地，尝试建设了两个示范性田园城市，即1903年的莱奇沃思（Letchworth）和1920年的韦林（Welwyn），为解决工业化带来的城市问题迈出了实践探索的第一步。

霍华德的田园城市理论倡导用城乡一体的新城市形态和社会结构消除城乡分离状况。他用三个马蹄形的磁铁来象征城镇（town）、乡村（country）和乡村城市（town-country）对人民的吸引力（图3-13）。对于每个磁铁，他都列举了优点和缺点：远离自然的城市优点是工资高、就业机会多、前途诱人、社交机会和游乐场所富有魅力等，缺点是高地租、高物价、居住贵、工作时间长、上班距离过远、不安全、空气污浊、污染严重等。乡村的优点是有美丽的景色，与自然融为一

1 霍华德. 明日的田园城市[M]. 金经元，译. 北京：商务印书馆，2006：9.

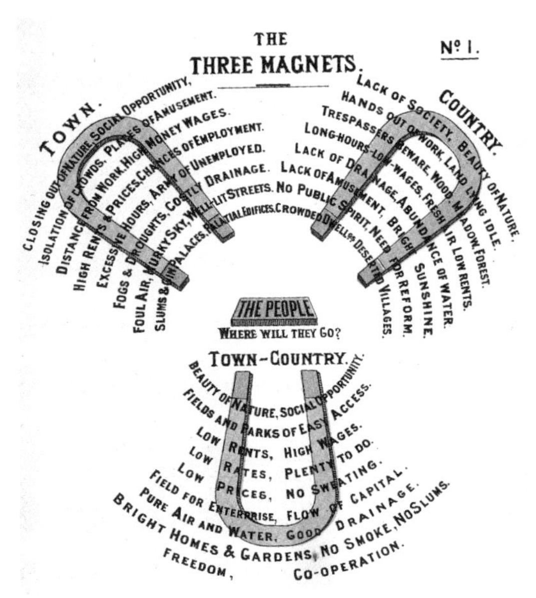

图3-13　霍华德绘制的田园城市构想图："三磁铁"图（Three Magnets Diagram）
来源：霍华德.明日的田园城市[M]．金经元，译．北京：商务印书馆，2006：7.

体，没有污染、地租低、安全等；缺点是就业机会少、工资低、娱乐和社交缺乏，通信和交通困难、基础设施不佳等。他提出的第三种磁铁——既不同于城市又不同于乡村的"城乡综合体"，则兼具城市与乡村的优点又回避了两者的缺点，"可以把一切最生动活泼的城市生活的优点和美丽，愉快的乡村环境和谐地组合在一起"[1]。在这个著名的"三磁铁"图的中心部分，霍华德提出了这样一个问题："人民

1　霍华德．明日的田园城市[M]．金经元，译．北京：商务印书馆，2006：6.

何去何从?”（The people, where will they go?），表达了他对民众未来的深切关注。对于“城乡综合体”的田园城市的基本设计要点，霍华德认为城市形态可以是圆形的，混合用途、中等密度、固定规模开发，工作岗位、学校、商店和公园都在步行范围之内，城镇正中心是公共花园，城市外围设有火车站、各类工厂等，被一条面积较大的永久绿带所环绕（图3–14）。“总而言之，其意图在于提高所有各阶层忠实劳动者的健康和舒适水平——实现这些意图的手段就是把城市和乡村生活的健康、自然 、经济要素组合在一起，并在这个市的土地上体现出来。”[1]

“社会城市”（social city）的概念是霍华德田园城市理论的最高目标，鲜明体现了他的人本思想。社会城市是一个田园城市群，旨在以“城市群”（或组团城市，类似于卫星城）而非单个孤立的田园城的方式限制城市增长规模与无序扩张，或者是用城乡一体的城市群来逐步取代大城市（图3–15）。他的主要想法是：降低大城市规模，降低主要城市人口密度，以郊区环带包围中心城市，并将人口安置在小型的近郊区新城镇里，将所有这些地区用高效的公共交通干线（快速铁路）连接起来。正如彼得·霍尔（Peter Hall）所说，霍华德所谓的社会城市的多核景象是指，“随着越来越多的人口迁移出去，田园城市将会到达它的规划极限。到那时，另一个田园城市可以在不远之处再开始建造。这样，长此以往，将会发展出一个几乎无限延展、尺度巨

1 霍华德. 明日的田园城市[M]. 金经元，译. 北京：商务印书馆，2006：12-13.

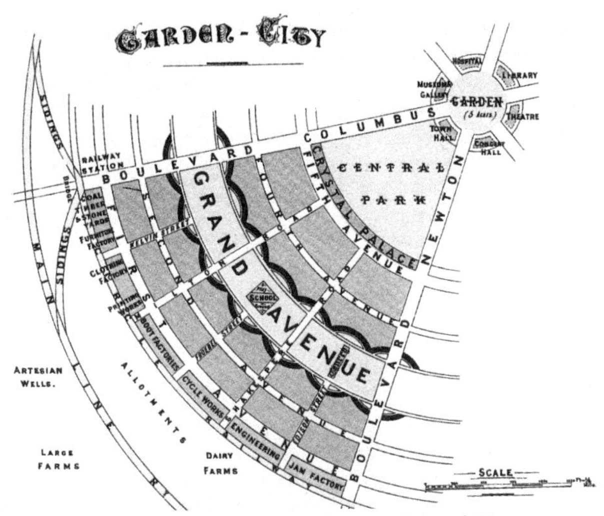

图3-14　霍华德绘制的田园城市构想图：田园城市分区和中心示意图
来源：霍华德. 明日的田园城市[M]. 金经元，译. 北京：商务印书馆，2006：14.

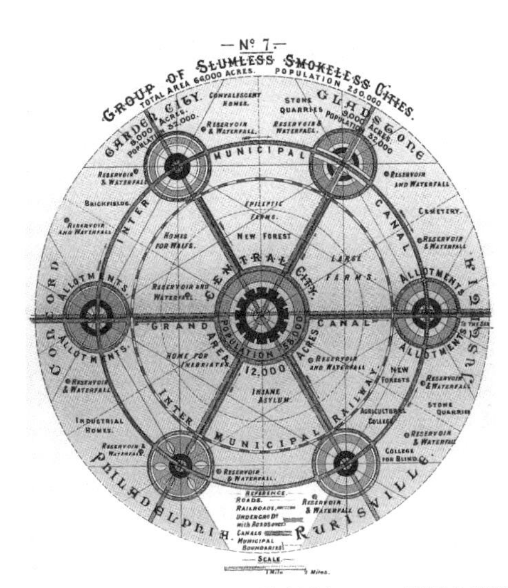

图3-15　霍华德1898年版本的书中绘制的社会城市——田园城市群设想图
来源：霍华德. 明日的田园城市[M]. 金经元，译. 北京：商务印书馆，2006：扉页.

大的聚落。在其中，每一个田园城市将会提供广泛的就业和服务，而且每一个将会以一种快速交通系统（或者是霍华德所称的一种城际铁路）与其他的田园城市连接起来，以此来提供大型城市所拥有的经济与社会机会”[1]。芒福德认为霍华德的社会城市思想，最突出的贡献就是限制城市规模和用地规模，均衡发展城市社区，给城市发展制定了一个有机的极限。[2]

霍华德进一步提出，由于田园城市的土地不在私人手中，而在人民手中，不是按个人的利益，而是按全社区的真正利益来管理，因而田园城市的人民片刻也不会允许他们城市的美景遭到城市不断扩展的破坏。“城市一定要增长，但是其增长要遵循如下原则——这种增长将不降低或破坏，而是永远有助于提高城市机遇、美丽和方便。”[3]总结了过去一些社会试验失败的原因后，霍华德试图创造这样一个理想的社会环境：让人们生活在一个既能从事最圆满的集体活动，又能享受到最充分个人自由的社会生活中，他指出：“把最自由和最丰富的机会同等地提供给个人努力和集体努力的社会将证明是最健康而朝气蓬勃的。”[4]可见，霍华德田园城市理论的出发点与归宿是市民利益，他针对城市问题提出的城市设计理念和对策性建议，在今天城市发展的语境下考察也并没有过时。他引用英国学者艾伯特·肖（Albert

1 HALL P. 明日之城：一部关于20世纪城市规划与设计的思想史[M]. 童明，译. 上海：同济大学出版社，2009：100.
2 芒福德，米勒. 刘易斯·芒福德著作精粹[M]. 宋俊岭，宋一然，译. 北京：中国建筑工业出版社，2010：212-215.
3 霍华德. 明日的田园城市[M]. 金经元，译. 北京：商务印书馆，2006：111.
4 霍华德. 明日的田园城市[M]. 金经元，译. 北京：商务印书馆，2006：81.

Shaw）的观点表达了人民城市的理念：

所谓现代城市的问题，只不过是一个主要问题的多种表现形式。这个问题就是：怎样才能使环境最妥善地符合城市人民的福利？现代城市科学——在人口稠密地区安排涉及众人之事——依赖许多方面的理论知识和实践知识，包括行政管理学、统计学、工程和工艺学、卫生学以及教育学、社会学和伦理学。如果有人从广义上运用"城市政府"这个词，赋予它全面安排社区公共事务和利益的含义，而且，如果有人坚信愉快而合理地接受城市生活是一种巨大的社会现实，"城市政府"应该力争使这种城市生活积极地有助于促进全体人民——他们的合法利益使他们共同成为大城市的居民——的福利。[1]

2. 格迪斯"进化中的城市"

苏格兰学者帕特里克·格迪斯是现代城市和区域规划理论的奠基人之一，同时，他在生物学、社会学、地理学等方面也颇有建树，被认为是用社会学方法研究城市化和环境问题的先驱。与霍华德一样，格迪斯试图将更为综合性的城市规划、城市设计作为社会改革的重要手段，以解决工业革命和城市化所带来的一系列城市问题。1915年出版的《进化中的城市：城市规划与城市研究导论》（*Cities in Evolution: An Introduction to the Planning Movement and to the Study of Civics*）一书，是其系统阐述有关城市演变和城市规划与设计问题的重要著作，同时也较集中地体现了他的人本主义思想倾向。

1 霍华德. 明日的田园城市[M]. 金经元，译. 北京：商务印书馆，2006：55.

第一，格迪斯注重从城市调查角度理解城市规划与城市设计。“规划之前做调查”这句格言就来自格迪斯，“格迪斯对规划的贡献，就是牢固地把规划建立在客观现实的基础上，即周密分析地域环境的潜力和限度，对于居住地布局形式与地方经济体系的影响”[1]。他认为，城市调查是了解民众生活历史和区域个性特征的基本手段。对城市进行全方位地调查，不仅要收集城市经济和建设方面的重要档案，发现城市的共性以及城市的基础设施状况，更重要的是发现城市的个性和特色，表达城市的精神和灵魂。他认为，每一个城市都有其真实的个性，但这些个性特征常常处于沉睡状态，规划师和设计师的任务就是通过全面的城市调查将其唤醒。“每一个真正的城市设计，每一项正当的规划方案，应当且必须体现出对当地及区域条件的充分利用，展示当地的和区域性的个性。‘地方特色’（local character），并不像那些效颦者所想和所说的那样，仅仅只是故弄过时的风雅。它只能在对整个环境的充分领会和处理的过程中，在对本质的、特有的地方生活进行积极的协调过程中，才能获得。”[2]

第二，格迪斯强调城市规划和城市设计的整体视角（synoptic vision），这是一种以整体的眼光看待城市以及城市与区域关系的方法。他认为，城市的文化、传统、生态及城市发展之间有密不可分的关系，不赞成将城市划分为交通、经济、建筑等独立议题去审视城市问题。格迪斯认为，规划设计思想应综合运用多学科知识，注重厘清

1 霍尔．城市和区域规划[M]．原著第四版．邹德慈，李浩，陈熳莎，译．北京：中国建筑工业出版社，2008：45.

2 格迪斯．进化中的城市：城市规划与城市研究导论[M]．李浩，吴骏莲，叶冬青，等，译．北京：中国建筑工业出版社，2012：190.

城市生活的基本事实和历史进程，注重城市观察、调查研究和各学科的相互渗透。基于自身的学科背景优势，他把诸多学科，尤其是生态学和社会学的思想应用于城市规划和城市设计研究，创造了整合性的城市研究方法。通过以下的一段话，格迪斯旨在说明城市调查的根本目标，但从另一个视角看，也充分表明了他所倡导的城市设计整体视角及其所蕴含的理想主义与人本主义理念：

我们需要像生物学家调查个体和种群进化的相互作用那样彻底调查城市和居民生活，并了解他们相互之间的关系。只有这样我们才能充分解决社会病理学问题，进而给城市带来希望，更明确地着手城市治疗和社会卫生。只有这样，并通过这种研究，才能保证刚刚开始的城市复兴不仅仅是空想，才能够更明确地看出，甚至提出必要的政策。于是我们沿着新的螺旋式上升，回到了把城市规划当作“城市设计”的阶段。一个城市又一个城市地提出并明确我们的城市理想，在城市复苏中探寻如何努力摆脱城市的旧的技术弊端，如何打开建立在良好起始规则基础上的更为宽广的大门。为了再次拥有健全思想和健康体魄，教育和工业有可能重新组织在一起。将理想主义观念、建设性思想与实际努力统一起来，将城市伦理学、集体心理学与艺术，甚至是经济学统一起来，才是一座又一座城市真正、实际和可行的理想之邦规划。[1]

第三，格迪斯提出了“有机城市观”和“组合城市”概念，认为城市是一个整体有机系统，强调要用有机联系的观点来理解城市。格

1　格迪斯. 进化中的城市：城市规划与城市研究导论[M]. 李浩，吴骏莲，叶冬青，等，译. 北京：中国建筑工业出版社，2012：174-175.

迪斯认为，物质形态是城市进化的关键。他关注新技术塑造的城市形态所引发的城市问题，将当时城市所形成的人口组群发展形态称为“组合城市”（conurbation），基本表现是英国的煤田型城镇组群，即基于煤田工业所形成的原本相互独立的城镇的组群融合。格迪斯还进一步引入了“大城市连绵区”（megalopolis）这一术语，指这些城市通过扩张和规模聚集的方式连接在一起。对这类巨型组合城市进行考察后，格迪斯认为，这类以一种单调风格而绵延数百英里的特大城市，混乱而肮脏，过于巨大而注定摧残人性，他主张应寻找一些更小规模但却更健康且幸福的城市发展类型。他认为，为了城市健康，城市规划应超越工程概念，同城市设计和景观塑造相结合，对自然秩序和自然之美进行建设性保护，“现在城镇必须停止像墨迹和油渍那样的蔓延：一旦真要发展，它们要像花儿那样呈星状开放，在金色的光芒之间交替着绿叶”[1]（图3–16）。格迪斯实际上将城市解释为一个生态系统，由共同的连锁模式不可分割地组合成一个类似花儿的有机体，突出了他将城市看作一个有机系统这一信念。格迪斯批评了现代城市科学思维的专业化倾向，这种倾向如同让一朵花的花瓣彼此分离一样，扰乱了完整的综合城市形态，“重建生态的和社会公平的城市区域则成为格迪斯理论的基础”[2]。

此外，格迪斯提出的河谷剖面（valley section）理念（图3–17），

1 格迪斯. 进化中的城市：城市规划与城市研究导论[M]. 李浩，吴骏莲，叶冬青，等，译. 北京：中国建筑工业出版社，2012：49.

2 YOUNG R F. Free cities and regions: Patrick Geddes's theory of planning[J]. Landscape urban plan, 2017(5): 27-35.

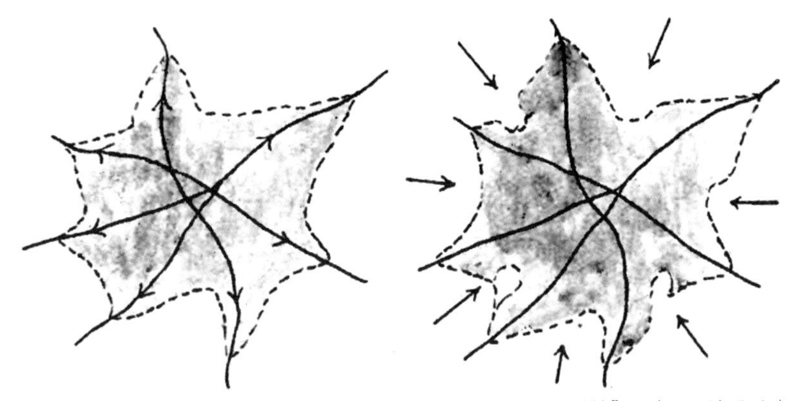

图3-16　格迪斯在《进化中的城市》中的“城镇→乡村，乡村→城镇”示意图，该图反映了格迪斯有关城镇扩张趋势和乡村后推的概念
来源：格迪斯. 进化中的城市：城市规划与城市研究导论[M]. 李浩，吴骏莲，叶冬青，等，译. 北京：中国建筑工业出版社，2012：49.

显示了生态和自然地理如何影响人类定居模式。“河谷剖面”既是一个地理横截面，也是一个时间序列。作为一个时间序列，表达了城市进化的历程，描述了人类狩猎、放牧、农业、商业社会四个阶段的发展历程。作为一个地理横截面，表现了城市与地域环境的共生依赖关系。总之，格迪斯“除了将城市置于区域背景中，推进对城市化的社会生态学理解，还将城市视为人类文化演变的主要产物和舞台”[1]。在工业化新技术和城市化飞速发展的背景下，格迪斯目睹了当时“大

1　EISENMANA T S, MURRAY T. An integral lens on Patrick Geddes[J]. Landscape and urban planning, 2017(10): 43.

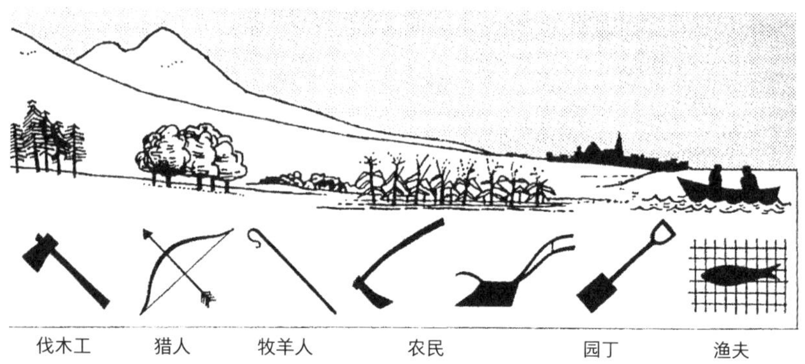

图3-17　格迪斯提出的河谷剖面理念

来源：http://cityinenvironment.blogspot.com/2013/02/the-valley-section.html

城市连绵区”带来的环境问题、疾病和贫困的社会后果，他提出的有机城市观就是要在人与环境之间找到一种平衡，从而改善这种状况，提升城市的美丽与健康。

第四，格迪斯提出了公民学（civics）的概念，倡导“民主城市”“自治社区”等理念，强调由下而上的社区规划，他由此被誉为城市规划和城市设计倡导公众参与的先驱。格迪斯认为，在公民参与区域和城市调查的推动下，一种全新的公民学可以获得关于地方特征和潜力的广泛的、第一手的知识，将区域和公民调查产生的“地方知识”与人文主义价值相结合，能够产生新的商业和伦理形式，将区域经济、社会生产与人类和生态需求相结合，使区域生态和社会发展进程更健康、更有韧性。[1]格迪斯指出：“许多人习惯性地认为，城市规划是一种圆规和直尺的艺术，是一种几乎由工程师和建筑师单独为城市议会做的事。但是真正的城市规划，唯一值得拥有的城市规划，是一个社区和一个时代整体文明的产物和精华。”[2]格迪斯将过分强调帝王和君主统治的城市类型视为专制城市，与之相反，他认为雅典卫城是公民的城市，他评价霍华德的田园城市是一种为公众服务的“民主城市”，他指出：“伟大的城市不是指把政府宫殿放在放射状林荫大道的起点和顶点加以炫耀，真正的城市，无论大小，无论具有哪种建筑与规划风格，应该像卢森堡，像佛罗伦萨，是市民的城市，市民在自己的市政厅实行自我管理，表达他们管理自身生活的精神理想。”[3]

在1892年，为了让公众有机会观察城市与区域景观的关系，格迪斯提出了一种独特的“观测技术”（observational technique），将一座老旧的高层建筑改造成名为“瞭望塔”（outlook tower）的“社会学实验室”（图3-18），用来记录和可视化该地区的景观，让公众有机会观察城市景观。该“瞭望塔”顶层装配了一个名为暗箱的光学仪器，可即时投映爱丁堡的城市景象。除此之外，大楼里面还举办各种公众参与活动，有相关的城市与区域展览，展出公民调查及研究结果以及城市改善计划。

1 YOUNG R F. Free cities and regions: Patrick Geddes's theory of planning[J]. Landscape urban plan, 2017(5): 27-35.

2 格迪斯. 进化中的城市：城市规划与城市研究导论[M]. 李浩，吴骏莲，叶冬青，等，译. 北京：中国建筑工业出版社，2012：104.

3 格迪斯. 进化中的城市：城市规划与城市研究导论[M]. 李浩，吴骏莲，叶冬青，等，译. 北京：中国建筑工业出版社，2012：122.

图3-18 “瞭望塔”立面示意图（左）与位于爱丁堡的“瞭望塔”大楼（右）
来源：FABRIZI M. From vision to knowledge: Patrick Geddes' Outlook Tower[EB/OL]. (2020-12-27). https://socks-studio.com/.

格迪斯大力倡导的城市调查实际上是一种“公民调查”，对城市和区域的地理、气候、经济社会生活现状的调查，有助于城市规划与设计更好地考虑当地民众的需求。1914年至1919年，格迪斯为印度50多个城镇编制了城市规划报告，受到了充分肯定和前所未有的欢迎。谈到自己取得成功的主要原因时，他将之归结为有效的公众参与，他说：“我和那些工程师不同，并不想按自己的方法或从欧洲带来的方式为他们作规划。与此相反，我想发现这些人需要什么，真正想要规划些什么。这是假规划和真规划的区别。”[1]总之，格迪斯通过所倡导的公民学和区域调查方法，为城市规划和设计提供了公民参与工具，有助于支持强大的市民文化来指导城市发展，至今仍具有积极的借鉴价值。

3. 芒福德：城市应当关怀人和陶冶人

刘易斯·芒福德是美国城市理论家、社会哲学家、技术思想家和建筑评论家，一生出版了三十多部著作，是一位多产的通才学者，在历史、技术哲学、文学评论、文化史、建筑与城市规划等多个领域都有突出成就，尤其对城市历史和城市规划设计产生了不可低估的影响（图3-19）。在城市规划和城市设计领域，其代表作是1938年出版的《城市文化》和1961年出版的《城市发展史：起源、演变和前景》，这两部著作至今仍被公认为城市科学研究的经典之作。芒福德具有纵观古今的思维、世界性的广阔视野和跨学科的综合研究优势。与霍华德和格迪斯一样，芒福德有深刻的人文关切，自始至终把城市发展问题与人的问题结合在一起进行思考，把人本主义规划思想推进到了一个高峰，甚至有学者评价他："很可能，刘易斯·芒福德就是人类历史上最后一位伟大的人文主义者了。"[2]

第一，芒福德提出了城市应当关怀人和陶冶人的人本主义城市发展和城市设计价值观。芒福德对于城市的理解并非冰冷的机器和理性建构，他试图更多地让人去重视、审视其中"人"的部分。芒福德探索人类城市发展史的主要目的，是为了寻找机器文明、新技术文明的

1　金经元．近现代西方人本主义城市规划思想家：霍华德、格迪斯、芒福德[M]．北京：中国城市出版社，1998：79.

2　芒福德，米勒．刘易斯·芒福德著作精粹[M]．宋俊岭，宋一然，译．北京：中国建筑工业出版社，2010：1.

图3-19 芒福德1938年4月18日成为美国《时代周刊》封面人物

未来之路。唐纳德·L. 米勒（Donald L. Mille）认为："芒福德追求的目标从不限于仅仅记录历史，而是力图改变它。他给当代人提出的任务和难题，就是如何通过更新改造，创建出一种新的社区生活，同时造就新人。"[1]芒福德提出，让我们对当今人类面临的迫切抉择有足够的认识，我们需要构想一种新的秩序，这种秩序须能包括有机界和个

1 芒福德，米勒. 刘易斯·芒福德著作精粹[M]. 宋俊岭，宋一然，译. 北京：中国建筑工业出版社，2010：2.

人，乃至包括人类的全部功能和任务。只有这样，我们才能为城市发展找到一种新的出路。[1]这种新的出路或者现代城市的理想形式是以人为中心的，“是为人类的完整形象而设计的物质构造，它能满足人类生活每个层面的需求”[2]，避免那种纯粹以物质形态的观点和反有机物的技术来判断城市状态，以及纯粹以追求利润、享乐和权力来规定城市发展的片面做法，而应把人们的精神生活、文化生活放到更加重要的位置上去。因为，在芒福德对人性的理解中，重视心灵胜过工具，重视有机体胜过机械。他说：“城市的主要功能是化力为形，化能量为文化，化死的东西为活的艺术形象，化生物的繁衍为社会的创造力”，“我们必须使城市恢复母亲般的养育生命的功能，独立自主的活动，共生共栖的联合，这些很久以来都被遗忘或被抑止了。因为城市应当是一个爱的器官，而城市最好的经济模式应当是关怀人和陶冶人”。“我们现在必须设想一个城市，不是主要作为经营商业或设置政府机构的地方，而是作为表现和实现新的人的个性——‘一个大同世界的人’的个性——的重要机构。”[3]

芒福德提出的城市应当关怀人的城市设计价值观，突出体现在他关注城市空间的“人的尺度”，倡导建筑师和城市设计师应根据人的心理和生理需求、人的生活需求以及人的公共需求来设计建筑、设计

1　芒福德. 城市发展史：起源、演变和前景[M]. 宋俊岭，倪文彦，译. 北京：中国建筑工业出版社，2005：2.

2　芒福德，米勒. 刘易斯·芒福德著作精粹[M]. 宋俊岭，宋一然，译. 北京：中国建筑工业出版社，2010：219.

3　芒福德. 城市发展史：起源、演变和前景[M]. 宋俊岭，倪文彦，译. 北京：中国建筑工业出版社，2005：582，586，583.

城市。他认为："人的尺度从来不是一个绝对的标准，因为决定人的尺度的不仅仅是人类身躯的正常大小，而且还被变得更为方便的功能和所服务的利益和目的所决定。"[1]无论是他对柯布西耶现代主义城市设计的批判，还是20世纪40至50年代对美国大规模城市更新计划和高速公路建设项目的抵制，一个重要原因是这些规划设计遗忘了人文尺度。芒福德赞成并大力倡导的"邻里单元"（neighbourhood unit）城市设计原则，源于霍华德应对工业化都市居住品质恶化而提出的"花园城市"思想，由美国社会学家及建筑师克拉伦斯·佩里（Clarence Perry）于1929年在编制纽约区域规划方案时明确提出。邻里单元是一个综合的居住空间设计工具，主要用于居住区规划设计，旨在促进以社区为中心的生活方式，其成功之处在于各类生活服务和文化教育设施分布在步行范围之内，有助于营造以邻里生活、社区交往为中心的人本城市，这正是芒福德心目中理想的城市结构和生活景观，如他所言："城市之所以存在，是为了关怀人和陶冶人，而不是为了方便汽车通行，这是我们城市知识的第一堂必修课。"[2]

第二，芒福德高度重视城市空间的文化功能及其教化寓意。对于城市文化，芒福德的核心观点可以概括为："城市的文化运行产生出人类文明，因而城市是文明社会的孕育所。文化则是城市和新人类间的介质，不同质量的城市产生不同的文化，而不同文化最终培育出不同的人类。"[1]对于城市设计的文化功能，他甚至上升到重建人类文明

1 芒福德. 城市发展史：起源、演变和前景[M]. 宋俊岭，倪文彦，译. 北京：中国建筑工业出版社，2005：插图59说明.

2 芒福德，米勒. 刘易斯·芒福德著作精粹[M]. 宋俊岭，宋一然，译. 北京：中国建筑工业出版社，2010：6.

的高度，他指出："如今，我们开始看到，城市的改进绝非小小的单方面的改革。城市设计的任务当中包含一项更重大的任务：重新建造人类文明。我们必须改变人类生活中的寄生性、掠夺性的内容，这些消极东西所占的地盘如今越来越大了。"[2]芒福德这里所说的重建人类文明，主要指的是超越19世纪以来工业文明所特有的机械式理念所塑造的城市形态和环境，他认为这样的城市形态背离了城市的生态系统和文化传承和发展要求，距离合乎人性原则的理想目标越来越远，因而要创造一种以提高人类的生活质量为基本目标的、合作共生的城市形态和城市文化，"他是要把20世纪西方文化主要问题的根源完全暴露出来，即屈从于无节制的权力而否定生命，屈从于经济增长，如他所说，追求商品生活（goods life）而不重视良好生活（good life）"[3]。需要特别强调的是，芒福德所言的城市文化是一种含义极为宽泛的文化概念，他尤其重视作为文化核心的价值观，他所谓的新城市文化的转型主要是价值观的转型。他认为，未来的新城市秩序是将各种形式的文化结合在一起的，包括"作为关心地球的文化；作为为了有效满足人类需求而严格把握运用能源的文化；作为照料身体，养育儿童，培养每个人在知觉上、感情上、思想上、表演上的全部才能的文化；作为将权力转化为政体，将体验转化为科学和哲学，将生活转化为艺术统一体和意义，将整体转化为一整套价值标准的

1　芒福德. 城市文化[M]. 宋俊岭，李翔宁，周鸣浩，译. 北京：中国建筑工业出版社，2009：译者的话XV.

2　芒福德. 城市文化[M]. 宋俊岭，李翔宁，周鸣浩，译. 北京：中国建筑工业出版社，2009：8.

3　芒福德，米勒. 刘易斯·芒福德著作精粹[M]. 宋俊岭，宋一然，译. 北京：中国建筑工业出版社，2010：7.

文化”[1]。

关于城市空间的文化功能和教化意蕴，在芒福德两个维度的经典比喻——即“容器和磁体”以及“舞台和剧场”中得以更为形象地展现。芒福德将城市视为“文化的容器”，他认为：“城市通过它的许多储存载体（建筑物、保管库、档案、纪念性建筑、石碑、书籍），能够把它复杂的文化一代一代地往下传，因为它不但集中了传递和扩大这一遗产所需的物质手段，而且也集中了人的智慧和力量。这一点一直是城市给我们的最大的贡献。”[2]“文化的容器”旨在说明城市储存文化和传承文化的基本使命和根本功能。论及城市的本质性特征时，芒福德强调：“城市不只是建筑物的群集，它更是各种密切相关并经常相互影响的各种功能的复合体——它不单是权力的集中，更是文化的归极（polarization）。”[3]可见，芒福德对城市空间本质的认识，从单纯作为物理存在的“栖息之地”表象中摆脱出来，将其视为文化的特殊“极化”，一种类似文化磁体的概念，城市是促成文化聚合过程的巨大容器。如果说城市的文化贮存、传承与聚合功能类似博物馆的功能，那么，“舞台和剧场”的隐喻，则试图呈现城市文化的公共生活气息、艺术性以及动态和多样性场景，旨在说明城市空间为公共生活和集体戏剧提供机会和载体。芒福德在对古代城市和中世纪城市

1 芒福德. 城市文化[M]. 宋俊岭，李翔宁，周鸣浩，译. 北京：中国建筑工业出版社，2009：516-517.

2 芒福德. 城市发展史：起源、演变和前景[M]. 宋俊岭，倪文彦，译. 北京：中国建筑工业出版社，2005：580.

3 芒福德. 城市发展史：起源、演变和前景[M]. 宋俊岭，倪文彦，译. 北京：中国建筑工业出版社，2005：91.

设计进行探讨时，用了“城市戏剧”来描述其多彩的城市生活状态，即丰富的仪典活动、城市生活的戏剧性场面（如竞技、运动、辩论、表演活动等），这些各种各样目的的社会活动被他视为城市的本质性功能之一。城市作为一种社会活动剧场的思想，不仅存在于古代城市生活，也应体现在当代城市生活和公共空间之中，这是他的愿景，他希望借鉴古代和中世纪城市设计传统来扭转现代工业城市的弊端。他认为城市规划设计不仅仅服务于经济生活，还要服务于城市的文化进程，他指出：“整体而言，城市是一个地理集合体、一种经济组织、一个制度进程、一座社会活动的剧场和集体创造的美学象征。城市培育艺术，其本身也是艺术品；城市创造了剧场，其本身更是剧场。”[1]基于“城市剧场”理念，芒福德引用美国文化人类学者罗伯特·雷德菲尔德（Robert Redfield）的观点“城市的作用在于改造人”，进一步提出城市具有教化功能，是改造人类自身的主要场所，突出了城市作为文化和教育中心的属性。

美国学者保罗·库尔茨（Paul Kurz）说：“人道主义面临的问题是创造把人从片面的和扭曲的发展中解放出来的条件，把人从压迫人、使人堕落的社会组织中解放出来，从毁灭和破坏人的天赋环境中解放出来，使人过上真正的生活。”[2]城市规划与设计中的人本主义学者其实面临相似的问题。无论是霍华德、格迪斯还是芒福德，他们的

1 芒福德．城市是什么？[M]//张庭伟，田丽．城市读本．北京：中国建筑工业出版社，2013：96.

2 库尔茨．保卫世俗人道主义[M]．余灵灵，杜丽燕，尹立，等，译．北京：东方出版社，1996：76.

城市思想中可贵的人本主义价值取向，便是旨在克服资本主义工业城市中，压迫人并使人堕落的各种反人性的弊端，把城市规划、城市设计与社会改革、空间治理结合起来，建立一种关注人的需求、尊重人的价值、促进人健康幸福和协调发展的城市和社会。

综上，虽然本书分别阐述了傅立叶、欧文等空想社会主义者的理想主义社会乌托邦思想，以及霍华德、格迪斯和芒福德的人本主义规划思想，但这并不意味着他们分别代表着两种不同的价值诉求。正如我们在人本主义规划设计思想家的理论与实践中，看到了城市乌托邦式的理想主义追求一样，我们在富于理想主义追求的空想社会主义思想家那里，也看到了时时闪烁的人本主义光辉。人本主义规划设计思想家同样有着乌托邦式的理想主义追求。丹尼斯·哈迪（Dennis Hardy）认为，霍华德所描绘的田园城市是“半个乌托邦”，是一种可以在一个不完美世界中实现的完美城市。[1]芒福德在1922年时写的第一本书名为《乌托邦的故事：半部人类史》，他试图通过追溯人类历史上的乌托邦思想，探寻由城市所承载的现代乌托邦梦想。但他与傅立叶等空想社会主义者不同，他并没有提出一个理想城市的完美方案，而是旨在倡导新的人文主义，一种有机主义的思维方法和行为模式，一种价值观的变革，“他不同于理想国的各种规划师，他提出了问题和看法，但是并没有给出答案，而是为我们阐明了，在人性化城

1 转引自：HALL P. 明日之城：一部关于20世纪城市规划与设计的思想史[M]. 童明，译. 上海：同济大学出版社，2009：101.

市中的优良生活，应该具备哪些美好品格”[1]。同样，19世纪空想社会主义者在人本主义思想发展史上占有重要位置。圣西门、傅立叶和欧文的思想都共同表达了一种着眼于价值指向的人本主义，即必须批判和改造资本主义私有制社会，使人的生活条件人道化，从而建立一个以每个人的全面发展为原则的理想社会。人本主义与理想主义实际上是两种互为联系的价值追求。一方面，它们都基于对现实城市问题的深刻洞悉而具有强烈的批判与反思精神；另一方面，它们都是一种关于理想城市、理想社会的理论和前瞻性解决方案，都致力于通过规划和改造城市，实现一种更美好、更加符合人性的社会。

当代城市，恰当地张扬理想主义精神和人本主义原则，能够为城市设计提供“应然”的价值尺度，有效抑制城市设计中工具理性和功利主义的滥觞，保障城市健康、和谐与可持续发展。

三、现代主义城市设计的道德使命

现代建筑运动主导下的城市设计所体现的道德使命，突出表现在建筑设计和城市设计的服务主体经历了从服务于权贵阶层到服务于普通大众的转变，尤其是更加关注普通人的住宅需求以及城市环境和公共空间的整体改善，背负着社会革新、改造城市、追求理想社会秩序

1　芒福德，米勒. 刘易斯·芒福德著作精粹[M]. 宋俊岭，宋一然，译. 北京：中国建筑工业出版社，2010：199.

的道德责任，其思想基础有着鲜明的民主、平等和人本主义的价值诉求。下面本书将以现代建筑运动和城市设计的先驱者伊利尔·沙里宁、弗兰克·劳埃德·赖特和勒·柯布西耶的城市设计思想为例加以阐述。

（一）沙里宁的“有机疏散”

出生于芬兰的美国著名建筑师伊利尔·沙里宁由于其1922年以来在美国城市设计、建筑设计、室内设计、家具设计、工业设计领域的综合贡献，而被称为“美国现代设计之父”。实际上，早在他移居美国之前，沙里宁就受邀为爱沙尼亚大塔林市（1913年）、芬兰大赫尔辛基做规划设计方案（1918年），并初步提出有机疏散思想（organic decentralization）（图3–20）。沙里宁的城市规划和城市设计思想集中体现于他的著作《城市：它的发展、衰败与未来》（*The City: Its Growth, Its Decay, Its Future*）。诚如吴良镛所说，沙里宁的城市有机疏散思想的提出有它的时代背景，表明了对解决工业革命百年来至两次世界大战后所出现的住宅缺乏、中心拥挤、城市环境恶化等“城市病”的积极探索，并强调对建设美好生活环境的理想与正确的途径需要得到全社会尤其是决策者的重视。[1]

在《城市：它的发展、衰败与未来》一书的序言中，沙里宁除了强调“城市是一本打开的书，从中可以看到它的目标与抱负”，“让

1 沙里宁．城市：它的发展、衰败与未来[M]．顾启源，译．北京：中国建筑工业出版社，1986：吴良镛序．

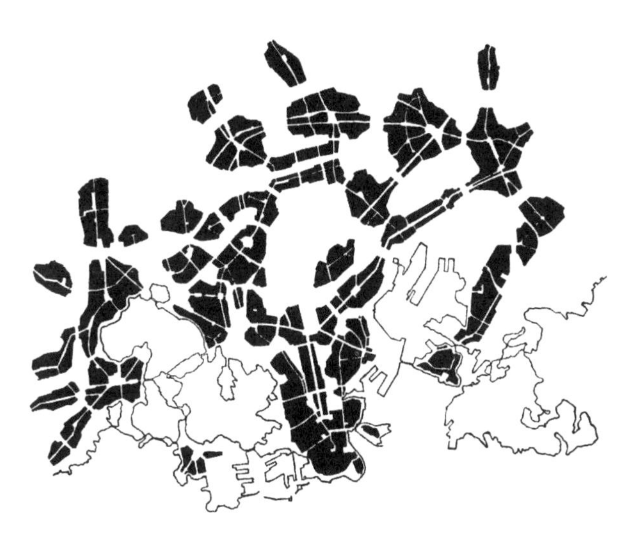

图3-20　芬兰大赫尔辛基的有机疏散方案，1918年由沙里宁设计
来源：沙里宁．城市：它的发展、衰败与未来[M]．顾启源，译．北京：中国建筑工业出版社，1986：175.

我看看你的城市，我就能说出这个城市居民在文化上追求的是什么”之外，更重要的是提出了城镇建设和城市设计的基本原则，其价值核心就是“始终把合乎人情与方便生活作为主题”，“努力把未来的城市，想象为人们安居的家乡城市”。[1]

沙里宁主张应当按照物质秩序和社会秩序相辅相成的精神解决城市问题。他认为，城镇规划不能单纯从实用和技术的角度来考虑，

1　沙里宁．城市：它的发展、衰败与未来[M]．顾启源，译．北京：中国建筑工业出版社，1986：序.

好的城镇规划应当照顾城市的所有问题，包括物质的、社会的、文化的和美学的，将这些因素都纳入连续的、整体的物质空间秩序，如此才能使城镇的物质建设适应和满足居民生活需要。沙里宁将持续变化的、灵活的、三维空间的设计进程，称作“城市设计”（urban design），以此与二维的城镇规划明确区分。[1]在此背景下，沙里宁首先提出了城镇建设同时也是城市设计所应遵循的三个原则，即表现的原则、相互协调的原则和有机秩序的原则。其中，表现原则主要指大至城市布局与形态，小至城市社区的微小建筑，都应是时代精神和人民生活的真实表现；相互协调原则类似于沙里宁所崇尚的卡米诺·西特所主张的城市设计中的艺术原则，强调的是城市建筑群与街道或广场等公共空间有机组合所形成的和谐整体。沙里宁最重视的是有机秩序原则，他认为表现原则和相互协调原则并非独立起作用的原则，而是从“有机秩序”这一元原则中派生出来的。“有机秩序”原则将城市视为同大自然一样的有机生命结构，它的内部秩序实际上与有生命的机体内部秩序是一致的。当城市的有机秩序遭到破坏时，它的衰退和死亡就开始了。[2]

沙里宁认为，为了挽救城市，使其免于衰败，必须对城市从物质上和精神上进行更新治理，“有机疏散”即是让城市达到持久健康的基本路径。所谓“有机疏散”，简单说就是城市向周围的地区疏散，“真正的有机分散，开始于对城市各种活动的分布与相互关联进行安

1 沙里宁．城市：它的发展、衰败与未来[M]．顾启源，译．北京：中国建筑工业出版社，1986：5-8.

2 沙里宁．城市：它的发展、衰败与未来[M]．顾启源，译．北京：中国建筑工业出版社，1986：10-16.

排”，“它明显地把城市的紊乱状态，逐渐转变为一种切实可行的秩序”。[1]沙里宁的设计布置原则是区分“日常的活动”（如购置生活必需品、进行儿童教育、开展体育活动等）与“偶然的联系”，前者必须集中布置才合乎人情，后者对可达性要求不高而可以分散布置，并且在“对日常活动进行功能性集中”的同时，还要“对这些集中点进行有机分散”[2]，即城市应该多中心平衡发展，每个区域既相互分离又有机联系，只有这样才能较好地处理安居与效率的关系。

“有机疏散”理论不仅对“二战”后西方许多大城市的规划设计提供了重要的理论支持，产生了积极的影响，而且它所蕴含的道德使命至今仍是城市设计追求的价值目标。沙里宁认为，“有机疏散”所有目标的核心应以老百姓的安居为本，用他的话说就是“安宁与平静”“安全感”“亲切友爱的家园气氛”，“必须在这些家园里面播下良好的生活条件和健康的居住环境的种子，应当让这些种子成长，使整个城市的物质有机体，转变为一种同样有利于良好生活和健康环境的精神风貌”[3]。

（二）赖特的“广亩城市”

赖特曾说过，所有的艺术家都爱戴和尊敬作为社会改革者和伟大的民主主义者的英国设计师威廉·莫里斯（William Morris）[1]，并非

1　沙里宁．城市：它的发展、衰败与未来[M]．顾启源，译．北京：中国建筑工业出版社，1986：170-171.

2　沙里宁．城市：它的发展、衰败与未来[M]．顾启源，译．北京：中国建筑工业出版社，1986：178.

3　沙里宁．城市：它的发展、衰败与未来[M]．顾启源，译．北京：中国建筑工业出版社，1986：215，219，174.

因其对机械生产所带来的负面效应的批判，而是他率先倡导艺术家应担负社会责任。莫里斯不仅从事艺术设计，他还是一位空想社会主义者，认同马克思所提出的社会主义理想，他成立过社会主义者联盟组织，旨在进行社会改造实践。他的政治理想使其确立了现代工业设计的崭新伦理——即倡导实用与美、艺术与日常生活的结合以及“艺术为大众服务”，这不仅为设计艺术发展指明了新的发展方向，也确立了现代建筑和城市设计对民主、平等伦理价值的追求。赖特的城市设计理念，一定程度上就反映了莫里斯所主张的民主、平等的设计伦理。

1932年赖特在《正在消失的城市》（*The Disappearing City*）一书中提出了“广亩城市”（Broadacre City）构想。“广亩城市”是一种汽车导向的城市向乡村分散发展的城市设计方案（图3-21），该构想将城市与乡村融合的愿景与霍华德的田园城市理想有类似之处。赖特以美国城市为背景，提出，随着汽车和电力工业的发展，已经没有必要把一切活动集中于城市，分散或去中心化整合将成为未来城市规划设计的核心原则。他说：“无机的城市绝望无助地僵卧着，看着伟大的新生力量塑造现代的生活。新生的力量不仅使密集的聚居失去意义，甚至显露出致命的毒害——持续地向内施压必将导致爆炸。理性而有机的变化，将把城市引向别处。未来的城市将无影无形而又无处不在。我把它称作‘广亩城市’。”[2]在他所构想的“广亩城市”里，每个独户家庭的四周有1英亩的土地，以此生产供每个家庭消费的食物；

1 赖特. 建筑之梦：弗兰克·劳埃德·赖特著述精选[M]. 于潼，译. 济南：山东画报出版社，2011：70.

2 赖特. 一部自传：弗兰克·劳埃德·赖特[M]. 杨鹏，译. 上海：上海人民出版社，2014：401.

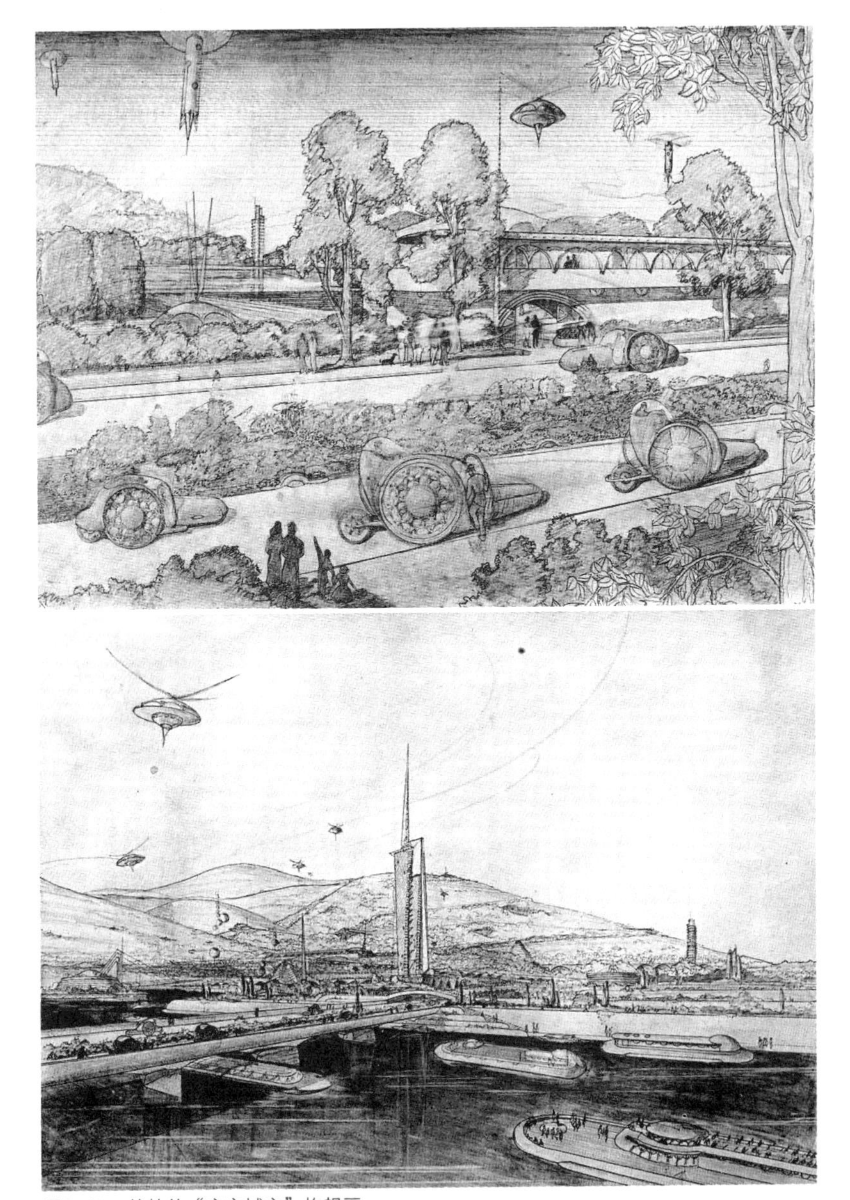

图3-21　赖特的“广亩城市”构想画

小汽车将成为基本交通工具，网络化的高速公路编织着分散却又统一的大都市，每个地方都将是可达的；由汽车催生的服务设施沿着公路布置，规则地留出商业购物空间，加油站设在为整个地区服务的商业中心内。可见，“广亩城市”的每个家庭都是财产所有者，至少有1英亩的土地，并且还至少拥有一辆汽车，因为交通主要是汽车。除了每个家庭通过1英亩土地提供食物的想法不切实际之外，赖特的“广亩城市”方案很大程度上在今天美国市郊环境中的低密度社区得到了印证。

赖特在美国1929年至1933年大萧条高峰期提出的“广亩城市”方案，是将其用作解决紧迫的城市社会、经济和环境问题的方案，他的城市设计愿景促使我们反思诸如社会和经济平等、基础设施建设和可持续性，以及如何培育社区等问题。[1]“广亩城市”也反映了赖特的城市伦理理念，即他首先考虑的是尊重个体价值和民主理想，论及“广亩城市”的建筑时他宣称：“所有优秀建筑的价值都在于人的价值，其他的都不是真正的价值。”[2]他指出：“设想一下，人类的居住单元如此安排：每个市民在以自己家庭为中心的、半径10 ~ 20英里的范围内，根据自己的选择，每个人可以拥有所有形式的生产、分配、自我完善和娱乐。通过自己的汽车或者公共交通，很快就能获得这一切。这种与土地有关的生活设施的整体性分布，构成了我所看到的构成这个国家的城市。这就是广亩城市，这就是国家，民主实现了。”[1]

1 GRAY J. Reading broadacre[J]. Frank Lloyd Wright quarterly, 2018(29): 15.

2 WRIGHT F L. Disappearing city[M]. New York: William Farquhar Payson, 1932: 68.

由此可见，赖特的“广亩城市”构想有一定的政治伦理意义，他设想了民主导向的民间机构，权力不会集中在任何一个地方，还承诺给居民最大的自主权，试图将尊重个体和民主的理念融入城市设计。虽然赖特的设想可能带来城市蔓延和土地浪费等问题，但“广亩城市”背后反映的伦理价值和民主精神还是值得肯定的。甚至赖特在谈到自己倡导的“有机建筑”哲学时，主旨并非针对通常意义上的人、建筑与自然之间的有机和谐，而是强调有机建筑是“民主性建筑”，任何不民主的东西就不是有机的，建筑的有机性需要建立在经济体系和政治制度的“有机性”即所谓的民主性基础之上。1949年，他在获得美国建筑师协会（American Institute of Architects，简称AIA）奖项的演说中感慨：“相信我，如果我们选择了后者（即尊重有机建筑，引者注），那也就是找到了民主的中心线。因为一旦你真正理解了有机建筑的原则，它们会自然而然地成长，并扩展成我们建造这个国家时所渴望的自由——我们使之成为民主。”[2]

汉诺-沃尔特·克鲁夫特（Hanno-Walter Kruft）评价赖特的有机建筑理念时指出：“他宁可把建筑本身看成是社会改革中的一个要素，这使得他与勒·柯布西耶，以及他的口号‘建筑学或革命’（Architecture or Revolution）能够保持一致。”[3]实际上，在现代主义建筑运动的主将中，如果说赖特维护的更多是美国式的社会理想和民主价值的话，那

1　转引自：霍尔．明日之城：一部关于20世纪城市规划与设计的思想史[M]．童明，译．上海：同济大学出版社，2009：325-326.

2　赖特．建筑之梦：弗兰克·劳埃德·赖特著述精选[M]．于潼，译．济南：山东画报出版社，2011：291.

3　克鲁夫特．建筑理论史：从维特鲁威到现在[M]．王贵祥，译．北京：中国建筑工业出版社，2005：321.

么，勒·柯布西耶则赋予了新建筑和城市设计一种更具普遍意义的时代精神，以呼应现代建筑对民主、人道和平等的伦理价值追求。

（三）柯布西耶的“光辉城市”

18世纪下半叶兴起的工业革命率先在欧洲启动了城市化进程，城市以前所未有的速度和规模发展。工业化和随之而来的城市化如此迅速发展，给城市带来了巨大影响，出现了后来被称为“城市病”的一系列城市问题，突出表现为住宅匮乏及平民阶层恶劣的居住条件问题，“19世纪工业革命的核心就是关于生产工具的近乎神奇的改善，与之相伴的是普通民众灾难性的流离失所”[1]。普通民众的住宅问题到20世纪初并没有得到有效改善，加之20世纪20年代欧洲经历了第一次世界大战造成的巨大破坏，住房紧缺日益严重。正是在这样的背景下，柯布西耶提出“今天社会的动乱，关键是房子问题：建筑或革命！”[2]他将住房建设看成是有效缓解社会问题的一种方法，指出：“现代的建筑关心住宅，为普通而平常的人关心普通而平常的住宅。它任凭宫殿倒塌。这是一个时代的一个标志。为普通人，‘所有的人’，研究住宅，这就是恢复人道的基础，人的尺度，需要的标准，功能的标准，情感的标准。就是这些！这是最重要的，这就是一切。”[3]柯布西耶这段话揭示了供普通人居住的住宅建设的伦理意义，

1 波兰尼. 大转型：我们时代的政治与经济起源[M]. 刘阳，冯钢，译. 杭州：浙江人民出版社，2007：29.
2 柯布西耶. 走向新建筑[M]. 陈志华，译. 西安：陕西师范大学出版社，2004：235.
3 柯布西耶. 走向新建筑[M]. 陈志华，译. 西安：陕西师范大学出版社，2004：1-2.

同时也表达了他作为一名建筑师的道德责任感。这种道德责任感是现代建筑运动的主将们所普遍具有的精神气质。

充满理想主义精神气质的柯布西耶与赖特一样，都积极探索新建筑的时代精神，坚信改造城市是改革社会的有效途径，提出了未来理想城市设计的构想与价值指向。柯布西耶呼唤对19世纪的病态都市进行一场“空间革命”，将20世纪工业化思想引入城市设计。他提出了“光辉城市”（Radiant City）等颇具乌托邦色彩的规划设计方案，主张用全新的城市思想来改造城市，创造自由、平等和互助的“现代公德之邦”。[1]“光辉城市”理念奠定了现代主义以高层住宅、宽阔的快速干道和功能分区为基本特征的现代城市形态。

柯布西耶“光辉城市”理念最早体现于300万人口的当代城市方案（1922年）和巴黎市中心瓦赞方案（Plan Voisin，1925年）。1922年为参加巴黎秋季沙龙展览会，柯布西耶通过技术分析及建筑综合，绘制了一个可容纳300万人口的当代城市设计方案，在之后出版的著作《明日之城市》（*Urbanisme*）中对其进行了详细阐释，并在此基础上提出了自己的理性主义城市设计思想。300万人口的当代城市设计方案遵循四个基本原则，即缓解城市中心的拥堵、提高居住密度、增加交通方式和扩大绿化面积。其中一幅草图这样描述“一座当代城市”：“从快速汽车交通‘主干道’上看‘商业城’。左右两侧是公用设施的场地，更远处，是博物馆和大学。排成方阵的摩天楼，沐浴在

1 柯布西耶. 光辉城市[M]. 金秋野，王又佳，译. 北京：中国建筑工业出版社，2011：9-10.

充足的阳光和空气之中”[1]（图3–22）。1925年，为挽救衰败的巴黎，护卫其往昔的美丽，表达20世纪的精神，柯布西耶提出了基于巴黎中心进行整治的瓦赞方案（图3–23）。他认为，大城市的主要问题是城市中心区缺少秩序，城市中绿地、空地太少，日照、通风、游憩、运动条件都太差，现代城市急需住房、公园和高速公路，理想城市要为绿地、阳光和空气留出足够的间距。因此，他从规划设计着眼，以几何学和现代工程技术为手段，设想在城市中心区建造高层高密度建筑，将5%的土地用于建筑，将95%的土地解放出来，清除贫民窟，采用多层立体式交通体系，扩大城市植被面积，在城市和居住区中彻底实现人车分流，具有单一功能的不同区域划分得井然有序，建筑正

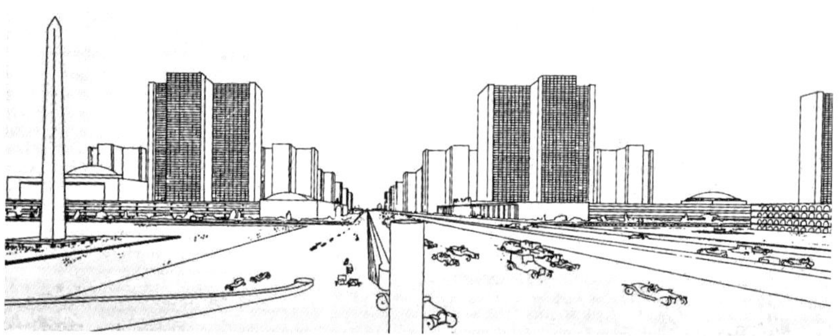

图3–22　柯布西耶的300万人口的当代城市方案之“快速干道”一景（1922年）
来源：博奥席耶，斯通诺霍．勒·柯布西耶全集　第1卷：1910—1929年[M]．牛燕芳，程超，译．北京：中国建筑工业出版社，2005：31.

1　博奥席耶，斯通诺霍．勒·柯布西耶全集　第1卷：1910—1929年[M]．牛燕芳，程超，译．北京：中国建筑工业出版社，2005：29-33.

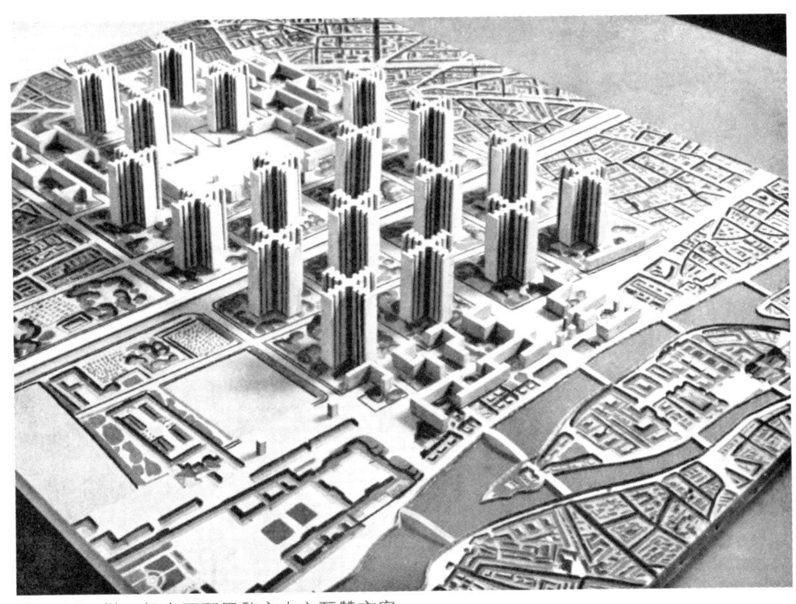

图3-23　勒·柯布西耶巴黎市中心瓦赞方案
来源：柯布西耶. 光辉城市[M]. 金秋野，王又佳，译. 北京：中国建筑工业出版社，2011：203.

对着笔直宽广的马路，为人类创造“房间里充满阳光，透过玻璃窗，可以看见天空，一走出户外，就能接受树木的荫翳”[1]的理想生活环境。同时，柯布西耶的城市设计理念还强调要研究人性化的基本单元，能够回应人生理上和情感上的需求。“当一个人独自面对辽阔空

1　柯布西耶. 光辉城市[M]. 金秋野，王又佳，译. 北京：中国建筑工业出版社，2011：82.

间的时候，他将变得极为沮丧，因此必须懂得紧缩城市景观并创造符合我们尺度的元素。”[1]然而，关于人性尺度的城市景观内涵，柯布西耶的理解是较为简单而片面的，他认为只需要将树木带回城市，让树木遮住那些显得过于辽阔的道路便足够了。

在探讨柯布西耶的城市设计思想时，人们往往主要关注其早期阶段提出的当代城市构想和以瓦赞方案为基础的光辉城市构想，但正如有学者所指出的，“如果对柯布西耶城市规划设计的研究仅限于他的早期成果，有时甚至错误地将其扩展到他20世纪的所有城市规划成果，就会淡化柯布西耶城市设计思想的多维性”[2]。实际上，柯布西耶城市设计思想的可贵之处在于他紧跟时代要求而不断做出调整和变化。他的城市规划设计思想大致可以划分为四个阶段，即“当代城市模式”（ville contemporaine）、“光辉城市模式”（ville radieuse）、“线性工业城市模式”（industrial linear city）和“7V模式”（7V model）（图3-24）。早期的两个城市设计模式强调直角正交性和秩序性，体现了一种理性主义和功能主义的城市设计理念，而后期的两个城市设计模式相对而言更加自由和不确定，有更强的适应性。其中，“线性工业城市模式”旨在取代单中心、放射状的工业城市形态，试图寻找一种适合工业城市发展的生态城市形式，其布局原则是依循自由的地理形态线性排列而非四处散布，在富有生机的乡村地区与富有秩序美

1 柯布西耶. 明日之城市[M]. 李浩，译. 北京：中国建筑工业出版社，2009：220.

2 RODRÍGUEZ-LORA J-A, ROSADO A, NAVASCARRILLO D. Le Corbusier’s urban planning as a cultural legacy. An approach to the case of Chandigarh[J]. Designs 2021, 5(3).

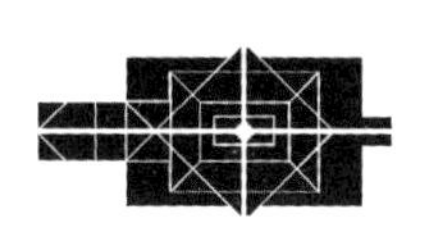

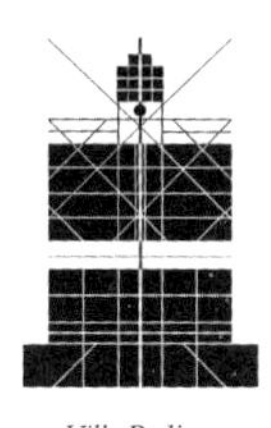

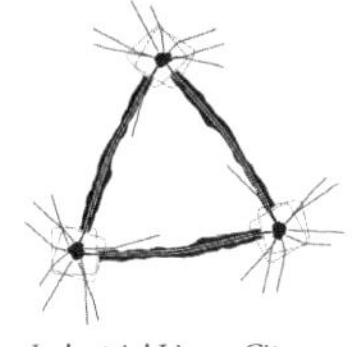

图3-24　柯布西耶提出的四种城市设计模式（从左至右分别是“当代城市模式”“光辉城市模式”“线性工业城市模式”和“7V模式”）

来源：RODRÍGUEZ-LORA J-A, ROSADO A, NAVAS-CARRILLO D. Le Corbusier's urban planning as a cultural legacy. An approach to the case of Chandigarh[J]. Designs 2021, 5(3).

感的工业城市之间建立亲密的联系。[1]“7V模式”实际上指的是城市设计中的道路交通循环系统，该模型的特点是基于具有不同功能的7条道路（后来随着自行车道的加入而变为8条道路）组织城市秩序，使城市成为一个有机体，他指出：“这里是一个用于居住的地块，我们将看到7V道路交通循环系统如何渗透其中。7V系统之于城市规划，就如同血液、淋巴、呼吸等循环系统之于生物学。在生物体内，这些系统的分布经济而高效，它们各不相同，彼此不会混杂，和谐相处。”[2]“7V模式”呈现出比其他模式更少的秩序约束，柯布西耶将其应用于波哥大、马赛和昌迪加尔等城市的总体规划。

柯布西耶的规划设计在当时是“石破天惊”之举，他的想法是如

1　柯布西耶．人类三大聚居地规划[M]．刘佳燕，译．北京：中国建筑工业出版社，2009：84-85.

2　博奥席耶，斯通诺霍．勒·柯布西耶全集　第5卷：1946—1952年[M]．牛燕芳，程超，译．北京：中国建筑工业出版社，2005：88.

此理想、如此宏大又不切实际，但后来的城市发展与住宅设计，已吸纳并实现了他的诸多主张。1933年国际现代建筑协会通过的城市设计理论和方法的纲领性文件——《雅典宪章》，就是在柯布西耶的主导下完成的，其核心内容是他关于城市功能分区的设计思想。柯布西耶根植于启蒙运动乌托邦思想的理想城市方案，自有诸多问题，如过于追求几何美学和严格的功能分区，忽视城市的丰富性，对普通人的日常生活考虑很少，但作为一种旨在为广大民众创造更健康、更幸福生活环境的社会理想，它闪耀着迷人的德性之光，安藤忠雄评价说："柯布西耶等人提出的现代城市原型，之后又被后人施以各式各样的微调，以万众皆可享受高效而又舒适的生活为目的被系统化、一般化，到20世纪后叶，城市已经完全被现代理论所支配。"[1]

以上我们对现代建筑运动所主导的城市设计思想的伦理透视，主要集中于19世纪晚期至20世纪30年代之间现代建筑运动的关键时期。这一历史时期的建筑和城市设计思潮相当活跃，体现出时代精神的变革特征。一批拥有理想主义精神和社会责任感的建筑师和城市设计师，希望将城市设计作为一种改造社会、改造城市的可能手段，在工业时代重塑一种新的城市文明和社会秩序，从而增进人类福祉，这样的追求无疑有其积极的道德价值。

1 安藤忠雄. 在建筑中发现梦想[M]. 许晴舒，译. 北京：中信出版社，2014：63.

四、当代西方城市设计伦理思想举隅

（一）形式追随生活：简·雅各布斯的城市设计伦理思想

简·雅各布斯是20世纪最具批判性和原创性的城市活动家和城市思想家之一。王军说："雅各布斯是书写20世纪人类思想史不容忽视的里程碑式人物，她视城市的生命为目的而不是手段。她的真知灼见，成为20世纪90年代以来重演美国大城市改造历程的中国城市的镜鉴。她守卫生活，平凡而非凡。"[1]本书将以雅各布斯的经典之作——《美国大城市的死与生》为主要文本依据[2]，以雅各布斯对现代城市规划和城市设计的批判性反思为出发点，探析其城市设计伦理思想及其当代启示。

1. 尊重多样性：城市设计伦理的核心原则

基于对20世纪四五十年代美国"推土机式"的城市更新运动、自上而下的蓝图式规划和城市结构模式化设计的反思，雅各布斯批判了

1　卡尼格尔. 守卫生活：简·雅各布斯传[M]. 林心如，译. 上海：上海人民出版社，2022：封底.

2　除《美国大城市的死与生》之外，雅各布斯探讨城市起源、发展与国家经济之间关系的《城市经济》（*The Economy of Cities*，1969年）、探讨全球经济中城市及区域重要性的《城市与国家财富》（*Cities and the Wealth of Nations*，1985年）、从生态学视角解读经济运行模式的《经济的本质》（*The Nature of Economies*，1999年）、探讨商业与政治道德基础的《生存系统：关于商业和政治道德基础的对话》（*Systems of Survival: A Dialogue on the Moral Foundations of Commerce and Politics*，1993年）等著作也有参考价值。有关雅各布斯思想的研究文集，如《谋生的伦理：简·雅各布斯研讨会》（*Ethics in Making a Living: The Jane Jacobs Conference*，1989年）、《理念最重要：简·雅各布斯的世界》（*Ideas that Matter: The Worlds of Jane Jacobs*，1997年）、《简·雅各布斯的城市智慧》（*The Urban Wisdom of Jane Jacobs*，2012年）、《当代视角下的简·雅各布斯：重估一位城市梦想家的影响》（*Contemporary Perspectives on Jane Jacobs: Reassessing the Impacts of an Urban Visionary*，2014年）也涉及其城市伦理思想。

现代主义城市规划忽视真实城市生活运转的复杂性和人的多样化需求，追求塑造城市环境整体秩序但街道却单调乏味等弊端，明确提出城市设计的核心原则是多样性："有一个原则普遍存在，并且形式多样、复杂……这个普遍存在的原则就是城市对于一种相互交错、互相关联的多样性的需要，这样的多样性从经济和社会角度都能不断产生相互支持的特性。"[1]雅各布斯坚信，美好城市是充满活力的，而城市保持活力的秘密就在于多样性。1956年4月，时任哈佛设计研究生院院长的建筑师何赛·路易斯·塞特（Jose Luis Sert）牵头举办了一场城市设计研讨会，这次研讨会也被称为第一届城市设计大会。雅各布斯在这场大会上做了一个颇为成功又充满激情的十分钟演讲，主旨是通过案例对比，批评战后缺乏人性尺度又乏味的规划设计新方案破坏了邻里关系，强调城市不同于郊区的独特优点和魅力在于其充满活力与多样性的社交网络，那些无规划的、繁荣、混合不同收入人群居住的商业带，恰恰是一个城市巨大魅力的一部分。[2]

多样性不仅是衡量城市公共空间活力的指标，也是衡量经济活力的指标。她认为，城市是人类聚居的产物，成千上万的人聚集于城市，人们的需求、能力、财富和趣味又千差万别。因此，无论从经济角度，还是从社会角度来看，城市都要尽可能不断产生互相关联、互相支持的机制，即产生作为方便、兴趣和活力之源的多样性，以满足不同人的真实复杂的需求，这是城市文明赖以延续的重要基础，"关

1 雅各布斯. 美国大城市的死与生[M]. 金衡山，译. 纪念版. 北京：译林出版社，2006：10.

2 卡尼格尔. 守卫生活：简·雅各布斯传[M]. 林心如，译. 上海：上海人民出版社，2022：188.

于城市规划的第一个问题——而且，我认为也是最重要的问题是：城市如何能够综合不同的用途——在涉及这些用途的大部分领域——发生足够的多样性，以支撑城市文明？”[1]

基于尊重多样性的原则，雅各布斯提出了好的城市设计的四个“必要条件”：第一，地块主要用途要混合（mixed primary uses），反对严格的功能分区。城市生活有很多需求，居住区、商业区和工作区相互交叉混合在一起，街道才能同时具备几种主要功能以满足多种需求，才能产生集中优化效应，为市民提供丰富多彩的活动和体验，才能使这一区域每天的大部分时间有人气。第二，大多数的街区要短（short blocks），即小型街区设计。街道比较短，城市路网自然就会密集一些，城市的街道就变得相互通达而不会隔离，就会形成一种互相关联的城市交叉使用资源。同时，较短的街道可为服务设施提供更多独立地块和临街面，这样街道上的商业网点就会增多，商店就会存活下去，不容易出现雅各布斯所说的单调沉闷地带。第三，新旧建筑要并存（building of every age and condition），即街区的建筑应该各式各样，年代和状况各不相同，尤其应保留适当比例的老建筑，使不同层次的企业、商店能够共存。雅各布斯特别指出，她所谓的老建筑主要不是指博物馆之类的标志性建筑，而是很多普通的、价值不高的老房子。对于一个城市而言，普通建筑才是与老百姓的日常生活息息相关的建筑，它如同城市的母体。假若不同年龄的普通建筑能聚在一起，

1　雅各布斯．美国大城市的死与生[M]．金衡山，译．纪念版．北京：译林出版社，2006：130.

复杂多元的用途和功能才有可能真的混合。第四，街道人流密度要足够高（most of their presence）。在雅各布斯看来，城市人口密度高点儿并没有什么不好，高密度并不等于过分拥挤，不能将两者混淆。几乎所有的人都憎恶过于拥挤，但是人们却自愿选择住在较高密度的街区里。高密度给市民提供了一个发展城市生活的良好机会，而且一个地区的人气与商业成功是紧密关联的，密度足够高才能维持文化繁荣和商业成功，使人流密度与城市多样性形成良性循环。[1]

雅各布斯提出的城市多样性条件，主要指的是上述街区层面的城市设计多样性。她敏锐地观察和剖析了街道的生活场景和运作规律，将街道视为一个"社会空间实验室"，提出了一种以强调土地混合使用为核心的城市设计多样性原则。约翰·马森格尔（John Massengale）等人设计的简·雅各布斯广场示意图（图3-25），通过雅各布斯的视角来看纽约格林威治村的街道，符合她提出的好的街道的四个要求。此外，在雅各布斯写《城市经济》（*The Economy of Cities*）的1969年，美国一档颇受欢迎的儿童教育电视节目《芝麻街》开播，琼·甘兹·库尼（Joan Ganz Cooney）和其他创作者在设计该节目标志性的虚构街区时（图3-26），借鉴并体现了雅各布斯的城市设计理论，创作者对街道充满想象力且成功的场所营造，也证明了雅各布斯街道设计原则的合理性和重要性。

雅各布斯提出的城市设计原则，是对《雅典宪章》以简化城市生

1 雅各布斯．美国大城市的死与生[M]．金衡山，译．纪念版．北京：译林出版社，2006：135-136.

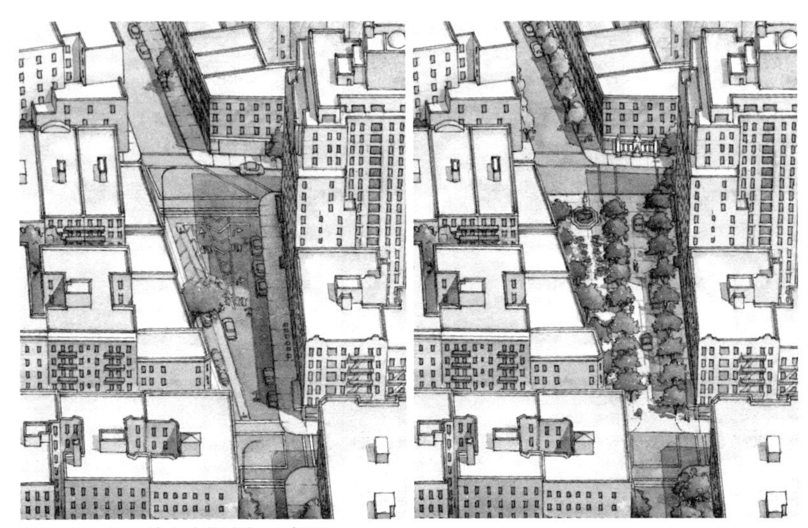

图3-25　简·雅各布斯广场示意图
来源：MASSENGALE J, DOVER V. Street design, the secret to great cities and towns[M], Hoboken: Wiley, 2013: 272.

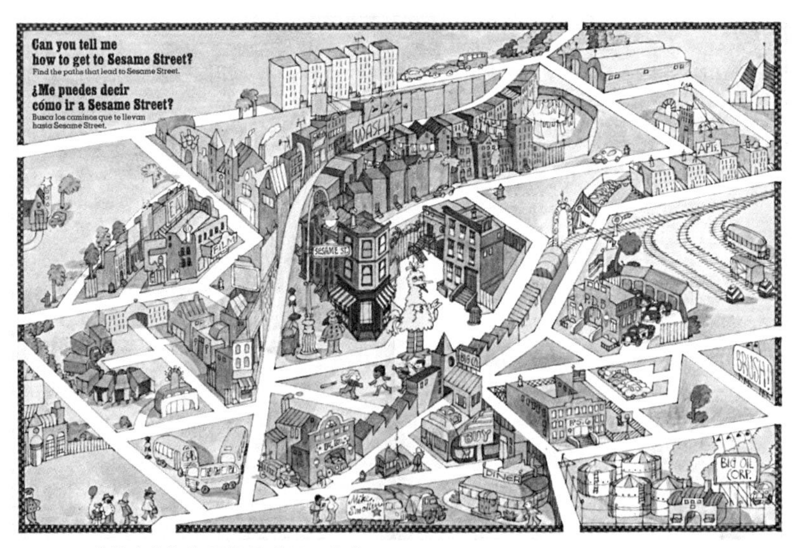

图3-26 《芝麻街》街区场景（1975年）
来源：https://muppet.fandom.com/wiki/Sandbox:Sesame_Street_maps

活为基础的功能分区思想的批判，开启了城市设计理念的新转型。当代城市设计领域，多样性原则已成为一个共识性准则。约翰·伦德·寇耿（John Lund Kriken）等学者指出，多样性是21世纪城市设计的基本原则之一，多样性原则主要指视觉多样性和混合使用最大化两个方面。[1]

雅各布斯坚信多样性是伟大城市的基本价值，她倡导的城市设计多样性原则具有重要的社会伦理价值，突出表现在它是公平城市和生态城市的关键要素。首先，多样性既能够促进城市公平，同时也是公平城市的一个关键特征。托马斯·哈特曼（Thomas Hartmanna）等学者指出："对雅各布斯来说，城市是多样性的基本单位，正是围绕这一关键理念她提出了自己的观点。多样性提供了一种伦理导向，从而界定了一个公平的城市应该实现的目标。"[2]公平城市关涉城市生活基本权利平等和日常生活基本诉求的实现。在雅各布斯看来，引发多样性的城市设计能够提升街道活力，提供获得宜居性和人性化生活的条件，创造更多的社会交往空间，促进社会互动和社会包容，这不仅是美好城市的道德愿景，而且有助于减少某些城市非正义现象。例如，她认为通过好的城市设计，让人行道因多样性而带来更多的人群接触和公共安全，可以减少美国社会存在的种族歧视和种族隔离这样的非正义问题。[3]她还强调，对抗种族主义和排外心理，宽容人与人之间

1 寇耿，恩奎斯特，若帕波特．城市营造：21世纪城市设计的九项原则[M]．赵瑾，俞海星，蒋璐，等，译．南京：江苏人民出版社，2013：84.

2 HARTMANNA T, JEHLING M. From diversity to justice: unraveling pluralistic rationalities in urban design[J]. Cities, 2019, 91(8): 58.

3 雅各布斯．美国大城市的死与生[M]．金衡山，译．纪念版．北京：译林出版社，2006：63.

的差异，促进交往和公共生活的街道空间必不可少。她说："宽容，为邻里之间的巨大差异提供了空间——这些差异往往远远深于肤色差异——这些差异在城市生活中是可能和正常的，但对于郊区和伪郊区来说是如此陌生，唯有当大城市的街道具备了内生机制（built-in equipment），才能够让陌生人之间在文明的、有基本尊严和有所保留的条件下和平共处，这种宽容也才是可能和正常的。"[1]她认为，免费开放或收费低廉的公共空间有一种重要的社会功能，即抚慰各个阶层尤其是中下层人群。雅各布斯说："街区公园或公园样的空敞地被认为是给予城市贫困人口的恩惠。"[2]雅各布斯还批评了现代城市设计对贫民区弱势群体缺少关怀，强硬推进整体拆除重建，忽视了民众拥有空间栖居多样性的权利。如果说雅各布斯只是基于城市空间活力建构人性之维，间接涉及多样性原则与公平城市之间的价值关联，那么苏珊・S.费恩斯坦（Susan S. Fainstein）的正义城市理论，则在此基础上提出了一种较为全面的分析框架，将多样性视为正义城市的三个基本价值准则之一（另外两个是"公平"和"民主"）。费恩斯坦认为，从城市设计视角来看，多样性主要指混合建筑类型、空间功能的混合用途以及公共空间和住宅区中不同群体的融合。[3]

其次，雅各布斯将城市系统与自然生态系统进行类比，揭示了

1　JACOBS J. The death and life of great American cities[M]. New York: Vintage, Reissue, 1992: 72. 本书在参考中文译本的同时，也参考了英文版原著。本条引注的译文根据笔者的理解进行了重译。

2　雅各布斯. 美国大城市的死与生[M]. 金衡山，译. 纪念版. 北京：译林出版社，2006：79.

3　费恩斯坦. 正义城市[M]. 武烜，译. 北京：社会科学文献出版社，2016：66-75.

多样性促进城市可持续发展的价值。撰写《美国大城市的死与生》时，雅各布斯已初步形成了城市生态思维。在该书末尾部分，她提出了一个重要观点：将城市看成与生命科学一样，是一种有序复杂性（organized complexity）问题[1]，即城市是具有秩序而非无序的复杂系统，如同精妙的生命体一样，城市设计的思维策略就是分析相互关联而非混乱不堪的各种物质元素，将其组织成一个有机整体。从20世纪80年代开始，雅各布斯的研究兴趣转向对"城市生态"（ecology of cities）的探讨。她认为，人类与自然是一个整体，人类在各个方面都是作为自然秩序的一部分在自然界中存在，在自然生态和人类造物之间不再有一道壁垒将其分隔开来。[2]1993年在现代文库版《美国大城市的死与生》中，雅各布斯撰写了一个新的前言，对自然和城市生态系统、多样性、城市和伦理的关系进行了阐述。雅各布斯将城市描述为一个特殊的"生态系统"，她说："自然生态系统被定义为'由在任何规模的时空单位内活跃的物理—化学—生物过程构成'。城市生态系统则是由在城市特定时间内活跃的'物理—经济—伦理过程'及其紧密依赖性构成。"[3]城市作为一种有复杂秩序的生态有机体，与自然生态系统有共同的基本原则，即都需要依靠多样性来维持自身，就如同生物多样性是维系生态系统健康与活力的必要条件，建筑、街道、人口、商业等城市元素的多样性也是维系城市健康与活力的关

1 雅各布斯. 美国大城市的死与生[M]. 金衡山，译. 纪念版. 北京：译林出版社，2006：397.

2 雅各布斯. 经济的本质[M]. 刘君宇，译. 北京：中信出版集团，2018：序言.

3 JACOBS J. The death and life of great American cities[M]. New York: Modern Library, 1993, XVI.

键。无论是城市生态系统还是自然生态系统，其多样性都是随时间的变迁而有机地发展起来的，不同组成部分以复杂的方式相互依赖。在任何一种生态系统中，多样性越大，其承载的生命力就越强。如同生态城市建设中，城市生物多样性对维护城市生态系统平衡和安全、改善城市人居环境具有重要意义，以街道多样性为核心的各种各样的城市生态多样性，是维护城市经济与社会生活系统安全和繁荣的必要条件。“单调、缺乏活力的城市只能孕育自我毁灭的种子。但是，充满活力、多样化和用途集中的城市孕育的则是自我再生的种子”，“我们需要这样的多样性，城市生活由此可以进入良性和建设性运转，城市中的人也因此可以保持（并进而推进）社会和文明的进程。”[1]

2. 基于邻里互动的共同善：城市设计伦理的价值基础

论及城市街道的用途时，雅各布斯从不将街道仅仅看成是具有通行功能的物理空间，她特别强调街道作为邻里共同体的社会价值，其城市价值观表现出一种较为明显的社群主义倾向，具体表现在她通过对城市街头生活的细致观察，发现市民以互动、合作、信任和自治管理等公共活动方式，形成了一种以街区人际网络为基础的邻里共同体，并由此促进和追求城市生活的共同善或共同利益（common goods）。雅各布斯将这种共同善视为一种不可替代的社会资本，具体表现为街道所拥有的三个方面的社会功能，即维护城市安全；成为邻

1　雅各布斯．美国大城市的死与生[M]．金衡山，译．纪念版．北京：译林出版社，2006：411，219.

里相遇的场所，引发有意义的公共交往；培育孩子们的社会意识，甚至成为对儿童进行道德教育的场所。用她的话说就是："组建公共监视网，以此来保护陌生人以及我们自己，发展一个小范围的、建立在日常公共生活基础上的网状关系，以此来建立一种相互信任和社会监控的机制；帮助把孩子纳入一种相当负责的能包容的城市生活里。"[1]对此，雅各布斯用大量鲜活的事例，描绘了充满活力、自治功能运转良好的街区，从中让人感受到一种由邻里互动与信任而形成的社区认同和共同体感，一种现代城市中久违的传统熟人社会中存在的道德交往模式。

"街道眼"（eyes on the street）和"人行道芭蕾"（sidewalk ballets）作为雅各布斯提出的标志性概念或隐喻，共同营造了街道的公共性特征，体现了街道共同善的伦理价值。她认为，表面上看像纽约哈德孙街这样的老城区街道似乎缺乏秩序，但生活比秩序重要，其成功之处是在看似无序的背后，有一种神奇的秩序在维持着作为公共利益的街道安全，"其实质是城市相互关联的人行道用途，这为它带来了一个又一个驻足的目光，正是这种目光构成了城市人行道上的安全监视系统"[2]，这就是所谓"街道眼"，即本地居民和来往行人主动注意街道上的活动，"在街上的每一双眼睛后面的脑袋里应该有一种潜在的关注街道的意识，尤其在关键时刻——比如，在与野蛮行为进行斗争或防备陌生人时，城市的公民必须做出选择，是承当起这种责任还是

1 雅各布斯. 美国大城市的死与生[M]. 金衡山，译. 纪念版. 北京：译林出版社，2006：107.

2 雅各布斯. 美国大城市的死与生[M]. 金衡山，译. 纪念版. 北京：译林出版社，2006：43.

放弃它"[1]。雅各布斯提出的"街道眼"，不仅开启了环境心理学有关街道环境非正式监控研究的新视角，更重要的是她由此剖析了街道上"信任""责任"这些公民美德的重要意义："所有的事都是个人自己去做的，并不是被别人强迫去做的——其总和是人们对公共身份的一种感觉，是公共尊重和信任的一张网络，是在个人或街区需要时能做出贡献的一种资源，缺少这样的一种信任对城市的街道来说是个灾难。"[2]

雅各布斯认为，老城的"神奇秩序"，不仅体现于"街道眼"所带来的人与人之间的安全感和信任感，还体现在这种秩序充满自组织性动态变化的魅力，是都市大众在街道上来来往往的活动所构成的流动景观，她将其形象地比拟为一种城市"人行道芭蕾"。在《美国大城市的死与生》一书中，她以文学叙事的手法形象描绘了纽约哈德孙街从早上八点一直延续到深夜的一幕幕街道生活的"芭蕾场景"："我下班回家时，这场'芭蕾'正演到高潮。此刻正是孩子们玩滑轮、踩高跷、骑三轮自行车，以及在门廊下玩瓶盖和塑料牛仔小人的时候，屋檐下、门廊前都是他们玩的场所；此刻也正是人们大包小包买东西的时候，从杂货店到水果摊再到肉铺，来来往往，人群熙熙攘攘。"[3]（图3-27）显然，雅各布斯的街道芭蕾强调的并不是某一个人或几个人的"表演"，而是一种描述街头活力的"集体芭蕾"，它形象展示

1　雅各布斯. 美国大城市的死与生[M]. 金衡山，译. 纪念版. 北京：译林出版社，2006：49.
2　雅各布斯. 美国大城市的死与生[M]. 金衡山，译. 纪念版. 北京：译林出版社，2006：49.
3　雅各布斯. 美国大城市的死与生[M]. 金衡山，译. 纪念版. 北京：译林出版社，2006：45.

图3-27　1961年雅各布斯（左）在哈德孙街与邻居交谈
来源：LAURENCE P L. Jane Jacobs before death and life[J]. The journal of the society of architectural historians, 66(1): 10.

了由居民活动所构成的具有自组织特征的群体互动关系，这是一种街区公共活动，街道上的每一个人都参与创建了一个有机运行、生机勃勃的社区共同体。“人行道芭蕾”越是活跃，市民之间的交流、信任度就越强，场所归属感和地方依恋感也会越强，从而促进社会资本的增长。本杰明·弗雷泽（Benjamin Fraser）指出：“重要的是，考虑到她的城市行动主义，她给这种在城市人行道上进行的多种形式的、‘即兴的’表演赋予了社区品质。对于她的芭蕾隐喻的特征，她自己的解释表明，城市芭蕾不是都市漫游者（flâneur）的漫步——

他们往往独自从事一种社会文化实践活动，而是一种‘管弦乐’（虽然肯定不是精心编排的），是由众多参与者组成的集体活动。”[1]

雅各布斯阐述“人行道芭蕾”及街道主要用途混合之必要性时，还引入时间维度的分析，一方面强调时间分布在街道主要用途混合中的重要性，另一方面强调人行道上演“芭蕾”的时间节奏化特征，如同一首交响乐有序曲、高潮和尾声，城市芭蕾的节奏特征有利于打破街道生活单调乏味的线性重复。在此意义上，“人行道芭蕾”的隐喻与亨利·列斐伏尔（Henri Lefebvre）对现代都市公共空间的“节奏分析”（rhythmanalysis）有异曲同工之处，它们都尊重城市体验的复杂性和自发性，重视城市空间和时间的相互关系，将都市日常生活看作是差异化时间影响下的多样性空间，如果说列斐伏尔的“节奏分析”通过“从窗户向外看”的方式完成对街道空间生产的解释[2]，那么雅各布斯的“人行道芭蕾”则是以“街头亲历者”的方式完成对街道多样性的诠释。

此外，雅各布斯还特别重视街区“公共人物”在社区自治管理中的独特作用。雅各布斯所谓的“公共人物”，并非一般意义上所指具有影响力及曝光度的社会名人，她指出：“人行道生活的社会结构部分地依赖于那些可谓自我任命的公共人物。公共人物是经常与众多人

1　HIRT S, ZAHM D. The urban wisdom of Jane Jacobs[M]. London: Routledge, 2012: 25.

2　LEFEBVRE H. Rhythmanalysis: space, time and everyday life[M]. ELDEN S, MOORE G, Translate. London and New York: Bloomsbury, 2004: 27-37.

群接触的人，而且对于做公共人物有足够的兴趣。”[1]20世纪50年代，雅各布斯因为以纽约格林威治村居民的身份，积极组织并参与了反对该地区的一系列城市更新项目而成为特别的“公共人物”（图3–28）。“公共人物”在信息传递、街区人际网络建构、居民自治管理和维权活动中发挥着重要作用，他们是促进社区共同利益形成不可或缺的纽带，“公共人物是构成人行道或街区公共利益的‘道德模式’的锚点或节点”[2]。

图3–28　1963年简·雅各布斯（居中着）在纽约格林威治村华盛顿广场公园的一次社区会议上
来源：Fred W McDarrah/Getty Images

1　雅各布斯．美国大城市的死与生[M]．金衡山，译．纪念版．北京：译林出版社，2006：60.

2　BYRNE P H. Jane Jacobs and the common good[M]//LAWRENCE F. Ethics in making a living: the Jane Jacobs conference. Atlanta: Scholars Press, 1989: 177.

总体上看，雅各布斯以“街道眼”“人行道芭蕾”和“公共人物”为主要隐喻或概念构建的街区邻里互动模式，是一种城市居民非正式的、具有自治功能的自我管理机制。在一定程度上说，雅各布斯富有远见地认识到居民自治在城市治理中的独特作用。在《美国大城市的死与生》一书中，她27次使用了“自治”（self-government）这一概念，强调充分发挥城市街道的自治功能。“自治”本质上是一种伦理治理机制，以邻里间的互动、信任和责任意识为价值基础，“责任感和社会合作成为城市自我组织的复杂性的基本要素。总之，你可以说道德要素，尤其是信任和尊重，在雅各布斯有关街道的论述中起着至关重要的作用”[1]。

3. “市中心是为人的”：人本主义城市设计伦理准则

雅各布斯于1958年在《财富》杂志发表了一篇重要文章——《市中心是为人的》（*Downtown Is for People*），这是她首次批评现代城市设计的文章，也是她对《美国大城市的死与生》提出的一些基本观点的初步思考。这篇文章针对美国大规模城市更新项目所导致的市中心多样性式微、“同质化”和“非人性化”等弊端，强调街道作为城市神经系统的重要性，提出了诸如混合用途、短街区等城市多样性的基本策略，尤其是突出表达了她的人本主义城市设计价值观。她认为，现代主义城市设计教条的主要问题体现在两个方面，一是采取同一

1　PERRONE C. “Downtown is for people”: the street-level approach in Jane Jacobs’ legacy and its resonance in the planning debate within the complexity theory of cities[J]. Cities, 2019, 91(8): 12.

性、单一化的设计方法，忽视城市生活复杂性的基本特性和街区多样性要求；二是“以设计者逻辑为本”，建筑师、规划师、城市设计师以及开发商沉迷于其所建构的城市蓝图之中，缺乏对真实世界的认识，以自己的意志代替市民的意志。雅各布斯质疑：“在规划理论中听起来合乎逻辑的东西，在纸上看起来光鲜亮丽的东西，却不符合现实生活逻辑，至少不符合城市生活逻辑，而且在使用时一点也不出色。”[1]在此基础上，雅各布斯提出城市规划应符合谁的逻辑、应为谁服务的尖锐问题，她认为城市要为了人，要关注人，要依靠人：“市中心的复杂和活力，绝不可能由少数人的抽象逻辑所创造。市中心之所以有能力为每个人提供一些东西，只是因为每个人都是城市的创造者。所以未来也应该如此，规划师和建筑师有重要的贡献，但市民有更重要的贡献。”[2]可见，雅各布斯在对现代主义城市设计的反思与批判中，矛头不仅指向其所带来的城市多样性缺失，更指向自诩以人为本实则忽略普通人真实生活秩序的现代功能主义设计弊端，“雅各布斯再次把人、人的生活方式和尺度引入城市规划和设计主流当中。这似乎摧毁了现代主义和它作为城市和场所设计的规则”[3]。

进言之，雅各布斯认为，不断失败的城市设计教条要想成功，需要有重视街道生活、认识城市复杂秩序的人性视角。与现代主义城市

1 LAURENCE P L. The unknown Jane Jacobs: geographer, propagandist, city planning idealist[M]// PAGE M, MENNEL T. Reconsidering Jane Jacobs. Chicago: Planners Press, 2011: 35.

2 JACOBS J. Downtown is for people[M]// The editors of Fortune. The exploding metropolis: a study of the assault on urbanism and how our cities can resist it. New York: Doubleday Anchor Books, 1958: 130-131.

3 DOBBINS M. 城市设计与人[M]. 奚雪松，黄仕伟，李海龙，译. 北京：电子工业出版社，2013：63.

设计者“家长式”的独断愿景和居高临下的城市鸟瞰角度不同，她从普通居民尤其是家庭主妇和母亲这两种角色出发，将注意力更多地集中在街头真实的日常生活和邻里关系上，呼吁重视街道的安全、活力和便利性。作为一名“街头观察家”，雅各布斯看待街道的眼光充分体现了关注日常生活与注重细节的特点，如去商店的购物者、母亲推着婴儿车、儿童玩耍、情侣散步、家庭主妇在街头聊天、朋友一起喝咖啡、从窗子向外张望的人、老年人坐在街区公园的长椅上，甚至凌晨三点时街道传来的奇怪声音，等等。对此，詹姆士·C. 斯科特（James C.Scott）认为，“妇女的眼光”对于雅各布斯的观点是很重要的，她将注重力主要锁定在街头多样性而非单一目标的日常生活，很难想象一个男人使用同样的方法能够得到她的结论，“可以将这种观点与极端现代主义城市规划的关键元素加以比较。这些规划都需要以简单化的形式，将人类的活动剥离成单一的目标”[1]。其实，与其说雅各布斯以“妇女的眼光”观察和研究城市，不如说她采取的是一种以实际体验参与为基础的人性化视角，展现了自上而下、以物质形态设计为主的理性综合规划欠缺的微观视角和人性尺度，为审视城市设计艺术与生活体验之间的关系，带来了源于日常生活的价值洞察力，“城市设计者们要做的不是试图用艺术来取代生活，而是回归到一种既尊重和突出艺术，又尊重和突出生活的思想认识上来”[2]。

1　斯科特. 国家的视角：那些试图改善人类状况的项目是如何失败的[M]. 王晓毅，译. 北京：社会科学文献出版社，2004：184-185.

2　雅各布斯. 美国大城市的死与生[M]. 金衡山，译. 纪念版. 北京：译林出版社，2006：344.

雅各布斯不仅确立了人本主义城市设计的基本理念，还提出了一种强调邻里互动和自治的“街道方法论”，试图改变城市设计过程主要由政府指令或专家主宰的“家长式”规划设计模式，走向一种注重市民参与和创造、适应城市多样化发展的城市设计模式，这是实现城市以人为本价值观的必然要求。表3-1通过与现代主义城市设计的对比，列举了雅各布斯人本设计理念的基本要素。需要强调两个方面，一是雅各布斯人本主义城市设计主张应尊重市民在城市空间中的主体地位，不能将普通市民视为城市设计成果的被动接受者，要重视普通市民的真实需求和有效的公众参与。她举例说，纽约东哈姆莱特某住宅区规划了一块长方形草坪，却成为居民的眼中钉，甚至催促有关部门将其铲除。某社区工作者询问其原因时，居民的回答是“这有什么用?”或“谁要它?”另一位居民说出了详细理由：“他们建这个地方的时候，没有人关心我们需要什么。他们推倒了我们的房子，将我们赶到这里，把我们的朋友赶到别的地方。在这儿我们没有一个喝咖啡或看报纸或借五美分的地方。没有人关心我们需要什么。但是那些大人物跑来看着这些绿草说，‘岂不太美妙了！现在穷人也有这一切了！’”[1]这个案例从一个侧面反映了城市设计应以普通人的生活为本、重视公众参与的价值逻辑。谈及市民听政会这种城市规划公众参与方式时，雅各布斯强调，一些非常普通的人，包括穷人、受歧视者和没有受过良好教育的人，都会抓住这个机会表现自己，“谈到他们

1 雅各布斯．美国大城市的死与生[M].金衡山，译．纪念版．北京：译林出版社，2006：11-12.

最为熟悉的生活中的东西时，这些人的言语非常有智慧，而且很雄辩”[1]。是否倾听普通人的诉求，使他们能够参与到关系自身利益的规划设计过程中，是实现人本主义规划设计的重要路径。二是雅各布斯提出重视“非平均”线索（unaverage clue）的人本思维方法。她认为，“非平均”线索作为一种重要的分析手段，有助于帮助规划者发现被平均统计值掩盖的各种小的变数（城市居民通常可以成为非正式的专家，发现被规划者所忽略的“变数”），它们往往与大的变数相互关联，且常常只有通过这些小的变数才知道城市规划失败的真正原因。[2]例如，在绿地规划设计方面，若城市设计仅仅依靠人均绿地面积、人均绿化率等“平均线索”进行指标控制，不考虑绿地布局中不同社区居民的“非平均”线索，就可能出现上述雅各布斯所说的东哈姆莱特住宅区居民对绿地规划“不买账”的现象。

现代主义城市设计与雅各布斯人本主义城市设计基本要素比较　　表3-1

现代主义城市设计	雅各布斯人本主义城市设计
城市作为艺术作品	城市作为日常生活过程
“做大规划”	有机复杂性
乌托邦式的“现代主义规划”	城市生态系统
抽象理论逻辑	现实生活逻辑

1　雅各布斯. 美国大城市的死与生[M]. 金衡山，译. 纪念版. 北京：译林出版社，2006：374.

2　雅各布斯. 美国大城市的死与生[M]. 金衡山，译. 纪念版. 北京：译林出版社，2006：404-406.

续表

现代主义城市设计	雅各布斯人本主义城市设计
鸟瞰	街道层面
政府控制	自治
自上而下	自下而上
低密度	高密度
功能分区	混合使用
政府推行	居民参与
大尺度干预	小尺度干预
汽车导向交通	公共交通、行人友好
城市单调统一	城市多样性
统计平均值	“非平均”线索，独特因素
大（长）街区	小街区

4. 当代启示

雅各布斯反思和讨论的主要是50多年前美国城市在更新重建和规划设计中的问题，尽管她的城市思想有局限性，如她忽视资本和权力逻辑所形塑的街道空间形态，完全没有提及使城市生活能够运转的基础设施规划，她的城市设计思想所带来的宜居空间可能导致士绅化现象，她对战后大规模城市重建和现代城市规划的激进批判有偏颇的一面，但她的思想早已在全世界引起共鸣并被广泛接受，产生着持续性影响。

雅各布斯改变了我们看待城市的方式，给我们提供了新的视角来思考如何规划设计我们的城市空间，如何让城市变得更有趣、更宜居、更美好。保罗·基德（Paul Kidder）指出：“在我们这个时代，城市问题的紧迫性正呈现出越来越多的道德特征，具有广泛的伦理视角是非常重要的，尽管其范围很广，但它却产生于美国城市历史上一些最特殊和最重要的事件。雅各布斯的伦理学再次证明了她的方法是独特的，甚至是另类的，但对于那些愿意用她的独特见解来观察人类社会生活的人来说，这是非常有用的。”[1]当代中国，面对成就与问题交织的快速城镇化进程，雅各布斯城市设计伦理思想所蕴含的真知灼见，对我们诊断当代中国城市设计所面临的突出问题，建构多样化和人性化的城市形态和街道空间，满足市民的美好生活需要，有不可小觑的启示和借鉴作用，主要体现在三个方面：

第一，充分认识城市更新发展过程中物质空间结构和社会空间多样性的价值，将多样性塑造不仅作为营造活力都市空间的设计策略，还将尊重多样性视为走向公平城市、生态城市和美丽城市的伦理价值原则。尤其值得一提的是，雅各布斯是最早将城市视为一种自然生态系统的学者之一，她认为城市生态系统是有机的，有较强适应性的，由多种活力元素组成的一个有凝聚力的整体，这种思维方式深刻改变了人们对城市本质的认识。

第二，雅各布斯不仅将城市理解为一种自组织复杂系统，而且强调责任、信任、市民参与、社会合作等是城市街区自组织秩序和自治管理的伦理基础。这一城市伦理思想对当代城市设计治理有重要启示。城市设计不应过分强调政府或专业人员影响设计结果的管控作用，应尊重城市生活自发秩序的合理性，重视自下而上的公众参与和市民共治共享在城市设计实施中的重要作用，他们是驱动城市让生活

1　KIDDER P. The urbanist ethics of Jane Jacobs[J]. Ethics, place and environment, 2008, 11(3): 265.

更美好的原生力量。

第三，城市设计专业人员应体贴民意，以关注和满足普通居民的日常生活需要为本，不应用自己的价值观和职业理想来界定使用者的生活空间，或仅仅在图纸上设想一种理想的生活模式，根据自己设计的模型来理解城市应该如何运作，而不是实际去观察城市是如何运作的，应基于真实的生活场景、城市运行规律和对城市生活有序复杂性的充分认知进行设计，“这个职业面临的挑战是，从必须成为控制者和指令性专家，转向成为更好的倾听者、观察者和真实的都市生活推动者，这才是简·雅各布斯的真正遗产”[1]。

（二）埃蒙·坎尼夫的城市伦理观

城市空间特性的伦理维度是现当代城市设计中讨论的新问题。如何正确阐释城市设计与伦理的关系，以期创建一个伦理的城市环境，对现代城市设计理论的建构尤为重要。英国曼彻斯特城市大学建筑学院的埃蒙·坎尼夫在《城市伦理：当代城市设计》（*Urban Ethic: Design in the Contemporary city*，2006年）一书中，在回顾与分析城市发展进程的基础上，重点讨论了有关城市更新与当代城市生活矛盾的种种争论，阐释了城市的形式与其所处时代的社会、政治与美学状

1 GRATZ R B. Central elements of Jane Jacobs's philosophy[M]//SCHUBERT D. Contemporary perspectives on Jane Jacobs: reassessing the impacts of an urban visionary. Farnham: Ashgate Publishing, 2014: 19.

况之间的关系，并聚焦于城市的空间特性，从一个新的角度诠释了城市伦理的内涵，提出了由格局（patterns）、叙事（narratives）、纪念（monuments）与空间（spaces）构成的城市伦理之“四重模式”（a fourfold model）。坎尼夫的城市伦理观，既是一种包容性城市设计的准则体系，也是一种走向伦理性城市的方法论，它对我们更加深入开展城市设计伦理问题的研究有一定的借鉴意义。

1. 城市伦理价值的失落：城市设计问题的历史反思

对城市发展进程中城市设计问题的回顾与反思，旨在追寻和梳理城市的历史发展线索和文化背景，为的是从中吸取经验与教训。坎尼夫认为，割裂过去来理解现代城市是不可能的。在《城市伦理：当代城市设计》及《广场政治学：意大利广场的历史与意义》（*The Politics of the Piazza: the History and Meaning of the Italian Square*，2008年）等书中，他主要以城市公共空间为例，阐述并分析了城市发展进程中建筑形式与城市空间形态的演变轨迹，尤其是梳理了工业化之前传统城市的精神特质和伦理价值，以及工业化之后城市空间伦理价值的异化与失落。

在《城市伦理：当代城市设计》中，坎尼夫将城市发展的基本进程区分为历史城市、工业城市和后工业城市这三个阶段，主要探讨了这三个阶段城市发展的主题和作为一个社会伦理观念体现的城市空间形态的不同特征。其中，坎尼夫所称的历史城市（the historic city）大致是指工业化之前的历史文化城市。历史城市是一种紧凑性城市，通常既有辨识性又容易认知。这个阶段的城市发展贯穿着一个重要主题，即城市的建筑与空间如何才能反映且支持城市的精神特质，并通过具有高度意象性的场所，使市民牢固树立对城市的认同感。

坎尼夫认为，宗教及其神力约束在古代城市的布局和社会结构方面占主导地位。无论是古希腊人，还是伊特鲁里亚人和古罗马人，建城都是一件十分神圣的事情，城市的命运需要神的庇护和魔法的保护，因而城市设计、城市建设某种程度上说也是一种宗教仪式和宗教行为，不同宗教态度的影响在聚居地城市空间设计中也可找到踪迹。坎尼夫指出："希腊人以垂直的比例表达神圣的空间，暗示了一种有独立性并令人亲近的上帝形象。罗马人聚居地清晰的几何学上的联系，来源于伊特鲁里亚人的规划布局原则，这是伊特鲁里亚人占卜活动的产物，它表现了另一个世界中人类的独立性。利用这些文化，并使之与自身文化相结合，罗马人建立了一种独特的城市环境，它重视神圣空间中市政与军事上的重要性。"[1]坎尼夫还以古雅典城每年举行的"泛雅典娜节女神游行"为例，说明了宗教性公共生活与城市发展的良性互动效应和诗意共鸣（poetic resonance）[2]，正是由市民互动而形成的神圣化与仪式化的城市公共生活，强化了人们的城市认同感和归属感。

坎尼夫认为，随着18世纪中后叶开始的以蒸汽机的发明和应用为主要标志的科技革命，及其所引发的对城市元素的非神秘化的解释，导致了对城市环境的伤害，而这恰恰是以生产效率为目标的工业城市的主要特征。18世纪下半叶，伴随第一次科技革命和工业革命的兴起，城市发展进入工业城市时代。工业化和随之而来的城市化的迅

1 坎尼夫. 城市伦理：当代城市设计[M]. 秦红岭，赵文通，译. 北京：中国建筑工业出版社，2013：23.

2 坎尼夫. 城市伦理：当代城市设计[M]. 秦红岭，赵文通，译. 北京：中国建筑工业出版社，2013：22-23.

速发展，给城市带来了巨大影响。虽然工业城市充分调动了制造业创造财富的潜能，但却出现了后来被称为“城市病”的一系列的城市问题，导致城市结构混乱、城市环境恶化、住宅拥挤、疫病流行等问题迅速出现，且日益严重。一些城市观察家们，例如恩格斯，通过亲身调查揭示了英国工人阶级的状况，尤其对曼彻斯特工人非人道的生活条件有触目惊心的描述和深刻的分析。坎尼夫认为，恩格斯的《英国工人阶级状况》是有关城市形态问题的较早论文，他科学而理性地观察了当时英国工业城市的街区和城市的布局情况，聚焦城市分布最广的建筑形式——工业阶级的住宅，而非工业化过程中那些宏伟的建筑景观。恩格斯对曼彻斯特城市状况的描绘，表明了城市和建筑形态与社会状况之间的联系，以及道德维度的重要性。[1]同时，18世纪以来工业化进程的标准性、利润率与批量生产之间的关联，都对城市设计产生了影响，使其回避了传统城市的伦理价值。

工业化的模式带给城市的是更快的功能分区过程。功能分区的城市，创造了一种工业化时代占支配地位的城市特性，即单调而乏味的环境，或者是工业区，或者是商业区，或者是居住区。例如，法国建筑师托尼·加尼耶（Tony Garnier）提出的“工业城市”（Cite Industrielle）方案，其基本理念是通过分区将空间按功能划分为不同的区域，如住宅区、工业区、公共区和农业区，城市的工作、居住、

1 坎尼夫. 城市伦理：当代城市设计[M]. 秦红岭，赵文通，译. 北京：中国建筑工业出版社，2013：41.

健康和休闲功能明显相关，但又因位置和格局而相互分离，这一方案见证了一种新的都市风格范式的出现（图3-29）。这种功能分区使土地开发满足了制造业的需求，但在如何寻求公共建筑的代表性语言，以及营造友好的居住环境方面却并不成功，“工业化城市一味满足功利需要的实用主义倾向，使城市建设越来越误入歧途，不是重视而是有害于市民的价值，与壮丽的林荫大道相连的一个个孤立的纪念建筑物，其应有的装饰性优点也被削弱了”[1]。当代的城市设计，在许多

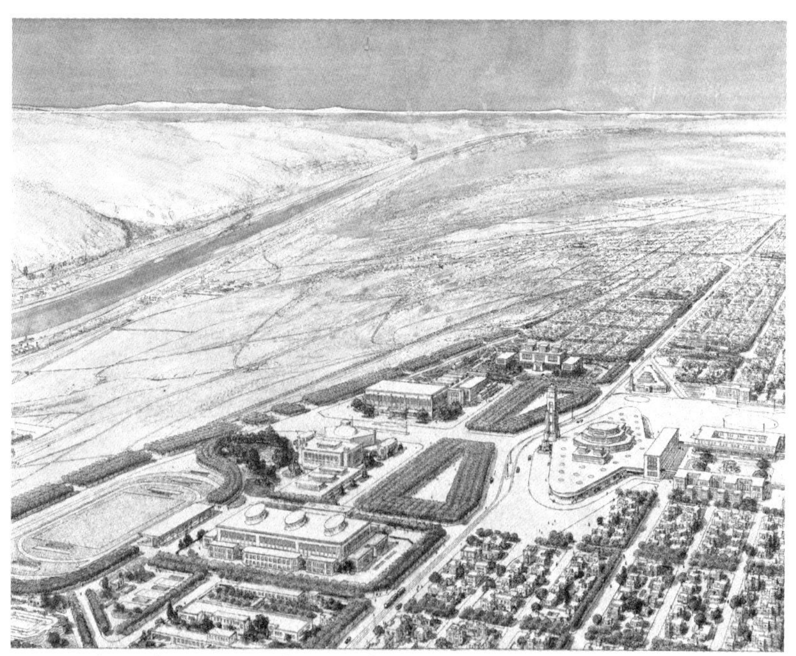

图3-29 托尼·加尼耶提出的“工业城市”方案
来源：维基百科共享图片

方面仍然受制于“二战”结束时勒·柯布西耶所提出的城市规划设计教条。无论是发展中国家还是发达国家，人们都满腔热忱地贯彻着这样的规划设计策略，即用高楼大厦和高速公路取代传统城市的建筑形式。由此所导致的零乱的、单调乏味的“城市沙漠”现象，正是人们期待城市设计者们去解决的难题。

坎尼夫所说的后工业城市主要是指20世纪晚期的西方发达城市。他首先提出了一个问题：如果说在发达国家的城市体验是最基本的存在模式，但为什么对许多居民而言，那些丰富的城市设施变得如此疏远？而且，这样的城市环境表面上体现着公共价值，但实质上却表达的是私人利益。[2]他认为，现代主义城市设计的前提是运用城市总体控制规划，在一个更健康的城市环境中创建一个更平等的社会。但这种乐观主义的看法，不能简略地说成是落入以下两种情形。一方面，高层建筑的发展形式、抽象的功能主义表达、缺乏明确界定的介入式空间，都让人认识到疏远感的产生既来自空间尺度，又来自可识别性的缺乏。另一方面，城市总体控制性规划又让人认识到，它消除了地域和地形要素上的差别，取而代之以普遍主义的解决方案。如何才能从城市设计层面解决后工业城市带来的问题（如无场所感的郊区化蔓延、城市设计与人的需要疏离）？坎尼夫主要讨论了两个在理论上明显对立且处于支配地位的城市设计理论，即新城市主义（new urbanism）与新现代主义（neo-modernism）。

1　坎尼夫. 城市伦理：当代城市设计[M]. 秦红岭，赵文通，译. 北京：中国建筑工业出版社，2013：46.

2　坎尼夫. 城市伦理：当代城市设计[M]. 秦红岭，赵文通，译. 北京：中国建筑工业出版社，2013：56.

新城市主义是20世纪90年代初率先在美国提出的一个新的城市设计运动。它旨在寻求扭转城市各个功能分区相互疏远的问题，赞同城市形成一种更为综合的整体，塑造具有城镇生活氛围、紧凑的社区，取代无场所感的郊区蔓延发展模式。坎尼夫引用在1996年第四届新城市主义大会上形成的《新城市主义宪章》（*Charter of the New Urbanism*），强调新城市主义所追求的对行人友好的、适于步行的、紧凑的、混合使用的社区模式。他认为，新城市主义的设计准则主要有五个范畴，即庭院、前廊、附属建筑物、停车场与建筑物的高度，通过强调这五个重点元素来界定公共领域与私人领域的边界，并将这个设计策略扩展到城市的尺度问题，以便居住区的市民中心在城市体系层次中具有明显的辨识度[1]（图3–30）。新现代主义则是对现代主义运动的一种继承和发展，是在混乱的后现代风格之后的一个回归过程，他们认为，“不可改变的人性与技术的进步是一种共生关系，应借由理性的逻辑进行道德上的控制”[2]，因而主张重新恢复现代主义设计的一些理性的、次序的、功能性的特征。新现代主义抛弃了现代主义先驱者们以改革者自居的伪装，赞成应服从市场的需求，但却很难满足全球城市过程中的人性化需要。

坎尼夫认为，无论是新城市主义在物理和视觉上的限制，还是新现代主义自我陶醉的精英主义的影响，都不能很好地解决当代城市问

1 坎尼夫. 城市伦理：当代城市设计[M]. 秦红岭，赵文通，译. 北京：中国建筑工业出版社，2013：58.

2 坎尼夫. 城市伦理：当代城市设计[M]. 秦红岭，赵文通，译. 北京：中国建筑工业出版社，2013：57.

图3-30　坎尼夫认为英格兰多塞特郡实验型的新市镇庞德伯里（Poundbury）是新城市主义的范例
来源：https://www.cnu.org/publicsquare/2017/05/02/why-new-urbanism-answer-all-over-again

题，当代城市的现实状况需要一个能够有效恢复城市主体地位的理论，其出发点是相信城市有能力表达一种共同的精神特质，包容相互对立的各方，鼓励多样化，反映个体的诉求。[1]于是，在《城市伦理：当代城市设计》的第二部分“城市环境元素”中，坎尼夫将卡斯滕·哈里斯所宣扬的建筑的伦理功能中的“伦理”引入城市设计领域，提出了更广意义上的“城市伦理”。需要强调的是，虽然坎尼夫

1　坎尼夫. 城市伦理：当代城市设计[M]. 秦红岭，赵文通，译. 北京：中国建筑工业出版社，2013：77.

并没有明确界定“伦理”的含义，但他的城市伦理中的“伦理”一词的含义，与哈里斯所说的建筑伦理中的“伦理”一词的含义相同，即与希腊语ethos（精神特质）更相关，而不是我们通常谈到“商业伦理”或“职业伦理”等应用伦理层面时的那种意思。

2. 城市伦理的四重模式

坎尼夫对当代城市的失望，主要源于他认为在当代城市中，伦理价值还远未被充分体现出来。因此，为了展现伦理城市的精神特质，坎尼夫通过一系列的案例研究，从城市精神的层面，提出了当代城市空间设计的方法论，即他所说的城市设计元素的“四重模式”。这“四重模式”由四种城市设计元素构成，分别是格局、叙事、纪念和空间。在城市环境中，这四种元素相互独立又不可分割，共同构成了坎尼夫的主题——“城市伦理”。

坎尼夫提出的城市设计四重模式的表述，较为抽象和晦涩，这与他对海德格尔思想的推崇有关，他自称“四重模式”是对海德格尔的宇宙（世界）四重整体结构的自觉回应。[1]海德格尔认为，人是定居在天、地、神、人这四元合一的结构之中的。在《物》（1950年）中，他对这四个概念做了简要解释：“大地承受筑造，滋养果实，蕴藏着水流和岩石，庇护着植物和动物……天空是日月运行，群星闪烁，是周而复始的季节，是昼之光明和隐晦，夜之暗沉和启明，是节日的温寒，是白云的飘忽和天穹的湛蓝深远……诸神是神性之暗示着的使

1 坎尼夫. 城市伦理：当代城市设计[M]. 秦红岭，赵文通，译. 北京：中国建筑工业出版社，2013：81.

者。从对神性的隐而不显的动作中，神显现而成其本质。神由此与在场者同伍……终有一死者乃是人类……大地和天空、诸神和终有一死者这四方从自身而来统一起来，出于统一的四重整体的统一性而共属一体。四方中的每一方都以它自己的方式映射着其余三方的现身本质。同时，每一方又都以它自己的方式映射自身，进入它在四方的纯一性之内的本己之中。”[1]简言之，海德格尔“世界之四重整体”即是拯救大地、接纳苍天、期待诸神、关怀人性，人以定居的方式保护着四重结构，使四者的本质得以显现。尽管坎尼夫的模式、叙事、纪念和空间比海德格尔的地、天、人、神具体，但是它们之间的内在联系和意义层次，对城市建筑这个特定研究任务而言，有相同的目的。他认为，“格局”与“纪念”与海德格尔的“地”与“人”相对应，“叙事”与“天”表明了一种开放性世界，而“空间”与“神”则强调并验证了这一观点（图3–31）。[2]

下面简要阐述坎尼夫提出的格局、叙事、纪念和空间四种元素：

第一，格局。坎尼夫认为，城市格局这个元素，是一种存在于被动适应地形与有意识规划设计的主动干预之间的现象，旨在确认建筑物和街道之间的关系，人口密集区域和空旷之地的关系，确保城市形态具有一定的秩序。城市的格局决定了城市的建筑类型和城市环境的

1　海德格尔. 海德格尔选集：下[M]. 孙周兴，译. 上海：上海三联书店，1996：1178-1179.

2　坎尼夫. 城市伦理：当代城市设计[M]. 秦红岭，赵文通，译. 北京：中国建筑工业出版社，2013：81.

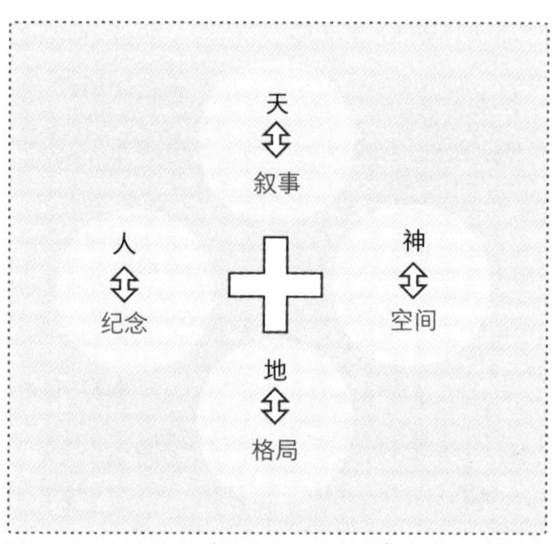

图3-31　海德格尔“世界之四重整体”与坎尼夫城市设计四重模式示意图

各个方面，其范围包括从整个环境氛围到具有明显地域特征的事件。[1]体现为一种城市形态的格局，在创造成功的、有特色的城市设计方面和城市伦理模型中发挥着基础性作用。初看之下，格局乃是财产分配与地形（topography）的功利主义产物，实际上它受理智建构与意义积累的影响。这种阐释使城市格局被看作是社会精神特质的物质表现形式。或者可以说，格局即便不是对场所精神（genius loci）的反映，

1　坎尼夫．城市伦理：当代城市设计[M]．秦红岭，赵文通，译．北京：中国建筑工业出版社，2013：95.

但至少它依赖对地方特性的理解。例如，通过观察一个地区的连续性地图，例如罗马的托拉斯维特区（Trastevere），解读其城市格局及其所包含的意义，就可能超越单纯形式上的东西而阐释其所代表的地方特性和社会进程。坎尼夫提出，应重视历史城市的肌理及蕴藏于其后的精神本质在城市复兴中的价值，当代城市应重新规划城市的各个区域，使城市各部分之间的联系更加丰富和紧密。

第二，叙事。自古以来，叙事便在城市构建中发挥着重要的作用，城市本身就具有叙事的特征。坎尼夫认为，所谓叙事，是指运用对公民而言有重要意义的类比和意义元素等表达方式，为城市中人类活动的关键角色设定场景，使城市成为一种故事的集合。[1]在功能方面，他将叙事作为一种方法来分析、理解和归纳城市设计的意图，强化城市文脉之间的联系，进而来有效地建构建筑及城市的社会文化意义。坎尼夫尤其强调，叙事空间可以理解为一种与“置身其中”的实地体验密切关联的建筑与城市空间，而只有体验才能产生场所精神。因而，坎尼夫提出，对城市叙事进行解读的典型形式应该是，假想我们正经历一次穿越城市的旅程，在这次旅程中，熟悉的和不熟悉的经历与体验都融合在一起。[2]坎尼夫反对城市设计中单一的主导性叙事，他建议城市应展现不同的甚至是相互矛盾的叙事，只有这样，才能创造出独一无二的、多元化的城市景观。他认为，超现实主义、情境主义以及心理地理学试图倡导对城市环境新的感知方式，它们让城

1　坎尼夫. 城市伦理：当代城市设计[M]. 秦红岭，赵文通，译. 北京：中国建筑工业出版社，2013：80，112.

2　坎尼夫. 城市伦理：当代城市设计[M]. 秦红岭，赵文通，译. 北京：中国建筑工业出版社，2013：112.

市生活中平凡的东西被激发出新的意义，为建设当代城市的多元叙事做出了有益尝试。坎尼夫引用格雷厄姆·利夫西（Graham Livesey）关于超现实主义的观察加以总结：

城市可以理解为一种故事的集合，它不断被记录，随时间推移又不断被续写。城市可以比拟为一本书，一个宝库，任何事件都在里面呈现。建筑对记录和书写城市的叙事非常关键。不过，为来来去去的建筑提供不朽的传统，却是个人的和集体的故事。[1]

第三，纪念。纪念这一术语，来自拉丁文“monere”，意思是“展示”，是一种明确的宣传公共信息的产物。坎尼夫所说的作为城市设计元素的纪念，主要指具有可识别性的、能够吸引公众参加公共活动的各种公共建筑，尤其是公共性文化建筑，其存在让城市产生了一种独一无二的场所感（图3–32）。他认为，纪念在强化支配性的叙事形象方面有悠久的传统。而当代城市的叙事，作为一种集体体验，镌刻在城市的各种纪念物之上。[2]通过一个城市公共性的纪念建筑网络来理解和读懂一个城市，是一种最普通的了解城市历史的方式。纪念建筑语言所呈现的建筑尺度与精巧成果，使其与周边环境区分开来，并赋予其公共形象。而人们对城市的记忆和抱负，便栖居于纪念建筑的形象之中。因此，对于当代城市而言，如何在商业王国所主宰的环境中表现纪念建筑的公共形象，以及通过它们表达包容性的城

1 LIVESEY G. Fictional cities, in chora: intervals in the philosophy of architecture, 1. Montreal: McGill-Queen's University Press, 1994: 110.

2 坎尼夫. 城市伦理：当代城市设计[M]. 秦红岭，赵文通，译. 北京：中国建筑工业出版社，2013：130.

图3-32　苏格兰国立博物馆。坎尼夫指出该博物馆展示了苏格兰历史的不同层面，若参观者到达博物馆的屋顶平台，在这里可以俯视爱丁堡的纪念建筑天际线
来源：https://selenestudiesabroad.wordpress.com/2014/06/14/

市价值，既是城市设计面临的一个严峻挑战，也是城市更新的关键所在。

第四，空间。坎尼夫认为，城市设计的四个元素当中，从根本上说，最蕴含伦理诉求的是空间元素。[1]所谓空间，不能仅仅把它们看作建筑物之间的空隙，还应通过实现一个空间及其本身的形式意义和清晰界定，为特定的城市文脉提供新的价值。实际上，坎尼夫说的空

1　坎尼夫. 城市伦理：当代城市设计[M]. 秦红岭，赵文通，译. 北京：中国建筑工业出版社，2013：88.

间，本质上是指市民可利用的开放空间和公共空间，这些空间元素以一种微妙但具体的方式吸引公众，表示公众是作为一个共同体而非仅仅是个体存在。他认同卡斯腾·哈里斯关于城市空间的公共性与其所体现的城市伦理观念之间的关联。因此，为了实现当代城市空间的伦理潜力，公共领域应拥有比私人建筑更具价值的东西，因为共同价值的多样化在公共领域中能够获得体现。坎尼夫主要以广场这种公共空间类型为例，讨论了城市空间服务于人们的特定活动，可以强化社会团体一致性的功能。传统城市空间相比于现代城市，更具模糊性，更多体现着一种具有积极意义的市民价值。因此，当代城市更新，需要重新引入对城市空间的层次体系、公共领域和私人领域的区分，以及对城市景观的再评估。坎尼夫认为，最成功的城市空间展现出三个特征，即它们具有真正的开放性和渗透性、相对而言是朴素的且具有清晰的空间边界，尤其是开放性作为公共空间公共性的保障是极为重要的，而清晰的空间边界则强化了特定场所的独特性[1]（图3–33）。

概言之，坎尼夫在海德格尔现象学的基础上，提出了城市设计元素的“四重模式”，正是这些元素——格局、叙事、纪念与空间，大体构成了包容性城市设计的准则体系，这是一种走向伦理性城市的方法论。此外，坎尼夫还通过集中讨论相关范例，以及提出一系列的设问，来具体表达自己对伦理性城市形态的向往：

1 坎尼夫．城市伦理：当代城市设计[M]．秦红岭，赵文通，译．北京：中国建筑工业出版社，2013：162-163.

图3-33　鹿特丹剧院广场。坎尼夫所列举的一个成功的公共空间，广场地面使用不同材料铺成，有各种不同的用途，还添加了类似吊车的元素，吸引人们前往广场

来源：http://www.urbanspacearchive.com/downloads/schouwburgplein-rotterdam-nl-west8/

我们可以从许多方面来判定城市形态是否具有伦理性与包容性。这个城市的总体规划对居民与观光客来说清晰而方便吗？这个城市在我们去一个安排好的地方后，还能很容易地到达其他地方吗？这个城市的建筑虽然多种多样，但总体上却很和谐吗？这个城市的建筑具有一定程度的坚固性、渗透性甚至是模糊性吗？这个城市的空间大部分时间能够提供一种多样化的用途吗？这个城市拥有方便使用而不是让人厌恶的公共空间吗？这个城市建筑的功能，无论它是公共的还是私人的，政府的还是机构的、宗教的、世俗的、商业的、慈善的，以居民为中心的还是以观光客为中心的，都能鼓励不同种族与阶层的人们

偶然相聚吗？这个城市总体来说是通过高品质的设计、材料、创新技术和表现方式来加以装点和美化的吗？这个城市的传统惯例与社会机制能够使每个市民平等受益吗？这个城市有类似佛罗伦萨圣母领报广场这样的广场吗？伦理的城市环境，应当对上述所有问题都持肯定的回答。当然，这也是西特所赞赏的空间类型。这样的城市环境，是简练的、易于读懂的空间形态，浓缩了作为一个整体的城市的许多方面，既包括特殊的方面也包括一般性的方面。这样的空间形态是持久的，当它们被使用的时候甚而荒芜的时候都是宁静的，能够促使人们创造一个彼此熟悉的环境，建设一个可持续的城市，并鼓励人们相互合作与分享。[1]

除以上所提到的之外，坎尼夫还充分肯定了现代城市设计先驱者们所具有伦理压力与道德立场。他指出，现代城市设计先驱者们往往有一种伦理上的压力，即他们要考虑如何使自己的设计与社会大众的理解相平衡，同时，他们还具有医治城市疾病的善良愿望这样一种道德立场。然而，今天的城市设计者们常常令人遗憾地缺乏这样的伦理压力和道德立场，他们往往将促进消费主义看作最重要的目标，但是社会底层的境况并没有得到足够关注。因此，我们需要一个当代恩格斯，去发现类似早期工业城市曼彻斯特的那些肮脏的状况，它们正以不可想象的规模在蔓延。虽然建筑与城市规划并不能彻底“医治”社

1 坎尼夫. 城市伦理：当代城市设计[M]. 秦红岭，赵文通，译. 北京：中国建筑工业出版社，2013：19-20.

会病，但是它却可能带来一个关注社会不平等的伦理立场，注重对公众价值判断的优先取舍。坎尼夫还认为，在当代城市，起主导作用的商业价值从根本上说仅仅满足了少部分城市居民的需要，而代议民主制度实际上推动了其各自所代表的人口的分裂。因此，城市设计应当积极了解市民的想法，而且市民所表现出的意愿也是希望能够共同参与城市的塑造，“为了更准确地进行城市设计，而不仅仅是采用满足业主的传统形式，应该在建成环境的创建过程中鼓励更多的公众参与”[1]。坎尼夫提出了城市设计中的三个伦理难题。第一，如何理解城市形态设计中的某些方面与政治结构和虚拟叙事之间的关联程度。第二，如何寻找到能够恰当表现市民态度的设计方法，以及提供一种既满足现实需要又富于表现力的城市设计语言。第三，从我们对历史城市形态的分析阐释中，揭示当代城市环境在空间技巧应用方面存在哪些问题。[2]从某种程度上说，这三个难题解决不好，走向伦理的城市便可能成为一句空话。

总之，坎尼夫对城市发展进程及城市发展不同阶段空间特质的独特回顾与分析，包含了他对当代城市设计理论与城市更新实践问题的批判性反思，包含了他对伦理性城市的方法论的创新性建构，这些都给今天中国的城市设计理论与城市发展实践提供了有益的启示，使我们在更深层次上思考与关注城市设计如何才能有益于城市市民的问题。

1　坎尼夫．城市伦理：当代城市设计[M]．秦红岭，赵文通，译．北京：中国建筑工业出版社，2013：176.

2　坎尼夫．城市伦理：当代城市设计[M]．秦红岭，赵文通，译．北京：中国建筑工业出版社，2013：37.

第四章 城市设计伦理的价值目标与基本原则

城市设计应该让人们更幸福。[1]

——［加拿大］查尔斯·蒙哥马利

1　查尔斯·蒙哥马利．幸福的都市栖居：设计与邻人，让生活更快乐[M]．王帆，译．南宁：广西师范大学出版社，2020：250.

通常而言，一个完整的伦理理论至少由两部分组成——对价值和价值目标的阐释以及对如何行动的行为规范的阐释，即价值理论和行动规则理论。[1]作为一种应用伦理的城市设计伦理固然以问题为导向，以非理论建构为主旨，但也需要首先确立应然性的规范分析框架，明确城市设计的价值目标，并在价值目标的引领下，确立对城市设计进行伦理考察和判断的基本原则。

美国城市设计学者凯文·林奇认为，城市形态研究的误区是重视对城市社会经济和物质环境作用方式的分析，却忽视了对城市形态价值标准的探讨。由此，他提出了“什么能造就一个好的城市”这一命题。[2]当代城市设计理论存在同样的误区，即重视空间形态的技术控制和城市空间的发展策略，但鲜有对城市设计的价值基础进行较为系统的研究，对“什么是一个好的城市”设计缺乏价值层面的深入反思。我国城市设计实践中存在的一些价值失序现象，如资本力量操纵城市设计而存在“形式追随利润”倾向，城市空间资源配置不公平等，很大程度上可归因于城市设计价值导向出了问题。城市设计伦理作为一种规范性理论，正是以此为出发点，探讨城市设计的伦理价值之维，阐明城市设计的价值目标与伦理原则，为我们追寻和建设美好城市提供独特的洞察力和正确的价值导向。

1 程炼. 伦理学导论[M]. 北京：北京大学出版社，2008：127.

2 凯文·林奇. 城市形态[M]. 林庆怡，陈朝晖，邓华，译. 北京：华夏出版社，2001：序言.

一、城市设计的价值目标

城市由物质塑造，也由理念铸就。[1]判断城市设计的好与坏，需要由价值目标来定向与统摄。价值目标从总体上提出了城市设计“应当如何”的方向，它意味着城市理想要求超越现有状态。城市设计的价值目标属于城市设计的规范性理论，“为了防止人们随意建设，必须提供一个引导建设活动的框架，阐述具体的目标设想并制定相应的规则”[2]。本书第二章和第三章对中西方城市设计伦理的历史考察，已在一定程度上揭示了城市设计的价值目标。在当代城市设计界，许多学者对此也进行了有益探索，提出了好的城市设计的价值目标。

（一）当代学者论城市设计的价值目标：以凯文·林奇的观点为中心

在当代西方城市设计领域，林奇不仅是环境认知和城市意象理论的开拓者，也是加强城市设计与价值问题和公共政策关系的有力推动者。林奇重视从价值标准视角审视城市形态问题，并针对价值和城市形态的关联性进行了较为系统的阐发。实际上，林奇并非一开始就致力于探讨城市设计的价值问题。在他1960年出版的代表作《城市意象》（*The Image of the City*）一书中，他关注的是城市环境景观的可

1　萨迪奇．城市的语言[M]．张孝铎，译．上海：东方出版社，2020：31.

2　福里克．城市设计理论：城市的建筑空间组织[M]．易鑫，译．北京：中国建筑工业出版社，2015：157.

读性（legibility）和可意象性（imageability），主要运用社会心理学认知地图的方法阐释城市意象理论，认为环境意象的形成是观察者与所处环境双向作用的结果，提出了道路（paths）、边界（edges）、区域（districts）、节点（nodes）、标志物（landmarks）五项城市物质形态的意象要素。该书最后一章题为“新的尺度”，旨在依据城市意象要素为城市设计提出一些基本原则，“事实上，我们对环境的需要并不仅仅是结构良好，而且它还应该充满诗意和象征性。它应该涉及个体及复杂的社会，涉及他们的理想和传统，涉及自然环境以及城市中复杂的功能和运动，清晰的结构和生动的个性将是发展强烈象征符号的第一步”[1]。在随后的城市设计研究与实践中，林奇认为，《城市意象》一书存在一定局限性。如对城市空间形态的理解偏于静态化和简单化，城市空间其实是动态的且充满冲突的社会场域；偏于形式元素的经验研究，轻视规范性研究，忽略对城市意义和价值标准的关注，没有进一步探讨城市意象元素与意义、社会政治文化之间的关联。其实，这也是当时整个主流城市设计研究界普遍忽视的问题。夏铸九说：“林奇之城市意象研究最意外的并发症就是专业者常采用意象研究中有关形式元素的术语，加他们的专业价值于意象研究之上，而未言及社会与历史情况的诸多差异。”[2]

1981年林奇出版了著作《良好的城市形态理论》（*A Theory of*

1 林奇．城市意象[M]．方益萍，何晓军，译．北京：华夏出版社，2001：91.

2 夏铸九．对一个城市形式与城市设计理论的认识论上之批判：开文・林区及其知识上之同道[J]．台湾大学建筑与城乡研究学报，1987（1）：123．需要说明的是，夏铸九将Kevin Lynch中文名译为开文・林区。

Good City Form），该书正是对当时城市形态标准理论忽视价值问题和规范性问题的回应。在该书前言中，林奇指出："一个综合的城市理论不仅应该阐述一个城市是如何运转的，同时也应该阐述这个城市'好'在哪里。"[1]对林奇而言，城市形态的空间形式不仅限于物质元素，还包含经济、制度、感觉和象征等多重向度，是一种被赋予了不同价值的形式，而城市设计是一种改变空间目的性的社会行动。由此，他首先回顾了城市历史中的形态价值标准，将城市形态价值理论总结为三种规范理论（normative theories），即宇宙模式（the cosmic model）、机器模式（the machine model）和有机模式（the organism model）。宇宙模式认为，城市依靠宇宙的力量或神的魔法而得以存在与发展，城市的布局和运转应遵循宇宙运行的方式；城市是一个仪典性中心，空间和仪式把人们聚集起来并束缚人们的行为；城市形态是服务于宗教力量和权势的，轴线、规则网格、中心、围合体及城门这些形态特征，是表现权力和等级制的工具，同时这些形态也具有共同的心理体验作用，为人们提供了安全感、稳定感和威严感等心理感受。[2]他认为中国古代城市形态属于典型的宇宙模式。机器模式指的是19世纪工业革命之后以勒·柯布西耶的"光辉城市"理念为代表的城市思想，它其实是一种理想的工业城市设计，代表了一种试图用井

1　林奇. 城市形态[M]. 林庆怡，陈朝晖，邓华，译. 北京：华夏出版社，2001：序言. 需要说明的是，中文版将书名译为《城市形态》而非按原书名译为《良好的城市形态理论》，该书1984年再版时书名改为《良好的城市形态》（*Good City Form*）。本书在引用时参考英文第一版，个别用语译文有变动。参见：LYNCH K. A theory of good city form[M]. Cambridge: The MIT Press, 1981.

2　林奇. 城市形态[M]. 林庆怡，陈朝晖，邓华，译. 北京：华夏出版社，2001：53-59.

然有序的环境将人们联合起来的乌托邦梦想。机器模式的特征是形式上的简单（几何线性城市）、标准与功能上的高效率并重，倡导人车分流和功能分区，注重为居民提供健康的环境、绿化、低价住宅以及便捷的交通等。但正如林奇所感受到的，“如果我们想象一下，假如我们自己住在这种理想化的地方，这种分离、过度简单化以及单纯的机器美学，都似乎是非常冷酷和排斥的”[1]。有机模式将城市视为一种有机体而非机器，旨在提出解决19世纪城市环境问题和改革工业城市的思想与方案，以帕特里克·格迪斯及其继承者刘易斯·芒福德的区域规划理论、埃比尼泽·霍华德的田园城市理论为代表，“这是一个非常整体的、自我支持的概念群，它最基本的价值标准在于社区、连贯性、健康、良好的功能组织、安全、‘温暖’、‘平衡’、不同局部的交互作用、有次序的循环、不断的发展、适宜的规模以及贴近‘自然’宇宙”[2]。林奇提出的三种规范理论——将城市形态类比为宇宙、机器和有机体——能够帮助我们更好地理解历史上城市的整体结构和形态变化，同时它们也代表了三种不同的城市设计价值目标。

林奇在列举了国家和地方层次有共识性的城市空间政策之后，审视了其背后蕴含的具体价值目标，将城市空间形态的价值目标划分为五种类型，它们分别是强势价值（strong values）（即城市形态的政策目标）、愿望价值（wishful values）、弱势价值（weak values）、隐性

1 林奇. 城市形态[M]. 林庆怡，陈朝晖，邓华，译. 北京：华夏出版社，2001：65.

2 林奇. 城市形态[M]. 林庆怡，陈朝晖，邓华，译. 北京：华夏出版社，2001：69.

价值（hidden values）以及被忽视的价值（neglected values）（表4-1）[1]。

林奇提出的五种类型的城市空间形态价值目标　表4-1

价值目标类型	价值目标具体内容
强势价值	• 满足对服务、基础设施以及住房的需求 • 为有需求的人提供空间 • 开发新资源或新区域 • 减少污染 • 增加机会 • 维持房地产价值和税收 • 改善安全和卫生健康状况 • 增强防卫 • 减少干扰 • 保护现有的环境特色、环境质量或环境的象征性
愿望价值	• 增强社会平等 • 减少迁移 • 维持家庭生活质量并利于儿童的成长 • 保护资源和能源 • 防止生态环境恶化 • 增强社会和谐

1　林奇. 城市形态[M]. 林庆怡，陈朝晖，邓华，译. 北京：华夏出版社，2001：38-41. 参考英文版，译文有改动。LYNCH K. A theory of good city form[M]. Cambridge: The MIT Press, 1981: 54-57.

续表

价值目标类型	价值目标具体内容
弱势价值	• 改善人们的精神健康状况 • 增强社会稳定 • 减少犯罪以及其他社会弊病 • 增强社会的交融性，创造强烈的社区氛围，增加选择性和多样性 • 支持舒适的生活方式 • 加强现存地区或中心区的活力 • 弱化城市或地区的宗教支配作用 • 增强对未来的适应性
隐性价值	• 维护政治权力和政治声望 • 传播所谓“先进”文化 • 统治一个地区及其人民 • 迁走不想看到的活动和人或隔离他们，获取利润 • 简化规划过程和管理程序
被忽视的价值	• 适应人的生理卫生和心理需求的环境 • 城市象征物的品质 • 对城市环境的体验 • 使用者能控制的程度 ……

来源：林奇．城市形态[M]．林庆怡，陈朝晖，邓华，译．北京：华夏出版社，2001：38-40.

基于上述价值目标，林奇详尽分析了好的城市形态的五项基本性能维度（dimensions of performance），这是对价值目标的具体阐释，是连接价值观与政策实施的“中介”。五项基本的性能维度分别是活力（vitality）、感知（sense）、适宜（fit）、可及性（access）和管理或控制（control）。[1]

第一，好的城市形态是富有活力的。林奇对“活力”的解释是：“一个生活环境对于生命的机能、生态的要求和人类能力的支持程度，而最重要的，是如何保持物种的延续。”“如果一个环境能很好地保证种族、个体的健康，生态功能良好并维持物种的生存，那么它就是一个好的生活环境。”[2]“活力”这一性能维度有三个特征，正是这三个特征构成了一个宜居的生存空间。一是维护性（sustenance），即对于空气、水、食物、能源、废弃物的适当处理；二是安全性（safety），指一个安全的物质环境，防止环境中出现有毒物质、疾病和灾害；三是调和性（consonance），即环境和人类需要的温度、生理节奏、感受、人体功能等相互协调的程度。此外，还包括保持与人类息息相关的其他生物的健康并维持其多样化，以及现在与未来整个生态系统的稳定。可见，林奇的“活力”准确地说是一种生态学标准，强调城市空间形态对人类生存的支持程度，表明了他对城市生态安全、城市可持续发展的重视。从更为宽泛的意义上说，指的是以人类健康和生存为基础的公共利益。

第二，好的城市形态让人更容易获得对居住地的感知、记忆与认同。林奇对“感知”这一性能维度的解释是：“一个聚落在时间上和

1 需要强调的是，林奇特别重视城市形态的“performance”，中文译本将其译为“性能”，其实际含义指的是一个地方如何服务于人的需要的行为表现。例如，某个城市空间设计得很有风格，外观引人注目，但若其“好看而不中用”，显然就不符合“性能”要求。

2 LYNCH K. A theory of good city form[M]. Cambridge: The MIT Press，1981: 121. 林奇．城市形态[M]．林庆怡，陈朝晖，邓华，译．北京：华夏出版社，2001：87．译文有改动。

空间上可以被其居民感觉、辨识和建构的程度，以及居民的精神构造与其价值观和思想之间的联系程度，即空间环境、我们的感觉和精神能力，以及我们文化的建构之间的协调程度。”[1]因此，他对“好的地方”做出了一个概要的定义：“一个好的地方，就是通过一些对人及其文化都非常恰当的方法，使人能了解自己的小区、自己的过去、社会网络，以及其中所包含的时间和空间的世界。”[2]林奇的“感知”维度类似建筑现象学的重要范畴“场所感”，它与人具体的生存环境以及对其的感受息息相关，指人对空间为我所用的特性的体验与认同。地方性（locality）是空间的独特个性，越是具有地方性的环境，越是具有易辨性，越是能够调动人们的所有感知，并对人的记忆、情感和价值观产生直接的影响。感知既取决于城市空间的形态与品质，城市空间对符号、标志的合理运用，也取决于体验者的文化、气质、地位、经验和目的，因而，不同体验者对特定地方的感觉也会有所不同。

第三，好的城市形态具有良好的适宜性。林奇认为，城市环境是否有适宜性，指的是城市空间及其肌理是否与其居民的行为习惯相契合，即空间形态是否与功能相互吻合，人的日常活动是否与其空间组织相协调。“适宜”这一性能维度，既与人体工程学、环境心理学相关，与文化习俗相关，也与满足、舒适、效率等要素相关。个人对适宜性的感觉，用通俗的话来表达就是空间设计“好用”，或者说空间

1 林奇．城市形态[M]．林庆怡，陈朝晖，邓华，译．北京：华夏出版社，2001：84.

2 林奇．城市形态[M]．林庆怡，陈朝晖，邓华，译．北京：华夏出版社，2001：101.

设计人性化。为实现城市空间的适宜性，林奇主张在城市空间设计中采用更有弹性的原则而避免过多的刚性控制，他提出了两个应当遵循的准则：一是可操纵性（manipulability），即一组空间可以轻易地改变以适应新的用途或形态；二是可逆转性或可复原性，即一旦发现问题与错误有更正的可能性。[1]

第四，好的城市形态可及性强。城市设计中的可及性，又称可达性，一般用于衡量某个地点可以接近的便捷程度。林奇认为，可及性是现代都市的一个基本优势，“在某种程度上，一个理想城市被想象成一个能方便地获取大量不同的物品、服务，并与其他人接触的中心地区。相反，人们对于城市常有的抱怨，是交通阻塞，很难到达工作地点、店铺、学校、公园、医院等地方”[2]。对于现代城市而言，最优化的可及性是一项评价城市空间宜居性的重要指标。事实上，可及性并非单纯的某一地点地理空间属性的体现，也不仅仅意味着交通问题，它还意味着获取服务和信息的可能性与便捷性，它是保证居民便利获取其他生存发展权利（如就业、居住、医疗、教育、社交、休闲等）的必要前提。

第五，好的城市形态对空间进行良好的控制或管理。控制的含义不仅是对空间环境的管理，也指使用环境的人对空间的控制程度。人们在城市空间里的行为不可能是完全自由的，必须要加以规范，尤其是市民共同拥有的城市公共空间和公共设施，更需要合理的管理并协

1 林奇．城市形态[M]．林庆怡，陈朝晖，邓华，译．北京：华夏出版社，2001：108-132.

2 林奇．城市形态[M]．林庆怡，陈朝晖，邓华，译．北京：华夏出版社，2001：133.

调不同使用人群的关系。林奇认为，一个好的人居环境，无论对其使用者（包括现在的、潜在的和未来的使用者），还是对空间环境的管理，要能够做到具有“稳定性”“负责任”和“和谐”，同时，管理要有弹性和开放性，对多样性和异质性要有相对宽容的态度。[1]

除以上城市形态的性能维度，林奇还提出了两项元准则（meta-criteria），即效率和公平。所谓元准则，指的是在其他目标或标准之间进行选择的准则，相对于性能维度，效率和公平是一种更具综合性、普适性的价值标准。林奇认为，这两项元准则与上述五项性能维度都有关联，它关涉的是如何正确处理五项性能维度所带来的代价与收益问题，这是重要的价值选择。所谓“效率”，林奇指的是创造和维护五项性能维度所要付出的代价，也就是说，城市在某些性能上达到一定的水平而不降低另一些性能的水平才视为有效率。比如，城市经济高速发展了，城市化水平也不断提升，与此同时，城市发展的代价不能成正比例增加，如能源、资源的消耗不断增加，城市环境污染越来越严重等，否则便是低效率的。林奇所说的效率实际上是一种合理的成本（代价）收益分析，这种效率标准有助于在城市设计中合理考虑城市发展的代价问题和相互冲突的发展指标。从狭义上说，林奇认为一个有效率的城市，就是一个具有高度可及性的城市，或者是一个具有生动而清晰意象的城市。对于“公平”，林奇主要指的是作为环境价值关键因素的分配公平，是衡量人与人之间分配代价和利益的一种方式

1 林奇．城市形态[M]．林庆怡，陈朝晖，邓华，译．北京：华夏出版社，2001：156.

和标准。他列举了一些分配正义原则，如约翰·罗尔斯（John Rawls）提出的符合最少受惠者的最大利益原则。具体到城市设计领域，林奇关注残疾人、儿童、病人、老人等弱势群体的需求，强调城市空间平等的可及性。他的结论是："生命力的平等、可及性的平等、私人或小群体的领域控制的平等，包括对后人所做的保护、对儿童成长环境所做的规定，都是环境公正中最重要的内容。"[1]

总之，林奇致力于通过一种特殊的规范性理论来认识城市形态及其品质，并回答他提出的一个重要问题"什么是好的城市形态"。他自称用具有"魔力"的语言来概括表达就是：

它是有活力的（有支撑性的、安全的、和谐的），它是可感知的（可识别的、结构化的、适合的、清楚易懂的、可读性强的、逐步呈现的、有意义的），它是适宜的（形态和行为相匹配的，稳定的、可控制的、有弹性的），它是可及的（多样性的、公平的、本地管理的），它是控制良好的（适合的、确定的、负责的、适时宽松的）。所有这些指标都是在公正和内在效率的条件下实现的。[2]

林奇既从整体的价值视角，也兼顾了具体的环境行为学视角，探讨了城市形态问题，揭示了人居空间形态与价值问题的一般性关联和评价尺度，分析了空间形态的象征性意义，并且较细微地分析了人们如何感知特定环境并产生相应的心理与情感反应，进而如何在规划设计实践中利用这些规律。从伦理视角考察，林奇观点的可贵之处是基

1　林奇．城市形态[M]．林庆怡，陈朝晖，邓华，译．北京：华夏出版社，2001：163.

2　LYNCH K. A theory of good city form[M]. Cambridge: The MIT Press, 1981: 235. 其中两处译为"适合的"，其英文表述为 congruent.

于以人性需要为本的城市设计伦理思想。在《良好的城市形态理论》一书的最后部分，林奇总结了典范性或代表性的城市形态理论，他认为，他的理论与之不同的是他更关注“重要小事”，关注人的日常生活体验及人的多元需要，“我的标准理论偏好那些有细致用途和个性的典范；一个对于场所、人、服务、信息等有好的可及性的典范；一个多样化的地方；一个工作、居住、休闲能密切结合的地方；一个密度低且与开放空间及繁华的中心区相邻的地方”。“城市设计处理时间、空间，这些处理模式和人类日常生活中的经验一样，有着同样重要的意义。城市设计并不仅仅处理大事，也为一些小事定下规则，例如座椅、植栽或门廊的座位等。事无大小，只要这些内容影响了聚落的性能。”[1]正因为林奇关注人的需求并推崇以使用者体验为本的城市设计理念，在20世纪的美国，他被称为杰出的人本主义城市设计理论家。在他与加里·海克（Gary Hack）合著的《总体设计》（*Site Planning*）一书中，专门撰写了“使用者”一章。所谓“使用者”，他们指的是所有以任何方式与场所发生联系的人。场所设计得好还是坏，需要从使用者如何使用和评价的角度来考察。对于城市设计师而言，要做到以使用者为本，第一步就是要分析具体的使用者，确立价值的战略分布，确立使用者共享的基本价值准则，例如宜居性、场所感、与使用者的行为相适应、平等的可及性、使用者能够负责任地控制、公正性，等等，所有这准则都是以人为中心的。[2]

1 林奇．城市形态[M]．林庆怡，陈朝晖，邓华，译．北京：华夏出版社，2001：204.

2 林奇，海克．总体设计[M]．黄富厢，朱琪，吴小亚，译．南京：江苏凤凰科学技术出版社，2016：74-87.

除林奇之外，德国城市规划理论界的代表性学者迪特·福里克（Dieter Frick）也明确提出建构城市设计的规范性理论，并认为必须使城市设计的规范性理论获得重要地位。福里克认为，“城市设计的规范性理论应该包括以下内容与任务：基于社会价值的背景讨论目标设想和工作领域，实现现有目标设想的系统化，将相互冲突的目标放在一起讨论，对目标设想和工作领域进行评价，并进一步把细化的关系引入规划实践”[1]。有关城市设计的目标设想，福里克认为，应基于整体性发展理念和空间协同效应，建构一个协调性目标与专业性目标相统一的目标系统。与价值视角相关的目标主要是协调性目标。福里克认为，协调性目标主要包括四项，即基本需求、实用性、可体验性（或可认知性）和可持续性。其中，“基本需求”指的是满足实际需求的起码条件，包括对与城市设计相关的建筑物、植被、外部空间、基础设施所提出的最低水平要求，在自然和生态方面最起码的环境质量，以及用于保障前两方面要求的资源。城市设计的“实用性”，“是指根据使用者（有意识和无意识的）实际需求，建成性城市应具备的适合性与符合目的性”[2]。对于城市设计的“可体验性”，福里克主要针对的是有关美感的多样性目标，旨在超越功能上的技术性和实用性，同时满足人们在审美方面的真实需求。之所以没有直接用“美观”或“愉悦”来表达，是因为他旨在强调城市设计审美目标与建筑艺术的不同，考察城市设计的审美性，需要联系城市建筑空间

1　福里克. 城市设计理论：城市的建筑空间组织[M]. 易鑫，译. 北京：中国建筑工业出版社，2015：71.

2　福里克. 城市设计理论：城市的建筑空间组织[M]. 易鑫，译. 北京：中国建筑工业出版社，2015：76.

组织的可体验性，以及对场所的认同并与之建立认同感来把握。对于城市设计的“可持续性”，福里克认为主要指通过规划设计措施改变建筑空间组织时，必须以保持在生态平衡、社会和经济方面的长期与全面稳定为前提条件，在适应变化的过程中，需要谨慎处理文化、建筑空间和社会遗产之间的关系。[1]福里克所说的与协调性目标相对应的专业性目标，主要针对的是与具体对象、功能利用和专业方向相关的目标。如何处理协调性目标与专业性目标之间的关系，体现了城市设计的基本价值取向。对此，福里克提出了一个基本的价值标准：“为了保证和继续发展城市建筑空间组织的品质，在城市设计中应明确协调性方面要比专业性方面更加重要，共同利益要高于个体利益，长期视角要高于短期视角。”[2]

除林奇和福里克有关城市设计价值目标的讨论之外，在亚洲国家，也有学者从价值目标和伦理视角讨论城市设计问题。例如，新加坡学者林少伟通过分析批判西方现代主义城市规划和城市设计价值观，立足亚洲城市的特征，提出了“亚洲伦理城市主义”之观点，其总体价值目标是提升市民的幸福感，在此基础上提出了具体的价值主题，即保护与记忆（提升城市环境中可见的记忆价值）、保护公共性和非确定性空间（对差异性和复杂性的包容）、土地和空间公平性。[3]

此外，本书第三章阐述了简·雅各布斯和坎尼夫的城市设计思

1 福里克. 城市设计理论：城市的建筑空间组织[M]. 易鑫，译. 北京：中国建筑工业出版社，2015：78.
2 福里克. 城市设计理论：城市的建筑空间组织[M]. 易鑫，译. 北京：中国建筑工业出版社，2015：83.
3 林少伟. 亚洲伦理城市主：一个激进的后现代视角[M]. 王世福，刘玉亭，译. 北京：中国建筑工业出版社，2012：15-21.

想，他们也从各自视角探讨了城市设计的价值目标。表4–2简要列举了当代其他一些西方学者有关城市设计价值目标的观点，表4–3则列举了国内学者对好的城市设计价值目标的观点，它们有助于我们进一步了解当代城市设计界的价值取向。

当代西方学者有关好的城市设计价值目标的观点举隅 表4–2

学者	价值目标
艾伦·雅各布斯（Allan Jacobs）、唐纳德·艾伯雅（Donald Appleyard）	• 宜居性（livability）：城市环境让所有人生活得相对舒适 • 城市环境具有可识别性与可控性 • 获得机会、想象力与快乐 • 环境的真实性（authenticity）与意义 • 鼓励市民参与社区及公共生活 • 城市空间为所有人享有
扬·盖尔（Jan Gehl）	• 城市设计的人性化维度：如街道有利于人们步行、驻足、观看及交谈 • 充满活力的城市：如紧凑、适中的空间尺度，柔性边界 • 安全的城市：如交通安全，预防犯罪的空间 • 可持续的城市：如绿色交通和良好的公共交通 • 健康的城市：如发展基础设施，使步行与自行车骑行作为日常出行方式
马修·卡莫纳等	• 舒适和意象：如场所安全健康、场所感强、具有可读性 • 可达性与连接：如交通便利、人车和谐、相互连接的街道模式 • 使用与活动：如使用者决定场所的真实性，有活力，可持续使用 • 社会性与社交性：如平等的环境、包容性设计、交互性、多样性

续表

学者	价值目标
约翰·伦德·寇耿、菲利普·恩奎斯特(Philip Enquist)、理查德·若帕波特(Richard Rapaport)	• 可持续性：对环境的承诺 • 可达性：促进通行便利性 • 多样性：保持多样性与选择性 • 开放空间：更新自然系统，绿化城市 • 兼容性：保持和谐性与平衡性 • 激励政策：更新衰退的城市 • 适应性：促进完整性与积极的改变 • 开发强度：搭配合理的公共交通系统设计紧凑型城市 • 识别性：创造和保护一种独特而难忘的场所感
南·艾琳(Nan Ellin)	• 混杂性和联系性：把人与自然，也包括建筑与环境之间的关系看作一种共生关系，鼓励聚集，反对孤立目标或分散功能 • 多孔性：保证城市的完整、流动和交融性；与现代主义试图取消边界，或者后现代主义试图建立堡垒的做法不同 • 真实性：包括市民的积极参与和从实际的社会及物质环境中汲取灵感，注重对伦理的关心、尊重与真诚 • 脆弱性：放弃想要控制什么的欲望，更加注意倾听，评价过程和结果
迪特·福里克	• 满足基本需求，生命力/安全 • 实用性目标：舒适、功能性 • 可认知性目标，乐趣，可理解性 • 可持续性目标，耐久性、持久性

续表

学者	价值目标
兰斯·杰伊·布朗（Lance Jay Brown）等	• 在日益多样化的社会中建立社区：创造能把人们聚集在一起的场所；支持社会公平；强调公共领域，建立最强的连接 • 在各个层面推进可持续发展：精明增长，解决可持续发展的经济、社会和文化基础，扩大个人选择，建立互联互通的交通网络 • 促进公民健康：促进公共卫生，提高公民安全感 • 为人营造场所：关注人的情感需要，融合历史、自然和创新，强化认同感，尊重历史和自然等

来源：盖尔．人性化的城市[M]．欧阳文，徐哲文，译．北京：中国建筑工业出版社，2010．卡莫纳，迪斯迪尔，希斯，等．公共空间与城市空间：城市设计维度[M]．马航，张昌娟，刘堃，等，译．北京：中国建筑工业出版社，2015．寇耿，恩奎斯特，若帕波特．城市营造：21世纪城市设计的九项原则[M]．赵瑾，俞海星，蒋璐，等，译．南京：江苏人民出版社，2013．艾琳．后现代城市主义[M]．张冠增，译．上海：同济大学出版社，2007．福里克．城市设计理论：城市的建筑空间组织[M]．易鑫，译．北京：中国建筑工业出版社，2015．BROWN L J, DIXON D, GILLHAM O. Urban design for an urban century: placemaking for people[M]. Hoboken: Wiley, 2009: 102-111.

我国学者对好的城市设计价值目标的观点举隅 表4-3

学者	价值目标
梁思成	• 适宜于身心健康 • 一切自然的优点都应保存并加以利用 • 公共建筑需要建立在方便适中并且观瞻壮美的位置上
吴良镛	• 加强生态意识 • 人居环境建设与经济发展良性互动 • 关怀广大人民群众，重视社会发展整体利益 • 科学的追求与艺术的创造相结合

续表

学者	价值目标
王富臣	• 追求整体协调的整体观 • 追求人性关怀的人文观 • 追求空间形态可持续发展的发展观 • 追求人与环境共同进化的环境观 • 追求城市空间形态构成的可操作性的实践观
王建国	• 功能的目标：满足特定的功能要求 • 应对城市的成长变化：为城市的成长性和灵活性而设计 • 为其他人而设计：城市设计的实践伦理 • 美学目标：保护和塑造城市环境美，外观上显示出人工建设的城市美
丁旭、魏薇	• 功能目标：满足特定功能 • 他人目标：秉持公正原则，正确处理开发者、政府管理和公众使用的要求 • 生态目标：设计应实现取得社会、经济、环境效益的综合与可持续发展 • 美学目标：强调对美的感受的综合性、动态性、时尚性以及审美标准多元化、平民化
刘捷	• 建立多元秩序：城市的多样性、开放性 • 促进经济发展：城市形态价值取向上的经济性和效率优先的价值 • 弘扬人文精神：城市形态的人本视角、平民视角和民主视角 • 维护城市生态：面向生态的城市设计，确立绿色城市的理念

来源：梁思成. 城市的体形及其计划[N]. 人民日报，1949-06-11（4）. 吴良镛. 人居环境科学导论[M]. 北京：中国建筑工业出版社，2001：62-67. 王富臣. 形态完整：城市设计的意义[M]. 北京：中国建筑工业出版社，2005：194-199. 王建国. 城市设计[M]. 3版. 南京：东南大学出版社，2011. 丁旭，魏薇. 城市设计：理论与方法（上）[M]. 杭州：浙江大学出版社，2010：15-17. 刘捷. 城市形态的整合[M]. 南京：东南大学出版社，2004.

（二）新型城镇化条件下城市设计的价值目标

2013年12月中央城镇化工作会议强调，“要以人为本，推进以人为核心的城镇化”。2014年3月，中共中央、国务院印发《国家新型城镇化规划（2014—2020年）》，明确要求新型城镇化发展要“以人的城镇化为核心”，旨在修正传统城镇化“重物轻人”的发展模式，要让城乡居民过上更美好优裕的生活，实现城乡一体发展和全民共享发展目标。2018年的政府工作报告强调：“新型城镇化的核心在人，要加强精细化服务、人性化管理，使人人都有公平发展机会，让居民生活得方便、舒心。”[1]新型城镇化背景下，需要立足新发展阶段，贯彻新发展理念，确立城市设计的价值目标。从城镇化发展的价值取向看，新型城镇化之“新”的突出特征首先是“以人为核心”，强调满足民生需求，始终把人的需要、人的福祉、人的发展放在中心位置；其次是强调把生态文明理念和原则全面融入城镇化进程。2017年住房和城乡建设部发布的《城市设计管理办法》指出，城市设计应当“尊重城市发展规律，坚持以人为本，保护自然环境，传承历史文化，塑造城市特色，优化城市形态，节约集约用地，创造宜居公共空间”。结合新型城镇化背景以及《城市设计管理办法》对我国城市设计提出的新要求，本书认为，我国城市设计的价值目标主要体现在四个方面，即人人共享城市、城市形态人性化、人居空间宜居性、公共空间公平性。

1　李克强．政府工作报告：2018年3月5日在第十三届全国人民代表大会第一次会议上[N]．人民日报，2018-03-06（1）．

1. **人人共享城市**

“美好生活”的价值目标落实到城市设计层面，需要通过消除“城市病”和建设美好城市，回应人民群众对美好生活的诉求。“何谓美好城市”是一个见仁见智的问题，但其中肯定有一些共性的东西，构成了美好城市的价值标准。第二章所述中国古代城市“城以盛民”思想给我们的重要启示是：城市美好的根基在其盛民，在其普惠共享的民生福祉。2016年第三次联合国住房和城市可持续发展大会达成了一个基本共识：要求关注人人参与城镇化的权利，提出人人共享的城市才是美好城市。该次大会通过的《新城市议程：为所有人建设可持续城市和人类住区基多宣言》指出：“我们的共同愿景是人人共享城市（Cities For All），即人人平等使用和享有城市和人类住区”，并进一步明确“人人共享”的要求是“力求促进包容性，并确保今世后代的所有居民，不受任何歧视，都能居住和建设公正、安全、健康、便利、负担得起、有韧性和可持续的城市和人类住区，以促进繁荣，提高所有人的生活质量”[1]。《新城市议程》强调以“共享性”和“包容性”作为审视全球人居环境问题的重要价值标准，提出未来城市发展应当把“人人共享”放在核心位置。

城市设计视角下的“共享性”，主要表现为一种公共空间和城市功能间的均衡配置与动态链接，一种让城市设计服务于全体市民并维护公共空间共同利益的价值要求。共享性与全体居民的福祉密切相

1 联合国住房和城市可持续发展大会. 新城市议程[J]. 城市规划，2016（12）：20.

关，它显现了美好城市的价值底色，即城市所带来的美好生活，一定是各种基本的或基础性生活要素的和谐共生与今世后代的人人共享。实际上，城市对共享性的需求根植于城市自身所具有的公共性本质特征之中，因为凡是具有“公共”属性的事物一般应是要求共享的事物，且城市公共资源的共享主体为全体市民。在此意义上，“共享性”与“包容性”含义相近，都是指“通过规划或一系列公共政策对个体或集体的行为进行引导和规范，营造共享、公平、正义的城市生活环境和以人为本的空间秩序”[1]，但两者又各有侧重。城市设计视角下的“包容性”，主要基于反思城市内部的空间异化属性和空间权利分配不公平所导致的空间正义性风险，强调政府应当通过作为一种公共政策的城市设计矫正市场机制在城市空间上的表现，重点关注城市弱势群体对公共空间和公共服务的平等享用、对公共资源的平等享有，衡量包容性的重要指标是城市基本公共服务公平化程度。例如，《国家新型城镇化规划（2014—2020年）》提出的建设“包容性城市”发展目标，主要针对的是处于相对弱势的农民工的城市融入问题，要求“推进农民工融入企业、子女融入学校、家庭融入社区、群体融入社会”。这里，融入、共融的前提首先是不排斥，体现于城市规划和城市设计层面就是避免空间排斥。城市设计视角下的“共享性”，其侧重点在于强调城市不同主体发展权利的同质均等性，确保社会各阶层平等地享有城市发展的成果，为城市所有居民提供均衡良好的公共

1　何明俊. 包容性规划的逻辑起点、价值取向与编制模式[J]. 规划师. 2017（9）：7.

空间和公共服务，共享主体是所有城市居民，共享客体是向所有居民提供的公共空间、公共福利资源和公共服务，衡量共享性的重要指标是城市基本公共服务的均等化程度。

人人共享的城市是共建共治的和谐之城。人人共享是在共建共治基础上的共享，即城市发展要依靠人民群众，广泛汇聚民智民力，人人参与，人人尽责，让市民真切体验到共同建设美好生活环境所带来的获得感、成就感。城市像大树一样，有着自发生长的美丽，市民的力量往往让城市能够和谐生长、有机生长。共建共治既是一种保障市民公共事务参与权、提升公众参与度的城市治理新格局，也是以普通人生活为导向的"人民城市"的基本要求。城市形态的优劣很难有永恒的评判标准，但无论过去、现在还是未来，有一点是不变的，那就是城市设计应始终从人的美好生活需要出发，体现对所有人生活状况的全面关注。进言之，共享城市应将人民的意愿和需求上升为城市发展的支配力量，让城市设计回归到日常生活这个根本性的源头，以全体居民的诉求为出发点，使作为城市主人的普通大众，不再是城市设计、城市建设和社区治理的消极旁观者，而成为美好环境的共同缔造者。例如，北京等城市在网格、社区、街道三个层级分别建立了议事厅或共治议事会机制，市民代表就社区环境整治、背街小巷改造、城市空间更新等公共事务进行协商，为人人共享城市的共治路径提供了新的思路。

2. **城市形态人性化**

20世纪60年代，西方极端现代主义城市设计的价值基础和方法论受到批判与质疑。60多年过去了，至今我们仍能感受到人本主义城市设计思想对现代性规划和设计教条的持续反思。现代主义城市设计之所以受到挑战与责难，很大程度上源于其在注重理性主义和功能性的同时，忽略对城市人性化、多样化和日常生活丰富性的关注，缺乏从人的真实生活感受这一角度去营建场所，走入单一功能化、标准化的歧路，“人们普遍认为现代城市的规划和设计是一张缺乏地方特性的蓝图，一个无名无姓的、非人性化的空间，一个只有大量建筑物和供小汽车通行的地方”[1]。简·雅各布斯在《美国大城市的死与生》中，以美国大城市为例对现代主义城市设计的犀利批判之所以获得极大共鸣，原因就是她观察城市、判断城市设计好与坏的视角是人性化和以人为本的，以日常生活秩序而非以整体视觉秩序为本，她将城市设计看作一个复杂的过程，而非终极蓝图，她不是以无人机的视角从空中俯瞰城市，而是作为生活在都市街道里的普通人体验实实在在的日常生活。雅各布斯认为，城市形态几何学般整齐划一的外观与有效满足日常生活的需要之间并不一定存在对应关系，“只知道规划城市的外表，或想象如何赋予它一个有序的令人赏心悦目的外部形象，而不知道它现在本身具有的功能，这样的做法是无效的”[2]。她主张创造多样性的生活空间，强调以普通市民为本的充满活力、多样化的城市空间形态，重新唤起人们对城市形态平民化、人性化、日常生活化的关注，并提出城市规划、城市设计应当为谁服务的尖锐问题，认为不断失败的城市规划教条要想成功，就需要有市民的视角。扬·盖尔提出的城市设计的人性化维度，具体指的是城市设计应将公共空间、步行活动的设计置于非常重要的地位，城市空间应有利于人们行走、

1　艾琳．后现代城市主义[M]．张冠增，译．上海：同济大学出版社，2007：3.

2　雅各布斯．美国大城市的死与生[M]．金衡山，译．纪念版．北京：译林出版社，2006：11.

站立、坐下、观看、倾听及交谈。扬·盖尔认为，在城市设计领域对人性化维度忽视了几乎50年之后，21世纪我们有了更迫切的需求和愿望，即要创造一个人性化的城市。[1]西方城镇化先发国家城市规划与设计所带来的非人性化环境问题，及其所引发的对人本主义城市设计思想的重视，对当代中国城市设计颇富警示和启迪意义。

随着城镇化高速发展，我国城市空间设计逐步优化，城市公共空间数量逐步增长，功能也不断完善，但仍存在不同程度的人性化空间缺失问题。如一些城市为了汽车交通和城市形象，不惜牺牲城市街道原有的合理尺度和绿化格局，开辟宽阔的封闭式街道，将原本尺度宜人的街道变成光秃秃的宽马路。与市民日常生活息息相关的公共空间规划设计，较为重视城市视觉景观形象，忽视公共空间作为有意义的场所与市民的公共交往平台。如何全面满足市民的意愿和需求，保证公共空间成为市民的一个日常生活场所或真正的市民中心？西方城市发展中存在的“被侵蚀的公共空间”现象在我国也不同程度地存在，如理查德·罗杰斯（Richard Rogers）所说：“汽车是公共空间和整个城市的另一个敌人。它摧毁了社区精神，侵蚀了公共空间，并迫使城市根据它的需求重新规划设计。公共空间慢慢变成了公路空间，人们见面的场所被建成了满足汽车需求的环路、环形交叉口、高速公路、停车场，这些都夺去了城市的灵魂。”[2]此外，由于城市开发政府化和市场化，以及受缺乏有效公众参与的规划设计模式等制约，城市的真

1 盖尔．人性化的城市[M]．欧阳文，徐哲文，译．北京：中国建筑工业出版社，2010：29.

2 罗杰斯，布朗．建筑的梦想：公民、城市与未来[M]．张寒，译．海口：南海出版公司，2020：259.

正主体——市民往往被动地听命于自上而下的城市设计，以普通人日常生活为导向的“人民城市”建设并没有得到很好的落实，反而是城市更新不照顾居民日常生活模式和社区网络，一定程度上割裂了城市居民与城市的血脉联系，破坏了人性化的市民生活环境。

城市形态人性化的伦理特质，根本要求是确定城市设计主要服务的社会主体是谁，那就是城市不是为权力阶层而建，不是为少数利益集团而建，不是单为投资者和观光客而建，而应是为生活在城市中的全体市民而建。依此，城市设计的维度，除了视觉（美学）维度、技术维度和社会经济维度外，更重要的是体贴普通人生活的人性化维度。进言之，城市设计应将市民意愿上升为城市设计的支配力量，使作为城市主人的普通居民，不再是城市设计的消极旁观者。同时，城市设计应回归到日常生活这个根本性的源头，更多地关怀作为城市主体的普通居民的意愿和多样化的需求，在城市的形态、功能和设计细节方面进行“人性化”的探索，使人们生活在一个舒适而又充满生气的人性化环境中。

3. 人居空间宜居性

梁鹤年认为，“城市规划，作为名词，是人居空间（土地）使用和分配的指导方案”，“城市规划作为动词，就是辨认人居与居民之间的张力所在，然后制定目标，设计方案，选择方案，实施方案，监测反馈，务求舒缓张力，提升享受”。[1]人居环境科学的创建者吴

1　梁鹤年. 旧概念与新环境：以人为本的城镇化[M]. 北京：三联书店，2016：234.

良镛提出，应走向人居环境规划的城市设计观，“即在规划设计管理中，予以区域—城市—社区—建筑空间的发展‘协调控制’保证，使人居环境在生态、生活、文化、美学等方面，都能有良好的质量和体形秩序”[1]。可见，城市规划、城市设计的工作对象其实是人居空间、人居环境通过良好设计让人居生活更美好，这就是城市设计追求的价值目标。“美好”用一个更务实的字眼来表达就是“宜居”。

所谓人居空间宜居性，整体上看就是环境条件和功能服务、人文社会条件等适宜于人居住和生活。“宜居性是指在人类居住环境中，有关生活质量的各种被建构的观点。该概念涉及优化城市功能和人们生活的完整性。”[2]以梁鹤年的观点来看，规划聚焦于城市中人与人居的匹配，规划设计合度的人居犹如裁缝剪裁称身的衣服[3]，因之，人居空间宜居性，指的就是人居空间规划设计与人的需求和追求的契合、匹配。人居空间宜居性概念的复杂性在于，它体现的是主观维度与客观维度相互作用的关系，迈克尔·帕乔内（Michael Pacione）认为，宜居性是人居环境特征和个人特征之间相互作用的、与行为相关的函数。[4]因此，全面理解宜居性，既需要分析人居环境特征所具有的功能性品质，而且更重要的是，要结合居民如何在人居环境中体验、生活的社会人文维度。宜居性要求实质上是通过空间设计和

1 吴良镛．人居环境科学导论[M]．北京：中国建筑工业出版社，2001：128.

2 KASHEF M. Urban livability across disciplinary and professional boundarie[J]. Frontiers of architectural research, 2016, 5(2): 239.

3 梁鹤年．旧概念与新环境：以人为本的城镇化[M]．北京：三联书店，2016：219-220.

4 PACIONE M. Urban liveability: a review[J]. Urban geography, 1990, 11(1): 1-30.

干预，在居民需求与人居环境之间建立匹配关系，涉及居民对人居空间的主观体验，宜居性关乎城市居民所体验到的生活质量。换个角度说，“城市宜居性是城市空间满足居民对幸福和生活质量期望的能力”[1]，当人居环境让居民有良好的生活质量，并感到满意和幸福时，就达到了理想状态的宜居性。

从表4–2、表4–3可以看出，城市设计学者对人居环境宜居性目标的理解，比较注重可量化的功能性指标，如城市的可达性、基础设施情况、公共安全程度、环境可识别性等。相对而言，较为缺乏对宜居性的人文价值阐释。本书认为，人居空间宜居性是一个多维度概念，至少包含三个维度，即功能性宜居、伦理性宜居和审美性宜居，后两个维度是人居空间人文价值的重要构成。

第一，功能性宜居关涉人居环境、交通条件、居住条件、公共服务设施、卫生保健设施等与市民日常生活密切相关的问题，主要满足市民对人居空间的安全性、健康性、方便性和可达性等的需求。好的城市设计始于功能性宜居，它关乎人居空间宜居的支撑系统。有学者于2015年调查了中国40个主要城市居民对城市宜居性的满意度及其决定因素，得出的基本结论是：自然环境、交通便利性、环境健康对城市居民宜居性的总体满意度贡献最大，因而提出的基本政策建议就是要提高中国城市宜居性，政府应当从城市安全、环境健康、交通便利

1　MARTINO N, GIRLING C, LU Y H. Urban form and livability: socioeconomic and built environment indicators[J]. Buildings and cities, 2021, 2(1): 220.

等几个方面弥补宜居性不足。[1]李雪铭等对辽宁省14个城市2008年至2017年的城市宜居性进行了评价研究，得出的一个主要结论是：从影响因素来看，对城市宜居度影响最大的系统是支撑系统，支撑系统的主要因子是基础设施，基础设施的完善程度与城市人居环境宜居性存在正相关关系。[2]上述实证研究从一定程度上印证了功能性宜居的基础地位。人居空间建设中，应当脚踏实地地将城市设计置于以最基本的公共安全、公共健康为基石的城市设计伦理框架之内。

由于城市形态属性可被用作评估城市功能性品质的指标，因而一些学者提出的城市形态宜居性的社会经济维度拓展了功能性宜居的内涵。尼古拉斯·马蒂诺（Nicholas Martino）等认为，可测量的空间模式是宜居城市的基础，他们提出空间宜居性的社会经济维度主要由可达性（accessibility）、社会多样性（social diversity）、可负担性（affordability）和经济活力（economic vitality）四个指标构成。[3]这四个指标中，社会多样性主要指的是城市空间混合用途所体现的空间使用多样性；可达性是交通便捷程度；可负担性主要指居民在经济上负担得起的生活质量，如住房成本；经济活力主要指的是人居空间所带来的创造财富和就业机会的多少，这些都实实在在地关乎人居空间的功能性宜居水平。

1 ZHAN D S, KWAN M P, ZHANG W Z. et al. Assessment and determinants of satisfaction with urban livability in China[J]. Cities, 2018, 79(9): 92-101.
2 李雪铭，白芝珍，田深圳，等. 城市人居环境宜居性评价：以辽宁省为例[J]. 西部人居环境学刊，2019（6）：91.
3 MARTINO N M, GIRLING C G, LU Y H. Urban form and livability: socioeconomic and built environment indicators[J]. Buildings and cities, 2021, 2(1): 220-243.

第二，伦理性宜居要求人居空间设计应追求更加公平和包容的城市。宜居与公平价值紧密相关。儒家思想认为，“宜”与“义”可以互训，《礼记·中庸》云：“义者，宜也”，以“宜”释“义”，意指公平、适宜、合理的德性及行为。从语源学意义上看，阐释人居空间的宜居要求，公平、适宜是其应有之义。公平价值是更好地实现功能性宜居的前提，城市居民获得基础设施和便利设施的差异、满足物质生活和精神文化需求的程度恰恰凸显了公平问题。良好的人居空间，不仅需要城市功能运行良好，城市环境健康，还要让生活在城市中的每个人——不论是本地居民，还是外来居民；不论是富裕阶层，还是中低收入阶层，包括一些有不同生活方式的边缘人群——都感到各得其所，都能平等地参与和受益，获得尊重和机会，平等享有公共空间和公共服务。因为“缺少基本的平等是一种持续的力量，它足以抵消任何可能使社会变得和谐，使城市变得人性化的努力”[1]。公平的人居空间，也是具有包容性的人居空间，它要求在人居空间设计方面充分考虑与照顾残疾人、老人、儿童等弱势群体的需要和利益，尤其是随着我国老龄化指数上升，需要更好地满足老年人的需求，通过老年友好环境建设消除老年人的被排斥感，促进社会包容。同时，包容性还要求避免人居空间的社会排斥或歧视现象，实现社会群体空间权利平等化（城市空间包容性问题在后文还要进一步阐述）。当前，我国城镇化进入“品质型”跃迁的新阶段，“品质型”提升的关键就是城

1　罗杰斯，古姆齐德简．小小地球上的城市[M]．仲德崑，译．北京：中国建筑工业出版，2004：8.

市能够提供既便捷、安全、健康，又友好、包容、公平的生活环境，要“根据男女老少不同的需求，提供高质量的公共空间，改善和活化现有的公共空间，如广场、街道、绿地和体育场馆，使它们更加安全，并且人人都可享用”[1]。

第三，审美性宜居主要指人居空间设计应满足人们的情感需要与审美需求，人居空间环境应给人带来美的感受，让人们产生愉悦感和家园之情。人性化的城市设计实际上也是一种审美环境的营造，城市设计的目标不仅是为了使人生活得更安全、更方便、更舒适，还要确立更加积极的审美目标，使人们生活得更有诗意、更美好。正如约·瑟帕玛（Yrjo Sepanmaa）说：“我们生活的目的之一便是审美。仅仅能生存是不够的，或仅仅对环境有认知上的理解，仅仅有道德法则，仅仅有健康和安全都是不够的。人类以审美的幸福为目标，这意味着人类试图达到对和谐、完整、丰富和多样性的要求——在环境中以及在整个生活中。”[2]

审美性宜居是城市发展进程中常常被轻视、被忽视的一个维度。19世纪末，卡米洛·西特从艺术方面指出了当时欧洲城市规划和城市设计存在的问题：

各种城市规划体系的正反两方面的意见已经成为当今的严重问题。正如在其他领域一样，这一领域内的各种各样的意见都得到了充分的表达。然而总的说来，人们普遍乐于承认交通、建筑用地开发，

1 联合国人居署. 城市与区域规划国际准则[J]. 沈建国，石楠，杨映雪，译. 城市规划，2016（12）：14.

2 瑟帕玛. 环境之美[M]. 武小西，张宜，译. 长沙：湖南科学技术出版社，2006：206.

特别是卫生改善方面技术的巨大成就。然而，与此形成鲜明对比的是，对于现代城市建设在艺术方面的失败，人们普遍地给予蔑视和嘲讽。尽管我们在技术领域取得了许多成就，而我们在艺术领域的成就却几乎为零。我们壮观的纪念性建筑往往矗立在缺乏构思的、尴尬无比的环境之中。[1]

西特1889年说的这段话，揭示了欧洲19世纪现代性城市兴起后城市空间存在的美学问题，他对城市设计艺术原则的呼唤，在今天仍不过时。当代城市在基础设施和整体功能提升方面取得了巨大成就，但在城市艺术环境营造和满足人们审美需求方面仍然不足，如千城一面的城市之弊、品质不高的城市公共艺术、意象缺失的城市美化以及缺乏文化根基的城市形象模仿等。让人感到安居和乐居的人居空间之美，绝不仅仅是城市公共空间的美化、城市外观形象的展示问题，它涉及更深层次的文化追求和审美境界。吴良镛认为，人居环境建设不只是物质建设，也是文化建设，既要创造物质空间，也要创造精神空间，这就要求人居环境的营建要有高超的美学境界，其中蕴藏着丰富的审美文化，人居环境是审美文化的综合集成，应以人的生活为中心进行艺术创造。[2]“以人的生活为中心”就是审美性宜居的根本价值追求。人居空间的整体环境设计是基于日常生活的审美文化建构，应该有利于居住者感受并享受美，有助于营造令居住者感到轻松愉悦的环境，创造引人入胜的公共空间，从而提高其生活品质。2013年12月，

1　西特．城市建设艺术：遵循艺术原则进行城市建设[M]．仲德崑，译．南京：江苏凤凰科学技术出版社，2017：前言．

2　吴良镛．良镛求索[M]．北京：清华大学出版社，2016：285．

全国新型城镇化工作会议提出，新型城镇化要“让居民望得见山、看得见水、记得住乡愁”。习近平总书记指出：“要发挥美术在服务经济社会发展中的重要作用，把更多美术元素、艺术元素应用到城乡规划建设中，增强城乡审美韵味、文化品位，把美术成果更好服务于人民群众的高品质生活需求。”[1]其中涉及的“乡愁”“审美韵味”“文化品位”等概念是与审美性宜居相关的价值追求。所谓城镇建设要让居民“记得住乡愁”，本质上就是指城镇建设应保持和建构一种人居空间环境的场所感和审美意象，一种城市、乡镇与人们的居住空间之间积极而有意义的情感联系，促使人产生一种故土家园情怀。对城乡审美韵味、文化品位提高要求，并不单纯是城市空间视觉效果的提升，诚如陈平原所说：“城市的韵味来自历史、来自风土、来自民情，所有这些，都需要一定的建筑形式及空间布局来加以凝固与呈现。”[2]

总之，新型城镇化背景下，我国城市人居空间设计宜居性要求更为迫切。虽然中国城市经历几十年高速发展，城市空间品质得到全面提升，但当前我国城市人居空间在宜居性建设方面仍存在不少短板、面临很多挑战，如大城市房价高、交通拥堵、优质医疗和教育资源配置不当、空间设计缺乏文化特色、空间包容性不足，等等，亟须在整体宜居性上探索适合中国国情的宜居空间建设之路。

4. 公共空间公平性

城市设计以提高城市公共环境品质为基本目标，十分重视公共空间的整体布局与设计。所有美好的城市，都有设计成功的公共空间。城市

1 习近平在清华大学考察时强调坚持中国特色世界一流大学建设目标方向，为服务国家富强民族复兴人民幸福贡献力量[N]. 人民日报，2021-04-20（1）.

2 陈平原. 城市的韵味[M]. 北京：生活·读书·新知 三联书店，2020：168.

设计意义上的公共空间主要指城市中对所有居民开放使用的室外空间系统，是作为居民日常公共活动物质载体的空间形态，是具有受益的非排他性、效用的不可分割性、消费的非竞争性的城市设计类公共物品。

有关城市公共空间的价值属性，表4–2、表4–3所示城市设计学者多数都强调公共空间的开放性、平等性、可达性以及空间活动的多样性。从属性与功能来看，虽然城市公共空间是承载使用活动和社会生活的物理空间，但它还是城市历史的“舞台”，城市文化的“窗口”，蕴含丰富的精神文化要素。例如，传统的公共空间，尤其是广场，或是举行宗教仪式的场所，或是一种政治权力的象征物，或是一个纪念场所而承担道德教化功能，或是作为不同阶层市民的聚会场所而强化其社会交往性与归属感。当代城市，城市公共空间的社会功能相对弱化，人们对公共空间心理上和实际使用上的依赖比以往薄弱，部分原因是数字时代引发的公共性经验与共享的物质空间分离。然而，这并不表示物质性公共空间对现代人不再重要了，在公共空间面对面交流乃是人性的需求，“公共空间可以改变你在城市中的生活，改变你对城市的感受，影响你在城市之间的权衡选择，公共空间的存在，是你选择居住的城市时重要的衡量标准之一。一个成功的城市就像一场美妙的聚会，人们选择留下来是因为他们在这里享受着欢乐时光”[1]。

1　博顿. TED2014演讲：公共空间怎样让城市生动起来？[EB/OL]. (2014-04-07)[2022-05-16]. https://www.ted.com/talks/amanda_burden_how_public_spaces_make_cities_work?showDubbingTooltip=true&language=zh-cn.

从城市设计伦理视角看，当代公共空间的伦理价值集中体现在它作为具有公益属性的公共场所，满足人性化需要以及保障城市权利公平这一精神功能上。具体而言，第一，公共空间的设计不是单纯的技术和美学问题，应当把它作为以空间方式介入社会问题、伦理问题的一种积极途径。一方面，应当深入市民日常生活层面，对人的心理和精神等方面的需要予以重视，让公共空间富有人性化。另一方面，城市设计相关部门应通过市场力量的引导和政府力量的合理控制与干预，保障公共空间、公共设施等公共资源分布更均匀、更公平，实现共享城市发展成果的基本理念。第二，应正确认识空间享用平等性与差异性问题，为所有人创造一个安全、可达和平等的公共空间。首先，应保证空间的开放性，使市民能够不限社会等级和无分贫富贵贱，平等地享用公共空间及其设施，防止公共空间私有化带来的空间排斥现象，以及公共空间使用权利商品化带来的不消费不得使用空间的现象，避免普通市民的空间权利被挤压从而损害公共空间的公共性。其次，应承认群体的差异性，注意对人群细分的关怀，公共空间设计要有包容性，能够充分考虑与照顾弱势群体的特殊需要，并将性别意识纳入城市空间设计过程，这是衡量社会公平的基本指标。

二、城市设计伦理的基本原则

城市设计活动中，不同城市主体有不同的利益诉求，呈现复杂的利益关系，需要伦理原则为城市设计主体的行为提供原则性指导。城市设计伦理的基本原则既源于对规范伦理学一般道德标准的具体应用，又是对城市设计价值理念基本共识的提炼，它们对维护城市设计活动的合理秩序有重要意义，为城市设计价值目标的实现提供了规范城市设计活动的准则。

关于城市设计应遵循的基本原则，城市设计学者基于对城市设计价值观的共识及中国城市设计的本土化特征，提出了城市设计应遵循的一些基本原则[1]（表4-4），这些基本原则既包含价值原则，又包括城市设计专业的技术理性原则。本书主要基于城市设计伦理价值视角，提出并阐释城市设计的四个基本原则，即公共性原则、共享正义原则、人本性原则和可持续性原则。

城市学者关于城市设计的基本原则举隅　表4-4

学者	基本原则
阮仪三	• 遵循总体规划所制定的指导精神 • 满足人的活动要求 • 保持环境特征 • 提供多样性服务的可能 • 按功能要求和美学原则组织各项物质要素
金广君	• 服从城市总体规划 • 满足人的需求 • 突出地方特色 • 考虑不同的时空效果 • 遵照美学原则组织设计元素

1　在城市设计领域，学者们所提出的城市设计的基本原则常常与价值目标没有清晰的界限。总体上看，价值目标旨在确立城市设计的价值追求，而基本原则主要阐述行动的基本规则，即为城市设计活动提供一般性和原则性的指导。城市规划的一些基本原则对城市设计同样有指导意义，也是城市设计的原则。

续表

学者	基本原则
蒋涤非	• 交混原则（通过空间功能交混提升城市活力） • 公共生活原则 • 自组织原则（关注城市的复杂性、多样性和难以预测性，重视城市渐进式自然生长）
丁旭、魏薇	• 以人为本原则 • 整体性 • 特色原则 • 可持续发展原则
张庭伟	• 城市设计的文脉性：一个地段的城市设计一定要放在该地段所处地域的背景中去分析、构思 • 城市设计的社会性和公众性：通过提供公共空间的共享性和易达性来实现城市设计的社会性和公众性 • 城市设计的累积性：主要指城市设计在时间上的连续性

来源：阮仪三. 城市建设与规划基础理论[M]. 天津：天津科学技术出版社，1999：281-286. 金广君. 图解城市设计[M]. 北京：中国建筑工业出版社，2010：88-98. 蒋涤非. 城市形态活力论[M]. 南京：东南大学出版社，2007：148-162. 丁旭，魏薇. 城市设计：理论与方法（上）[M]. 杭州：浙江大学出版社，2010：16-18. 张庭伟. 城市高速发展中的城市设计问题：关于城市设计原则的讨论[J]. 城市规划汇刊，2001（3）：9-10.

（一）公共性原则

“公共性”就其自身的规定性和学科界限来说，是一个有复杂内涵且学科界限模糊的概念，政治学、社会学、法学、哲学、伦理学等学科都将其视为重要概念。本书提出作为一种城市设计伦理基本原则的“公共性”，强调的并非民主秩序或政治法律制度层面的“公共性”，而是旨在阐释城市公共空间发展与公共性的基本属性之间的关系，以此作为建构城市设计价值秩序的重要视角。

城市设计的核心是关注城市公共价值领域的物质形体设计[1]，公共性是其内蕴的价值属性。这里所说的公共性，基本内涵主要有两个方面。

其一，公共性的可视性要求。“可视性”并非仅指狭义的视觉可看性、可见性，更指公共资源所呈现、所发挥的实际作用与功能，如芦恒所说：“可视性是公共性的基本前提，意为要让所有社会成员都能体验到公共服务带来的效果或功能。”[2]汉娜·阿伦特（Hannah Arendt）讨论公共领域的内涵时，明确提出“公共”一词所具有的可视性规定，她说：“公共这个词……首先，它意味着，任何在公共场合出现的东西能被所有人看到和听到，有最大程度的公开性。对我们来说，显现——不仅被他人而且被我们自己看到和听到——构成着实在。”[3]海德格尔从生存论意义上界定的“公共性”超越可视性，将其视为人的一种共同的存在方式，而不是意识或概念状态，海德格尔这样描述“公共性”：“常人作为形成日常彼此共在的东西……构成了我们在真正意义上成为公共性的东西。”[4]物质环境意义上的公共空

1　丁旭，魏薇．城市设计：理论与方法（上）[M]．杭州：浙江大学出版社，2010：8.

2　芦恒．东亚公共性重建与社会发展：以中韩社会转型为中心[M]．北京：社会科学文献出版社，2016：9.

3　阿伦特．人的境况[M]．王寅丽，译．上海：上海世纪出版集团，2009：32.

4　张汝伦．《存在与时间》释义[M]．上海：上海人民出版社，2014：403.

间，例如街道、广场、公园、公共绿地等，作为公共性的物质载体能切实体现公共性的可视性属性，它们作为“日常彼此共在的东西”，当所有居民能够体验、享用这些公共空间资源，进行游憩、观赏、健身、娱乐、交往、庆典等活动时，公共性就“涌现”了。“涌现”（emergence）的表述借用的是复杂科学的一个核心观点，指的是个体通过局部感知和互动形成某种正反馈放大机制，使整体层面会有的一些属性特征不能够还原到个体层面，这样的特征就是“涌现”，显然城市公共空间所生成的公共性就具有类似特征。

其二，公共性的开放性要求。此特征与前述可视性紧密相关，即可视性必须带来的敞开性要求。公共性有完全敞开之义，是敞开的空间，“德语öffentlich（公共性）的词源öffen就具有‘开放’的意思。因此，完全开放是公共性的条件”[1]。城市公共性的一个重要内涵就是要建构向最大多数人开放的公共活动空间，当公共空间只允许少数人进入或只有少数人有条件享用时，它就变质为其对立面——私人空间；当公共空间因其不便利、不安全而客观上影响了开放性效能时，则弱化了其公共性。开放性要求与市民所拥有的公共空间权利有密切联系，基本要求就是保障市民有充分的进入权，能够平等使用公共空间，满足市民追求公共生活的权利。

作为城市设计伦理原则之公共性的内涵除上述可视性与开放性之外，还需要强调其规范性内涵，即公共性不是一个维系社会生活需要

1 林美茂. 公共哲学序说：中日关于公私问题的研究[M]. 北京：中国人民大学出版社，2020：50.

的中性概念，作为一种价值概念，它所维系的必定是公共善或者公共利益、公共福祉。概言之，体现为一种公共空间政策的城市设计，具有向所有市民开放并服务于所有市民福祉的公共性，这是城市设计的核心价值原则。

现代城市设计在其发展过程中，经历了自身内部的价值反思及价值转变。20世纪60年代简·雅各布斯对美国大城市的批判，实质上是一种公共性视角，即城市规划和城市设计忽视积极活跃的公共性街道生活，“通过限制公共空间或社会空间，不鼓励这个社会互动的城市规划导致了城市自身的破坏”[1]。与此同时，城市设计逐渐由关注空间形态设计转向重视公共政策层面的引导和公共治理手段的运用，这一趋势使城市设计的公共性价值凸显出来。当代中国，新时代背景下的城市设计已从物质形体设计向空间治理转变，城市设计所包含的城市空间整体发展形态、公共空间、城市景观正成为现代化城市治理体系的重要抓手与核心资源，通过价值导向和政策引导彰显其公共性，成为营造城市美好生活空间的重要保障。

理解和认识城市设计的公共性原则，主要基于两个层面。第一，强调城市设计价值目标的公共性，即以服务和实现公共利益、公共福祉作为城市设计的首要原则。城市设计所服务的公共利益是现实的、具体的，可以通过公共物品的供给及公共服务的运作过程加以实现，并且可以通过公共政策及法律规范的约束以及设计导则体现出来。

1　哈奇森．新城市社会学[M]．黄怡，译．4版．上海：上海译文出版社，2018：488.

城市设计所涉及的客体要素，如城市公用设施、公共交通、公共空间（街道、广场、绿地、市民公园等）等是基础性的公共物品，其基本特征是共享性而非排他性，它不直接与经济利益挂钩，市民能够公平、合理、平等地享用。城市设计在公共性价值目标指引下：首先，应紧密结合城市功能，切实考虑居民使用特点，提升城市设计类公共物品的数量，优化其布局与空间设计，满足人民美好生活的空间需求。其次，应警惕进而避免城市设计对公共利益的偏离和侵蚀，规避空间生产资本化现象给城镇化建设可能带来的损害公共价值的负效应。

从理论上看，城市设计中以公共价值为先、以公共利益为重的伦理价值原则很容易成为共识，这或可称之为城市设计的普适伦理。然而，相对于私人利益来说，公共利益更容易受到侵害，实现起来也更加困难。现实的城市设计活动中，利益诉求的矛盾性、空间生产的资本化现象等，都可能导致对城市空间公共利益的侵蚀。

其一，在利益诉求的矛盾性与城市多元利益冲突中坚持公共利益的优先性。在城市空间开发与更新中，开发商、投资商所追求的基本目标是城市空间的经济价值和商业利益最大化。但从普通市民的立场出发，城市空间并不仅仅只有经济价值，它们的利益诉求更多是通过良好的设计使市民的生活空间更加宜居，满足人性化需求。这是一种有别于经济利益诉求的“生活环境利益”诉求。显然，这两种不同的利益诉求在相当程度上是矛盾的。对此，作为一种空间资源配置控制方法的城市设计，既要考虑多元的利益诉求，又要重视普通市民对生活环境的利益诉求，以不损害公共利益、公共福祉为底线。

其二，空间生产的资本化现象与公共利益之维护。这是一个相当宏大的论题，涉及后文将论及的空间正义问题，这里不展开讨论，仅简述新马克思主义空间生产资本化的观点对城市设计公共性价值的启示意义。自列斐伏尔在《空间生产》（1974年）一书中提出“空间生产”理论以来，不仅新的空间政治研究视角得以开创，其他学科的空间研究也有了重要的分析框架。他提出的空间生产的资本化观点，虽然旨在分析资本主义城市化的突出问题，但对反思中国城镇化进程中的空间生产问题也有借鉴价值。列斐伏尔将资本不断渗透空间生产的过程称为空间生产资本化现象，“所谓空间生产资本化就是指资本通过控制空间生产将其作为一种资本增殖的工具和手段”[1]。中国语境下的空间生产与列斐伏尔所谈的空间生产虽不同，但随着城镇化进程中空间、土地作为增殖资本的工具被纳入城市开发和房地产开发，由空间生产资本化引起的城市发展观的偏差，以及作为国有土地代管人的政府在城市开发政绩观上的偏差，或者在管理公共利益分配时政府职能的缺位、调控的范围和力度不足，干预的方向不对路，都有可能导致空间利益分配不均衡，城市设计受强势利益集团的影响，优质的城市空间沦落为资本力量和产权占有的工具，从而产生损害城市空间的公共性价值的现象。因此，在城市设计中，如何正确运用空间生产资本化之市场逻辑及政府主导的公共权力逻辑，使之整体指向紧紧围绕人民群众的需求和公共利益，是关乎城市设计公共性实现的关键。如吴良镛所说：“要将人民群众的空间需要作为一切空间规划、建

1　陈玉琛. 列斐伏尔空间生产理论的演绎路径与政治经济学批判[J]. 清华社会学评论，2017（2）：140.

设、生产和分配的出发点和归宿，兼顾资本的效率与社会的公平。”[1]

其三，理解和认识城市设计的公共性原则，还要强调城市设计的方案设计、编制和实施过程中的公共性。这里公共性体现为一种“公意”，实际上是强调各种利益群体，无论是强势群体还是弱势群体，尤其是受城市设计决策直接影响的利益相关者群体，享有表达意见的权利，有公平的机会和权利将自己的利益要求诉诸城市设计政策和方案的制定系统。需要强调的是，这种公民参与权利不是工具性的和策略意义上的，而是城市设计伦理的内在要求。因此，城市设计实践需要建构广泛的民意收集平台，组织形式多样的民意征询，建立良好的回应反馈机制，实施有效的公众参与，在协商互动的基础上，尽可能达成设计过程中各方利益的相对均衡，从而最大限度地实现公共利益。

（二）共享正义原则

正义是关乎城市发展价值意蕴的深层次问题。正义最具共识性的内涵是给人以应得的分配公平，即社会资源包括社会福利和社会负担合理且恰当分配，体现的是社会共同体分配关系合理性的基本价值标准。当代最具影响力的政治哲学家约翰·罗尔斯提出的“作为公平的正义”（justice as fairness）理论，尤其强调分配公平。他对正义的一般观念是：“所有的社会基本善——自由和机会、收入和财富及自尊的基础——都应被平等地分配，除非对一些或所有社会基本善的一种

1 吴良镛. 明日之人居[M]. 北京：清华大学出版社，2013：14.

不平等分配有利于最不利者。”[1]在罗尔斯看来，正义主要有两个层面的含义。一是体现为一系列基本权利与自由的正义，要求在社会成员之间平等分配；二是正义意味着一定条件下的差别与均衡，正义的社会制度应该通过各种制度性安排来改善弱势群体的处境，缩小他们与其他人群之间的差距。如果一种社会政策或利益分配不得不产生某种不平等，乃是因为它们必须建立在公平的机会均等和符合最少受惠者的最大利益的基础之上，这样就可以从社会合作的维度上限制分配的不平等。罗纳德·德沃金（Ronald Dworkin）进一步发展了罗尔斯突出基本善的分配公平，强调“资源平等”（equality of resources）问题。他的“资源平等”观主要依据两条原则，一是“重要性平等原则”，即每个人从客观和主观上说具有同等重要性，其命运不应受经济背景、性别、种族、特殊技能或不利条件的影响（即“钝于禀赋”）；二是“具体责任原则”，即每个人对自己做出的选择负责（即“敏于选择”）。[2]作为一种政治道德原则和至上美德的平等，强调政府应给予每个人平等的关怀与尊重，尽力排除那些非个人选择原因导致的不平等因素。苏珊·S. 费恩斯坦将正义理论运用于正义城市研究，提出了正义城市的三个基本价值目标，即“公平”“多样性”和“民主”。从城市规划和设计视角看，“公平”指资源及发展机会的公平分配，空间安排上不同地点获取的资源应当平等；“多样性”指空间功能的混合用途及居住区不同阶层、不同族裔的包容及融合；“民主”指的

1　罗尔斯．正义论[M]．何怀宏，何包钢，廖申白，译．北京：中国社会科学出版社，1988：292.

2　德沃金．至上的美德：平等的理论与实践[M]．冯克利，译．南京：江苏人民出版社，2003：导论4-7.

是城市规划设计公众参与的协商民主决策机制。[1]

城市规划和城市设计是分配城市公共空间资源（如绿色空间、市民公园、广场等）尤其是规划设计良好公共空间的重要手段。依循罗尔斯等学者的分配正义原则，城市公共空间资源分配正义的基本价值要求是：作为市民基本权利的空间权益应得到保障，应平等地分配所有公共空间资源，同时注重对弱势群体空间权益的优先保护。不仅仅是公共空间，城市设计所涉及的城市基础设施、公共交通、公共福利设施和公共文化设施作为基础性的公共物品，其重要特征是不直接与经济利益挂钩，城市居民能够公平、合理、非排他性地平等共享。由此，体现于城市规划和城市设计维度的分配正义，其最终目标和落脚点是共享正义。对此，新马克思主义城市学派的代表人物哈维提出的“城市共享资源”或“城市公共”（urban commons）理论，从分析资本和权力逻辑下资本主义城市空间的异化和冲突现象出发（如公共空间等共享资源商品化、高档化和私有化），提出“一方面要推动国家为了公共目的提供更多的公共物品，另一方面需要使全体人口自我组织起来，占有、使用和补充这些公共物品，以扩大和提高非商品再生产的共享资源和环境共享资源”[2]。张国清指出：“社会正义的重心在于分配正义，分配正义本质上是一种作为共享的正义”，“‘共享正义’指的是，借助特殊社会基本制度，每个社会成员在最大程度上拥有平等地分享公共事物（包括其利益与负担）的权利和

1 费恩斯坦．正义城市[M]．武烜，译．北京：社会科学文献出版社，2016：56-84.

2 哈维．叛逆的城市：从城市权利到城市革命[M]．叶齐茂，倪晓晖，译．北京：商务印书馆，2016：89.

自由。”[1]将共享正义理念作为价值标准应用于城市规划和城市设计时，它所指向和强调的维度侧重的不是制度正义，而是一种空间正义，主要指的是借助于城市规划和设计所体现的保障城市公共利益的功能，使每个城市居民在最大程度上拥有平等地分享城市公共空间和公共资源的权利、机会和自由。具体而言，城市设计视角下的共享正义体现在以下两个方面：

1. 通过包容性导向的城市规划和城市设计政策，促进和强化空间公平

“包容性”作为一个多维度概念，重点要解决两个问题：一是包容谁，二是包容什么。“包容谁”的问题从宽泛意义上说当然是城市中的所有人，即所有居民都享有平等的权利和机会，但其主要目标群体是一些特殊群体和相对弱势群体，包括城市外来人口、低收入人群、残疾人、老年人、儿童、女性等。从深层次看，“包容谁”还涉及分配城市公共资源和公共服务时，要搞清楚在普惠基础上谁是最大受益者，谁失去了应享受到的利益，是否有某些群体被排斥或排除在共享之外。“包容什么”对于城市规划和城市设计而言，参照世界银行制定的衡量城市包容性框架，主要体现在两个维度，一是空间包容（spatial inclusion），二是社会包容（social inclusion）。空间包容的主要内容是：确保所有居民获得必要的基础设施和公共服务，包括住房、饮用水、卫生设施以及交通设施。其中，城市土地管理是确保空

1　张国清. 作为共享的正义：兼论中国社会发展的不平衡问题[J]. 浙江学刊. 2018（1）：12.

间包容性的关键，同时还涉及确保环境安全性和可持续性。社会包容主要包括：确保所有居民在获得公共服务（如医疗、教育和紧急服务）方面有平等权利，以及有文化和政治参与的机会（包括参与城市规划、城市设计的决策过程）。确保社会包容的先决条件是从政策和城市管理系统中摒弃和改变那些导致对城市某些人群抱有偏见、歧视和边缘化的态度、做法与行为模式。[1]需要补充强调的是，包容性导向的城市规划和城市设计政策，尤其要注重在维护市民空间权利平等性和保障空间分布（包括公共资源配置）的公平性两个方面下功夫，这两个方面既是维护城市公共利益的重要保障，也是促进空间共享的基本遵循。从空间权利平等性来看，作为市民基本权利的空间权应得到有效保障；从空间分布的公平性来看，公共空间和公共资源应均衡分布与合理配置，并突出对弱势群体空间权益的优先保护（表4–5）。

包容性导向的城市设计政策，在强化空间平等性享用方面还应关注空间使用的能力平等。公共空间的分配公平，并不总是带来空间福利的公平实现。例如，对于残疾人而言，与健全人获得同样的公共空间资源，并不意味着他们能够享受同样的空间福利。詹姆斯·康诺利（James Connolly）探讨绿色空间绩效时指出："简单地将绿色空间的福利均等化，可能忽略不同收入和种族、族裔群体对这些福利的不同利用程度，同时忽视了其可能带来的不利影响。"[2]正因为如此，空间

1 SERAGELDIN M. Inclusive cities and access to land, housing, and services in developing countries[R]. The World Bank: Urban Development Series Knowledge Papers, 2016(22).

2 CONNOLLY J J T. From Jacobs to the Just City: a foundation for challenging the green planning orthodoxy[J]. Cities, 2018, 91(8): 68.

包容性导向的城市设计政策目标要素　表4-5

市民空间权利平等性	城市空间布局公平性
• 市民平等占有或分享公共空间资源 • 市民平等参与空间生产和分配的机会 • 提供充足的市民可自由进入的开放性公共空间 • 避免公共空间占有与使用的私有化、商品化带来的空间排斥现象 • 避免优质城市空间和景观资源排他性占有	• 城市公共空间和公共服务设施分布的均衡性 • 城市公共空间和公共服务设施的同等可达性 • 保障弱势群体和特定群体的空间权利与空间需求，提供充足的公共福利设施 • 公共场所最大程度不受使用者年龄、性别、身体、能力、社会背景、收入等因素限制 • 控制居住空间分异，促进空间融合

共享正义不仅要强调可达性基础上的分配正义，还要进一步探讨公共空间的品质及其如何发挥作用、如何与周边居民的“使用能力”结合起来。对此，阿马蒂亚·森（Amartya Sen）提出的“能力正义”理念有助于深化共享正义的内涵。森认为，衡量社会正义的价值标准不仅要看资源的分配是否公平，更要看被分配的资源是否转化为了可行能力，“一个人的‘可行能力’指的是此人有可能实现的、各种可能的功能性活动组合。可行能力因此是一种自由，是实现各种可能的功能性活动组合的实质自由”[1]。“可行能力”强调的不仅是总体福利或平

1　森. 以自由看待发展[M]. 任赜，于真，译. 北京：中国人民大学出版社，2002：62-63.

均福利，而是每个人可能获得的实际福利，因此有必要关注城市居民在享用上的差异和实际的生活品质，而不是规划指标所体现的人均数值，因为不同的人将资源转化为优质生活的能力是不同的，很多情况会导致转化障碍，如人们的年龄、肢体、性别等个体差异会导致需求多样化与能力缺失。[1]森的“可行能力”突出了人在作为一种个体福利的功能性活动中选择的自主性，进入并享用公共空间就是一种“功能性活动”，现实中对实现这一功能性活动的个体差异要给予重视与关注。对城市公共空间而言，安全性和治安状况不佳，无障碍设施不完善，对女性、儿童和老人不友好的设计等限制，都会让空间包容性大打折扣，进而成为影响个体福利效用的因素，不能实现真正的空间公平。因此，包容性导向的城市设计政策在实现公共空间供给的量化指标的同时，还应注意在具体的设计和管理过程中更多地体现人文关怀。

2. 通过均等性导向的城市规划和设计政策，提升和营造空间共享

衡量空间共享性的重要指标是城市公共空间配置和公共服务均等化程度。对城市居民人人共享的公共福利而言，其本质要求是均等性供给，并保障居民获取这些资源的均等性权利，这是实现共享正义的基本前提。均等性与公平正义有着天然的联系，我国自古就有“不患寡而患不均”的传统思想，亚里士多德提出“既然公正是平等，基于比例的平等就应是公正的”[2]，他首创的“比例平等”其实就是均等

1 森. 正义的理念[M]. 王磊，李航，译. 北京：中国人民大学出版社，2012：237-239.

2 亚里士多德. 亚里士多德全集：第8卷[M]. 苗力田，译. 北京：中国人民大学出版社，1992：279.

性原则。平等对待每一位城市居民，不因地域、身体、身份等差异而影响人们均等享有公共空间和基本公共服务的机会、质量和数量，是共享城市追求的理想愿景。当然，均等化并不等于绝对相等或平等，共享也是一个渐进的过程，均等化“不是传统意义上的仅仅强调结果的公平，而是指全体公民都能公平可及地获得大致均等的基本公共服务，其核心是机会均等，而不是简单的平均化和无差异化”[1]。

均等性导向的城市规划和城市设计政策主要体现于“空间均等”，基本要求是确保所有居民获得大致均等的公共空间、基础设施和公共服务，保证每个居民在城市规划、城市设计所提供的公共物品和公共服务中得到“公平的份额”。实际上，这种空间均等性要求已广泛体现于我国城市的总体规划和控制性详细规划之中。例如，《北京城市总体规划（2016—2035年）》在优化绿色空间布局方面提出：到2020年建成区人均公园绿地面积由现状16平方米提高到16.5平方米，到2035年提高到17平方米。到2020年建成区公园绿地500米服务半径覆盖率由现状67.2%提高到85%，到2035年提高到95%。《上海市城市总体规划（2017—2035年）》提出至2035年，力争实现全市开发边界内3000平方米公园绿地500米服务半径全覆盖，人均公园绿地面积力争达到13平方米以上。

均等性要求不仅体现在可量化的空间规划设计指标方面，还包括公共空间的品质要求以及向所有市民开放的规划设计领域的各种机

1 徐著忆，郑奇锋．以机会均等代替简单的平均化和无差异化：基于吉登斯“第三条道路”福利观的思考[J]．人民论坛．2013（3）：156.

会、权利等。恰恰在这方面，空间福利不均等的问题仍然存在。主要表现在：城市规划、城市设计在为各类建设项目快速推进服务的过程中，一定程度上忽略了城市规划和城市设计维护社会公平和共享正义的公共政策属性，在城市空间形态方面出现了令人担忧的趋向：一是不少城市存在城市新区、中心区与城乡接合部在城市基础设施、环境整治、公共空间等方面有较大反差与不和谐现象，同时还存在优质的教育、医疗、交通等城市公共产品配置不均衡的问题；二是城市居住形态呈现空间贫富分异和居住隔离的现象；三是某些优质城市自然景观资源没有充分表现出人民性、共享性价值，反而借由金钱、权力强化了其特权性和排他性占有趋势，助长了空间环境资源享用上的不公平。如某些城市的滨水封闭高档社区，围湖造房，将本应由全体市民共享的滨水空间变成少数人的私家花园。因此，在规划设计过程中，应将山水湖河岸线和景观标志地区规划为公共绿地和公共开敞空间，防止这些区域为封闭性社区和一些社会集团所独占，防止不同居住区域的人们在对公共环境资源的享用程度上差距扩大。

（三）以人为本原则

对于城市设计而言，正确认识和处理人与城市、人与空间的关系至关重要。以人为本作为处理人与城市、人与空间关系的基本原则，旨在从伦理基础上使每个人成为城市发展真正意义上的主体，并使其居于本位；从伦理目标上尊重每个人的基本权利和美好生活需要，突出“为人创造良好场所”的城市设计根本宗旨，本质上体现为作为客体的城市环境（空间）满足作为主体的人的需要之间的一种价值关系。党的十九大报告提出，新时代我国社会的主要矛盾，是人民日益增长的美好生活需要和不平衡不充分的发展之间的矛盾。对于城市空间发展而言，这意味着新时代的“以人为本”，要围绕人民的“美好生活需要”而展开，美好生活是空间营造的人本目标。

与近现代城市设计相关的纲领性文件蕴含丰富的以人为本理念。1933年国际建筑协会通过的世界第一个城市规划的纲领性文件《雅典宪章》，为现代城市规划和城市设计的发展指明了以人为本的方向。《雅典宪章》强调城市中广大民众的利益是城市规划的基础，“在建立城市中不同活动空间的关系时，城市计划工作者切不可忘记居住是城市的一个为首的要素”，“所以城市在精神和物质两方面都应该保证个人的自由和集体的利益。对于从事城市计划的工作者，人的需要和以人为出发点的价值衡量是一切建设工作成功的关键”[1]。《雅典宪章》提出了城市活动的基本分类，即居住、工作、游憩和交通四大活动领域，要求以人的尺度和需要估量功能分区的划分与布置，体现鲜明的人本主义理念。1977年国际建筑协会的城市规划设计师相聚于秘鲁马丘比丘的古文化遗址，以《雅典宪章》为出发点展望城市规划和城市设计的发展方向，签署了《马丘比丘宪章》。该宪章强调人与人之间的相互关系对建筑设计和城市规划设计的重要性，指出“在建筑领域，用户的参与更为重要，更为具体。人们必须参与设计的全过程，要使用户成为建筑师工作整体的一个部分”[2]。1981年国际建筑

1　雅典宪章（1933年8月国际现代建筑学会拟订于雅典）[J]. 清华大学营建学系，译. 城市发展研究. 2007（5）：126.

2　马丘比丘宪章[Z]. 陈占祥，译. 城市规划研究[J]. 1979：8.

师联合会第十四届世界会议通过《华沙宣言》，强调人类聚居地的规划设计首先必须承认人的基本需求和平等权利，“改进所有人的生活质量应当是每个聚居地建设纲要的目标，这些纲要必须满足食物、住房、清洁用水、就业、卫生保健、教育、训练和安全等各项基本要求，而没有种族、肤色、性别、语言、宗教信仰、意识形态、民族和社会出身的歧视”[1]。该宣言还确立了“人—建筑—环境”作为一个整体的概念，以此关注三者之间的密切关系，要求建筑师通过适于人的尺度的空间设计，提高城市空间质量。1996年联合国第二次住房与可持续城镇化大会通过《伊斯坦布尔人类住区宣言》和《人居议程》，强调在城市化世界中的可持续人类住区发展，人占有中心地位，提出了“城市应是适宜居住的人类居住地”的概念，突出以人为本的宜居城市理念。20年后，联合国第三次住房与可持续城镇化大会召开并通过《新城市议程》，其宣言部分体现了城市人居环境设计的核心价值观，概括说即“我们的共同愿景是人人共享城市”（cities for all），这一价值愿景是对空间权利平等和包容性发展的追求，更是对空间规划与城市设计中以人为本的承诺。仅以上述纲领性文件为例便可看出，在城市规划与设计价值观的演变历程中，一直贯穿着重视人的发展、满足人的需要等人本主义理念。

“以人为本”在当代中国政府治理理念下与“以人民为中心”的表述内涵一致。党的十九大报告提出“必须坚持以人民为中心的

1 林龄译. 国际建筑师联合会第十四届世界会议：建筑师华沙宣言[J]. 世界建筑，1981（5）：42.

发展思想，不断促进人的全面发展、全体人民共同富裕”。《中华人民共和国国民经济和社会发展第十四个五年规划和2035年远景目标纲要》（后文简称“十四五”规划）将坚持以人民为中心作为必须遵循的原则，并将“以人民为中心”内涵明确为：“坚持人民主体地位，坚持共同富裕方向，始终做到发展为了人民、发展依靠人民、发展成果由人民共享，维护人民根本利益，激发全体人民积极性、主动性、创造性，促进社会公平，增进民生福祉，不断实现人民对美好生活的向往。”“以人民为中心”的价值理念彰显了人民的主体性，为理解当代中国城市设计的“以人为本”原则奠定了价值基础。

具体而言，作为城市设计伦理基本原则的“以人为本”，主要强调三个层面的价值诉求：

第一，“为了人”，即把人作为目的，城市设计是为人设计并为人民服务的，要把人民的利益作为城市设计的出发点和落脚点，人民的感受是判断城市空间美好与否的关键。美国城市规划师亨利·S. 丘吉尔（Henry S. Churchill）写过一本书，其书名《城市即人民》（*The City Is the People*）直指城市为人民的伦理要求，他提出“城市是由人民构成的”“城市属于它的人民”的价值理念，指出“一个城市的设计代表着居住在城市里的民众的集体目的，否则它什么都不是”[1]。2014年，中共中央、国务院颁布的《国家新型城镇化规划（2014—2020年）》强调“以人为本”的新型城镇化战略方向，表现在城市设

1 丘吉尔. 城市即人民[M]. 吴家琦，译. 武汉：华中科技大学出版社，2016：134.

计领域，即要求实现一切为了人的精细化人本空间营造。可以说，一切为了人民的美好生活，既是城市设计根本的伦理价值追求，也是衡量一切城市设计工作成功与否以及人居环境优劣的基本准绳。

第二，“关怀人”，即城市设计是对所有人包括儿童、老人和残疾人等弱势群体在城市生活中的全方位关怀，是以人的物质的和精神的全面需求为本，满足人的衣、食、住、行、育、游、娱、医等日常生活需求，让人们有愉悦的体验，其最终目的是全面提高人的生活质量，增进人的幸福。关怀人作为城市空间生产的价值导向，要求“城市空间发展应紧密围绕‘以人为本’的内涵核心——‘人的生存权与发展权’而展开，并建立起与之匹配的空间生产模式”[1]。关怀人的城市设计，首先要思考和解决如下问题：城市空间活动的主体是一群什么样的人（人群的结构和特性）？人们怎么活动，从事什么样的活动？人活动的场所和空间的品质如何？以人为本的城市设计伦理要求首先研究人及人的空间需求，然后才是对空间场所和基础设施等的物质规划设计，如此才能实现空间关怀人的目标。

第三，“依靠人”，即城市设计要充分倾听人民的呼声，以市民的要求为出发点，实现有效的公众参与，使普通市民参与到关系自己利益的各种设计决策的制定过程中，实现真正的以人为本的城市设计。习近平总书记提出了“人民城市人民建，人民城市为人民”的重要理念。其中，“人民城市人民建”强调的就是充分调动人民群众的

1 杨超．城市设计的“基础设施主义”：一种城市可持续发展的国际趋势和空间生产模式[J]．规划师．2020（19）：59.

积极性和主人翁精神，依靠人民群众的智慧和力量建设城市，通畅公众参与城市建设的渠道，鼓励人民群众参与城市治理的各个环节，实现城市共建共治。

在以上三个层面的价值诉求基础上，以人为本在城市设计方面还具体体现为一些价值标准，如城市设计中对人性化尺度的合理运用（宜人的空间及街区尺度）、塑造舒适宜人的公共空间、人与环境能够互动的场所感和场所认同的营造、承认差异性基础上的包容性设计、城市设计治理的人本要素，等等。

（四）可持续性原则

马修·卡莫纳等学者指出："'以人为本'是城市设计不朽的追求，而'可持续性'是这一长远诉求的深层维度，也就是说城市设计不仅要提升城市生活质量，同时还要减少给全球环境带来的不良冲击。"[1]可见，城市设计的以人为本原则不仅意味着满足人的需要，强调人类的利益，也意味着维护生态平衡，是以人与自然的和谐为本。尤其是当代，环境承载力负荷量日益增长，城市化演进与脆弱的自然环境之间的矛盾越来越突出，以过度消耗资源和损害生态环境为代价的城市空间增长方式是不可持续的。在此背景下，从20世纪90年代起，可持续性概念就在城市发展模式中占据着中心位置，可持续性原则逐步成为城市设计从价值理念到技术方法的新要求，对自然资源和

1　卡莫纳，迪斯迪尔，希斯，等．公共空间与城市空间：城市设计维度[M]．马航，张昌娟，刘堃，等，译．北京：中国建筑工业出版社，2015：9-10.

建成环境的保护也成为构筑可持续城市设计框架的重点。

“可持续性”这一术语早已被广泛使用，但对其含义的准确界定却相当困难。从最一般的意义上讲，可持续性指人类福利在无限时段内能维持的某种可接受的状态。[1]或者说，可持续性指的是基于长远和整体的视角，某一对象所具有的持续连贯和永续发展的能力与性质。上述可持续概念作为一种理论抽象，只有具体到某一特定对象如城市空间营造时，才具有实践和现实意义。广义上看，城市设计的可持续性原则是可持续发展要求在城市空间营造层面的体现。对可持续发展内涵的认知，是一个不断发展与深化的过程。从20世纪80年代下半叶开始，可持续发展主要体现为对三个维度的同时追求，即经济增长、生态平衡与社会公平。人们最为熟悉且最常被引用的可持续发展概念，是由格罗・哈莱姆・布伦特兰（Gro Harlem Brundtland）主持的世界环境与发展委员会于1987年在《我们共同的未来》报告中提出的，该报告认为人类对经济增长、环境改善、和平与全球正义等追求可以同时进行且相互强化，并给出了可持续发展概念的经典定义：“可持续发展是既满足当代人需求，又不对后代人满足其需要的能力构成危害的发展。”1992年联合国在巴西里约热内卢召开的环境与发展大会通过的《21世纪议程》，是一套基于环境伦理观的指导方

1 珀曼，马越，麦吉利夫雷，等. 自然资源与环境经济学[M]. 张涛，李智勇、张真，等，译. 2版. 北京：中国经济出版社，2002：54.

针，强调可持续发展需要整体方法与综合策略，构建了可持续发展的环境、社会和经济要素指标。1997年英国学者约翰·埃尔金顿（John Elkington）提出可持续发展“3P”（people，planet，profit）概念，明确界定了可持续发展是指经济可持续性（经济可行）、社会可持续性（社会公正）和环境可持续性（环境宜人）之间的平衡与和谐。[1]总体上看，从环境、社会和经济三个系统理解可持续发展，将可持续发展视为环境、社会、经济可持续性三个支柱之间的平衡发展，已成为全球可持续发展的共识性理念及政策框架（图4-1）。正如金涛所说：“可持续发展是以不损害地球生命保障系统的方式，提高所有人的生活质量和潜力的一个过程，可持续城市要求在改善居民经济和社会福利的同时，最小化资源使用量（输入）和环境影响（输出）。”[2]

可持续性要求本质上是一种伦理使命，主要体现为最大程度促进生态系统完整美丽的义务，以及当代人对未来人所负有的代际伦理义务。从狭义上看，基于城市设计伦理的可持续性原则，强调的是作为可持续发展哲学基础的环境伦理的指导价值，表现为环境伦理理念的引导及环境伦理准则的约束。从理念引导层面看，环境伦理所提倡的城市生态共同体共生和谐理念、城市环境正义理念和城市代际公平理念，为城市设计的可持续性提供了价值基础。

1 ELKINGTON J. Cannibals with forks: the triple bottom line of 21st century business[M]. Oxford: Capstone Publishing Ltd, 1999.

2 金涛. 城市可持续性概念模型研究[M]. 南京：东南大学出版社，2016：70.

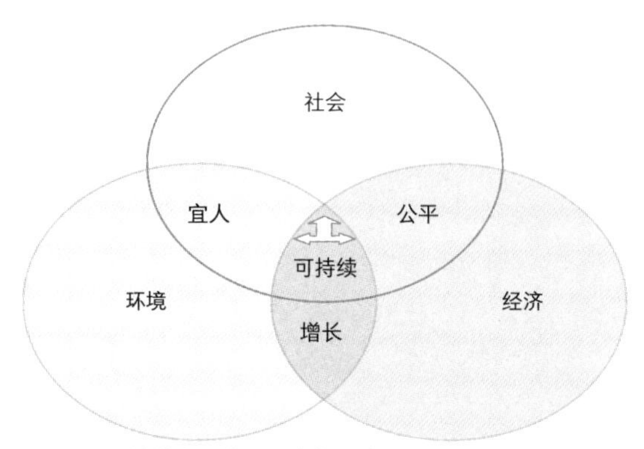

图4-1 可持续发展的三个支柱示意

所谓城市生态共同体共生和谐理念，是一种尊重自然的城市环境伦理观，它强调自然具有内在价值，生态共同体所具有的系统价值决定了人与自然生态享有共同利益，反对仅仅根据人类的需要和利益来评价和设计城市，或以人类的利益作为衡量城市生态环境好坏的唯一尺度，它要求确立以维护城市生态平衡为取向的生态整体利益观，把伦理关怀的对象从人类扩展到整个城市生态系统。党的十九大报告在阐述生态文明的重要性时，提出“像对待生命一样对待生态环境”，“人与自然是生命共同体，人类必须尊重自然、顺应自然、保护自然”。这些论断实际上是对生态共同体共生和谐理念的最好表述。美国学者克瑞格·德朗瑟（Craig Delancey）认为，环境伦理所倡导的人类应尊重其他物种和整个生态系统的义务，给建筑提出了独特又普遍的设计伦理：我们设计与建造的目的是使各个物种和它们居于其中的生态系统利益最大化，这种价值原则使建筑活动有了很多限制。[1]城市设计同样如此。借用美国生态学家奥尔多·利奥波德（Aldo Leopold）提出的著名论断：“当一个事物有助于保护生物共同体的和谐、稳定和美丽的时候，它就是正确的，当它走向反面时，就是错误的。”[2]可以这样说：当城市设计有助于保护城市生态共同体的和谐、稳定和美丽的时候，它就是正确的，当它走向反面时，就是错误的。

所谓城市环境正义理念，要求对人们有关规划、设计、开发、利用城市环境的权利和义务进行公平的分配，或者说城市环境资源、服务与活动能够公正、平等地分配给每个人，尤其是关注城市空间环境保护社会关系中弱势主体的权利。近十年来，环境正义研究视角发生了转向，即在强调自然环境对人的健康和福祉积极贡献的基础上，扩展了传统环境正义关注在不同群体中公平分配环境恶物与环境善物、关注弱势群体环境权的维度，环境正义的分析框架包括一系列与绿色经济、可持续发展及城市宜居性相关的主题。有城市规划学者提出，环境正义指的是环境资源、服务与活动能够公正、平等地分配给每个人，而且不论社会结构与权力如何，通过承认与赋予能力，提供给每个人平等参与环境规划的适当程序。[3]这个定义不仅肯定了环境资源的分配正义，还强调环境规划中公平的决策参与程序。总之，在正义

1　DELANCEY C. Architecture can save the world: building and environmental ethics[J]. The philosophical forum, 2004, 35(2): 147.

2　利奥波德．沙乡年鉴[M]．侯文蕙，译．长春：吉林人民出版社，1997：213.

3　NTIWANE B, COETZEE J. Environmental justice in the context of planning[J]. Town and regional planning, 2018(72): 86.

的多元主义维度影响下，近年来城市环境正义关注的重点不再只局限于环境资源的分配正义，而是引入参与正义、能力正义等正义框架，反思环境不公的成因并探寻解决之道。

所谓代际公平理念，实质是一种有关利益或负担在现在和未来世代之间的分配正义问题。它包含两个基本理念，其一是权利平等，即每一代人都享有生存、自由和追求幸福的基本权利，他们对这些权利的行使不应危害未来世代的人的类似权利；其二是机会平等，即每一代人都拥有追求幸福的平等机会，当前世代应给未来世代留下足够的、实现这种机会所需的资源。[1]城市代际公平理念要求正确处理城市建设与发展中谋求眼前利益与对未来责任的关系，在城市化进程中对自然资源和人文资源应进行合理开发，把美好的环境和足够的临界资源贮存超越代际而留传给后代人。从这一层面上来说，这与可持续发展追求的“既满足当代人的需要，又不对后代满足其需要的能力构成危害”的发展目标是一致的。事实上，可持续发展一直被定义为代际公平的某种形式。古老的雅典公民誓言道出了城市代际正义的伦理真谛：“我们将把这城市传递下去，它不仅不比被传递到我们手中时更差，而且更伟大，更美好，更美丽！”[2]

从准则约束层面看，城市设计的可持续性原则主要体现为两个准则。一是慎行准则。该准则主要指当城市设计者采取一项旨在改造环境的城市设计方案和城市开发工程时，不能主要关注经济效益和技术

1 甘绍平，余涌．应用伦理学教程[M]．北京：企业管理出版社，2017：228-229.

2 弗雷德里克森．公共行政的精神[M]．张成福，等，译．北京：中国人民大学出版社，2003：121.

可行性等，应在项目决策和规划设计阶段充分考虑其可能带来的生态负担和环境后果，谨慎行事，预防和避免近期的或长期的环境隐患或环境损害。如果某项方案会给人们的健康和环境带来伤害或潜在伤害，那么，最好不要实施该项方案，即使发生这种潜在伤害的可能性或该项目与发生的伤害的因果联系尚存在不确定性。美国著名环境学家丹尼尔·A. 科尔曼（Daniel A. Coleman）主张可持续性思维是长远而持久地看问题的未来视角，他指出："可持续性最简单的表现就是对每一项政策或决定提出这个问题：我们的重孙们也能这样享受生活吗?"[1]这其实是对慎行准则通俗而有力的说明。俞孔坚提出的"反规划"概念是对慎行准则的特殊运用。"反规划"强调以维护生态安全格局和生态服务功能为前提进行城市空间布局，基本出发点是"如果我们的知识尚不足以告诉我们做什么，但却可以告诉我们不做什么"[2]。

二是节约准则和绿色低碳导向准则。地球上可供人类利用和开发的资源是有限的，在资源的利用与开发上，应当奉行节约原则，城市设计应节制、高效、可循环地使用现有的自然资源，悉心保护河道、湖泊、湿地、山体等自然元素，给自然留下更多修复空间。在城市形态的设计与控制上，当前，我国庞大的人口基数，人地关系高度紧张，城市化过程中建设用地的供求关系失衡的国情，决定了城市发展模式必须遵循节约理念。孙一民指出，城市设计应当集约城市空间，精明取用资源，"对资源与能源利用的'精明'节俭本是中华文明的

1　杨通进，高予远. 现代文明的生态转向[M]. 重庆：重庆出版社，2007：386.

2　俞孔坚，李迪华，刘海龙. "反规划"途径[M]. 北京：中国建筑工业出版社，2005：18.

优秀传统，在今天更有极其重要的现实意义。改变攫取式的资源消耗型建设模式，走向性能综合优化的智慧营建，是我们称之为‘精明营建’设计理论的基础”[1]。内蕴可持续性伦理的城市发展方式，主要体现在选择绿色低碳的城市空间生产方式，即绿色低碳导向的城市设计模式。该模式要求通过城市设计合理限制城市规模，鼓励紧凑型城市形态及邻里空间，优化城市空间结构以减少出行里程，加强土地利用与低碳交通系统耦合性，营造安全便利的绿色空间网络，探索绿色低碳城市之路。随着我国生态文明建设的不断推进，2020年党中央做出我国实现2030年前碳达峰、2060 年前碳中和的重大战略目标。城市作为能源消耗与碳排放的集中地，无疑会成为我国实现碳中和目标的主战场。在“双碳”目标背景下，绿色低碳导向的城市设计无疑将成为推进建设人与自然和谐共生的美丽城市的重要路径。

综上，作为城市设计与伦理学交叉研究领域的城市设计伦理，需要阐明城市设计的价值目标，提出城市设计的伦理原则，从伦理维度回应“什么是一个好的城市设计”这一价值命题。正如美国城市设计师约翰·伦德·寇耿所言：“城市建设者们需要一套全局性原则，以唤醒人们对改善与保证城市生活质量基本问题的思考。同样重要的是，设计师必须保护并提升所有城市赖以生存的自然环境。这些原则可有力地说服城市利益相关方，使他们真正从创造宜居、可持续性场所的角度来思考城市发展。”[2]

1 孙一民. 践行“精明营建”理想的城市设计实践[J]. 建筑技艺. 2021，27(3)：12.

2 寇耿，恩奎斯特，若帕波特. 城市营造：21世纪城市设计的九项原则[M]. 赵瑾，俞海星，蒋璐，等，译. 南京：江苏人民出版社，2013：23.

第五章 城市公共空间设计伦理

伟大的城市，尤其是杰出的公共空间，还是会塑造出信任与合作的奇迹。[1]

——［加拿大］查尔斯·蒙哥马利（Charles Montgomery）

1 蒙哥马利. 幸福的都市栖居：设计与邻人，让生活更快乐[M]. 王帆，译. 南宁：广西师范大学出版社，2020：143.

贯穿城市规划全过程的城市设计，核心维度是公共空间设计。如果说城市规划是二维性工作，那么“城市设计涉及的是对城市公共用地做三维空间的设计”[1]。几乎所有关于城市设计对象的认识，都将组织城市建筑空间和公共活动空间视为核心内容。城市设计的公共空间向度特征，是城市设计的本质特征，“城市设计是一种主要通过控制城市公共空间的形成，干预城市社会空间和物质空间的发展进程的社会实践过程”[2]。

对城市公共空间的意义分析及其设计研究有不同视角。其一是从物质环境形态分析，强调物质空间的要素关系及结构功能，偏重于建筑学、城市设计学专业技术领域的实证研究；其二是从公共空间对人的交往模式和环境知觉、心理需要层面上所产生的影响分析，偏重于环境行为学或环境心理学方面的讨论，既有实证性分析，也有价值性评价；其三是分析城市公共空间所表达或蕴含的政治、思想与文化观念，包括社会伦理精神和伦理文化现象，偏重于人文视角切入，注重从规范性价值原则出发评价公共空间设计之优劣。本书试图在综合以上三个视角的基础上，重点探讨城市公共空间所蕴含的伦理因素，阐释城市公共空间的设计伦理。

一、多维视域的公共空间概念

公共空间是一个含义十分宽泛的概念。从学界对此问题的讨论来

1 金广君. 图解城市设计[M]. 北京：中国建筑工业出版社，2010：26.

2 刘宛. 城市设计概念发展评述[J]. 城市规划. 2000（12）：20.

看，20世纪50年代以来，“公共空间”概念成为社会政治文化领域和城市设计领域的共同术语，故而至少有政治文化意义上的公共空间概念，以及城市设计领域基于物质环境（或建成环境）意义上的公共空间概念。厘清两种视域下公共空间的含义及其相互关联有重要意义，“城市公共空间概念的生成和转变不是单纯物质环境建设风格转变的问题，而是包含一系列话语，暗含了不同时代、不同群体在意识形态、政治诉求、空间权力和利益方面的冲突和协调的问题。缺少对术语历史语境及其相关社会学理论的了解，很难理解当今学术界关于‘城市公共空间’建设的困惑和争论，也很难在实际的设计中贯彻‘公共空间’核心理念”[1]。

（一）政治文化视域下的公共空间

政治文化意义上的公共空间，经常用“公共领域”（public sphere）这一概念来表述，这是当代社会哲学家提出的一个关乎民主化的概念。在此维度上，公共领域源自古希腊时期雅典的polis，即城邦概念。城邦的兴起对古希腊人来说，意味着除了私人生活之外，还接受了另一种生活，即公共政治生活。雅典城邦是公民平等互动所构成的生活秩序，它最重要的成果之一是促进了公共生活的充分发展，使城邦成为培养公民的民主意识与公共精神的最佳场所。古希腊公共生活以市政广场为中心，但并不意味着它只是在这一特定场所进

1　李莎莎．“城市公共空间”概念辨析与理念再思考[J]．城市建筑．2021（28）：137.

行，神庙、露天剧场、运动场、柱廊长厅等城市空间，共同构成城邦公共生活的物质载体。法国学者让·皮埃尔·韦尔南将城邦领域（sphere of the polis）即公共领域的出现，视为希腊城邦的本质要素，并指出："城市一旦以公众集会广场为中心，它就成为严格意义上的城邦"，"我们甚至可以说，只有当一个公共领域出现时，城邦才能存在。"[1]

20世纪50年代以来，西方关于公共领域概念的讨论，以汉娜·阿伦特与尤尔根·哈贝马斯（Jurgen Harbermas）为最重要的理论来源。阿伦特的"公共领域"概念经常被人称为"古典型的公共领域"，因其援引的理论资源主要来自古希腊的政治经验，并在古希腊政治文明的意义上使用诸如"自由""政治"等概念。阿伦特把人的活动分为三种：即劳动、工作与行动。她认为，劳动是人类在生物过程和自然环境中采取的活动模式，本质上服务于自然的生命过程，目的是提供生活所必需的消耗品；工作是与人存在的非自然性相应的活动，它提供了一个不同于自然环境的人造的世界，被手段与目的范畴所决定；而行动是唯一不需要以事物为中介的，直接在人们之间进行的活动，实际上是人类之间的互动关系，排除了任何仅仅是维持生命或服务于谋生的目的，不再受到肉体性生命过程那种封闭性的束缚。阿伦特认为，所有的人类活动都依赖于人们共同生活的事实，但只有行动在人类社会之外是无法想象的。因为，只有行动才完全依赖他人的持续在场，也就是说，只有行动才是真正严格意义上的公共领域。由此，阿

1 韦尔南．希腊思想的起源[M]．秦海鹰，译．北京：三联书店，1996：34，38.

伦特从“劳动—工作—行动”的划分中引导出“私人领域—社会领域—公共领域”的三分理论框架，创建了新的公共领域理论。她认为，公共领域不是一个固定不变的实体，广场、舞台、议事厅或街头等物质环境空间，只有当人们以言行的方式聚集在一起，就共同关心的事情彼此交流时，才成为真正的公共空间。因此，公共空间是一个由人们透过言语及行动展现自我，并协调一致行动的领域，它是一种“外观”，一种“井然有序的戏景”，它为每一个公民的参与提供了舞台，是一个显示自我即“我是谁”的独特场所。由此，不难理解阿伦特的观点：“从私生活而非政治体的角度看，私人领域与公共领域之间的区别，等于应该隐藏的东西和应该显示的东西之间的区别。”[1]阿伦特认为，公共领域的“公共”这一术语，首先，意味着任何在公共场合出现的东西都能够被所有人所看到和听到，有最大程度的公开性；其次，“公共”一词表明了世界本身，“在世界上一起生活，根本上意味着一个事物世界（a world of things）存在于共同拥有它们的人们中间，仿佛一张桌子置于围桌而坐的人们中间。这个世界，就像每一个‘介于之间’（in-between）的东西一样，让人们既相互联系，又彼此分开”[2]。概言之，阿伦特对公共领域概念有两种基本理解，一种指的是表象的空间，另一种是所有人共有的地方，即人们共同拥有的世界。作为一种表象空间的公共领域，指的实际上是一个主体间性的空间，在此空间中，人们通过他们共同的言语与行动，引发人类的政

1　阿伦特. 人的境况[M]. 王寅丽，译. 上海：上海世纪出版集团，2009：47.

2　阿伦特. 人的境况[M]. 王寅丽，译. 上海：上海世纪出版集团，2009：32-34.

治活动。作为一种共同拥有世界的公共领域，这是一个与私人空间和自然空间不同的领域，是人们自己创造的特殊的人类世界，为人们的政治生活提供了舞台。

哈贝马斯的公共领域概念得益于阿伦特，并在阿伦特思想的基础上构建了更为宏大的公共领域概念。他首先从历史维度出发，用“公共领域”的概念来表述人类历史的一个特定阶段，即近代资本主义社会的结构性特征，在其著作《公共领域的结构转型》中对此做了深入阐释。[1]哈贝马斯认为，资产阶级公共领域是现代民主社会的产物，它与过去曾有过的各种公共领域类型有根本不同。他认为，西方历史中出现过三种类型的公共领域，即早期古希腊公共领域、封建社会的代表型公共领域和资产阶级的公共领域。古希腊公共领域是建立在城邦民主制基础上的公民公共生活领域，它与自由民所特有的私人领域泾渭分明，其公共领域的公共性完全不同于近代；欧洲中世纪的代表型公共领域是指某些社会力量，以世袭或神的名义自居为社会大众的代表，从而垄断公共生活内容与形式的一类公共领域。它是一种异化的公共领域，是一种地位的标志和特权的体现，主要存在于权贵们的出行、庆典、对犯人的判决和行刑等场合。资产阶级的公共领域是18世纪末西欧市民阶级在与君主专制的斗争中，在崇尚自由竞争的市场经济中发展出的一种被制度保障的平等、自由的对话空间，旨在形成公共舆论、体现公共理性精神，是一种介于公共权力领域与私人领

1 哈贝马斯．公共领域的结构转型[M]．曹卫东，王晓珏，刘北城，等，译．上海：学林出版社，1999.

域之间的中间地带，在此公共意见得以形成。“剧院、博物馆、音乐厅，以及咖啡馆、茶室、沙龙等为娱乐和对话提供了一种公共空间。这些早期的公共领域逐渐沿着社会的维度延伸，并且在话题方面也越来越无所不包：聚焦点由艺术和文艺转到了政治。这种联系和交往网络最终成了处在市场经济和行政国家‘之间’或‘之外’，但与两者‘相关’的某种市民社会的基本要素。”[1]哈贝马斯认为，自由主义模式的资产阶级公共领域是公共领域的理想范型。他还以此为抽象标准，批判了公共领域在晚期资本主义社会中所发生的结构转型，以及由此带来的资本主义政治制度的合法性危机等问题。

从阿伦特和哈贝马斯对公共领域的阐释可以看出，他们共同强调通过话语的交流实现公共性的建构，政治文化意义上的公共空间指的并非拥有固定边界的物理空间，即一个公共建筑或者公共场所，而是一个能被附加许多外在属性并与具体的实体空间相区别的范畴。[2]需要说明的是，处于数字时代的当代，以网络社交媒体而非咖啡馆或沙龙为“场景”的现代公共领域，远不是哈贝马斯和阿伦特所描绘或构想的那种理想化的公共领域，能够形成统一的公众舆论，而是“规模不同、相互重叠、相互联系且呈现不断发展和复杂马赛克状态的公共领域”[3]。

1 哈贝马斯．关于公共领域问题的答问[J]．梁光严，译．社会学研究，1999（3）：35.

2 王宝霞．阿伦特的“公共领域”概念及其影响[J]．山东社会科学，2007（1）：14.

3 SALIKOV A. Hannah Arendt, Jürgen Habermas, and rethinking the public sphere in the age of social media[J]. Russian sociological review, 2018, 17(4): 89.

（二）城市设计视域下的公共空间

城市设计视域下的公共空间，一般指物质环境意义上的公共空间概念，它是城市整体的有机组成部分，是城市物质性的实体空间，“对城市公共空间或者城市空间作为客观的、实体的、容纳人及其活动的物质空间属性的研究构成了城市设计学科的主要内容”[1]。

在城市设计领域，公共空间至今没有一个完全统一而明晰的界定。李德华主编的《城市规划原理》指出：“城市公共空间狭义的概念是指那些供城市居民日常生活和社会生活公共使用的室外空间。它包括街道、广场、居住区户外场地、公园、体育场地等……城市公共空间的广义概念可以扩大到公共设施用地的空间，例如城市中心区、商业区、城市绿地等。”[2]邹德慈从空间与建筑实体的关系出发，将城市分解为两种空间：一种是建筑物的内部空间，即室内空间；另一种是由建筑物的外壳界面与自然环境所构成的空间，称为开敞空间。城市的开敞空间依据其权属性质可分为公共空间、半公共空间和私有空间。公共空间即公共开敞空间，是向所有城市居民开放，为公众共同使用的空间。[3]王鹏认为：“城市公共空间是指城市或城市群中，在建筑实体之间存在着的开放空间体，是城市居民进行公共交往活动的开放性场所，为大多数人服务；同时，它又是人类与自然进行物质、能量和信息交流的重要场所，也是城市形象的重要表现之处，被称为城

1 陈竹，叶珉. 什么是真正的公共空间？西方城市公共空间理论与空间公共性的判定[J]. 国际城市规划，2009（3）：44.

2 李德华. 城市规划原理[M]. 3版. 北京：中国建筑工业出版社，2001：491.

3 邹德慈. 人性化的城市公共空间[J]. 城市规划学刊，2006（5）：9.

市的‘起居室’和‘橱窗’。”[1]2016年联合国住房与城市可持续发展会议人居三议题文件中，将公共场所（空间）界定为：指所有公有或者用于公共用途的场所，所有人均可进入并免费使用，为非盈利性场所。这类场所包括街道、开放空间以及公共设施。

英美学者在理解城市设计视域下的公共空间时，比较强调场所的可进入性或可达性、非私密性和共享性。阿里·迈达尼普尔认为，“公共空间被描述为多用途的可达空间，与家庭和个人的专属领域区分开来。从规范意义上说，如果空间是由公共部门提供和管理的，并且它关系到所有公众，它们是对公众开放的，并由社区的所有成员使用或共享的，那么这些空间就是公共空间”[2]。维卡斯·梅赫塔（Vikas Mehta）认为，城市公共空间是面对大众开放的、供公众使用的空间，是或主动或被动的社会行为发生的场所，公共空间中人们的行为受到空间使用管理规则的约束。[3]玛格丽特·柯恩（Margaret Kohn）认为，现代公共空间是指城市中所有居民，无论其收入与身份，都可以免费（或以最低成本）并自由使用的空间系统，包括政府所有的及私人开发但向公众开放的场所。[4]卡尔·S. 弗朗西斯（Carr S. Francis）等学者认为，公共空间指“开放的、公众可访问的地方，人们参加团体和个人活动的地方”。他们提出的“当代城市公共空间类型学”仅指具有物理可达性的公共空间，排除了非物理意义上的“公共空间”，

1　王鹏. 城市公共空间的系统化建设[M]. 南京：东南大学出版社，2002：3.
2　MADANIPOUR A. Public and private spaces of the city[M]. London: Routledge, 2003: 204.
3　梅赫塔. 街道：社会公共空间的典范[M]. 金琼兰，译. 北京：电子工业出版社，2016：21.
4　KOHN M. Brave new neighborhoods: the privatization of public space[M]. London: Routledge, 2004: 11-14.

他们强调公共空间的需求、权利和意义属性。[1]还有学者认为，从城市规划设计的角度来看，公共空间的话语主要集中在一种具有可达性、围合性的空间情境上，例如城市的公共广场。但在其他学科如政治理论中，公共空间的含义略有不同，定义更为宽泛。[2]

由于城市公共空间所涉及的空间范围很广，其功能也不尽相同，因而产生了不同类型的公共空间。通常可按以下几种方式进行分类：一是按空间的外部形态区分。主要分为城市广场、公园、街道、公共绿地和滨水空间等几大类。二是按功能类别区分。有区分为居住型、工作型、交通型和游憩型四种类别的公共空间；也有区分为政治性、纪念性的公共空间，商业性、社交性的公共空间，休闲性、游乐性的公共空间，观赏性、标志性的公共空间，交通性的公共空间以及综合性的公共空间。此外，还可按用地性质和城市结构等级来划分，其间有交叉重叠。因此，对城市公共空间的研究与评价，需要多角度、多层次地综合分析。

在城市设计界，城市公共空间与城市开放空间、城市开敞空间经常替代使用，如前所述，李德华、邹德慈的界定实际上指的是开敞空间、开放空间、室外空间。周进认为，城市公共空间是城市开放空间系统中的一个子系统，“城市公共空间主要是城市人工开放空间，或者说人工因素占主导地位的城市开放空间”[3]。王建国认为，开放空间

1 CARR S, FRANCIS M, RIVLIN L G, et al. Public space[M]. Cambridge: Cambridge University Press, 1992: 50, 79.
2 CRUZA S S, ROSKAMMB N, CHARALAMBOUS N. Inquiries into public space practices, meanings and values[J]. Journal of urban design, 2018, 23(6): 797.
3 周进．城市公共空间建设的规划控制与引导[M]．北京：中国建筑工业出版社，2005：63.

是城市设计特有的也是最主要的研究对象之一，“开放空间意指城市的公共外部空间。包括自然风景、硬质景观（如道路等）、公园、娱乐空间等”[1]。可见，城市开放空间一般而言，指实体构件围合的室内空间之外的部分，即城市公共外部空间（不包括那些隶属于建筑物的院落），如自然风景、广场、公共绿地、休憩空间等。C. 亚力山大（Christopher Alexander）认为：“任何使人感到舒适，具有自然屏靠并可以看到更广阔空间的地方，均可称为开放空间。”[2]亚力山大突出了人们对于开阔的场所或景观的视觉感受。斯皮罗·科斯托夫（Spiro Kostof）认为：开放空间或公共场所是一个目的地，是为仪式和交往提供的一种具有特殊用途的舞台，除此之外，关于公共场所的概念还有两个方面的内容，一方面它与熟知的和偶然的邂逅相遇相联系；另一方面则是例行的公共事宜，如在这些场所里举行的纪念活动、狂欢、庆祝、公共表演等。[3]可以看出，科斯托夫更强调公共空间的社会本质。

城市设计视域下公共空间概念可以有更宽泛的理解，不属于开放空间的一些室内空间，只要为公众所拥有并为公众服务，也是一种公共空间。而且，随着城市公共空间多样化发展，城市公共空间已不再局限于传统概念中露天场所或外部空间的范畴，还纳入了建筑的室内公共空间、过渡空间和地下公共空间等，城市公共空间呈现立体化和室内化的特点。从这个意义上说，公共空间可理解为区别于私人空间

1　王建国．城市设计[M]．3版．南京：东南大学出版社，2011：108.

2　亚力山大．建筑模式语言[M]．王昕度，周序鸿，译．北京：中国建筑工业出版社，1989：112.

3　科斯托夫．城市的组合：历史进程中的城市形态元素[M]．邓东，译．北京：中国建筑工业出版社，2008：123.

的、面向公众开放使用的、容纳公共生活的空间。或者可以这样说，只要表现为人们常常聚集或邂逅的公共场所，甚至只要是陌生人能碰面的地方都是公共空间，“城市公共空间是些不同于私密性的区域，且成为这些区域媒介的具有多重目的的空间”[1]，“一个公共场所就是一个我能被任何‘一个可能碰巧出现在那里的人’观察到，这就是说，被那些我没有私人交情的人和那些不需同意就能进入与我的亲密互动中的人观察到”的场所。[2]

（三）两种视域公共空间概念的关联性

从表面上看，政治文化意义上的公共空间与城市设计物质环境意义上的公共空间概念似乎关联不大，前者关注和讨论的是一种社会和政治空间，后者讨论的是看得见、摸得着的物质性公共空间，但实际上这两个概念有着内在关联。主要表现在以下方面：

第一，政治文化意义上的公共空间需要物质环境意义上的公共空间作为其载体，物理空间不仅对无形的精神活动有心理暗示和诱导能力，而且物质空间还可能演变为社会空间和政治空间。

于雷指出：“物质空间在人类公共生活的发展史中，在各种生活机制的形成和运作中起到了重要的作用。在最早的城市中，公共空间与公共建筑在城市中的地位，就如公共生活在整个人类生活中的地位一样重要……可以说，空间作为一种载体已经成为公共生活机制的组

1 卡斯伯特．设计城市：城市设计的批判性导读[M]．韩冬青，王正，韩晓峰，等，译．北京：中国建筑工业出版社，2011：155.

2 GEUSS R. Public goods, private goods[M]. Princeton: Princeton University Press, 2001: 13.

成部分，它对公共生活所产生的影响在很大程度上配合了公共生活机制的运行。”[1]阿里·迈达尼普尔认为，物理意义上的公共空间能够与许多社会和政治哲学争论的主题联系起来，如把公共空间当作个人聚集的地点，有助于形成集体意识，把社区的幸福视为一个整体。[2]在古希腊城邦中，公民政治意义上的公共领域是以物理公共空间作为表象的，如市政广场、神庙、露天剧院、运动场等，它们容纳了市民所进行的各种公共活动。近代社会，在阿伦特那里，作为公共领域核心概念的“公共性”体现在一种区别于劳动和工作的“行动”中，行动意味着从私人领域过渡到公共领域。行动虽然不需要以物质实体为媒介，但作为由他人在场所激发的行动，物理意义上的场所或公共空间是不可或缺的。在哈贝马斯那里，具象或物理公共空间则演变为各种自发的公众聚会场所的总称，如广场、沙龙、咖啡馆、啤酒馆和俱乐部等，是广泛容纳众多功能、完整而有机的社会空间体系。可以这样说，没有物质环境意义上的公共空间作为依托，政治文化意义上的公共空间便无法实现。

以咖啡馆为例，从17世纪中叶开始，英国大多数城市涌现了大大小小的咖啡馆，据统计，到1675年，英格兰拥有3000多家咖啡馆（图5-1）。“咖啡馆的兴旺及持续的影响是西方城市历史之中最奇特的一章。”[3]此时的咖啡馆不单纯是一种休闲娱乐场所，它为学者、文

1　于雷．空间公共性研究[M]．南京：东南大学出版社，2005：28.
2　卡斯伯特．设计城市：城市设计的批判性导读[M]．韩冬青，王正，韩晓峰，等，译．北京：中国建筑工业出版社，2011：159.
3　吉罗德．城市与人：一部社会与建筑的历史[M]．郑炘，周琦，译．北京：中国建筑工业出版社，2008：207.

图5-1 17世纪的英国伦敦咖啡馆
来源：https://www.sylviaprincebooks.com/blog-list/2021/coffee-house-culture-in-18th-century-england

人、商业阶层、政治社团乃至普通市民提供了聚会、讨论、获得信息的场所，尤其是为公众提供了一个自由抒发观点和立场的场所。由于当时剑桥大学和牛津大学开设了多家相互竞争的咖啡馆，人们甚至称这些咖啡馆为“廉价大学”。在17世纪末期，伦敦出版的“咖啡馆的规章制度”中宣称：“绅士、手工艺人都可以到这里，他们不分贵贱坐在一起。”[1]虽然这样的标语或许夸大了咖啡馆的民主化功能，然而

1 吉罗德. 城市与人：一部社会与建筑的历史[M]. 郑炘，周琦，译. 北京：中国建筑工业出版社，2008：210.

至少它为不同社会背景的人聚在一起提供了空间，只要付了一杯咖啡的价钱，就有权利在咖啡馆里跟任何人说话。因而，哈贝马斯认为，咖啡馆为公共领域的兴起提供了一个场所，具有重要的社会功能，用一种市民性的公共领域机制取代了以往以权贵阶层为主的代表型公共领域，他引用某杂志的报道说明每一家咖啡馆都有固定的常客圈子：

每行职业，每个商业阶层，每个派别都有其钟爱的咖啡馆。法学家们在Nando或Grecian咖啡馆以及协会里讨论法学问题或学识问题，批评最新形势，交换最新的来自威斯敏斯特大厅的小点心……市民则在Garraway或Jonatan咖啡馆聚会，议论股票的涨跌，明确保险金的状况。文人们在Truby或Child咖啡馆就大学里的流行话题进行交谈，或对亨利·萨谢弗雷尔最近的布道进行考察。士兵们在查令街十字路口附近的老人或年轻人的咖啡馆聚集一堂，发泄他们的劳怨。St. James或Smyrna咖啡馆是辉格党的主要聚集场所，而保守党经常光顾的是Cocoa Tree或Ozinda咖啡馆，所有这些咖啡馆都坐落在圣詹姆士大街上。[1]

在法国，从18世纪启蒙运动到法国大革命前夕，政治家、哲学家们经常在咖啡馆或沙龙讨论哲学和政治，并成为一种经验和习惯。启蒙运动的重要代表人物伏尔泰、卢梭、狄德罗等人都时常光顾咖啡馆，并发表演讲。沙龙一词的原文salon，指客厅，这种小型公共空间是知识分子和革命者交流思想、批评时政的场所（图5-2），它和

1　哈贝马斯. 公共领域的结构转型[M]. 曹卫东，王晓珏，刘北城，等，译. 上海：学林出版社，1999：61-62.

咖啡馆、报纸一起被历史推向了公共舆论的最前沿，在大革命时代成为政治党派的集合地。法国启蒙思想运动的代表人物孟德斯鸠经常奔走于巴黎各著名沙龙，谴责法国社会的封建专制主义。他说："它们（沙龙）已经成为某种意义上的共和国，成员都非常活跃，相互支持帮助，这是一个新的国中之国。"[1]哈贝马斯认为，18世纪没有一位杰出思想家、作家不是在这样的讨论，尤其是在沙龙的报告中首先将其基本思想陈述出来的。[2]

图5-2 乔弗朗夫人的文艺沙龙，在场的人中有哲学家卢梭和阿朗贝尔
来源：生活图书公司. 理性时代[M]. 王克明，译. 济南：山东画报出版社，2003：68.

1 美森. 法国沙龙的女人[M]. 郭小言，译. 北京：中国社会科学出版社，2003：147.

2 哈贝马斯. 公共领域的结构转型[M]. 曹卫东，王晓珏，刘北城，等，译. 上海：学林出版社，1999：39.

需要补充的是，能够一定程度上“扮演”公共论坛的角色，类似近代西方城市咖啡馆和沙龙性质的公共空间，在晚清和民国时期的中国城市也有。长期致力于研究近代成都茶馆文化的学者王笛认为：“从‘物质’的‘公共领域’这个角度看，中国茶馆在公共生活中，扮演了与欧洲咖啡馆和美国酒吧类似的角色，中国茶馆也是一个人们传播交流信息和表达意见的空间。”[1]但相对于沙龙的主要占有者是上层人士和知识分子，近代中国城市的茶馆则是各色人等、贩夫走卒的聚会场所和交往中心，是民间政治和地方政治的大众舞台，也是一个政治权力发挥作用的独特场所（图5–3）。

第二，物质环境意义上的公共空间虽然是具备承载使用活动功能的物质空间，可以用数理方法准确描述，但它绝非单纯的物质空间形式，它是社会生活的“容器”，是历史的“舞台”，承载着人们的生活和记忆，具有多种社会功能，蕴含丰富的精神、文化与政治要素，一直与人的价值观或意识形态领域相联系。

美国城市社会学家罗伯特·帕克（Robert Park）指出：

城市不单单是若干个体的聚集，也不单单是街道、建筑、电灯、电车、电话等社会设施的聚集；同样，它也不单单是各种机构与行政管理设置——诸如法庭、医院、学校、警察，以及各部门的公职人员一一的汇聚。它更是一种心智状态，是各种风俗和传统组成的整体，是那些内在于风俗之中并不断传播的态度与情感构成的整体。换言之，城市并不只是一种物理装置或人工构造。它就内含于那些组成它

1　王笛．走进中国城市内部：从社会的最底层看历史[M]．修订本．北京：北京大学出版社，2020：178-179.

图5-3 抗战时期成都的一家露天茶馆，李约瑟（Joseph Needham）摄
来源：王笛．显微镜下的成都[M]．上海：上海人民出版社，2020：79.

的个体的生命过程之中，因而，它是自然的产物，尤其是人之自然，即人性的产物。[1]

帕克的观点说明，城市不是各种建筑和公共设施的简单聚合，不是单纯的物质空间形态，城市从起源之初便体现为由人的社会属性所决定的某种社会结构和精神特质，而城市公共空间尤其表达了城市的这一深层内涵。因此，城市公共空间的本质，体现了作为市民场所的物理属性与社会属性的耦合，空间成了由具体的场景和人的出场所组

1 帕克．城市：有关城市环境中人类行为研究的建议[M]．杭苏红，译．北京：商务印书馆，2016：5.

成“舞台”，不同的人之间彼此共存在场又相互影响交流。实际上，“公共空间”概念的出现，标志着在建筑和城市领域中出现了新的文化意识，即从现代主义所推崇的功能至上的原则，转向重视城市空间在物质形态之上的人文和社会价值，公共空间的本质属性也只有将物质空间环境同实体环境之上的社会意义结合才能得到认识。[1]德国学者迪特·哈森普鲁格（Dieter Hassenpflug）分析了城市公共空间与排他性的“政治空间”的区别，提出以下观点：

公共空间体现了社会的公正与宽容，作为公有财产平等地对所有人开放——无论他们是贫是富，来自何方，是主人还是过客。这种具有包容性的“公共空间”象征着市民在城市生活中的民主参与和使用城市设施的自由权利，它是作为政府个体的公民的空间，是汇聚着城市的文化特质、包容着多样的社会生活和体现着自由精神的场所。[2]

传统的公共空间，尤其是广场，本身的物质功能、经济功能往往被其凸显的政治文化和精神功能所冲淡。它或者是公民政治生活的空间，如雅典城邦的市政广场是召开公民大会的场所，公民大会通过的各项法令都刻在石碑上，然后公布于广场之上，城邦实施的独特政治制度——陶片放逐法投票地点也在市政广场；它或者是在各种周期性节日中举行仪式（主要是宗教仪式）的场所；或者是一种政治权力的象征物，如西方古典广场上有象征主权的权柱、歌功颂德的纪功柱、

1　陈竹，叶珉．什么是真正的公共空间？西方城市公共空间理论与空间公共性的判定[J]．国际城市规划，2009（3）：45.

2　哈森普鲁格．走向开放的中国城市空间[M]．上海：同济大学出版社，2005：13.

威风凛凛的君主雕像；或者是一个纪念与英雄崇拜的场所，承担着道德说教的功能；或者作为重要的日常交往场所成为市民谈论与参与时政、观察世态万象、体验归属感的地方。

现当代社会，随着汽车的普及以及分区规划概念的加强，尤其是随着网络生活普及，电子媒体的影响越来越大，导致公共性经验与共享的物质性空间分离。这种新的交流方式，使当今的公共领域，通常不固定在物质性的城市区域，很大程度上转移到网络等电子传媒的王国之中。公共空间形态呈现的非物质化和多元化，从根本上改变了人们体验公共生活、参与公共事务的方式，降低了人们聚集于城市公共空间的密度，传统公共空间的功能明显萎缩，甚至可以说，网络公共生活的兴起，已挑战了传统城市公共空间存在的必要性，导致了公共空间的物质性丧失。人们相遇与交流的方式发生了转变，至少网络空间向人们提供了无限的可能性，这种相遇与实际的共同在场无关，它是一种以网络为中介的人与人之间的互动。现在，许多发生在公共空间的社会交往活动与市政功能逐渐转移到网络领域，如休闲、娱乐、日常消费、信息的获取等。2020年以来人类所经历的大范围的“新冠”病毒感染，一方面要求人们在公共空间交往中保持适当的社交距离，另一方面也将更多原本发生在物理公共空间的行动转移至网络领域，越来越多的人待在家里使用网络或远程通信办公或学习。

然而，虚拟公共生活建立的中介性互动关系，代替不了真实的面对面接触所形成的直接互动关系。公共空间所提供的由人之共同存在而产生的交往行为，不仅是融合不同阶层社会关系的有效手段，同时它作为私人领域的平衡机制，也有利于强化人们的地方归属感。现实中的人们需要在真实的而非虚拟的公共空间中面对面地交流与互动，这乃是人性的需求和健康的公共生活的基础，其特殊的社会文化价值、心理价值与精神价值，是网络公共空间和私人空间不能完全替代的。例如，“新冠”病毒传播期间活动受限的人们反而格外渴望走出家门，到公共空间中放松，体验一种社区归属感。美国东湾公园区于2020年7月开展了一项调查，超过20%调查对象每周都会去往本区73个公园中的一个，这是2019年调查数据的4倍。[1]2020年6月，巴西圣保罗大学全球城市计划进行了以衡量疫情如何改变圣保罗居民与公共空间关系的调研，在收集的数据中，有一个数据引起了研究人员的注意，即有86%的受访者希望在公园和广场等环境中度过时光。研究人员解释说，这项研究表明，人们对开放空间有强烈的渴望，绿色空间具有提高人们生活质量的潜力，人们需要健康的身体和心理状态，这是在疫情之前未有过的。[2]对此，美国学者 H. 乔治・弗雷德里克森（H. George Frederickson）指出：“健康的公共生活是围绕着人们在无数次分离聚散的场合，与出出进进的人们不断地互动而进行的。这种公共生活是真正的公共生活，是人类体验的一种有效方式，和其他更为亲密的人类互动方式一样，这种公共生活能够证明共同的、共享的生活是有效的。”[3]

1 相欣奕. 全球城市观察：疫情下，人们对公共空间有了更高的期待. 澎湃新闻[J/OL].（2021-03-01）. https://www.thepaper.cn/newsDetail_forward_11458156.

2 GARCIA C. 疫情后的城市广场，重新定义公共空间[EB/OL].（2020-12-09）. https://www.archdaily.cn/cn/952889/yi-qing-hou-de-cheng-shi-yan-chang-zhong-xin-ding-yi-gong-gong-kong-jian.

3 弗雷德里克森. 公共行政的精神[M]. 张成福，等，译. 北京：中国人民大学出版社，2003：44.

二、城市公共空间的伦理意蕴

城市设计视域下的公共空间蕴含丰富的社会文化与精神价值，它包含文化价值、历史价值、政治价值、宗教价值、伦理价值、教化价值、交往与归属价值等。本书将主要以最能够体现城市设计思想的“广场”为范型，阐述公共空间的伦理价值及其与此相关的精神和文化价值。

（一）公共空间的政治伦理价值

在对政治文化意义上的公共空间与物质环境意义上的公共空间的阐述中，可以明显感受到公共空间所具有的政治伦理和宗教伦理价值。例如，自从雅典卫城成为公共文化圣地之后，古希腊城市便不再以宫殿为中心，而以市政广场作为公民的日常生活中心（图5-4）。“这里有一排排柱子、公共建筑、商品摊位、花园和遮阳的树木。这个面积400公顷的广场是城邦繁荣和活跃的商业、社会和政治生活的中心。乡下的人们在这里出售他们的物品，城邦公民在这里讨论新闻，外国游人在这里交流轶事趣闻，地方行政官员在这里处理城邦的日常事务。在一些特殊的日子里，人们可以看到哲学家苏格拉底同那些诡辩家们进行辩论。”[1]市政广场虽然具有商业与文娱交往等多种社会功能，但从某种意义上说，它首先是一个宗教与政治活动的场所，

1 弗莱明，马里安. 艺术与观念（上）[M]. 宋协立，译. 北京：北京大学出版社，2008：28.

图5-4　古希腊雅典市政广场复原想象图
来源：https://www.re-thinkingthefuture.com/architectural-styles/a4622-elements-of-ancient-greek-architecture/

一方面，它为公民以敬神的名义所举行的各种仪式提供了一个空间；另一方面，它又是城邦公民共同参政议政、自由发表言论、表达民主权利的政治生活空间。

罗马共和国时期的市政广场（forum），同样既是市民聚会和商品交易的场所，也是城市的政治活动中心及宗教生活和精神生活的重要物质载体；同时广场对司法机构也有着重要意义，审理民事案件时，地方执行官按法律的规定必须身处广场，这使广场一定程度上成为民主和法治的象征。例如，庞贝的集市广场上（图5-5），围合广场的公共建筑除了有店铺和作坊外，还包括市政机构、神庙，以及公民议论政事和仲裁纠纷的厅堂——巴西利卡（Basilica）。罗马帝国时期，由于中央集权的强化，广场在空间造型上强调对称、规则和突出局部的权力几何学，并成为君主和权贵们树碑立传、歌功颂德的场所，"皇帝的雕像开始站到广场中央的主要位置。广场群以巨大的庙宇、华丽的柱廊来表彰各代皇帝的业绩。广场形式又逐渐由开敞转为封闭，由自由转为严整，其目的在于塑造一个供人观赏的三度空间艺术组群"[1]。"从罗曼努姆广场到图拉真广场，形制的演变，清晰地反映着从共和制过渡到帝制，然后皇权一步步加强直到神化的过程。"[2]兴建于公元109年至113年的图拉真广场是罗马规模最宏大的广场（图5-6），广场轴线对称，有多层纵深布局，具有特殊的空间尊严感。正门是高大雄伟的拱门，两侧敞廊在中央各有一个直径45米的半圆厅，构成广场的横轴线。广场内不仅有由四列近11米高的柱子所支撑的会堂，还有图书馆、商业中心和描绘达契亚战争的纪功柱。广场中央不仅矗立着驾驭战马的图拉真铜像，而且建筑群的装饰还极尽对图拉真皇帝的颂扬，尤其是高38.7米的纪功柱达到颂扬的顶峰，柱身布满由23个圈组成的螺旋形浮雕带，浮雕带刻画了图拉真征服达契亚人的曲折过程，极具叙事性，成为以建筑艺术与广场空间的设计形态表达政治伦理的典范，今天，当人们参观罗马图拉真广场遗址时，仍旧能够感受到君权力量的历史回响。总之，罗马市政广场空间设计的

1 沈玉麟. 外国城市建设史[M]. 北京：中国建筑工业出版社，1989：42-43.

2 陈志华. 外国建筑史[M]. 3版. 北京：中国建筑工业出版社，2004：74.

图5-5　庞贝集市广场复原想象图
来源：http://www.ancientvine.com/pompeii.html

图5-6　图拉真广场复原想象图
来源：https://colosseumrometickets.com/trajans-forum/

演变，鲜明地表现出建筑形制与政治制度、政治伦理的密切关系。

中世纪是西方文明承上启下的时代。由于教会力量的强大，城市生活以宗教活动为主，充满宗教氛围，正如马克斯·韦伯（Max Weber）所说："中世纪的城市仍然是个礼拜联合体。城市的教会、城市的圣徒、市民参与圣餐以及教会宗教节日的官方庆典，所有这一切都是中世纪城市的显著特征。"[1]在此背景下，城市不单单是政治、经济与文化中心，也是宗教中心。宗教集会离不开公共空间，以教堂建筑为主体，与宗教仪式和宗教庆典相结合的广场，成为城市的重要象征符号和公共生活的主要场所，并影响城市的整体布局，"主堂得以摆脱院落的限制，直接与城市公共空间相融合，正是始于这一时期。与罗马时期的内向广场不同，中世纪欧洲的城市得益于至高无上的宗教氛围，使城市围绕共同的生活中心取得空间和视觉形象上的统一"[2]。

实际上，尽管中世纪西方城市宗教空间的影响巨大，但中世纪城市如同其他时代的城市一样，世俗之地仍是其底色，中世纪城市的广场既是举办宗教庆典的场所，也是城市人寻找乐趣的场所。文艺复兴时期前后，城市中以教堂为主的宗教建筑开始退居相对次要地位，体现人文主义精神的世俗建筑、街道和城市广场成为城市的主要景象，广场在功能上表现出较强的公共性和多元性特点，并和市民生活密切结合，这些特征在一些意大利城市，如锡耶纳、佛罗伦萨、威尼斯的广场中表现得尤其明显。例如，锡耶纳的坎普广场（Piazza del

1 韦伯. 经济与社会：第2卷[M]. 阎克文，译. 上海：上海人民出版社·世纪文景，2020：1169.

2 金秋野. 宗教空间北京城[M]. 北京：清华大学出版，2011：91-92.

Campo，又译为田野广场）被认为是欧洲中世纪最伟大的广场之一，这个呈扇贝形的美丽广场位于城镇中心，形似古希腊露天剧场，地面铺装的是鱼骨图案的红砖，并被分成九个分格，隐喻14世纪时统治锡耶纳的权贵家族所构成的“九人政府”。广场与城市主要道路并不直接相连，而是被巧妙地设计在道路的转弯处，使之呈半围合状，保证了广场空间的完整性和相对封闭性（图5-7）。直到今天，坎普广场还承载着城市里的许多重要节庆活动，从13世纪起它就是一年两度的锡耶纳帕利奥赛马节的举办地。

从文艺复兴盛期到巴洛克风格晚期（16世纪中期—18世纪中期）约200年的时间里，广场的设计理念和人文背景在一些主要的欧洲城

图5-7　意大利锡耶纳城坎波广场
来源：https://www.afar.com/places/piazza-del-campo-siena

市经历了根本性的变化，反映到空间形态上，则是市民广场特征的基本丧失，广场与城市街道一起，不仅成为创造城市景观的重要手段，而且基本上被改变为个人纪念碑的展示场地，变成象征绝对君权的工具，而不是为平民百姓提供城市公共生活的舞台。[1]例如，由路易十四下令修建的旺多姆广场（Place Vendôme），建造于1699—1701年，1702年奠基，最初叫“征服广场”，后来又改称“路易大帝广场”。广场平面为抹角矩形，周围整齐划一的连排房屋突出严格的秩

图5-8 佩雷勒兄弟绘制的法国巴黎路易大帝广场（即旺多姆广场）
来源：科斯托夫. 城市的组合：历史进程中的城市形态元素[M]. 邓东，译. 北京：中国建筑工业出版社，2008：162.

1 叶珉. 城市的广场. 新建筑[J]. 2002（3）：7-8.

序感，直至1792年广场中央一直矗立着一座路易十四骑马铜像，展示君权的中心地位（图5-8）。1806年后，拿破仑下令用一座类似于罗马图拉真圆柱的更为巨大的纪功柱替代路易十四铜像，以此纪念奥斯特利茨战役，在圆柱的基部刻着下列铭文："这一伟大建筑由拿破仑大帝为颂扬伟大军队之荣耀而建。"

19世纪以后，从阿伦特和哈贝马斯对"公共空间"的阐述中，可以看出城镇广场、剧场、沙龙、街道等公共空间，成为通过公开、平等而自由的讨论与对话来说服民众和影响立法的最佳场所。而且，此时期的市政空间（市政厅与市政广场）为突出其作为公众权利的象征，市政厅建筑的体量开始增大，并通过柱列、对称式布局、厚重的基座与突出的入口加强整个建筑的纪念性和庄严感。[1]

尼采说："建筑物应该体现骄傲，体现重力的胜利和权力的意志；建筑艺术是表现为形式的一种权力之能言善辩的种类，它时而诲人不倦，甚至阿谀奉承，时而断然号令。最高的权力感和安全感在伟大的风格中得以表现。"[2]公共空间同建筑一样，同样可变成意识形态的工具，成为一种权力的雄辩术，体现出强烈的政治意义。"政治体制对于城市广场的产生和发展起着决定性作用，它同时也直接影响到城市广场的形态。在整个艺术世界中，没有哪个领域像建筑和城市设计这样受到政治意识的强烈左右，建筑和城市空间展示着一个政治社会的真实面目。"[3]一些大中型广场，尤其是纪念性广场、宏伟的集会或检

1　赵松乐，丁华．由政治思想演变看西方市政空间的发展[J]．华中建筑，2003（3）：85.

2　尼采．偶像的黄昏[M]．卫茂平，译．上海：华东师范大学出版社，2007：126.

3　蔡永洁．城市广场[M]．南京：东南大学出版社，2006：81.

阅用广场，往往以气魄宏大的空间尺度来象征政治权威，彰显君主“重威”，表达其政治伦理功能。如上面提到的罗马帝国时期的广场和一些巴洛克风格的广场，便是统治者权力与荣耀的象征。为拿破仑纪功的凯旋门矗立在由12条放射路集中的星形广场上，以凸显其地位（图5-9）。而始建于1757年，最初以路易十五的名字命名的巴黎协和广场，建造的直接目的是安放路易十五的骑马铜像，并向世人展示他的集权统治以及皇权的至高无上，后在法国大革命时期被当作展示王权毁灭的舞台。1789年7月，巴黎人在攻占了象征法国专制王朝的巴士底狱后不久，就挥舞着代表“自由、平等、博爱”的三色大旗，涌

图5-9 为拿破仑纪功的凯旋门矗立在由12条放射路集中的星形广场上，以凸显其地位
来源：https://www.parismatch.com/Actu/Environnement/

到该广场，推倒了路易十五的铜像，并将广场改名为“革命广场”。1793年1月，以基罗廷命名的断头台矗立在自由广场。这个被法国人称为“国家的剃刀”的断头台，启用后仅一年就有4000人殒命，成为大时代的法场。1795年，断头台被移出革命广场。为纪念战争的结束，满足人民祈望和平的愿望，巴黎人民对广场进行了重建并将其更名为“协和广场”。

中国古代都城皇宫前的宫廷广场同样也彰显着皇帝的九五之尊（图5-10），“其目的就是要通过（宫廷正门前方）一带开阔的空间，来显示帝王宫阙的庄严与壮丽，从而给人以‘九天阊阖’的感觉；同

图5-10　紫禁城太和门广场，气势恢宏，彰显皇权至上

时，也是企图借此限制庶民百姓接近宫城，使宫城门禁显得更加森严”[1]。需要说明的是，中国传统城市在其历史进程中，对待公共空间的态度与西方城市截然不同，宫殿建筑统帅整个城市的布局，公共空间在城市布局中只占从属地位，尤其是忽视空间的公共性。从城市空间布局来看，为了便于统治者统治，强调空间的封闭性与内外分割性，从未产生过欧洲城市中作为“市民中心”的城市广场。唐代的坊市制度，除了空间的封闭性，城市居民在活动时间上也受严格的限制，唐代诗人长安中鬼在《秋夜吟》中感叹“六街鼓歇行人绝，九衢茫茫空有月”。宋代以后，随着坊市制渐溃，城市公共生活开始丰富，出现了城市广场的萌芽，如宋代出现的以“勾栏”为中心的“瓦子”，以及定期开放的庙会广场，但最终未能发展成熟，城市以统治者需要为主体的观念和格局并未根本改变。虽然皇宫前一般有较大的场院，衙署前有前庭，但都不供公众活动使用，要求民众“回避”“肃静”，其功能主要是展示皇家至高无上的专制地位和维护官府权威。明清紫禁城的建筑空间序列主次分明，尊卑有别，三大殿前面的广场十分宽阔，然而普通人绝难进入。如果我们将隶属于重要建筑物（主要是宫殿）的场院，看作一种特殊形式的广场，那么可以说，中国古代城市的广场空间形态反映的是封建等级秩序的政治伦理属性，是皇权政治在城市空间上的一种物化表现。

城市公共空间的政治伦理价值还体现在它作为一种空间载体，

1 侯仁之．北京城的生命印记[M]．北京：三联书店，2009：181.

隐性表达着对社会公平和公民权利的诉求，或者说在一定程度上是追求民主自由精神的物化象征。自19世纪以来，城市公园除了供市民休憩之外，还一直被看作孕育民主的温床。在意大利，公众运动被称为“广场运动”，并且“到广场去”是武装反抗的一种委婉说法。[1]在英国，位于伦敦市中心的海德公园原是英国皇家的一个保护地，17世纪30年代开始向公众开放，后来逐渐成为英国人表达言论自由、举行各种政治集会和其他群众活动的场所，有著名的“演讲者之角”（Speakers' Corner），也称为“自由论坛”，这个传统一直延续至今。从19世纪末起，海德公园还成为英国工人集会和示威游行的地方。每当有大规模的示威游行，参加者首先从各处赶到海德公园，集合后再前往市内主要街道游行。在中国，20世纪初，北京、上海等中国大城市引入了公园等现代公共空间，一方面为市民提供了新型的休闲娱乐空间，另一方面公园也成为当时的重要政治空间，“中国公园为公众参与近代中国的政治变革提供了公共空间。经常在新创立的公共空间举行的群众集会强化了城市人民要求参与制定国家政策的政治呼声，表达了他们对主权共和国民主理念的执着追求，这在封建帝制时代是闻所未闻的”[2]。

虽然一些城市社会学研究者认为，公共空间作为现代城市强有力的社会活动和政治活动的理想场所的价值已经逐渐丧失，但仍有不少学者坚信公共空间的政治伦理价值。夏铸久提出：“公共空间，是在

1 科斯托夫. 城市的组合：历史进程中的城市形态元素[M]. 邓东，译. 北京：中国建筑工业出版社，2008：125.

2 黄兴涛，陈鹏. 民国北京研究精粹[M]. 北京：北京师范大学出版社，2016：190.

既定权力关系下，由政治过程所界定的，社会生活所需的一种共同使用之空间。”[1]科斯托夫认为，“即使到了现在，公共场所也像一幅油画，上面描绘着政治和社会的变化。”[2]理查德·罗杰斯认为，“活跃的市民权和生动的都市生活是一个优秀的城市和城市文化特色的基本构成要素”，“公共领域是都市文化的剧场，它是市民权发挥作用的地方，它是城市社会的黏合剂。”[3]当代中国，政治伦理要求确立服务大众、公平共享的道德原则，广场、公园等公共空间是城市公共服务的重要组成部分，不仅有利于社会融合，还是孕育公共精神、公民责任乃至爱国主义情怀的重要场所，其政治伦理价值并没有因公共空间所发生的转型而消失。

（二）公共空间的隐性教化功能

公共空间本质上是“人—环境”互动的产物。公共空间在诱导人的行为、营造独特的情境教育氛围方面，具有特殊的作用，是一种潜移默化的陶冶情感和公民教育方式。

首先，一些富有纪念性、文化教育性和历史价值的公共空间，在其空间组合和诸多元素细节中包含了特定的信息和内容，并以其特有的象征性符号形成氛围和环境，间接性地表达或投射某种“意义”，或者反映一定的情绪和感受，或者象征某种精神和秩序，进而使人们

1 夏铸久．公共空间[M]．台北：艺术家出版社，1994：16.
2 科斯托夫．城市的组合：历史进程中的城市形态元素[M]．邓东，译．北京：中国建筑工业出版社，2008：124.
3 罗杰斯，古姆齐德简．小小地球上的城市[M]．仲德崑，译．北京：中国建筑工业出版社，2004：16.

受到感染与教化。同时，在公园、广场等公共空间举办的各种文化活动、庆典活动，一方面活跃了市民生活，另一方面以“寓教于乐”的方式达到了教化民众的目的。

例如，北京天安门广场具有强烈的政治伦理色彩与历史纪念意义，尤其是20世纪50年代对天安门广场的改造，改变了封建帝王至高无上的地位，展示了人民当家做主的新城市格局和精神面貌，成为满足人民群众举行大规模庆典、集会，展示国家形象和民族精神的象征性空间。侯仁之认为，中华人民共和国成立后对天安门广场的扩建，把一个旧时代严禁老百姓涉足的宫廷广场，改造为一个人民的广场，是北京城市发展史上的第二个里程碑。[1]作家刘心武认为，天安门广场“凸显着政治伦理意味。特别是当中的人民英雄纪念碑，仿佛天平的支柱，而一边的历史博物馆与另一边的人民大会堂，仿佛均衡的天平托盘，格外庄严肃穆。在这个广场举行的盛大游行集会，隆重的阅兵迎宾，以及每天清晨的升国旗等活动，使个体生命在其中获得与民族、国家、集体、时代、权利、义务的沟通与认同”[2]。天安门广场作为见证中国多个划时代意义庆典的公共空间，如开国大典、迎接香港和澳门回归庆典、建党100周年庆典，是几代人集体记忆的标志性符号，具有强大的道德感召力，是体验爱国主义情感的重要场所（图5–11、图5–12）。

1　侯仁之. 北京城的生命印记[M]. 北京：三联书店，2009：261. 侯仁之认为，北京城市规划建设的另外两个里程碑分别是：第一个里程碑是紫禁城，它是作为皇权统治中心的一个雄伟建筑，代表的是封建王朝统治时期北京城市建设的核心；第三个里程碑是北京城的中轴线向北发展，标志是奥林匹克体育中心建在北京城中轴线向北的延伸线上，显示出北京走向国际性大城市的时代已经到来。

2　刘心武. 城市广场的伦理定位[J]. 北京规划建设，2003（2）：48.

图5-11　1949年10月1日开国大典，步兵列队通过天安门广场

图5-12　2009年10月1日在天安门广场举行盛大的阅兵仪式和群众游行，庆祝中华人民共和国成立60周年

其次，基于环境行为学和环境心理学的一些研究表明，公共空间具有行为导向功能，它支持和鼓励某些行为或事件发生，限制或禁止另一些行为出现。德国心理学家库尔特·勒温（Kunt Lewin）提出过一个行为公式来表达人与环境的相互影响关系：$B=f(P, E)$，其中B代表人的行为，P代表人格及个体心理和个体意识倾向等因素，E代表环境因素，包括自然环境和社会环境，人的行为是人格特征（个体因素）和环境影响下的函数。勒温行为公式与他提出的“场”（field）理论直接相关，P和E两个变量共同构成生活空间即“场”，“场”作为一个人的生活空间决定了他们的行为。[1]当然，这个公式不可能是一个严谨的数学计算公式，它只是勒温对人与环境的互动关系所作的一个理论表达式。但不可否认的是，对人的行为产生重要影响的环境，包括人置身其中的公共空间环境。美国学者詹姆斯·威尔森（James Q. Wilson）和乔治·凯林（George Kelling）提出的“破窗理论”，也印证了空间环境的诱导性和行为暗示功能。这一理论认为，如果有人打坏了一个建筑物的窗户玻璃，而这扇窗户又得不到及时维修，其他人就可能受到某些暗示，而去打烂更多的窗户玻璃。久而久之，该场所成为滋生犯罪行为的温床。“破窗理论”揭示了一个简单的道理，即要防止环境中不良的集体行为发生，最好的方法莫过于不让破窗出现。而一旦出现了“破窗”，就应当尽快修复。对于公共空间而言，我们都有这样的感受，当我们置身于一个优美整洁的环境中的时候，它会

1　LEWIN K. Defining the “Field at a Given Time”[J]. Psychological review, 1943 (50): 292-310.

给我们一种无言的提示：这里不能随地吐痰，不能随手乱丢纸屑果皮，总之，“好的街道、人行道、公园和其他的公共空间会把人性中最好的方面发掘出来，为一个文明而谦恭的社会提供场景”[1]。因此，为了鼓励居民的公共文明行为，对公共空间的良好维护是十分重要的。反之，如果公共空间的环境脏乱差，或者公共空间管理不善，有了垃圾却无人及时清扫的话，对于其他人可就能会产生一种不良暗示：原来这里是可以丢垃圾的。接下来的事情就可想而知，慢慢地，环境可能变得越来越糟糕。

建筑环境与行为学研究领域的创始人之一阿摩斯·拉普卜特（Amos Rapoport）的观点同样说明了建筑环境与人的行为方式之间的关联。他认为，建筑环境是一种非言语的表达方法，“在许多情况下，环境通过提供线索作用于行为，人们靠这些线索来判断或解释社会脉络或场合，并相应行事。换言之，影响人们行为的是社会场合，而提供线索的却是物质环境”[2]。拉普卜特的重要推论是，建筑环境会引导行为范型，建筑环境会通过线索提醒人们怎么去活动，怎么去配合，应该做什么，“如果环境设计在一定程度上被看作是信息的编码过程，那么使用者则可被看作是对其进行译码”[3]。

现代建筑史上有一个较为典型的案例一定程度上印证了上述观

1 CARMONA M，等．城市设计的维度[M]．冯江，等，译．南京：江苏科学技术出版社，2005：105.
2 拉普卜特．建成环境的意义：非言语表达方法[M]．黄兰谷，等，译．北京：中国建筑工业出版社，2003：40-41.
3 拉普卜特．建成环境的意义：非言语表达方法[M]．黄兰谷，等，译．北京：中国建筑工业出版社，2003：41.

点，这就是日裔美国建筑师山崎实（Minoru Yamasaki）设计的普鲁伊特—伊戈居住区被美国圣路易斯市政府炸毁事件，该住宅的失败被视为为现代主义设计敲响了丧钟。普鲁伊特—伊戈居住区是“二战”后美国城市更新运动的产物，主要用于改善中心城市面貌和解决低收入家庭住房问题。这个项目由33幢11层高，包括2870个单元的住宅楼群组成。山崎实在设计中考虑到高层楼房可能会让人们失去原来的邻里交流空间，人与人之间的关系会变得冷漠，于是他在楼层中设计了旨在促进社区感的公共空间，如每3层楼都设计了一条宽敞的“空中走廊”，在走廊两侧还设置了屏障。他遥想的未来图景是：这里是社区公共交往中心，儿童在这里嬉戏，母亲们在此聚会聊天。然而，建成使用后的实际情形却让建筑师始料未及。两层共享一个电梯口的长长楼道，原本为邻居们增加见面机会之用，却方便了犯罪分子抢劫住户；设计师认为充满人文关怀的“空中走廊”变成了黑暗无人的巷道、死角，反而成为抢劫、吸毒、强暴等恶行的温床（图5-13）。因此，住户们在短暂性享受这片高层廉价房之后，大批的最初住户就开始搬离，慢慢地它变成了令人绝望的高犯罪率危险社区。1971年，可容纳15000人的项目，17幢楼里住了600人，另外16幢楼则空置。1972年3月，在整治无效之后，圣路易斯市政府将这个已成为“不宜居住项目”的住宅区全部炸毁。

如果说一些设计不合理或管理不善的公共空间容易引发不良行为，那么与之相反，品质良好的公共空间则可能带来积极的、正面的教育价值，有助于培养居民的公共意识和社区归属感，“建立一个富有生活气息、人情味的都市空间将更有利于加强个体间的情感联结，

图5-13　普鲁伊特—伊戈居住区的“空中走廊”
来源：https://www.okirobo.com/pruitt_igoe/

为道德的萌发提供强大的物质保障”[1]。同时，公共空间还具有防止某些违法行为发生的特殊功能，尤其是那些被闲置的或处于“飞地”的空间更新转变为对居民有吸引力的公共空间之后，通常周边区域的违法行为会减少，“犯罪学者们发现，无法直接衡量有多少犯罪是由开放空间和休闲机会的缺乏所导致的，但是，大量的证据表明，当这类设施得到改进时，犯罪率通常会降低——有时是大幅度的”[2]。

1 李建华. 道德原理：道德学引论[M]. 北京：社会科学文献出版社，2021：565.
2 马库斯，弗朗西斯. 人性场所：城市开放空间设计导则[M]. 俞孔坚，孙鹏，王志芳，等，译. 2版. 北京：中国建筑工业出版社，2001：81.

哥伦比亚两大城市波哥大和麦德林在过去20年间所发生转变就是一个很好的例证。波哥大和麦德林都曾是犯罪率很高的城市，尤其是麦德林曾经是世界上最危险的“毒枭”城市。从20世纪90年代末开始，波哥大政府通过幸福都市项目提升市民归属感，通过公共空间建设如新建公园、自行车专线等举措，使城市面貌发生巨大改观。在2013年9月的TED演讲中，曾任波哥大市长的恩里克·潘纳罗萨（Enrique Peñalosa）说：“一个发达的城市并非一个连低收入群体都用汽车的城市，而是一个即使是高收入群体也希望使用公共交通的城市。”他认为，公园、步行街和公共交通对城市的幸福感、安全感至关重要。他甚至将步行公共空间的重要性等同于生活中的基本价值，如友谊、美丽、爱和忠诚。[1]通过公共交通基础设施（如公共交通和自行车道）与新建公共空间之间的便捷联系，波哥大保障了所有居民的“城市权”，正是公共空间让社区聚集在一起，建立新的关系，尊重彼此的生活（图5-14）。过去20年间，麦德林从曾经世界上最危险的“毒枭”城市，转变成全球知名的创新性和包容性城市，很大程度上也得益于人民事项优先原则下的公共建筑和公共空间建设，尤其在便捷的公共交通系统建设中得到突出体现。2003年由时任市长塞尔西奥·法哈多（Sergio Fajardo）发起的“基础设施促进社会融合”计划，取得了巨大成功。麦德林市郊山区的科玛纳斯是该市最贫穷、暴力犯

1 HURTADO P. Civic pride, social inclusion, and a sense of belonging: the main ingredients for sustainable cities[EB/OL]. (2021-10-12). https://urbanbreezes.com/.

图5-14　波哥大一处公园
来源：彼得拉·乌尔塔多（Petra Hurtado）摄。Petra Hurtado. Civic pride, social inclusion, and a sense of belonging: the main ingredients for sustainable Cities[EB/OL]. https://urbanbreezes.com/.

罪最严重的区域，该区域原来既缺乏便捷便宜的公共交通，也缺乏公共文化和教育空间。法哈多致力于通过城市设计和改造，利用公共空间和基础设施作为促进社会包容的手段，创造和提升就业机会和市民自豪感。除了新建埃斯帕纳图书馆公园（España Library Park）和作为公共交通的空中缆车等标志性工程外（图5-15），一些原本是流浪汉和毒瘾者聚集地的场所也纷纷改造成受市民喜爱的公共空间，从而显著降低了犯罪率。

（三）人性场所：现代城市公共空间的基本伦理价值

现当代，在大多数国家，宗教崇拜、政治力量、民主表达和道德教化已不再是公共空间追求和反映的主题，城市广场也不再像古希腊

图5-15　麦德林的埃斯帕纳图书馆公园与空中缆车
来源：彼得拉·乌尔塔多 摄。Petra Hurtado. Civic pride, social inclusion, and a sense of belonging: the main ingredients for sustainable Cities[EB/OL]. https://urbanbreezes.com/.

罗马和中世纪那样成为城市生活的轴心，它赖以存在的各种社会、经济、文化和实体环境条件也发生了巨大变化。而且，现代城市生活在内容和选择上变得多样，在电子沟通方式主宰社会生活的背景下，人们与物质性公共空间心理上的和实际使用上的依赖与联系比以往要薄弱。然而，这并不表明物质性公共空间对现代人不再重要了，而是向一种不同形式、不同功能和不同需求转变。

现代城市公共空间伦理价值的转型，集中体现在它作为人性场所、满足人性化需求这一精神与社会功能上，公共空间与人们的健康、归属感、交往需要和幸福感密切相关。致力于通过重新设计城市公共空间来提升人们生活品质的扬·盖尔，在城市设计领域开创了公共空间与公共生活研究的先河。他认为，公共空间作为聚会场所，是让人相遇和互动的空间，同时从长远看，公共空间还会带来更大的社会效益，对社会的可持续性与健康有重要意义。他指出："对城市规划的人性化维度关注的增加，反映了对追求更加美好的城市品质的一种明确的、强烈的需求。与为城市空间中的人改善和追求充满活力的、安全的、可持续的且健康的城市的梦想之间有着直接的联系。"[1]

"人性化"是一个内涵丰富的概念。哲学上讲的人性即人的特性，是指可以把人与动物区别开来的各种特性，主要强调人的社会属性和精神属性。如马克思指出："人的本质不是单个人所固有的抽象物，在其现实性上，它是一切社会关系的总和。"[2]城市设计语境中的"人性化"概念，主要是从人的生理、心理、社会、精神等需要层面界定的。现代美国人本主义心理学家亚伯拉罕·马斯洛（Abraham Maslow）提出的人的需求层次理论，即人们所熟知的"马斯洛金字塔"（图5-16），是对人性化需求的极佳诠释。马斯洛用生命存在心理学的方法，分析了人性化需求的过程和内容。他认为，人的内在需求是一个开放性、多层次的主动追求系统。人的最基本的需求是物质的满足和生理的需求，如温饱、睡眠、性等需求；人的第二层次的心理需求是对安全和保障的需求，如感到安全、受保护，基本上还是物

1 盖尔. 人性化的城市[M]. 欧阳文，徐哲文，译. 北京：中国建筑工业出版社，2010：7.

2 马克思，恩格斯. 马克思恩格斯选集：第1卷[M]. 中共中央马克思恩格斯列宁斯大林著作编译局，译. 北京：人民出版社，1995：60.

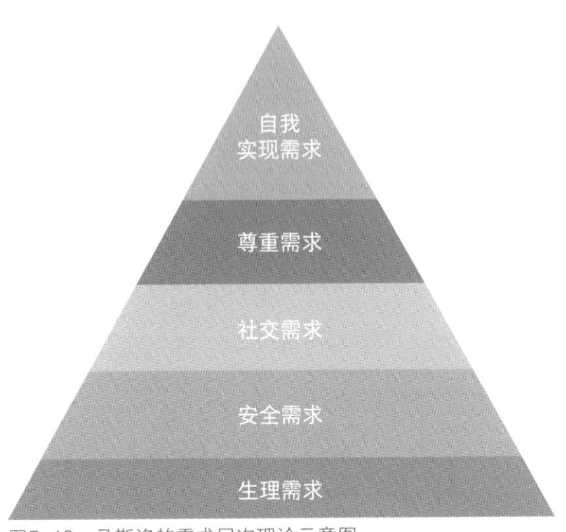

图5-16　马斯洛的需求层次理论示意图

质性的追求，不具备较为明显的精神性和道德性；人的心理需求的第三个层次是社交需要，是对归属、合群与爱等精神价值的要求，希望与他人在一起，有归属感，正是在这一层次人性的社会伦理价值开始彰显。我们讨论的现代公共空间作为人性场所的精神功能，主要就是指其满足这一层次的人性化需求。因此，城市公共空间人性化的主要特征是，公共空间不但给市民以舒适感和安全感，同时也全方位地满足市民的社交需求，给市民以充分的交往自由，是认知和体验城市的最佳场所。因此，城市的一条街道、一个广场、一处公园，它们如果能够良好地回应人的需求，增进人的归属感，那么就是理想的、人性化的公共空间。

为使公共空间人性化所做的努力，代表了赋予物质环境以伦理意蕴的努力。被誉为美国景观设计之父的弗雷德里克·劳·奥姆斯特德（Frederick Law Olmsted）认为，一个好的公共空间能让人们分享空间、了解彼此，从而帮所有人打破阻隔。[1]奥姆斯特德于1865年设计的纽约中央公园，至今仍是纽约人休憩交往、暂时逃离城市喧嚣的庇护所。作为人性空间，公共空间的人文伦理意蕴主要体现在以下两个方面：

第一，公共空间给人们提供了公共生活的机会，有助于满足人的合群、社交和归属需求。在现代城市中，普通市民以高层化、单元式居住模式为主，相比于传统民居和传统街区，这样的居住形式缺乏邻里亲密互动的社交功能，使得在公共生活和私人生活方面建立联系十分困难。城市越来越拥挤，但人与人之间的距离却变得越来遥远，“远亲不如近邻”变成了“比邻若天涯”式的人际隔阂，人的孤独感加深，归属感减弱。而当人孤独时，他需要介入人群，满足自身合群、交往的人性需要，公共空间的重要功能恰在于此。甚至有学者认为，当代居住空间社交功能的简化，可以通过公园、广场、绿道、购物中心等城市公共空间的社交功能来补充。公共空间和公共服务的强大存在，让人们不需要在小区内建构和经营强有力的地缘性支持网络，因为大量的公共空间给人们提供了社交和休闲的机会。[2]德国学者马兹达·阿德里在讨论公共空间的作用时指出，“我们作为城市人能做的就是，在凝聚力和孤立的感觉之间谈判，找到二者之间真正的平衡，即我们在追求自主生活中（城市人核心的驱动力和发展力量）

1 转引自：蒙哥马利. 幸福的都市栖居：设计与邻人，让生活更快乐[M]. 王帆，译. 南宁：广西师范大学出版社，2020：186.

2 王德福. 治城：中国城市及社区治理探微[M]. 南宁：广西师范大学出版社，2021：20.

想要多大程度的集体生活，为了自由而不孤独，我们需要多少交流和归属感”[1]。美国心理治疗师乔安娜·波平克认为，城市居民所经受的恐惧感和不信任感很大程度上与缺乏能使不同人群交流的公共空间有直接的关系，她说：“只要不离开房间，人们就会被电视所创造的虚幻感和人们自己的恐惧感所占据。”[2]良好的公共空间可以吸引人们走出房间，支持社会交往活动，哪怕只是消极地参与，即只是看着周围的人和事，这样都能从一定程度上增强人的归属感，减少孤独和不信任感。有学者总结国际城市环境建设标准，指出城市公共空间的设计应尽可能满足市民日常交往的需要，又具备如下的社会与伦理功能：一是提供物质上和情感上的互助，形成团结友爱的集体。二是提供情感与思想上的交流，以求互相理解和慰藉，有利于心理健康。三是提供行为上的约束，使大家自觉遵守公共道德和纪律。四是提供闲暇的消遣，既给人带来社交、文化、娱乐、体育和观赏等正当休闲娱乐活动，又抑制少数人的不正当行为和不正当心理。[3]

第二，免费开放、平等共享的公共空间有独特的社会融合和情感抚慰功能。充足而良好的公共空间作为社会沟通行为的主要载体之一，有助于让不同收入阶层的人士借助对这一空间载体的共有和共享，彼此交流，减少因居住隔离而引发的文化隔离现象，从而减少居住空间分异产生的负面影响。从这一意义上说，公共空间是社会融合

1 阿德里. 城市与压力：为什么我们会被城市吸引，却又想逃离？[M]. 田汝丽，译. 北京：中信出版集团，2020：314.
2 马库斯，弗朗西斯. 人性场所：城市开放空间设计导则[M]. 俞孔坚，孙鹏，王志芳，等，译. 2版. 北京：中国建筑工业出版社，2001：3，4.
3 李芸. 国际人居环境建设的新理念、新经验、新标准[J]. 学术界，2006（6）：285.

的体现，是增强社会凝聚力，创建和谐社会的一个重要元素。近代公园是近代城市发展的产物，旨在作为市民休憩空间，它一经出现即迅速普及，一个重要原因是它“成为一种人人可享用的公共财产，它泯灭了传统的等级心理，营造了一种公共领域的平等、共享的价值取向”[1]。简·雅各布斯说：“一般来说，街区公园或公园样的空敞地被认为是给予城市贫困人口的恩惠”[2]，此话颇有道理。意大利作家伊塔洛·卡尔维诺（Italo Calvino）笔下的意大利小城里，无特殊技术的小工马可瓦多，用另一种方式来看城市，看城市的公共空间。作为城市中的一分子，他并没有太多地意识到城市的存在，而公园的存在，对他最大的意义就是他可以利用它的空间在中午时吃便当。这公园至少成为一个他躲避工作场所的单调与无趣的替代场所。他于是从工人转变为闲散的公园访客。这样的身份转变，多少使他对于享用午餐的背景有了一点想象。公园还成了像马可瓦多这样的人逃避城市的止痛药，也是马可瓦多想象自然中森林宁静凉爽的对象和逃避家中闷热与嘈杂的场所。[3]作家荆永鸣的中篇小说《大声呼吸》与卡尔维诺的小说《马可瓦多》有异曲同工之处。荆永鸣颇为形象、生活化地描述了像公园这类公共空间对普通百姓，尤其是对外地打工者人性关怀的意义。小说中，到北京打工的两位主人公居无定所，没有一个能够让他们体面生活甚至大声呼吸的“家”，甚至为了“亲热”，居然跑到城

1 忻平. 从上海发现历史：现代化进程中的上海人及其社会生活（1927—1937）[M]. 上海：上海人民出版社，2009：317.
2 雅各布斯. 美国大城市的死与生[M]. 金衡山，译. 纪念版. 北京：译林出版社，2006：79.
3 蔡秀枝. 城市文本与空间阅读[EB/OL]. (2007-10-13). http://www.ruanyifeng.com/calvino/2007/10/cities_as_text.html.

郊的荒野"闹碴"一回。面对丧失良好个人空间的处境，他们只好到城市的公共空间中求得补偿。在《大声呼吸》中，有许多笔墨描写了市民公园的价值："后来，老胡就苦着脸转到公园里去了。公园在老胡眼里，是城市里的乐土，是市民进行私人活动和喜怒哀乐各种情绪得以释放的地方。从某种意义上说，一个连公园都没有的城市，犹如大街上没有厕所，是最不道德的。"[1]

现代大都市不乏高档会所、私人俱乐部等货币化交往空间，它们的使用对象往往是富裕阶层，这类群体比较少到平民化的公园、广场休闲。市民公园便成了普通市民，尤其是退休的大爷大妈们，或者像上述小说主人公那样的底层外地打工者的主要休闲场所。他们去公园唱歌、唱戏、跳舞、看热闹，或者仅仅是溜达，公园成了普通民众寻找生活乐趣、满足情感需求的理想场所（图5-17）。这些市民公园之所以是普通人愿意待的地方，是因为到这里休闲放松是低成本甚至无成本的，其优美的环境是对所有人平等开放的，无论贫富，无论社会地位的高低，人们可以在这里共同享受空气、阳光和自由。正如有人感叹：城市中的一座座公园，正如大自然散布在钢筋水泥间的零光片羽，滋养着没能外出度假的"打工人"。[2]在这些"养人"的公共空间，人们的心理距离拉近了，可以支持大量的自发性活动和社会性活动，更多地与他人交流与沟通，获得亲切、尊重、舒心、愉悦等心理感受，从而产生一种对这个城市的认同感与归属感。所以，一个城市

1　荆永鸣．大声呼吸[J]．人民文学，2005（9）：47.

2　朱玫洁．中国城市公园建设热潮：口袋公园与中央公园并行，公共空间治理仍待探索[N]．21世纪经济报道，2021-11-12（04）.

图5-17 在北京一处公园里跳交谊舞的人们，雪天也不间断

若没有给普通民众提供足够的免费公共空间，就是缺乏人文关怀的城市。

三、城市公共空间设计人性化的主要特征

本书主要以城市公共空间体系的核心——城市广场（也兼及公园、街道）为范型，阐述人性化的城市公共空间的主要特征。

（一）人文关怀

“人文”是一个与人性品质有关的文化概念，人文关怀涉及通过行动体现出来的对人的本性和人的价值的关注、关切和关爱，蕴含

“以人为本”的人道价值和人的全面发展吁求。更具体说，人文关怀是对人的生命及生存状况的关注与关爱，对人的物质生活和精神需要的关切，对人的全面需求和生活质量的关心，对人的尊严与符合人性的生活条件的肯定，以及对社会个体权利、价值及尊严的尊重和保障。人文关怀是衡量一个社会、一个城市文明程度的标准之一。当代中国，“人文关怀旨在批判和克服各种‘物本’现象和‘无情’倾向，强调在经济社会发展进程中，把‘人本身’作为出发点和归宿点，始终关注和呵护人本身及其精神、情感、心理等的价值和意义”[1]。

良好的公共空间，既给人以交往的自由，又给人以安全感、便利感、亲切感与舒适感。它所呈现的是细致友善的“侍者”形象，这一形象折射出人文关怀的光芒。斯蒂芬·卡尔（Stephen Carr）等学者认为，公共空间应该是敏感的或“有回应的”，即它的设计和管理应服务于使用者的需求；民主的，即所有人群都可使用，保证行动自由；富于意义的，即人们在公共空间与自身的生活和更广阔的世界之间建立起深厚的联系纽带。[2]良好公共空间所体现的上述三个特征，是把对人的关怀放在重要位置来考虑。汉宝德认为：“一座富于人性的公共建筑，要使来访的市民感到亲切，感到被热心接纳，它不能有丝毫高高在上的姿态，令来访者感到压抑，或使路过的市民产生被排拒感。”[3]无疑，对于公共空间而言，同样要让使用者感到被接纳、亲

1 寇东亮，张永超，张晓芳. 人文关怀论[M]. 北京：中国社会科学出版社，2015：17-18.
2 CARR S, FRANCIS M, RIVLIN L G, et al. Public space[M]. Cambridge: Cambridge University Press, 1992: 85-86.
3 汉宝德. 细说建筑[M]. 石家庄：河北教育出版社，2003：159.

民、善意而不会感受到被排斥、不友好、不方便，用刘泓志的观点表述，就是人文关怀的空间是友善的空间。他以香港地铁市中心段的金钟站为例，说明了什么样的空间对人友善：

大家都喜欢人性化的空间，尺度亲切，但是我更喜欢一个友善的场所。这是香港地铁市中心段的金钟站。为什么我喜欢这个友善的场所？地下室，没有植物，还要靠灯光跟空调，为什么是个好场所？它是地铁线交会的地方，为了落地一个简单的概念，同台转换，30秒内几千人从一个车厢跨到另外一个车厢，为了达到这个目的，两个原来不同高程的地铁线要像麻花一样走到同一个平面，等做完转换以后再像麻花一样分开，这个在工程技术跟造价上真的是复杂很多，但是有一个重要的理念，转换的时候不用爬楼梯到楼上坐另外一条线。这么一个简单的概念，一定要把人服务到位。这个场所这么友善。[1]

公共空间是否具有人文关怀属性，对提升一个城市的和谐与文明度有不可忽视的作用。当空间失去了对人的关怀，当空间让人感到不方便时，甚至当空间让人在某方面丧失尊严时，无论它的外观被设计得多么豪华，无论其空间构图有何美学效果，也只能像雕塑一样供人观赏，悦目而不赏心，可望而不能及，中看而不中用，其功能会大打折扣。有些广场，名义上是为公众服务的公共空间，却只有大片光秃秃的硬质铺地，绿地被栏杆高高围住，少有休憩座椅和游乐设施，夏天不能乘凉，冬天无法避风，一副拒人于千里之外的姿态，当然不可

1 刘泓志：城市最精彩的部分应当是公共空间[EB/OL]. (2015-07-01). https://www.thepaper.cn/newsDetail_forward_1347328.

能做到人文关怀。美国学者威廉·H.怀特谈到城市公共空间的问题时，说了下面一段话：

过去的16年里，我一直漫步在市区的街头巷尾和公共空间里，观察着人们如何使用街头巷尾和公共空间。我的一些发现兴许对改善城市规划设计有所帮助。市区里烦心的事比比皆是：台阶太陡；门太难开；马路牙子、花坛边沿之类的设施太高或太低，我们坐不上去，更有甚者，有人竟然在台沿上边安装一些尖状物，让我们连坐一下的愿望都没了。设计如此笨拙的城市空间，让人们不去使用它，其实也真是煞费苦心，不过，这种不近人情的空间还真不少。[1]

虽然近年来中国城市公共空间建设取得了显著进步，但怀特所感受到的公共空间缺失人文关怀、不近人情的现象在我国城市仍旧存在。本书认为，体现人文关怀的公共空间至少应满足以下几个方面的要求：

第一，公共空间设计应当以合理的功能性、易用性为前提条件，尤其应注意提高公共空间的安全性与舒适度。

安全性是人们选择公共空间的重要依据，尤其是老人、儿童和女性等群体对空间安全性的要求较高。公共空间设计安全性要求体现在多个方面。例如，公共空间的近人设施要有周到的安全性考虑。尖锐的金属栏杆、光滑的地面是公共空间建设中的安全隐患。低于儿童身高的公共设施应充分考虑到其材料、结构、工艺及形态的安全性，尽

1　怀特．城市：重新发现市中心[M]．叶齐茂，倪晓晖，译．上海：上海译文出版社，2020：1.

量避免公共设施本身的安全隐患可能给儿童带来的意外伤害。另外，在城市公共空间设计与管理中，还要考虑如何有效防控公共空间的犯罪隐患。在广场和公园的容量、设施和灯光照明等方面，需要有安全性设计与管理。关于如何防止公共空间犯罪问题，简·雅各布斯有独到见解。她认为仅靠警察维持或降低人口密度并不能降低犯罪率。城市的安全是由一个相互关联的、非正式的网络来维持的，街道中行人的目光监督，构成了城市人行道上的安全监视系统，这就是她说的“街道眼”。因此，她主张保持小尺度的街区和临街的各种小商铺，以增加街道生活中人们相互见面的机会。针对公园和广场，她认为其功能应从街道的功能延伸开来，需要有充足的人流和多样化的使用活动，应当与街道、街区组成一个有机的、具有社会意义的空间网络，从而增强公共空间的安全感。[1]雅各布斯的观点虽然基于美国城市的状况提出于20世纪60年代，但至今仍有重要的启示和借鉴价值。

舒适性同样是人们对公共空间的基本要求，是成功的公共空间的首要属性。舒适性主要涉及自然环境的物理条件（主要包括温度、湿度、风速、噪声等）与人工环境设施使用性两个方面。就自然环境的物理条件而言，广场设计应尽量做到冬季向阳防风，夏季遮阳通风，增加场地植被与树木，扩大水面，利用周围的自然条件和地形地貌，创造有利的微气候条件。美国学者阿兰·B. 雅各布斯（Allan B. Jacobs）在谈到伟大的街道所具有的不可或缺的条件时指出：“最好

1 雅各布斯. 美国大城市的死与生[M]. 金衡山，译. 纪念版. 北京：译林出版社，2006：25-47.

的街道总是让人备感舒适，至少在这样的环境中，它们已经达到了可能达到的最高舒适程度。假如环境阴冷，它们就会带来温暖和阳光；假如环境酷热，它们就会带来清风和阴凉。它们总是因地制宜地利用环境要素去为行人提供一些情理之中的保护，而不是与自然环境作对。”[1]就人工环境设施使用性而言，公共空间建设应提供诸如座椅、照明灯具、公共厕所、方便的饮用水、时钟、指示牌、告示牌等设施，尤其应提供充足的坐憩设施。威廉·H.怀特通过对纽约广场进行观察和研究，发现阳光、风、树和水等自然环境条件与人们对广场的使用有密切关联，人们都青睐避风向阳、有树有水，提供美好景致的地方，除此之外便是坐憩设施的重要性（图5-18），“最受欢迎的广场一般有大量可以坐坐的空间，而那些不那么受欢迎的广场，一般可以坐坐的空间要相对少些”，广场受欢迎的一个关键原因是“人们往往最会去那些可以坐坐的地方”[2]。不仅要在坐憩设施的“量”上下功夫，还要在“质”上下功夫，要利用避让原则，有选择性地将步行道及逗留区域安排到最适宜的位置上，精心考虑坐憩设施的舒适性。因为，很难想象那些冬日冰冷彻骨、夏日烫热难当的混凝土石凳会让人坐得舒服。近年来，我国许多城市积极推进公共空间舒适化设计和建设，打造“坐下来的城市”。例如，上海2021年出台了《本市公共空间休憩座椅优化提升的工作方案》，明确指出，要“针对目前全市公共空间休憩座椅存在的数量不足、分布不均、品质不高、共享不够

1　雅各布斯．伟大的街道[M]．王又佳，金秋野，译．北京：中国建筑工业出版社，2009：271.

2　怀特．小城市空间的社会生活[M]．叶齐茂，倪晓晖，译．上海：上海译文出版社，2016：25-26.

图5-18　怀特所列举的一个典型的避风向阳、有台阶可坐憩的公共空间
来源：怀特．小城市空间的社会生活[M]．叶齐茂，倪晓晖，译．上海：上海译文出版社，2016：49.

的现状，着力解决市民在公共空间‘没地方坐’‘坐不下来’‘不愿意坐’的问题”。小小的公共休憩座椅，折射了一个城市公共空间的温度。公共空间设计良好的坐憩设施，有助于加强人与人之间更舒适、便捷的交流，使公共空间成为歇脚休息、观看风景、沟通情感的载体（图5-19）。

第二，公共空间人文关怀的核心是对人群细分的关怀，让公共空间成为全民、全龄无障碍环境。

公共空间的设计需要正确认识和处理空间享用的平等性与差异性

图5-19　人们在上海静安区一处开放公园的公共座椅上休息

的关系。空间享用的平等性，应建立在承认和关怀城市群体差异性的基础上，关注不同人群的心理、行为习惯与实际需求，避免同一化的城市公共空间设计，达到残疾人友好、老年人友好、儿童友好与女性友好的空间设计目标，真正实现以人为本的价值原则。

首先，公共空间设计要充分考虑与照顾残疾人等有需求群体的特殊需要，这是体现城市文明程度的重要标志之一。2019年国务院发布的《平等、参与、共享：新中国残疾人权益保障70年》白皮书指出，目前我国残疾人总数超8500万。面对如此庞大的群体，如何提高残疾人的生活自理能力，提高他们的生活质量，既是政府要考虑的社会问题，也是城市设计师应当考虑和解决的问题。凯文·林奇认为，平等的可及性是环境公正的基石。一些特殊的辨别和导向标识对于残疾人尤为重要。只有照顾到这一点，残疾人才拥有和其他人平等的可及性。[1]

当代中国的公共空间的无障碍设计，无论在理念层面还是设计细节层面都有待转型提升。实际上，无障碍环境不只与残疾人有关，还包括老年人、儿童、孕妇、婴儿车使用者、提重物者、病患、穿着高跟鞋的女性等各类有需要的人群，例如，地铁口的直梯不但应方便坐轮椅的人，也应方便携带重物的人。2018年《深圳市创建无障碍城市行动方案》提出深圳将创建全国首个全面无障碍城市。其中，该规划提出的无障碍城市需求人群，既包括原先主要关注的身心障碍者（肢体、视力、听力、言语、精神、多重障碍者），也包括阶段性不便人士（如老幼孕、临时伤病者）和情景性不便人士（如育儿家庭带眷外出者、携带行李出行者），同时要求无障碍城市公共基础设施建设应以身心障碍者的特殊性为核心需求，同时满足全民全龄人群的通用化需求。公共空间的无障碍设施也不仅限于建盲道、台阶搭坡道、厕所加扶手、设轮椅提升装置等，公共空间的信息无障碍建设和升级交通出行的无障碍体系同样不可或缺，如设指引标识、导航系统、语音播报系统、盲文语言系统等。

1 林奇．城市形态[M]．林庆怡，陈朝晖，邓华，译．北京：华夏出版社，2001：162.

除了无障碍环境理念层面普遍转变，设计细节层面的人文关怀更要强化。例如，有些街道盲道虽然建了，但由于细节设计不合理，管理不健全，如同形式化的摆设，甚至还可能成为残疾人的“障碍”（图5-20）。为了解北京盲道的现实使用状况和存在的问题，我们对盲道使用者——视力残疾者进行了调查与访谈，发放问卷96份，收回问卷90份，有效问卷87份。表5-1显示：被调查的视力残疾者中有40.2%的人认为盲道的人性化和实用性程度不强，有33.3%的人认为盲道的人性化和实用性程度一般，有17.3%的人认为盲道的人性化和实用性程度弱，只有9.2%的人认为盲道的人性化和实用性程度强。

图5-20　拦路盲道（左）与断头盲道（右）
来源：韩增禄 摄

表5-2显示，88.5%的视力残疾者在使用盲道的过程中，遇到过障碍物，盲人走盲道时面临着诸多不安全因素。除了盲道设计与管理存在的问题，我国许多城市公共场所坡道的设计也不完善。有的地方供残疾人使用的坡道建得特别陡，坐轮椅根本上不去。

盲道的人性化和实用性程度调查结果 表5-1

项目	强	一般	不强	弱
盲道人性化和实用性程度	8	29	35	15
所占比例	9.2%	33.3%	40.2%	17.3%

平时走盲道是否遇到过障碍物调查结果 表5-2

项目	人数	所占比例
遇到障碍物	77	88.5%
没有遇到过障碍物	10	11.5%

反观国外，公共空间在关怀残疾人需求方面，有很多值得我们借鉴的地方。在日本，所有的公共场所都有较完善的无障碍设施，一些公交车线路有可以升降轮椅的装置；道口、电梯不仅设有盲文，还有语音提示系统，在地铁站还有设计良好的视觉引导系统；十字路口设置有音乐式信号灯、感知式信号辅助装置等；在大饭店、大商店、机场、车站门边都提供残疾车供残疾朋友免费使用。由于有无障碍设计且管理完善，在日本，盲人和坐轮椅的人基本可以无障碍地独自出行。在法国，市政厅门前、市中心广场专门有供残疾人锻炼的设施，

如轮椅网球、轮椅乒乓球等。所有的公交车都有专门区间用于停放残疾人的轮椅，所有的公共停车场规定必须将2%以上的车位留给残疾人。

其次，公共空间设计还要充分考虑与照顾老年人的特殊需要。我国老年人口规模庞大，第七次全国人口普查主要数据显示，我国60岁及以上人口的比重达到18.7%，其中65岁及以上人口比重达到13.5%。按照世界卫生组织的标准，我国已经跨进了老龄化社会的门槛。大量赋闲的老年人口不仅需要健全的社会保障体系提供经济上的保障，同时，还需要政府提供充足适宜的公共空间进行休闲和健身活动。由于老年人群体出行不方便、身体状况欠佳等，交通因素阻碍他们利用公共空间的程度比对其他人群要高得多。因此，除了前述无障碍设计与设施之外，城市公共空间合理的区位布置与较强的可及性，对老年人来说尤为重要。可及性是衡量城市公共空间和公共服务设施空间布局合理性的一个重要标准。就老年人而言，公共空间的位置远近，是其使用率的决定因素。在北京，我们常常可在街头巷尾甚至立交桥下发现一些市民，主要是老年人，聚在一起下棋、打牌、聊天。这些地方没有服务设施，噪声很大，环境质量不好，但这些地方却能吸引老年人聚集，重要原因就是方便和易达。这从一个侧面折射出我国城市公共空间规划建设中，在注重人均公共空间，如公园的数量、人均面积等量化指标的同时，对公共空间布局中居民需求和空间分布公平性问题的重视尚显不足。此外，公共空间的细部设计对老年人来说也很重要，例如是否有易于识别的入口，是否有舒适的座椅、方便的洗手间和地面防滑的道路，是否有适合老年人群体的体育健身设施和文化休闲设施等。

最后，公共空间规划和设计还要充分考虑并照顾儿童的需要。根据第七次全国人口普查数据，我国14岁以下儿童人口大约有2.3亿，公共空间设计一定不能将儿童的需求遗漏。“空间友好是儿童友好环境建设的重要内容，空间规划不仅需考虑场地中的空间要素，而且要考虑周边环境要素，并将儿童友好理念贯穿总体规划、详细规划、城市设计各阶段。”[1]其中，城市设计是儿童友好公共空间建设的关键环节。儿童友好的公共空间设计，首先应符合儿童的天性，满足儿童的需要。除了遵循安全性、可达性基本原则以外，还要考虑多样性原则、趣味性原则、互动性原则以及与自然相融原则，注重对儿童游戏环境的营造，符合儿童喜爱游戏与玩耍的天性。“15分钟生活圈”建设的内容应包括儿童公共设施和公共空间建设。与此相适应的社区或街区小公园，应该有供儿童嬉戏的沙坑、秋千、滑梯、跷跷板、戏水池等经济方便的玩乐设施，并在其性能安全和维护管理上做出具体规定。

此外，人对空间的体验是身体性的，空间设计需要性别敏感，不能将男女的行为特征用同一标准衡量，应关注女性在空间中的心理需要、行为方式和独特经验。

（二）个性化与多样化

城市应富有个性。我们向往和憧憬一个城市，很大程度上是为这座城市的独特个性与风格所吸引。城市最精彩的部分、最能体现城市独特性的部分是公共空间，不同的建筑和公共空间，体现着不同城市的地域特色、文化韵味和生活方式，并在城市的发展变迁过程中，慢

1 施雯，黄春晓. 国内儿童友好空间研究及实践评述[J]. 上海城市规划，2021，（5）：135.

慢积淀为城市历史文化的一部分。城市公共空间设计应当尊重城市肌理与历史文脉，与当地的自然条件和环境特征有机联系，突出城市文化的地域特点，创造公共空间的个性特征，避免城市公共空间雷同化。高品质的城市公共空间，可以成为沟通现代与传统的一个桥梁，唤起人们对城市历史文化和生活风尚的追忆与感知，成为传承城市文化的一个重要载体。只有保持这种文化生态的连续性，城市公共空间才能获得持续的发展动力。

相比于欧洲城市，中国传统城市不重视广场等公共空间的营建，尤其是我国传统城市空间并无欧洲城市传统意义上的广场元素，使广场规划缺乏传统范例。但是，中国传统城市并不缺市民聚集的共享空间，而且类似空间“山无定势，园无定型”，因地制宜，没有固定的设计范式和形态，它们并非刻意规划设计，而是透过几十年、几百年间当地民众的生活方式、风俗习惯铸就的，这些空间的魅力体现在其亲民性与地域性上。然而，当代许多城市在快速推进的城市建设背景下，往往视觉效果与硬件设施都不错，但却缺失一种独特的人文魅力，许多城市的公共空间设计往往不考虑城市自身的环境特征、人文历史状况和当地居民的生活方式，对地方特色及历史底蕴挖掘得不够，一味强调所谓大尺度、几何规整的形态和较强的中轴对称关系，其结果是形成了千篇一律的广场布局，或“千园一面”的公园设计，“许多不外乎是从大草坪、喷泉、大广场、湿地等元素中选取拼接，然后做出地形的起伏、花径的蜿蜒，迅速推动公园的建设”[1]，但这些

1　朱玫洁．中国城市公园建设热潮：口袋公园与中央公园并行，公共空间治理仍待探索[N]．21世纪经济报道，2021-11-12（04）．

千篇一律的广场与公园设计，非但没有突出城市特色与个性，还使城市原有的独特风貌被削弱，正如有学者指出："在城市公共空间建设中，追风逐浪的现象屡见不鲜。微缩景园热、大草坪热、大树进城热等曾经盛行一时，然而，形式化、雷同化的城市空间设计和建设不仅让城市独特的历史密码丢失在风中，而且因为没有关注市民的内心导致城市公共空间发挥的作用远远没有达到预期。"[1]

个性化不仅体现于城市空间设计的个性，基于伦理维度审视，还表现在应当尊重不同人群的个性化与多样化需求。近些年来，伴随经济社会发展而来的城市建设与城市更新进程，我国各地城市公共空间建设取得长足进步，尤其是在城市道路整治、广场建设、绿色空间以及城市重要景观改造方面，取得了巨大成就。但是另一方面，各类城市公共空间的设计品质和环境质量良莠不齐，需要总结和反思公共空间设计和建设存在的问题，"在巨大的发展成就之外，也不同程度地存在诸如城市空间模式单一、规划建设粗糙、空间形态概念化、形式脱离地方文化性、功能偏离使用人群等问题"[2]。此外，虽然公共空间治理先进的城市已建构了不同层次的公共空间体系，但仍有一些城市重视作为"形象工程""景观工程"的公共空间建设，而与市民生活最为贴近、供市民日常晨练、散步、休闲的各具特色的小型广场、街心公园或"邻里公园""口袋公园"等公共空间建设却投入不足、设计不佳、管理不善。今天这个时代，相对于大型公共空间而

1 樊树林．公共空间品质决定城市文明程度[N]．北京晨报，2017-04-10（A04）．

2 杨贵庆．城市空间多样性的社会价值及其"修补"方法[J]．城乡规划，2017（3）：38．

言，服务于周边人群或特定人群的小尺度公共空间，由于具有社区感、易达性、多样性、人情味等特点，才更有魅力，更能体现市民在城市公共空间中的主导地位，也有利于周边居民形成地域身份意识（图5-21）。美国学者克莱尔·库珀·马库斯和卡罗琳·弗朗西斯指出："在这个高度流动、多样化、快节奏的年代，相对于城镇广场的陌生感，许多人更喜欢身边的邻里公园、校园庭院或办公区广场中社会生活的相对可预期性。"[1]

公共空间的多样化主要体现于其功能或用途所具有的综合性或混合性，这是公共空间充满活力的核心原因。公共空间之所以成为公共空间，不是由草坪、广场、雕塑等物质要素决定的，而是由市民的生活、文化、活动填充和决定的。城市设计所设计的不只是它的物理产品，城市设计的公共空间，最终能给市民创造美好的生活，才是城市设计的最终目的。广场、公园等公共空间的活力和人气，来源于多样化的活动，而多样化的活动是以功能的多样化及其交叉混用为基础的。单一用途的广场由于缺乏特定的服务人群，不可避免地会成为少有人光顾的空地。因此，广场的规划设计应尽量避免单一的功能定位，或形象与功能"两张皮"，应根据不同人群活动的需要对场地进行合理的划分，形成不同的功能分区来支持多种活动。关于城市与公共空间的多样化问题，简·雅各布斯在《美国大城市的死与生》中有详尽生动的阐述，至今仍具有借鉴意义。雅各布斯认为：多样性是城

1　马库斯，弗朗西斯．人性场所：城市开放空间设计导则[M]．俞孔坚，孙鹏，王志芳，等，译．2版．北京：中国建筑工业出版社，2001：4.

图5-21　北京官园街心公园，周边居民日常“遛娃遛弯”好去处

市的天性，是城市活力的来源。她主张的“多样性”，主要指城市空间功能的混用，即“城市如何能够综合不同的用途——在涉及这些用途的大部分领域——生发足够多的多样性，以支撑城市的文明？”[1]的确，城市需要各种互为联系、互相支持的多样性，只有这样，城市生活才能够进入一种复杂有序且充满活力的运转状态。城市公共空间尤其如此，只有多样化的用途才能产生吸引人流的魅力。“理想的城市空间应该提供更多并行的可能性，而不是强迫共行。有多少并行的可能性，我们可以在尽可能灵活地利用公共空间的方案中找到线索，对很多人来说，公共空间可能出现的不同用途越多，似乎就越会产生一种积极的空间感。”[2]

（三）场所感

对于公共空间品质而言，能否带给我们“场所感”非常重要。“场所感”是一个重要的建筑现象学、环境美学和人文地理学概念。从现象学视域看，海德格尔在讨论存在的“空间性”问题时表述了“场所”的概念及其意义，他指出：

用具联络的位置整体性就被指派到这个“何所在”之中去，而操劳交往的寻视就先行把这个“何所往”收在眼中。我们把这个使用具各属其所的“何所往”称为场所。

依场所确定上手东西的形形色色的位置，这就构成了周围性质，

1　雅各布斯．美国大城市的死与生[M]．金衡山，译．纪念版．北京：译林出版社，2006：144.
2　阿德里．城市与压力：为什么我们会被城市吸引，却又想逃离？[M]．田汝丽，译．北京：中信出版集团，2020：316-317.

构成了周围世界切近照面的存在者环绕我们周围的情况。绝不是先已在三个维度上有种种可能的地点，然后由现成的物充满。

每一场所的先行上到手头的状态是上手事物的存在，它在一种更源始的意义上具有熟悉而不触目的性质。只有在寻视着揭示上手事物之际，场所本身才以触目的方式映入眼帘，而且是以操劳活动的残缺方式映入眼帘的。往往当我们不曾在其位置上碰到某种东西的时候，位置的场所本身才首次成为明确可以通达的。[1]

以上所述，海德格尔用其特有的晦涩语言表述了他所谓“场所”的一些含义。对城市空间环境设计有所启示的观点体现在两个方面：其一，“场所”是与人的存在密切相关的用具器物、环境物品的位置与状况。在人的日常生活与劳作中，总是要与用具器物打交道，任何器物都处于一个与人有关的因缘关系网络之中，从而构成一个有机整体。其二，“场所”具有“熟悉而不触目的性质”，场所是一种人们熟悉至“物我一体”的环境体验，或者说是人和自己所接触的对象之间形成了类似一体化的融合状态。用海德格尔特有的概念表达就是“上手状态”，这是世界万物呈现于我们面前的最初模式，如同我们使用器具时处于特别“称手”“顺手”“心手相应”之状态，甚至忘却了手中的器具。然而，当我们使用器具时出现“不称手”“疏离”的感觉之时，我们不仅又会将注意力放在器具上面，而且还会产生“烦”的情绪状态。虽然海德格尔的“场所”概念有其特定的存在论

1 海德格尔. 存在与时间[M]. 陈嘉映，王庆节，译. 修订译本. 北京：生活·读书·新知三联书店，2006：120-121.

含义，但文化地理学者认为，海德格尔的理论“提供了一个新的方式去重新思考地方所拥有的不同意义”[1]。

20世纪60年代后，挪威建筑理论家克里斯蒂安·诺伯格-舒尔茨（Christian Norberg-Schulz）以海德格尔的现象学方法分析建筑的意义与功能时，对场所感尤其是场所精神进行了深入研究。在《场所精神：迈向建筑现象学》（*Genius Loci: towards a Phenomenology of Architecture,* 1980）一书中，他从现象学出发讨论“场所”。他认为，场所不是抽象的地理位置或场地概念，而是具有清晰的空间特性或“气氛”的地方，是自然环境和人造环境相结合的有意义的整体，是人类栖居的具体表现。由于场所是一种整体性现象，无法仅仅用科学实证的方法描述其在生活世界的丰富意义，由此他提出了建筑现象学的认知场所之路，并从场所结构与场所精神两个方面展开。场所结构由“空间”和“特性”构成，“‘空间’暗示构成一个场所的元素，是三向度的组织；‘特性’一般指的是‘气氛’，是任何场所中最丰富的特质”[2]。场所精神则解释了人与栖居环境的整体性关系。场所精神在古代主要体现为一种神灵守护精神，在现代则表示一种环境的整体特性，具体体现的精神功能是“方向感”和“认同感”，只有这样，人才可能与场所产生亲密关系。“方向感”简单说指人们在空间环境中能够定位，有一种知道自己身处何处的熟悉感，它依赖于能达到良好环境意象的空间结构；而“认同感”则意味着与自己所处的建筑环

1 克朗. 文化地理学[M]. 杨淑华，宋慧敏，译. 修订版. 南京：南京大学出版社，2005：102.

2 诺伯舒兹. 场所精神：迈向建筑现象学[M]. 施植明，译. 武汉：华中科技大学出版社，2010：11.

境有一种类似“友谊”的关系，意味着人们对建筑空间环境有一种深度介入，是心之所属的场所。场所精神简言之就是场所具有的特质使人与其能够产生亲密的关系。[1]

场所感或场所意识也是环境美学所注重的概念。当代西方环境美学的主要代表阿诺德·伯林特（Arnold Berleant）认为，场所感是现代城市所缺失的东西，但场所感又是城市形成独特魅力和吸引力的“钥匙”，是让城市更有人性特征的关键。他认为：“基本的事实是，场所是许多要素在动态过程中形成的：居民、充满意义的建筑物、感知的参与和共同的空间。我们不能预设笛卡尔哲学的被分离的主观性。人与场所是相互渗透和连续的。”[2]他这样描述场所感的美好：

这是我们熟悉的地方，这是与我们自己有关的场所，这里的街道和建筑通过习惯性的联想统一起来，它们很容易被识别，能带给人愉悦的体验，人们对它的记忆充满了情感。如果我们的邻近地区获得同一性并让我们感到具有个性的温馨，它就成为我们归属其中的场所，并让我们感到自在和惬意。[3]

可见，场所感与人的具体的生存环境及其愉悦感受息息相关，是人对空间为我所用的特性的体验，或者说是一种在共同体验基础上与空间形成的特别伙伴关系。如前所述，诺伯格-舒尔茨认为，场所感是使人与特定环境成为“朋友”的认同感。人的“存在空间”概念不是抽象的几何空间或物理意义上的空间，它表达的是环境的“印

1 诺伯舒兹. 场所精神：迈向建筑现象学[M]. 施植明，译. 武汉：华中科技大学出版社，2010：18-23.

2 伯林特. 环境美学[M]. 张敏，周雨，译. 长沙：湖南科学技术出版社，2006：135.

3 伯林特. 环境美学[M]. 张敏，周雨，译. 长沙：湖南科学技术出版社，2006：66.

象”，人们对建筑空间的把握是以对空间形态和场所特征的综合感受为基础的。当场所从历史、文化、社会、活动或地域条件中获得文脉意义时，场所便获得了特性。场所是我们体验存在中有意义事件的目标和焦点所在，同时，它们也是我们自身适应环境并占据环境的起点。人需要有独特个性的区域，以及作为“明确而令人无法忘怀的场所”的节点。对这些场所特征的感知，使人产生认同感，使人认识并把握自己在其中生存的文化，从而获得归属感。[1]环境心理学的研究表明：产生场所感的认知心理机制是空间或场所经过特殊的物质环境、情境条件的组织设定，诱导人们的心理意象，满足人们感觉上、情感上以及精神上的需要，这些需要包括方位感、领域感、安全感、亲切感、归属感等。一个不具有任何特点的、中性的、不确定的空间是不能称之为场所的。因此，场所不是简单的物质空间，而是物质空间与主体相互作用的结果，也可以说是能从内心感受到一种意象的心理空间。[2]

城市公共空间是否使人产生场所感，是公共空间设计成功与否的重要因素。营造有场所感的公共空间，最重要的因素体现在两个层面，其一，在设计时如何让公共空间体现一种独特的“氛围感”。场所精神是一种“可以理解的氛围的特征化烙印”[3]，公共空间要有氛围感，需首先具有“特征性”，这种特征性可以是历史性特征，可以是审美性特征，可以是习俗性特征，可以是地域性特征，可以是情感性

1　诺伯格-舒尔茨．西方建筑的意义[M]．李路珂，欧阳恬之，译．北京：中国建筑工业出版社，2005：225-228.

2　谷口汎邦．建筑外部空间[M]．张丽丽，译．北京：中国建筑工业出版社，2002：17.

3　诺伯格-舒尔茨．建筑：存在、语言和场所[M]．刘念雄，吴梦姗，译．北京：中国建筑工业出版社，2013：353.

特征，总之需要具有某种可感知、可意象的非标准化的空间特征、空间风格，空间特色的塑造能力越强，氛围感就越强。城市公共空间的设计与建造若千篇一律，缺少有个性的景观意象，失去传统氛围和历史连续性，或者不能将抽象的空间语言运用空间修辞使其实体化，就不是一个“高度可意象的城市空间”，便难以形成“场所感”。千城一面的城市景观与毫无个性的城市广场让公共空间的地方特色迅速被同化，弱化了人们对生活场所的依恋情感，让人产生没有根的感觉。因此，塑造富有地方和历史特色氛围的城市风貌，便成了城市公共空间设计的重要准则。美国学者肯尼斯·科尔森（Kenneth Kolson）认为：伟大的城市场所是开始于适应，而不是清除过去文化的碎片，这是一些世界上最美丽最成功的城市的秘诀。[1]虽然“氛围感”很难被明确诠释出来，但至少可以通过设计创造一些条件，将富有情感色彩的氛围感转译为空间设计语言，让人们在公共空间感受到独特性并产生情感认同。正如人文地理学家爱德华·雷尔夫（Edward Relph）的观点，如何去实现地方或场所营造这一富有情感的任务是不明确的，但是，“只要地方对于我们来说仍然是重要的，只要我们还在关心由于失根、流动的增强和无地方所带来的心理上和道德上的问题，那么，我们就必须要找到一种方法去自觉地、本真地营造出地方”[2]。

其二，注意公共空间与使用者行为模式之间的相互契合，强化使用者与环境之间有意义的行为互动，令空间对使用者的情感世界产生

1 科尔森. 大规划：城市设计的魅惑和荒诞[M]. 游宏涛，等，译. 北京：中国建筑工业出版社，2006：184.

2 雷尔夫. 地方与无地方[M]. 刘苏，相欣奕，译. 北京：商务印书馆，2019：222.

某种介入与影响。诺伯格-舒尔茨认为，建筑作为场所的艺术，除了习俗与风格共同作用的因素之外，体现与日常生活本质联系的“互动”也是其重要因素。[1]爱德华・雷尔夫认为，“静态的物质景观”“人的行动”和“意义”是构成地方认同和场所特性的三个基本要素。其中，地方或场所的意义是由人类的意图或经验赋予的。场所感并非单独存在于这些要素中，这三个基本素既不可以相互化约，也不能彼此割裂，而是交织在一起。[2]受到雷尔夫的启发，D. 肯特（D. Canter）得出结论：场所是“活动”加上“物质属性”加上“概念”共同作用的结果。[3]几位学者的观点说明，“场所感”的产生依赖于人与场所的交流互动行为，体现场所活力的人与场所的互动因素弱化，将最终引至场所感失去。

欧洲的传统城市广场大多是伴随教堂、市政厅等公共建筑的建设自然形成的，面积不大。这些广场通常有各自的审美和地域特征，也有多种用途，包括平时的市集、宗教活动、节庆活动等。这些广场还定期举办各具特色的公共文化活动。例如，有以鲜花铺成图案而举办的“鲜花地毯节”，有的则铺上细砂作为沙滩排球比赛场地，也有的举办各种民俗比赛，有的举行古装队列行进仪式，有的经常举办音乐会、演唱会或画展，有的定期举行富有特色的狂欢节、化装舞会、赛马会等。圣诞节前夕欧洲城市广场一般还会在广场搭建临时商铺和游

1 诺伯格-舒尔茨. 建筑：存在、语言和场所[M]. 刘念雄，吴梦姗，译. 北京：中国建筑工业出版社，2013：309.

2 雷尔夫. 地方与无地方[M]. 刘苏，相欣奕，译. 北京：商务印书馆，2019：76-77.

3 CARMONA M，HEATH T，OC T，et al. 城市设计的维度[M]. 冯江，袁寿，万谦，等，译. 南京：江苏科学技术出版社，2005：94.

乐设施，各种节日纪念品和商品琳琅满目。例如，意大利锡耶纳的坎普广场承载着城市的重要节庆活动，它是一年两度的赛马大会（Palio）的举办地（图5-7）。当然，有场所感的广场空间并不只是在一年中举办少数几次节庆活动，而是设法在周而复始的百姓日常生活中，注入持久的活力源泉。例如，威尼斯圣马可广场就是一座一年四季乃至一日中不同时段都充满人气和活力的广场（图5-22），如安藤忠雄所言：

在圣马可广场度过一天，你就会惊讶于广场的样貌随着时间的推移而有所改变，呈现丰富多样的表情。早上闲散的广场，一到中午马上变得充满活力，包括观光客在内，人来人往形成一股华丽的氛围。而临近傍晚时分，广场上原本热闹的氛围逐渐沉淀下来，目光所及几乎都是在商店街享受购物乐趣的观光客。不过，才刚以为只有观光

图5-22 有丰富多样“表情”的威尼斯圣马可广场
来源：秦红茵 摄

客，突又出现街头卖艺的人们自发形成的小圆圈，不一会儿广场又再度被欢呼声所围绕。就像这样，广场上人们表演的各种剧目交错重叠，冲击着观者的内心。[1]

蔡永洁认为，“一个受市民喜爱的城市广场会引发众多市民的长时间逗留，而市民对一个城市公共空间的喜爱程度则反映在由这个空间所引发的，并由它提供了行为支撑的活动的强度和复合度上”[2]。将广场的公共生活与特定的商业活动、文化艺术活动、民俗或宗教活动、节庆活动结合起来，利用特定的节日、有趣的活动和有特色的策划节目，把人们吸引到广场和公园等公共空间之中，会提高使用者的兴趣，增强对广场和公园的全面利用，加强市民与广场之间的交流与“对话”，使广场有机融入市民的日常生活，从而成功营造广场的场所感。如在北京，尺度合理的三里屯太古里广场旨在打造“文化会客厅”，在紧扣时尚脉搏、营造多元文化的场所感方面颇为成功。设计团队以“生活的画卷”作为广场景观的设计理念，将城市空间看作一幅承载各种事件和活动的流动画卷。

没有场所感的公共空间一般而言很少体现城市特有的景观元素，也很少举办富有人文色彩的公共活动。一些广场由于位置选择不合理，缺乏可以参与使用的互动行为，或是为各种各样的社会交往体验提供机会，不能有效地介入使用者的生活世界并对其产生影响，甚至沦为城市中的没有人气、无场所感的“空地”。而这些“被遗弃的广场”，严格意义上不具有空间的公共性。因为，“公共”的本质意义

1　安藤忠雄. 在建筑中发现梦想[M]. 许晴舒，译. 北京：中信出版社，2014：36.

2　蔡永洁. 城市广场[M]. 南京：东南大学出版社，2006：93.

是由空间中人与人的互动来表达的。有场所感的公共空间，还要注意公共空间设计中的历史性维度，注意营造具有历史延续性和地方特色的景观意象，增强城市公共空间的可识别性以及人们的家园意识，唤起公众对特定地方的“集体记忆”，使进入其中的人们感到亲切、自在与惬意。

（四）空间尺度宜人性

人们要求城市公共空间与满足其自身的尺度，以及生理、心理与审美的要求，并且使其有足够的自由交往空间，从而活动于一个方便、宜人和温馨的环境中，应该说是很自然的。不同尺度的空间会给使用者带来不同的心理感受，“空间尺度处理是否恰当，应是公共空间环境设计成败的关键之一，没有人愿意在尺度不舒适的场所停留。它包括人与实体、空间的尺度关系，实体与实体的尺度关系，空间与实体的尺度关系等”[1]。

布莱恩·劳森（Bryan Lawson）认为：“尺度根本不是什么抽象的建筑概念，而是一个含义丰富，具有人性和社会性的概念，它甚至具有商业和政治价值。它是空间语汇中一种最基本的要素。”[2]广场的空间尺度应与它所具有的基本功能相关。城市广场的基本功能分类有纪念（政治）广场、市政广场、休闲广场、商业广场、交通广场等，尺度应适应广场功能与特定要求而因地制宜。若是纪念性、政治性或是

1 赵廼龙. 公共空间环境设计[M]. 北京：人民邮电出版社，2019：437.

2 劳森. 空间的语言[M]. 杨青娟，韩效，等，译. 北京：中国建筑工业出版社，2003：53.

庆典性集会广场，空间尺度可以大些，主要用于单向交流的集会、庆典等公共活动。例如，首都北京的天安门广场面积达44公顷，为国庆游行等重要的国家庆典提供了充足的空间尺度。20世纪50年代，针对北京的天安门广场规划设计与改建，曾有过争论，关于广场尺度问题，主导的意见认为，天安门广场是中国人民政治活动和集会的中心广场，应比较开阔。1958年夏，为迎接中华人民共和国成立10周年大庆，党中央决定大规模改建天安门广场。对此，毛泽东主席指示，改建天安门广场，要反映出我国历史悠久、地大物博、人口众多的特点，气魄要大，要使天安门广场成为庄严宏伟、能容纳100万人集会的世界上最大的广场。周恩来总理遵照毛主席的指示精神，多次强调广场面貌一定要体现出“人民当家作主”的主题思想和时代精神[1]（图5-23）。天安门广场因其特殊的公共功能而需要宏伟的尺度，但是城市中绝大多数广场是市民休闲广场，它的设计应以身体尺度和空间视觉尺度为基本依据，符合人性尺度要求，“当公共空间或建筑物与人的身体以及内在感情（以视觉认知规律为主）建立起更加紧密和简洁的关系时，公共空间、建筑物就会更加有用、更加美观，也就具有了‘人的尺度’”[2]。

长期的实践经验形成了城市设计中符合人性尺度的一些基本法则，如在步行街上，人的适宜步行距离为300～500米；在广场等开敞空间中，人适宜的视觉尺度是相互交谈2～3米，看见对方表情要小于

1　郑珺．京华通览：长安街[M]．北京：北京出版社，2018：54-55.

2　周进．城市公共空间建设的规划控制与引导[M]．北京：中国建筑工业出版社，2005：141.

图5-23　1959年5月天安门广场及人民大会堂施工现场
来源：郑珺. 京华通览：长安街[M]. 北京：北京出版社，2018：54.

10米，看见对方轮廓要小于100米。建筑围合的广场或道路，建筑高度与空间宽度应有适宜的比例。[1]日本建筑师芦原义信认为，确定空间大小是设计的重点之一。在《外部空间设计》一书中，他提出了著名的“十分之一”理论，即外部空间可以采用内部尺寸8～10倍的尺度。他认为建筑高度（H）与邻幢间距或广场宽度（D）的比例，即D/H对人的心理感受和空间的活力塑造有很大的影响。芦原义信指

1　陈可石. 设计致良知[M]. 长沙：湖南科学技术出版社，2021：508.

出：“以D/H=1为界线，在D/H<1的空间和D/H>1的空间中，它是空间质的转折点。换句话说，随着当D/H比1增大，即成远离之感，随着D/H比1减小，则成近迫之感。当D/H=1时，建筑高度与间距之间有某种匀称性存在。”[1]芦原义信反对没有意义的过大的外部空间，他认为外部空间设计就是将“大空间”划分成“小空间”的艺术，或者是使空间更充实、更富人情味的技术。[2]

事实上，作为城市广场发源地的欧洲，城市中的广场面积一般没有超过5公顷的，被誉为“欧洲最美丽的客厅”的威尼斯圣马可广场面积不过1.28公顷（图5-22）。对于欧洲人来说，“广场就像是户外的客厅，为了打造一个舒适的客厅，必须更加意识到那是一个空间，而且要设定简单明了的范围，因此四周必须以连续的墙面区隔出空间来”[3]。甚至在许多国外城市，有些广场其实只是一个十字路口，拥挤而局促，例如世界知名的纽约时代广场和伦敦莱斯特广场（图5-24）。反观我国，快速城镇化建设中，曾经出现过“广场建设热”，追求宏大的尺度和同质化的几何学秩序。例如，江阴市市政广场建设总用地14.22公顷；山东潍坊人民广场的面积接近天安门广场（43.3公顷）；大连星海广场占地面积达110公顷，尺度大得惊人（图5-25），广场外圈周长2.5公里，广场的边界只能通过道路区分，空间感受极其空旷。近年来，随着城市空间更新理念转型，中国城市公共空间建设越来越重视规划设计居民身边的、更具普惠性的公共空

1　芦原义信．外部空间设计[M]．尹培桐，译．南京：江苏凤凰文艺出版社，2017：54.

2　芦原义信．外部空间设计[M]．尹培桐，译．南京：江苏凤凰文艺出版社，2017：169.

3　安藤忠雄．在建筑中发现梦想[M]．许晴舒，译．北京：中信出版社，2014：39.

图5-24 被誉为“世界十字路口”的纽约时代广场

图5-25 大连星海广场尺度巨大，如同飞机场式跑道设计的广场，徒步横穿至少要半小时

间，利用城市小空间打造街区“口袋公园”或小型广场日益成为城市更新的趋势。

公共空间尺度过大，既让人感到不亲切、空旷冷漠，又难以引发人们的自发性交往活动。“大空间自有大空间存在的意义，但小空间（并非狭窄空间）却有着不可估量的魅力。”[1]人性化的公共空间，往往给人们提供一种人与人面对面观察、联系和交往的理想场所，是人们愿意待的地方。在这里，可以支持大量的自发性活动和社会性活动，可以吸引人们停留与闲谈，获得亲切、尊重、愉悦、安全等心理感受，产生强烈的认同感与归属感。因此，公共空间尺度的宜人性主要体现在适应空间的功能属性以及人群交流的需要和方便上。

（五）公共艺术的成功介入

“公共艺术”泛指一切置于自由开放的公共空间的建筑、雕塑、壁画等艺术作品，以区别于置于各种封闭空间内的艺术品。它专指当代艺术范畴内，有意识地基于自由开放的公共空间来规划、设计、制作并设置于其间的建筑、雕塑、壁画、喷水池等艺术作品，强调艺术的公益性和文化福利。随着社会的发展，还包括一些流动性的、动态性的、互动性的艺术展示。[2]公共艺术不单指某一类艺术形式，也不隶属某一类艺术流派，它的本质特征是公共性，既包括物理层面的公共性，即它存在于公共空间，也包括社会层面的公共性，即它的服务对象是公众，有庞大的受众群体。有学者指出，“当艺术品的创作、展示

1　芦原义信．街道的美学[M]．尹培桐，译．天津：百花文艺出版社，2006：90.

2　夏征农，陈至立．大辞海・美术卷[M]．上海：上海辞书出版社，2015：197-198.

和运营不再局限于美术馆、展览馆、工作室之中，而是与城乡环境紧密结合时，便上升为一种更具公共性的艺术，它促使艺术超越其常规功能，转而融入普通市民的生活环境里”[1]。故而，广义上说，只要在时间和空间上能够和公众发生广泛联系的一切艺术样式都属于公共艺术。

乔恩·朗在阐释作为艺术品载体的环境时指出，公共艺术的目的至少有四重：一是美化环境（令环境有活力）；二是通过展示英雄行为，提高人类的共识性和自尊感，纪念重要事件；三是能够让艺术家展览艺术品，即给他们表达自我的空间；四是教育大众。[2]这一观点表明，当艺术被运用于城市设计时，它可以同时发挥多方面的作用，既是提升环境审美品位的手段，又具有纪念与教育价值。公共艺术不仅给一个城市或一个公共空间带来鲜明的视觉印象，让平淡的场所熠熠生辉，还是人们在公共空间传达精神意象和伦理感受的一个重要途径。相对于私人艺术和架上艺术，它承载着更多的社会的、文化的、教育的，乃至政治上的功能。近代以前，“公共艺术”并没有从宗教和权力展示等功能中剥离出来，承担着强烈的权力颂扬、英雄崇拜、宗教敬畏和道德说教等使命，“前现代的所谓公共雕塑或公共艺术所侧重的，就是一种面对特定群体并发挥特定功能的膜拜价值，而不是一种展示价值”[3]。近代以来，公共艺术所具有的独立审美价值和精神价值日益重要，尤其是随着社会的民主化进程，公共艺术更多地用于表现自由民主精神和市民精神，传达平等交流与公共关怀的价值观。

1 唐燕，昆兹曼，等．文化、创意产业与城市更新[M]．北京：清华大学出版社，2016：43.
2 朗．城市设计：美国的经验[M]．王翠萍，胡立军，译．北京：中国建筑工业出版社，2008：317.
3 李建盛．公共艺术与城市文化[M]．北京：北京大学出版社，2012：15.

现代意义上的公共艺术概念在“二战”后城市重建中得到发展与拓展，公共艺术成为改善环境不良地区面貌的重要手段，公共艺术往往是由地方政府委托艺术家根据城市规划与设计创作的作品，与城市更新、文化规划联系在一起。1967年由美国政府倡议、美国国家艺术基金会（The National Endowment for the Arts）推行“公共空间艺术计划”，促成联邦与政府各种公共工程中的“百分比计划”（Percent of Art Program），即规定在公共工程建设总经费中提出若干比例作为艺术基金（通常是1%），用于公共艺术品建设与创作的开支，这样公共艺术的建设资金就有了稳定的保证。“百分比计划”后来在不少国家得到借鉴与推行，较为有力地推动了世界范围内城市公共艺术发展。

当代社会，公共艺术传达的精神体验和伦理感受更加多元，更加寓教于乐，也更加体现公共精神。翁剑青认为：“艺术对城市空间的成功介入，则可能彰显艺术本身的精妙及其人文精神，使人们的情感暂且超越浮躁与凡俗；此外，可能为人们创造出具有兴味的和乐于邂逅相聚的空间环境。”[1]公共艺术与城市环境品质有密切关联，它为城市创造了优美的、有趣的精神空间和人际交流场所，不仅美化了环境，还在一定程度上满足了公众的心理和精神需要，提供了作为一种特殊社会福利的“审美福利”。例如，英国雕塑家安尼施·卡普尔（Anish Kapoor）设计的位于美国芝加哥千禧公园的巨型雕塑“云门”（Cloud Gate，2006年），从其建成之初就成为一件极受欢迎的公共艺

1　翁剑青. 当代艺术与城市公共空间的建构:《艺术介入空间》的解读及启示[J]. 美术研究，2005（4）：105.

术品，美国《时代》杂志把该塑像形容为“游客磁铁”。卡普尔巧妙利用了抛光不锈钢材料能够镜像外界的特性，作为一件重达125吨的表面抛光不锈钢雕塑，它试图将其周围整个城市环境都倒映其中，同时雕塑表面的凹凸曲面使得周围影像呈现扭曲、重叠的效果，人从中看到的是漂浮的云彩、摩天大楼的倒影与各色人等，雕塑不仅营造了一个极富趣味的空间环境（如同游乐园里的哈哈镜），还可能引发观者思考人与城市的关系（图5-26）。又如，2003年英国伦敦特拉法加广场经过改造后重新开放，并获得巨大的成功。其中，广场的“第四基座”（Fourth Plinth）公共艺术计划是激活广场活力的关键之一，并

图5-26 安尼施·卡普尔的巨型雕塑作品“云门”
来源：https://anishkapoor.com/110/cloud-gate-2

在后来发展为特拉法加广场的文化品牌。“第四基座”指的是广场西北角一处从未被使用的雕塑基座。2005年，“第四基座”开始展示公共艺术（主要是公共雕塑）项目，每三年更换一次，以此丰富和强化场所精神，营造有趣的、轻松幽默的邂逅场所（图5–27）。

虽然现当代公共艺术的宣传导向与社会教化功能有减弱和隐性化趋势，但公共艺术应努力成为公共精神和公共利益崇高表达的价值诉求没有消失，公共艺术承担审美熏陶和精神福利的功能没有减弱，故而不可轻视其潜移默化的伦理教化和审美陶冶价值。且不说置于公共空间中的叙事性公共艺术，如象征性雕塑、情节性雕塑、纪念性雕塑

图5–27　2016年伦敦特拉法加广场揭幕的第 11 件第四基座艺术品——一件7米高的“点赞”手势铜制雕塑，它由大卫·史瑞格利（David Shrigley）设计，名为“非常好”（Really Good），史瑞格利希望竖起的大拇指手势能够为观者带来积极的暗示

来源：https://popuppainting.com/2016/10/really-good-fourth-plinth/

所具有的强烈教化叙事功能，一般的公共艺术其隐性教化寓意也不可小觑。例如，马克·米奥多尼克（Mark Miodownik）在评价“云门”雕塑时，单从其所使用的雕塑材料就指出了其隐性教化寓意，他说：“安尼施·卡普尔在芝加哥千禧公园的作品‘云门’就是绝佳的例子。不锈钢反映了我们对现代生活的感受：利落明快，并且能对抗肮脏、污秽与混乱。不锈钢反映出我们如它一般强韧不屈。”[1]

从城市更新设计或“文化导向”的城市更新视角看，公共艺术具有降低犯罪率、提升市民自豪感的独特溢出效应。例如，英国城市格拉斯哥的戈尔巴尔区旧城改造比较成功，使曾经一度犯罪活动频发的戈尔巴尔区逐渐脱胎换骨。戈尔巴尔区旧城改造成功的一个重要秘诀，便是特别注重公共艺术和建筑设计、公共空间的有机融合。20世纪80年代以来，西班牙巴塞罗那的公共空间改造与建设较为成功，使城市充满生机与活力。巴塞罗那的经验同样有一条，便是将与城市空间特性相配合的公共艺术品融入公共空间，不仅改善了城市景观，也强化了居民对社区的认同感，强化了巴塞罗那在国际城市中的美誉度。例如，巴塞罗那的北站公园（1988—1991年）是为了1992年奥运会，对原来废弃的火车北站进行改建而成的一个城市公园。设计师使这块原本不起眼的荒地变成了一件大尺度的地景艺术。公园利用了巴塞罗那市民对龙的喜爱，用现代抽象手法及大块瓷砖，建造了一条尺度庞大并能够随草地伏起的巨龙雕塑，市

1 米奥多尼克. 迷人的材料[M]. 赖盈满，译. 精装珍藏版. 北京：北京联合出版公司·未读，2018：29.

民可坐、可跨、可爬，公共艺术的公众性与艺术性得到了很好结合。

在我国的城市，公共艺术伴随经济发展和持续推进的城市化进程而发展起来，并纳入城市文化规划与城市景观和公共空间美化的主题。全国许多城市对于以城市雕塑为代表的公共艺术的热情空前高涨，也涌现了不少成功的公共艺术作品。然而，从城市雕塑维度考察我国城市公共艺术状况，应当说成功介入的范例占比不理想。存在的问题，要么是雕塑作品与周围的建筑环境和景观不协调，破坏周围环境的整体美感；要么是雕塑作品本身粗制滥造、俗不可耐，不仅不能浸润人的心灵，提升人们的审美品位，反而成为“城市败笔”；要么是雕塑作品成为少数艺术家不知所云、故弄玄虚的个性化、前卫性展示，忽视公众的视觉经验和审美趣味，无法唤起公众共鸣；要么是雕塑作品缺乏个性魅力，一味模仿抄袭，到处可见似曾相识的“克隆”雕塑；要么是雕塑作品缺乏与公众交流的特性，形式和造型上的可及性、互动性不强。“城市雕塑有属于自己的独特语境，它是一种立足于‘城市’，承接地域传统内涵和历史命脉的雕塑艺术，它更能营造公共空间的文化精神，赋予城市生动气韵。”[1]作为一种公共空间艺术的城市雕塑，对于艺术家的创作而言，是“戴着镣铐跳舞”，既要兼顾地域文脉要素，也要兼顾大众审美情趣，还要承担塑造高品质、高品位城市文化的公共责任。作为彰显城市文化的直观载体，公共艺术的品质对城市形象气质和审美品位有影响显著，因此需要城市基于文

1　周加华．艺林闲思录[M]．上海：中西书局，2019：174.

化规划与城市设计，加强对城市雕塑等公共艺术的精细化规划与管理，需要艺术家与城市设计师密切合作，需要建立体现公众意志的公共艺术规划设计的公众参与及项目评审制度，保障公共艺术的公共性、审美性与教育性。

综上所述，公共空间的设计与营建不是单纯的技术问题，我们应当把城市公共空间的设计，作为以空间方式介入社会问题、伦理问题的一种积极途径，应当深入市民日常生活层面，对人的生理、心理和精神等方面的各种需要予以理解、重视与关怀。

四、走向空间包容：将性别敏感视角纳入城市设计

马修·卡莫纳提出，城市设计是“为人创造更好的场所而不仅仅是生产场所的过程”[1]。“更好的场所”不仅表现为物质环境改善和公共空间的美化，更表现为它所蕴含的公平、包容、关怀等价值取向。为使城市设计全面实现这些让城市生活更美好的价值，性别敏感视角的嵌入不可或缺。以下将通过反思城市设计存在的性别盲视现象，分析城市设计应确立何种性别敏感意识，并进一步从公共空间设计和城市设计治理两个方面阐释其主要议题，探索城市设计促进性别平等的有效路径。

1 卡莫纳，迪斯迪尔，希斯，等．公共空间与城市空间：城市设计维度[M]．马航，张昌娟，刘堃，等，译．北京：中国建筑工业出版社，2015：3.

（一）城市设计：从性别盲视走向性别敏感

性别作为人的一种基本属性，决定了男女差别及各自在社会文化结构中的角色。性别对城市设计的理念、过程、方法和结果具有特殊影响，并非无足轻重。然而，现实的城市设计活动却很少关注性别问题，将性别视为城市设计的无关变量，就是城市规划和城市设计领域长期以来存在的性别盲视现象。

城市设计的性别盲视主要表现在：忽视公共空间使用、占有所具有的性别特征；忽视女性的社会处境和独特经验，或者视男性经验为常规，以男性体验代替两性体验；疏于关心和反思性别敏感在城市设计中可能的影响，当然也不可能在城市设计中进行有针对性的控制和干预。城市设计的性别盲视还有一种特殊的表现形态，即性别中立现象，城市设计者往往将空间中的人视为“无性别差异”的群体，认为城市设计没有必要区别对待男性与女性，而应对所有人一视同仁。伊丽莎白·L. 斯威特（Elizabeth L. Sweet）等学者通过对西班牙、墨西哥和美国等城市的案例进行研究，指出许多规划设计人员并不考虑且认为没有必要考虑性别因素。一位规划设计者说：“我认为必须理解规划设计的普遍性，规划没有性别，从规划的角度来看所有公民都是平等的，如不论行人是男性还是女性，解决方案必须是一样而没有区别的，这与老人和孩子不同。”[1]性别中立设计常常以“专业化”为托词，

1 SWEET E L, ESCALANTE S O. Planning responds to gender violence: evidence from Spain, Mexico and the United States[J]. Urban studies, 2010(10): 2137.

假定普遍化设计能够带来相同的城市空间体验，平等惠及男性与女性，但现实却并非如此——可能给不同性别带来不同影响，实为“性别盲点”。

“性别视角”是认识社会性别关系及其差异、分析性别不平等和性别盲点的基本方法，致力于促进性别平等。早在20世纪初，地理学、建筑学和城市设计领域就开始将“性别视角”纳入空间研究，尤其是揭示男性主导的城市空间带来的不平等的性别化现实。20世纪70年代以来，在反思现代城市规划过分注重效率、严格进行功能分区、城市设计未能顾及使用者异质性等问题的背景下，在女性主义地理学和性别平等思潮推动下，性别视角的城市规划和城市设计研究日益增多，并发展出不少行之有效的性别设计及评估方法，如社会性别审计、社会性别影响评估、分性别数据等。然而，长期以来相关研究和实践主要强调“女性视角”，致力于改变女性的弱势和边缘地位，在设计实践层面探讨的是城市空间规划设计对女性特征和女性需求的忽视、女性所遭遇的空间不平等现象以及如何改变这种状况。在此意义上，城市设计对性别意识的强调，具有一种强烈的价值倾向性，即关注所谓“男强女弱”的社会性别秩序下固化的性别差异及女性空间权利的维护。将“女性视角”等同于“性别视角”的性别敏感设计，虽然以女性关怀意识超越了性别盲视设计的局限性，但却有可能滑入社会性别刻板化的误区，不能适度、动态、灵活地认识和把握性别差异。这种性别敏感设计可称为“女性关怀的性别敏感设计”。

21世纪以来，世界范围内尤其是欧美国家城市设计性别视角研究的趋势是不再局限于“女性视角”，或者从更广义的视角认识“女性视角”，而是将其理解为一个关怀特定人群需求、具有规范性价值和人文关怀属性的概念。例如，联合国于2006年启动过一个“联合国女性友好城市共同方案”（Women Friendly Cities United Nations Joint Programme），界定了女性友好城市的含义，即“地方政府在规划和决策过程中考虑到女性的问题和观点；支持并鼓励女性在与男性平等的基础上参与城市生活的所有领域。从本质上说，对女性友好的城市是指某一特定城市的所有居民，都能平等地受益于财务、社会和政治机会的城市”[1]。这一定义影响很广泛。性别敏感或女性友好作为一种独特而不可或缺的视角，其价值主张首先是致力于在城市治理层面促进性别平等，提升城市空间发展的包容性和公平性，为女性提供与男性一样多的发展和成功的机会。其次，“女性友好城市”是一项城市人性化的愿景，早已不局限于“关怀女性视角”，更加注重空间人性化、包容性与共享性特征，即城市应为所有人提供一个健康、宜居和安全的环境，助推城市向对所有居民更友好的方式转型。同时，性别敏感和女性友好的城市设计，反映了现代城市设计从“功能导向”和“形态导向”转向“生活导向”的价值转型。

无论是女性友好抑或性别敏感，注重的都是一种既有助于促进性别平等，又注重人群差异化、公共空间人性化的设计方法，可将其称为“包容性的性别敏感设计”。有的欧洲城市为了对避免城市设计性别主流化可能带来的仅重视女性需求、固化性别刻板印象的质疑，而选择类似“公平共享城市”这样的口号。例如，自20世纪90年代以来，奥地利的维也纳一直致力于基于女性和儿童需求改造公园、人行

1　What is a Women Friendly City? [EB/OL]. http://womenfriendlycities.com/wfc-women-friendly-city.php.

道和街道照明以及其他基础设施，这些改进不仅使女性和儿童受益，而且使所有城市居民受益。同时，维也纳实施了城市设计性别主流化政策，即在政府公共政策、立法和资源分配（包括城市规划和设计）中平等地考虑男性和女性。维也纳政府要求，各个相关部门必须报告它们的项目如何使男性和女性平等受益，每年需要报告两次，并且新的住房开发必须符合性别敏感标准——包括公共庭院和停车场是否有充足的照明，符合性别敏感标准是获得政府补贴的前提之一。21世纪以来，德国柏林也一直致力于城市发展实现性别主流化，表现于城市规划和设计领域就是将性别意识纳入规划和设计过程的所有领域，但性别主流化的目标并非只针对女性议题，而是将其视为一种平等的政策工具。与以往性别敏感或女性关怀导向政策不同，柏林推行的性别主流化并不把女性作为唯一的目标群体，而是把注意力放在人与人之间的关系以及男性与女性之间的不同上，即性别主流化进程不是孤立地审查性别敏感问题，而是审查其与社会、人口和文化的相互关系（图5-28）。2011年出版的《城市发展中的性别主流化：柏林手册》中指出："区域和城市规划中的性别主流化意味着在整个规划设计过程中，关注所有年龄和出身的未来使用者的生活方式和利益，并尊重其选择"，"不应简单地认为典型的女性与典型的男性之间的差别是理所当然的——相反，应通过促进新的和多样化的生活方式来克服特定于性别的角色分配和刻板观念。"[1]

1 Women's Advisory Committee of the Senate Department for Urban Development. Gender mainstreaming in urban development: Berlin handbook[M]. Berlin: Kulturbuch-Verlag GmbH, 2011: 9, 69.

图5-28　柏林城市发展中的性别主流化：城市空间设计关怀所有年龄和人群的需求与生活方式
来源：Women's Advisory Committee of the Senate Department for Urban Development. Gender mainstreaming in urban development: Berlin handbook[M]. Berlin: Kulturbuch-Verlag GmbH, 2011: 35.

英国皇家城市规划学会出版的《性别与空间规划》报告强调，涵盖性别平等的一个平等的社会承认人们不同的需求、处境和目标，并旨在消除限制人们能做什么和能成为什么人的障碍。空间规划只有在对所有需求敏感的情况下才能为所有人提供安全、健康和可持续的环境，对设计的性别敏感应确保每个场所和空间适合每个人。由此，英国皇家城市规划学会提出了性别敏感的空间规划的六方面意义：对空间规划的性别理解突出安全和保障问题，并确保场所和空间的质量考虑到每个人的需求；对人们如何利用空间和场所的性别理解可以提高我们实现经济、社会和环境目标的能力；从性别角度理解人们如何看待他们的环境，对于制定应对气候变化的政策至关重要；对设计的性别理解可以确保场所和空间适合每个人；对当地设施需求的性别理解，可以确保我们创造出每个人都可以使用的场所；对人们想要如何生活的性别理解，确保场所和空间包含每个人都需要的设施。[1]2016年10月召开的第三届联合国住房和城市可持续发展大会举办了妇女圆桌会议，讨论实施《新城市议程》与性别平等的关系。对此，卡洛琳·莫泽（Caroline Moser）认为，成功实施《新城市议程》需要一种“根本性的范式转变”，其目标是将城市性别关怀的路径转变为追求公平的城市，而不是把重点放在将女性仅仅作为一种补救型福利主义（residual welfarist）类别的干预措施上。[2]因此，从宽泛的意义上看，

1 The Royal Town Planning Institute. Gender and spatial planning: RTPI good practice note 7[R/OL]. https://policy-practice.oxfam.org.uk/publications/gender-and-spatial-planning-rtpi-good-practice-note-7-112350.2007.

2 MOSER C. Gender transformation in a new global urban agenda: challenges for Habitat III and beyond[J]. Environment & urbanization, 2017(1): 222.

性别敏感的城市设计首先强调城市空间满足市民日常生活的人性化维度，通过关怀导向的设计方法，更好地满足所有使用者的需要，尤其是儿童、老人、残疾人和女性等群体的特殊需要，提高公共空间和公共服务设施的"精准匹配"度。"包容性的性别敏感设计"是一种以"人性化视角"涵盖"女性视角"的广义的性别敏感设计，它除了强调基于男女两性平等共享的目标建构城市空间，还强调城市空间设计应积极应对不同人群的差异化需求，城市发展面向更加公平的城市和更加包容的城市。

正确理解和认识城市设计中的性别敏感视角，既不能夸大和滥用性别差异，也不宜以标榜适合所有人的包容性设计弱化对女性空间需求的特殊关照。城市设计中的性别敏感并不意味着只关注女性需求，或仅仅将女性视为弱势群体而加以关怀，也不意味着假设所有女性或所有男性都有相同的需求和体验。实际上，性别敏感视角指的是性别区分的干预对象可以全部是女性，甚至男女都有，即当某种情形下男女有一方处在极其不利的位置时，就会构成有性别区分的行动。在这方面，可借鉴美国教育哲学家简·R. 马丁（Jane R. Martin）对性别敏感的理解。她认为，性别敏感观念指的是："当性或性别因素在教育中造成差异或产生影响时，就将其纳入考虑范围，而当其没有造成影响时就忽略性别因素。"[1]马丁的观点给我们的启示是，城市设计纳入性别敏感视角，需要避免简单固化对男性和女性特质的狭隘理解，城

1 MARTIN J R. The ideal of the educated person[J]. Educational theory, 1981(2): 109.

市设计与教育活动类似，需要考虑性别因素何时起作用，是否产生影响。我们可以将性别因素视为“条件型中介变量”[1]，以性别需求、性别不平等、性别权利失衡的事实为触发条件，以性别平等和关怀为价值评判标准，根据性别因素对城市空间的具体影响确定城市设计干预和改进的方向。

（二）性别敏感的城市设计的核心议题与主要策略

若将性别因素视为一种“条件型中介变量”，考察城市空间中女性和男性的不同需求以及性别权利不均衡的事实，性别敏感的城市设计的核心议题主要有两类，即公共空间中的女性安全、城市设计与性别平等。与此相适应，逐步发展出了女性安全审计、分性别数据收集、空间性别分析等策略，以改进和提升城市空间的包容性和公平性。

1. 公共空间中的女性安全议题及主要策略

女性在公共空间中的安全问题一直是性别敏感的城市设计的关键议题。2020年世界银行制订的《性别包容性城市规划与设计手册》（*Handbook for Gender-Inclusive Urban Planning and Design*）指出，所调查的8个东欧国家中，10%的受访女性报告了发生在街道、广场、停车场或其他公共空间的安全和暴力事件。[2]对女性来说，城市

1 龙安邦，黄甫全．性别敏感教育的价值取向与实践方略[J]．中国教育学刊，2017（6）：41.

2 2020 International Bank for Reconstruction and Development, The World Bank. Handbook for gender-inclusive urban planning and design[EB/OL]. (2020-02-04). https://www.worldbank.org/en/topic/urbandevelopment/publication/handbook-for-gender-inclusive-urban-planning-and-design.

空间中的各项权利、自由是以免于恐惧的安全性保障为前提的。以吉尔·瓦伦丁（Gill Valentine）为代表，西方女性主义地理学对公共空间中的女性恐惧感以及由此带来的空间抑制、空间使用不平等问题有深入研究。[1]英国皇家城市规划学会的《性别与空间规划》等相关研究报告指出，安全因素对女性使用公共空间的方式影响最大。同时，有关犯罪行为与城市公共空间环境关系的研究，如奥斯卡·纽曼（Oscar Newman）的可防卫空间理论和C. 雷·杰斐利（C. Ray Jeffery）的通过环境设计预防犯罪理论，从不同视角显示空间环境的布局形态对犯罪行为有一定的影响，某些特定的空间环境特征，如空间死角、闲置和破败空间、照明不足之处、缺乏监控的人行道等，容易诱发犯罪行为。城市设计是有意识地塑造和管理城市环境尤其是公共空间的活动，是否能够设计安全的街道和其他公共空间是良好城市设计的基础。

关于如何防止公共空间的犯罪问题，简·雅各布斯有独到见解。[2]美国许多大城市公共空间的犯罪率相当高，一些衰败冷清的公园往往沦为犯罪场所。雅各布斯认为，仅靠警察维持或降低人口密度并不能降低犯罪率。城市安全是由一个相互关联的、非正式的网络来维持的，街道中行人的目光监督，构成了城市人行道上的安全监视系统，这就是她说的“街道眼”。因此，她主张保持小尺度的街区和街

1　VALENTINE G. The geography of women's fear[J]. Area, 1989(4): 385-390.

2　参见雅各布斯. 美国大城市的死与生[M]. 金衡山，译. 纪念版. 北京：译林出版社，2006：25-47.

道上的各种小商铺，以增加街道生活中人们相互见面的机会。针对公园和广场，她认为其功能应从街道的功能延伸开来，必须有充足的人流和多样化的使用活动，应当与街道、街区组成一个有机的、具有社会意义的空间网络，从而增强公共空间的安全感。吉尔·瓦伦丁曾以英国两个郊区住宅为例，研究了妇女的危险感与公共空间设计之间的关系，提出了多项改进空间设计、提高妇女在公共空间中的安全感的具体建议，如天桥优于地下通道；停车和入口的位置可以直接进入，无需经由另一通道；门廊应被看穿；白色照明优于黄色照明；墙壁涂成白色，看起来不封闭也较容易辨识是否有旁人在场；地铁通道应以短、宽为原则，出口的监视性要好；造园景观如假山等不可遮蔽道路，也不应阻碍视线，围墙要少；将荒废处用各种使用与活动填补起来；角落及转角的监视性要好，可加装镜子以改善。[1]在西班牙巴塞罗那有一个由女性主义建筑师、社会学家和城市规划师组成的合作组织Collective Point 6，近十年来一直致力于将平等安全融入巴塞罗那的街道。他们认为，街道的可视性或能见度是关键，但还有比照明更重要的东西，因为在光线充足但没有活动、没有眼睛盯着街道的地方，人们尤其是女性是不会感到安全的。“盯着街道”指的就是简·雅各布斯的“街道眼”，即街道上的行人活动以及街道两旁建筑物的“监视性”。公共空间中针对女性的暴力往往发生在隐蔽的地方，当高高的围墙耸立于街道，当街道布满了黑暗的角落和障碍物，这些都是潜

1 VALENTINE G. Women's fear and the design of public space[J]. Built environment, 1990, 16(4): 288-303.

在攻击者的绝佳藏身之处。因此，Collective Point 6建议街道的安全设计旨在避免形成一些隐蔽黑暗的空间或角落。[1]

20世纪80年代末以来，城市设计开始重视空间的性别使用和女性在公共空间如公园、街道和公共交通空间的安全问题。1989年率先在加拿大多伦多市运用的女性安全审计，就是一种重视女性安全的公共空间设计策略。从20世纪90年代开始，女性主义规划者总结了三种创造更安全和更包容的空间的设计策略：采用女性安全审计，创建更多的庇护空间和赋权空间，将性别意识纳入社区安全计划。[2]其中，女性安全审计得到广泛的认同与实践，是性别敏感的安全城市设计最常用的评估和行动工具。

女性安全审计（women's safety audit，简称WSA）提供了一种基于性别安全的城市设计参与性工具，主要用于了解女性对公共空间安全性的看法，分析女性在公共空间中的安全状况，并由女性通过亲自体验观察的形式，审查公共空间的安全隐患和应考虑的安全事项清单，在此基础上提出公共空间安全性的设计和改进建议。女性安全审计尤其适合社区层面的安全排查，可以有效地改变环境的安全状况，提醒公众和属地管理者共同承担确保妇女安全的责任。WSA最初由加拿大多伦多市都市反暴力对待妇女儿童行动委员会（Metropolitan Action Committee on Violence against Women and Children，简称METRAC）提出

1 FLEMING A. What would a city that is safe for women look like?[N]. The guardian, 2018-12-13.

2 SWEET E L, ESCALANTE S O. Planning responds to gender violence: evidence from Spain, Mexico and the United states[J]. Urban studies, 2010(10): 2132.

并实施，审计工具以特定地理区域或公共空间的调查、观察和访谈为主，参与女性根据清单上影响安全的一系列问题进行审核。METRAC制定的《女性安全审计指南》中的安全清单主要涉及物理环境的设计要素，如照明、标识、隔离、视线以及维护和管理质量等。清单上的问题较为具体，如“照明方面你能看到25米外的脸吗?”“路灯光亮怎么样？有多少（或多少比例）的路灯熄灭了?”在此基础上提出改进建议并按优先次序排列。自1989年以来，METRAC的女性安全审计策略在世界其他城市的实践中得到了发展与创新，已成为一个不断进行本土化改进的动态发展概念，诸多新的安全审计工具纷纷涌现。

例如，2004年英国女性设计服务中心（Women's Design Service）在伦敦、曼彻斯特等城市开展了一项“营建更安全的场所”设计项目，尝试以“恐惧计量表”（Fear-o-Meter）为工具了解女性对空间的安全印象，以此确定公共空间“鼓励”犯罪或预防犯罪的环境特征，并提出改善街道照明和指示牌、改道或安装围栏等具体设计建议。[1]印度德里的女性主义研究沟通和资源中心与联合国人居署合作，自2004年以来对德里进行女性安全审计，它们结合当地实际对WSA进行了调整，主要以绘制系列公共空间安全地图和焦点团体访谈的方式，明确德里女性认为不安全的各类公共空间及其环境特征。[2]2013年，

1 The Royal Town Planning Institute. Gender and spatial planning: RTPI good practice note 7[R]. https://policy-practice.oxfam.org.uk/publications/gender-and-spatial-planning-rtpi-good-practice-note-7-112350.2007: 10.

2 WHITZMAN C, ANDREW C, VISWANATH K. Partnerships for women's safety in the city: “four legs for a good table”[J]. Environment & urbanization, 2014(2): 451.

德里出现了以手机应用程序SafetiPin为工具的女性安全审计，该手机App可以让女性用户根据照明、能见度、人口密度、治安状况等对街道和其他公共空间进行评分，并让用户信任的人跟踪其行动路线（图5-29）。2018年，SafetiPin仅在德里就拥有5.1万个数据点，除印度外世界上有50个城市推广使用该App，收集由用户提供的安全数据。SafetiPin团队确定了德里大约7800个照明分数为零的暗点。根据这些信息，该市负责照明的政府部门改善了约90%的照明不足。SafetiPin还与规划设计部门合作，就如何让地铁站、公交车站、旅游景点、公

图5-29　SafetiPin的宣传图，关注“她崛起”，用数据驱动方法设计更安全、更具包容性的城市

共厕所和公园对女性更加友好提出建议。[1]2016年，澳大利亚墨尔本和悉尼的“青年活动家系列”（Youth Activist Series）平台，开发了名为Free to Be的交互式女性安全数字在线地图，Free to Be App使用人群测绘技术，让女性能够识别和分享城市中让她们感到不安或害怕的公共空间，或感到快乐和安全的公共空间。该应用程序可以在地理上识别需要改变城市设计的“坏点”。女性分享她们对公共空间的体验，以及她们为什么会有这种感觉，为城市空间治理提供了令人信服的第一手资料。例如，一位女士说这里“路灯昏暗，晚上感觉很不安全”；另一位用户说“作为一个十几岁的女孩，这个地方感觉很安全，因为它光线充足，如果你需要帮助，周围总是有人，还有警察执勤点”。最终，危害女性的城市设计会得到修正。[2]2020年，联合国妇女署在巴基斯坦卡拉奇等五个城市开展了公共空间中的女性安全审计，主要基于五项安全审计工具，即调查使用公共交通工具和前往公共场所的女性/女孩的看法，对公共交通司机和售票员进行感知调查，访谈主要利益相关者和责任人的关键知情人，与用户和服务提供商进行焦点小组讨论以及安全行走。通过严格的数据分析，收集经验证据和全面的统计检查，出版了《公共空间女性安全审计》报告，提出了务实有效的建议。

女性安全审计的突出优点是作为一种参与式审计，坚信女性自身就是城市环境和公共安全方面的专家，通过将女性安全审计整合到城

1 FLEMING A. What would a city that is safe for women look like?[J/OL]. https://www.theguardian.com/cities/2018/dec/13/what-would-a-city-that-is-safe-for-women-look-like.

2 STONE A. Female-friendly cities: rethinking the patriarchy of urban planning[EB/OL]. https://msmagazine.com/2018/05/09/female-friendly-cities-rethinking-patriarchy-urban-planning/.

市设计项目中，细致反映公共空间使用者对安全的真实体验，确保女性需求得到更好的满足。WSA还强调通过调动社区居民参与，提高女性参与公共空间优化的积极性和能力，通过使用者自身的力量改善和提升公共空间的安全状况。当然，WSA在实际运用中也有一定的局限性。如有学者认为WSA简单化地认知女性在空间中的安全问题，过于狭隘地关注空间的物理环境，殊不知影响安全感的还有物理环境中人的态度、行为与活动的复杂交互作用。[1]

在我国，即便社会赋予女性以平等的空间支配权，即便我国城市治安水平显著提升，即便平安社会建设稳步推进，女性仍然存在显著的安全焦虑。在现代公共空间的复杂环境中，女性无法获得与男性一样的空间自由，至少出于安全考虑，女性会主动放弃和缩减自己在公共空间中的活动。例如，佟新等学者以武汉和乌鲁木齐为研究样本的调查表明，女性因出行遭遇过的性骚扰比例约在20%，对出行安全的考虑可能会限定女性的出行范围和时间。[2]因此，如何在承认两性空间体验身体差异的基础上，改变空间建构的中性思维，加强城市空间设计的性别敏感意识，创造一种有利于两性平等共享空间的环境条件，将是促进城市发展进程中两性平衡发展的重要途径。

需要强调的是，性别敏感的城市设计需要有关怀视角，这既是实现城市设计人性化目标的重要路径，也是城市设计人性化的基本尺度。公共空间中的女性安全问题是空间设计性别关怀的特殊议题。除

1　GUBERMAN C. Empowerment strategies for women: the safety audit: what's next?[EB/OL]. https://femmesetvilles.org/downloadable/guberman_en.pdf.2002.

2　佟新，王雅静. 城市居民出行方式的性别比较研究[J]. 山西师大学报（社会科学版），2018（3）：68.

此之外，性别关怀的空间设计还体现在城市环境、公共空间、公共建筑的设计在细节上性别友好，如公厕男女厕位比例合理、有设计良好的男女公厕、公共场所育儿哺乳设施健全等。

2. **促进空间性别平等的城市设计议题及主要策略**

城市设计纳入性别敏感视角，既强调重视空间中的性别差异，又要基于性别差异来超越性别差异，最终目标是将其作为实现空间性别平等的重要途径。了解和认知城市公共空间实际存在和隐性存在的性别不平等状况，尽可能消除由于对空间的不同使用、不同体验而造成的不平等，是通向空间性别平等的基本路径。

就欧美一些国家性别敏感的城市设计项目和实践来看，社会性别分析是了解空间性别不平等状况及其因果关系的基本工具。城市规划与设计中的性别分析是一种通过男性和女性、男孩和女孩的不同角色和责任来审视公共空间的方法，通过这种方法，规划师和设计师可以更好地了解设计项目所涉及的利益相关者以及他们在城市空间环境中的互动方式。[1]依据性别分析内容的不同侧重点，可以进一步将其区分为空间性别角色分析与空间性别活动分析。性别角色分析主要是比较女性与男性在城市空间中承担的不同角色或角色的多重性状况，以此认识女性与男性的不同空间需求。例如，虽然我国城市居民女性全职就业率较高且男性也承担家务活动，但总体上看，由于家庭角色的性别划分，女性日常通勤和出行在照顾孩子和购物方面有更多任务，因

1 UN-Habitat. Inclusive and sustainable urban planning: a guide for municipalities[R]. Kenya: United Nations Human Settlement Programme, 2007: 26.

而活动路线会更加多样化，与家务劳动相关的出行活动高于男性，更多使用公共交通和街道空间。佟新等学者以武汉和乌鲁木齐为研究样本的调查也印证了女性出行方式具有上述特征。他们的调研结果表明：男性出行多数是比较单一的通勤公务出行，而女性出行呈现“公务+家务”的特点。武汉和乌鲁木齐市分别还有17.9%和11.7%的女性受访者以家务出行（包括接送小孩）为首要的出行目的，而男性对应的比例只有9.7%和3.8%；两性出行方式存在明显差异，女性更倾向于步行和公交，男性选择自驾或出租车的比例更高一些。[1]因此，城市规划和设计有必要考虑女性出行链条与出行方式选择上的特点，通过提升街道步行友好性、布局混合功能的服务设施、优化公共交通与慢行系统的衔接等措施，助力女性安全且便利地完成满足日常生活需求的各项活动。对性别活动的分析则主要了解男性与女性对公共空间的使用方式、空间体验、资源和能力的不同，以此发现空间性别不平等状况并有针对性地提出改善建议。对某一公共空间进行性别活动分析时，基本的指标至少包括女性和男性的使用水平、女性和男性的使用模式、女性和男性对公共服务的满意度及优先事项的选择等。

性别分析旨在了解两性间的差异和不平等情况，只有通过统计分析才能更为准确地了解。分性别数据统计是开展空间性别分析的基础，注重城市设计分性别数据的统计与分析，是性别敏感的城市设计的基本手段。分性别数据指的是以性别为基础的分类统计数据、统计

1　佟新，王雅静．城市居民出行方式的性别比较研究[J]．山西师大学报（社会科学版），2018（3）：64.

信息和统计变量，能够较为敏感地反映男性和女性在城市环境中的基本状况，帮助政府决策者、规划设计者确定具体的性别需求，以便通过改进规划和设计来解决空间性别不友好和不平等的问题。例如，北京故宫博物院院长单霁翔在2019年2月举办的亚布力论坛上演讲时指出，故宫研究人员通过大数据分析，得知故宫女士洗手间厕位数应是男性洗手间的2.6倍，这其实就是一个极有价值的分性别数据，基于该数据，故宫管理者对男女洗手间进行了重新配比设计与改造。有时为了解城市空间和公共设施的“精准匹配”度，分性别数据还可进一步细化，即不只收集两性差异数据，还需要在单一性别群体内纳入人口学变量（年龄、职业、文化程度、社会经济地位、居住地等）加以分析。分性别数据是性别敏感设计的“触发器”，因为汇总的城市空间数据往往掩盖了男性与女性的差异，从而假定男性和女性的空间体验相同而导致性别中立设计。因此，无论是在城市空间规划目标选择、具体空间设计方案编制，还是设计效果监控与评估环节，都应重视分性别的社会现状调查，收集和分析分性别数据，并尽可能将其纳入城市设计的常规统计之中。城市设计分性别数据的采集除了通过传统的参与式观察、调查或监测特定地点的情况、人工踏勘拍照等方法外，还可以基于大数据背景下一些新的城市空间分析技术如街景图像（street view image，简称SVI）等，获取街道使用方式的性别特征。分性别数据统计实际上是精细化数据驱动的性别敏感设计，通过对两性空间行为进行全面“刻画”并分析其影响因素，可以为人性化的城市设计提供更好的支持。

（三）性别敏感视角嵌入与城市设计治理

莱斯利·凯尼斯·威斯曼（Leslie Kanes Weisman）说："假如我们要设计一个重视所有人的社会，更多的建筑师和规划者就必须成为女性主义者，而更多的女性主义者则需要去关心我们实质环境的设计。"[1]实际上，走向性别敏感的城市设计，提升城市设计师的性别意识只是一个方面，重要的不仅是转变理念，更需要规划设计制度层面的整体传导，尤其需要将性别敏感嵌入城市设计治理体系。

当代城市设计已发生明显转向，逐渐从空间形态设计转变为城市空间治理，城市设计作为一种公共政策和治理工具的作用日渐显现。所谓城市设计治理，主要指的是一种管控城市空间品质、保证城市公共空间优质公平供给、增进城市公共利益的空间治理过程，是城市治理的重要构成。将性别敏感视角嵌入城市设计治理，对提升城市空间的包容性有重要价值。对此，克劳斯·托普弗（Klaues Toepfer）认为，包容性对于良好的治理至关重要。在我们这个城市化的世界里，女性的需求不同于男性。因此，将基层女性及其关注的问题纳入治理至关重要。[2]城市设计治理嵌入性别敏感视角，主要体现在以下两个方面：

第一，城市设计管控通过融入性别敏感的理念和指标实现精细化空间治理。在我国，城市设计管控主要划分为总体阶段的管控与建设

1　WEISMAN L K. 设计的歧视：男造环境的女性主义批判[M]. 王志弘，张淑玫，魏庆嘉，译. 台北：巨流图书公司，1997：253.

2　TOEPFER K. Women in urban governance[J]. Buildings materials news, 2000(10): 1.

实施阶段的管控。总体阶段的管控目标是构建某一城市和地区的整体景观风貌格局，明确城市设计价值导向；建设实施阶段的管控对象主要包括建筑、广场绿地、城市道路、桥梁、其他市政与景观环境设施，旨在通过落实设计导则的要求营建良好的城市环境。[1]性别敏感视角主要嵌入的是建设实施阶段的设计管控。例如，管控广场绿地、城市街道这类公共空间时，不仅要设定功能布局、界面形式、地面铺装、绿化种植、环境设施设置等管控指标，还应在指标与要求方面融入性别关怀理念，如提升公共空间安全性的要素指标、儿童与女性友好的街道家具和服务设施等。2020年世界银行的《性别包容性城市规划与设计手册》旨在为一系列规划领域（包括住房、公共交通和其他基础设施服务以及城市总体规划）提供明确具体的设计指南，该手册提出的涉及建筑空间环境的治理要素，如“自由进入——不受限制、没有障碍地使用公共领域的服务和空间”，“出行能力——在城市中安全、轻松、经济地出行”，“安全和免于暴力——免于在公共和私人空间遇到真实和潜在的危险”[2]，同样适用于我国的城市设计治理，可以将其纳入城市设计管控目标。

第二，尝试建构城市空间规划设计中的性别主流化指标体系，以此作为分析与审视性别平等问题的可操作性工具。“性别主流化”是1995年9月在中国北京举办的第四次世界妇女大会《行动纲领》中提

1 上海规划和国土资源管理局，等. 城市设计的管控方法[M]. 上海：同济大学出版社，2018：56-57.

2 2020 International Bank for Reconstruction and Development，The World Bank. Handbook for gender-inclusive urban planning and design[EB/OL]. (2020-02-04). https://www.worldbank.org/en/topic/urbandevelopment/publication/handbook-for-gender-inclusive-urban-planning-and-design.

出的全球性策略。1997年6月，联合国经济和社会理事会对社会性别主流化的界定获得广泛共识，即性别主流化“指在各个领域和各个层面上评估所有有计划的行动（包括立法、政策、方案）对男女双方的不同含义。作为一种策略方法，它使男女双方的关注和经验成为设计、实施、监督和评判政治、经济与社会领域所有政策方案的有机组成部分，从而使男女双方受益均等，不再有不平等发生。它的最终目的是达到社会性别平等”[1]。空间规划中的性别主流化意味着，在涉及城市公共服务设施规划、住房规划与建设、公共空间规划和交通与环境规划等项目的预算、咨询、设计与评估中，纳入两性平等指标，并建立针对女性的特殊指标体系。英国皇家城镇规划协会性别主流化工具包（The Royal Town Planning Institute Gender Mainstreaming Toolkit）对我们建立本土化的性别主流化指标有一定的借鉴价值。[2]这一工具包可以在规划设计过程的各个环节使用，它主要是基于一系列的相关问题而进行性别平等检视。这些问题主要有：谁是规划者和设计者，规划决策团队由谁构成，哪个群体的人意识到他们是规划活动的受益者，相关统计数据如何收集（其中包括哪些人，规划的核心价值、优先考虑的事项，以及规划的目标是什么），谁是被咨询者、谁是参与者，如何评价规划建议，由谁来评价，规划政策的实施、监督与管理是如何进行的，性别意识是否被充分纳入规划政策的各个层面，等等。

1 Bureau for Gender Equality, ILO. Gender! A Partnership of Equals[R/OL]. (2000-05-10). https://inee.org/sites/default/files/resources/ILO_2000_Gender-_A_partnership_of_equals.pdf.

2 MALAZA N. Gender in planning and urban development[J/OL]. Commonwealth secretariat discussion paper, 2009(7): 3. https://www.thecommonwealth-ilibrary.org/index.php/comsec/catalog/view/581/581/4331.

第三，城市设计的治理工具融入性别分析，特别是在强调参与主体多元性的基础上，保证女性获得平等的城市设计参与权。关于城市设计治理工具，马修·卡莫纳提出了一个城市设计治理工具包，将设计治理工具分为两大类型，即正式的设计治理工具和非正式的设计治理工具。其中，正式的设计治理工具有三个类别，即引导（导则）、激励与控制；非正式的设计治理工具有五个类别，即证据、知识、提升、评估和援助。社区参与和公共参与不是一个单独工具，而是一种支持正式和非正式设计治理工具的活动，具有特殊地位。[1]由于我国城市设计治理制度尚处于发展初期，治理工具以引导和管控工具为主，较为缺乏激励性和赋权性设计政策工具。马修·卡莫纳提出的城市设计治理工具，在我国运用得较多的是导则和公众参与。近年来，我国不少城市编制了各类城市设计导则，尤其是以街道设计导则为主体，北京市还出台了以街道治理转型为核心目标的《北京街道更新治理城市设计导则》。导则主要以管控要素和量化指标为基础，对建筑风貌、城市开放空间及其附属设施进行人性化设计和精细化管理，建议在导则指标要素中融入性别友好指标，或将性别敏感的内容以附加图则的形式嵌入城市设计导则，实现有刚性控制效能的设计管控。

在城市设计公众参与方面，性别敏感视角尤其重要。我国城市设计的公众参与在法律保障层面已经落实。但在参与的广泛性、包容性

1 CARMONA M. The formal and informal tools of design governance[J]. Journal of urban design, 2017(1): 1.

和实效性方面存在不足。从性别敏感视角看，规划设计行政管理层面主导的公众参与，并没有重视性别比例、性别差异、社会性别关系对城市设计公众参与的影响。而在社区治理层面，女性群体实际上已经从社区治理的边缘走向中心，成为社区治理的核心力量，社区参与甚至出现了女性参与度明显高于男性的现象。[1]因此，基于我国社区层面女性已有充足的参与空间，保障城市设计公众参与的两性平等，主要应加强规划设计行政管理层面的性别意识。一般而言，女性相较于男性，容易感受到公共空间中不够安全、不够人性化的方面，女性在购物网点、托幼和儿童游乐设施、便民服务设施、妇幼保健和计生服务设施的合理分布方面，以及街道景观设计、街道家具设计、街道设施人性化改造等方面有更多贴近生活的建议。因此，城市设计部门通过论证会、听证会、座谈会、专题小组等形式征求公众意见时，应适当注意合理的性别参与比例，同时还可依托街区、社区搭建城市设计公众参与平台，聘请女性咨询员，积极倾听她们的建议，发挥女性在街区设计、人居环境优化等方面特有的性别角色和性别特质优势。

总之，城市设计本质上设计的是人的生活，两性的日常生活需求、两性的空间体验及行为模式理所应当被考虑其中。在当今城市设计从“形态导向”转向“生活导向”的趋势下，性别敏感作为一种独特而不可或缺的视角，有助于城市设计确立一种促进空间性别平等的价值立场，提升城市空间发展的包容性和公平性。整体上看，较之于

1　侯秋宇，唐有财．社会性别视角下的城市社区治理：基于上海市徐汇区社区社会组织“绿主妇”的个案研究[J]．中华女子学院学报，2017（4）：50.

国外同行，国内性别敏感的城市设计无论在理论基础还是实证研究方面都较为薄弱，尤其是国外研究者注重对性别敏感的城市设计策略的探索，注重对女性公共空间安全审计、分性别数据统计等操作性工具的运用，我国目前在此领域还没有实质性推进，亟须加强。

第六章 城市设计环境伦理：可持续性与健康城市

任何一个未来的可持续发展的星球景象都一定是不可否认的一个绿色景象——核心是城市，它们是真正生态、复兴和振奋人心的。[1]

——［美］蒂莫西·比特利

1 比特利. 绿色城市主义[M]. 邹越，李吉涛，译. 北京：中国建筑工业出版社，2011：276.

为协调人类与环境的关系，更好地保护环境，建立一套约束自身行为的伦理观念和伦理秩序十分必要，这也是环境伦理兴起的重要契机。环境伦理既包括处理人与自然环境关系的价值取向与行为规范，也涵盖处理人与聚落环境、城市环境关系的价值取向与行为规范。城市设计是人类设计和塑造城市环境的重要方式与过程，有必要引入环境伦理维度，建构一种城市设计环境伦理，以便在新型城镇化发展历程中减少和避免城市环境污染和生态破坏，创造适宜人民生活的宜居之城和健康之城。“今后几十年中，城市建设行业将面对有限的能源供应和全球气候变化的问题，从而必将促进城市设计与规划环境伦理的形成。”[1]

有鉴于此，本章将以专题探讨的形式，从城市设计可持续发展价值观重塑、环境伦理视野下的低碳城市建设、基于环境正义视角的城市绿色空间规划、现代城市规划设计与公共卫生的关系以及增强社区空间韧性与应对公共卫生危机五个专题切入，阐释城市设计环境伦理的价值取向和实践路径。

一、可持续发展语境下城市设计价值观的重塑

从20世纪80年代下半叶开始，可持续发展主要体现在三个维度，

1 寇耿，恩奎斯特，若帕波特. 城市营造：21世纪城市设计的九项原则[M]. 赵瑾，俞海星，蒋璐，等，译. 南京：江苏人民出版社，2013：24.

即经济增长、生态平衡与社会公平。牛文元在回顾全球可持续发展内涵的变化趋势时指出："可持续发展被视作一个自然—社会—经济复杂系统中的行为矢量，该矢量导致国家或地区的发展朝向日趋合理、更为和谐的方向进化。"[1]从环境、社会和经济三个系统理解可持续发展，已成为可持续发展的共识性理念，三个系统相互联系、相辅相成，在矛盾运动中共同推动城市可持续发展目标实现。

虽然社会可持续性包含文化发展的内容，有些学者倾向于在社会范畴内考虑这一维度，但随着文化维度在可持续发展中的独特作用越来越受到关注，理解"城市可持续性"时，有必要在环境、社会、经济三个维度的基础上增加文化的维度。可持续发展的文化维度，是社会融合的力量，更是推动环境可持续性的重要力量。2001年，澳大利亚学者琼·哈瓦奇斯（Jon Hawkes）提出可持续性的四极，即文化活力（包括福祉、创造力、多样性、创新性）、社会平等（公正、参与度、凝聚力、福利）、环境责任（生态平衡）、经济能力（物质繁荣）。他认为可持续的社会依赖可持续的文化，在可持续性的三重框架中文化必须是一个单独的且"独特"的参照。[2]世界城市和地方政府联合组织（United Cities and Local Governments）提出，环境、社会、经济三个维度还不足以反映当代城市的复杂性，文化是可持续发

1 牛文元. 可持续发展理论的内涵认知：纪念联合国里约环发大会20周年[J]. 中国人口·资源与环境，2012（5）：9.

2 HAWKES J. The fourth pillar of sustainability. Culture's essential role in public planning[M]. Champaign: Common Ground Publishing Pty Ltd, 2001: 25.

展的第四个支柱。[1]2013年5月，联合国教科文组织在杭州主办的“文化：可持续发展的关键”国际会议通过的《杭州宣言》中指出，面对人口增长、城市化、环境恶化、灾害、气候变化、日益凸显的不平等和持续贫困，迫切需要寻找新途径以实现可持续性发展。这些新途径应当充分考虑文化作为一种价值体系、一种资源、一种实现真正意义上可持续发展的框架的作用。[2]关于文化可持续性在可持续发展系统中的角色和作用，西方学者有不同认识。有学者将文化可持续性看作可持续发展框架中单独的一个维度；有学者则将文化可持续性看作一种中介模式，它可以平衡经济、环境和社会三个支柱的关系；还有学者把文化可持续性视为实现可持续发展目标的总体社会基础（图6-1）。[3]

1996年，斯科特·坎贝尔（Scott Campbell）提出了“规划师三角”（Planner's Triangle）的概念框架，分析了规划师所面临的促进经济增长（即经济可持续性）、建设环境友好的绿色城市（即环境可持续性）、倡导社会公平（即社会可持续性）之间内在矛盾。[4]时至今日，三者之间的紧张和矛盾关系依然存在。“文化可持续性”维度被引入

1 United Cities and Local Governments. Culture: fourth pillar of sustainable development[EB/OL]. (2010-11-07). https://www.agenda21culture.net/sites/default/files/files/documents/en/zz_culture4pillarsd_eng.pdf.

2 联合国教科文组织. 杭州宣言：将文化置于可持续发展政策的核心地位[EB/OL]. https://www.unesco-hist.org/index.php?r=article/info&id=1380.

3 DESSEIN J, SOINI K, FAIRCLOUGH G, et al.. Culture in, for and as sustainable development[M]. Jyväskylä: University of Jyväskylä Press, 2015: 28-29.

4 CAMPBELL S. Green cities, growing cities, just cities? Urban planning and the contradictions of sustainable development[J]. Journal of the American Planning Association, 1996, 62(3): 296-303.

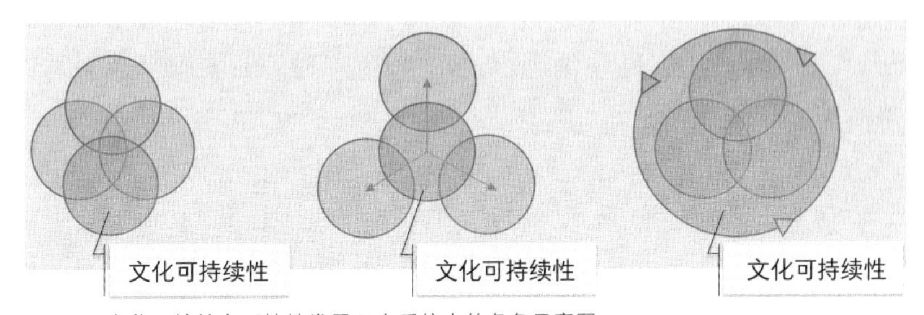

图6-1　文化可持续在可持续发展四个系统中的角色示意图
左图显示文化可持续性是可持续发展的“第四极”，中图显示文化可持续性是可持续发展的中介，右图显示文化可持续性是可持续发展的总体基础（箭头表示文化与可持续发展之间的动态关系）。
来源：DESSEIN J, SOINI K, FAIRCLOUGH G, et al.. Culture in, for and as sustainable development[M]. Jyväskylä: University of Jyväskylä Press, 2015: 28-29.

之后，规划师（包括城市设计师）所面临的挑战，因增加了文化“第四角”而更为复杂。在此背景下，确立并重塑与可持续发展新要求相契合的价值观就显得尤为重要。

以上对可持续发展四个维度的概述，明确了城市设计价值观转型的基本语境。本书将主要从环境可持续、社会可持续和文化可持续三个维度探讨城市设计的价值观重塑。基于经济可持续的价值观重塑，核心是摒弃对增长主义价值观的盲目崇拜，以及深刻了解对经济增长“限制”的必要性，“这些限制包括对人均资源使用增长的限制，对人口增长的限制，对不平等增长的限制等”[1]。

1　戴利. 超越增长：可持续发展的经济学[M]. 诸大建，胡圣，译. 上海：上海世纪出版集团，2006：272.

（一）整体主义环境伦理观：一种基于环境可持续的城市设计价值观

加拿大学者迈克尔·哈夫（Michael Hough）指出："环境观是塑造城市经济、政治特征及影响规则和设计过程必不可少的组成部分。"[1]城市设计只有以正确的环境观为指导，确立科学的城市发展观，城市环境才能可持续。20世纪中叶，为了回应日益严重的环境污染和生态危机问题而兴起的环境伦理，将在相当程度上承担价值观输入的使命。环境伦理是对人与自然环境、聚落环境之间关系的哲学反思，它旨在探寻解决生态环境问题的伦理路径。当代西方众多环境伦理学流派中，源自大地伦理（the land ethic）的整体主义环境伦理观尤其值得关注，它所蕴含的生态哲学智慧及其实践指向，对于从整体上以及更深层次上建构基于环境可持续的城市设计价值观，有重要启示意义。具体而言，整体主义环境伦理观对城市设计有以下两方面的价值引导作用。

1. 确立城市生态共同体和谐共生的生态观

城市环境的可持续性，不仅意味着能够维持城市基本的生态过程，也意味着城市生态系统处于健康状态，用美国环境伦理学者J. 贝尔德·卡利科特（J. Baird Callicott）的话说就是"一种生态系统中互相联系的过程与功能的正常状态"[2]。基于环境可持续的城市设计面临

1 哈夫. 城市与自然过程：迈向可持续的基础[M]. 刘海龙，贾丽奇，等，译. 原著2版. 北京：中国建筑工业出版社，2012：6.

2 CALLICOTT J B. Beyond the land ethic: more essays in environmental philosophy[M]. New York: State University of New York Press, 1999: 362.

的一个基本价值问题是：我们应该如何看待城市生态系统中土地、水、植物及其他动物的价值？我们在处理城市中人与自然环境的关系时，应坚持什么样的伦理原则？对此，整体主义环境伦理观的早期形态，即利奥波德的大地伦理以及他的继承者卡利科特的生态中心论都给予了明确解答。

按照利奥波德的观点，大地伦理作为一种观念变革的新伦理，旨在扩大生态共同体的边界，把土地、水、植物和动物包括在其中而看作一个整体，人类只是大地共同体的一个成员，而不是征服者和统治者。与此同时，伦理学有关正当行为的概念、道德权利的概念、良心的概念也要扩展到自然界，人需要平等尊重大地生态共同体的每个成员，人对生态共同体本身和其诸成员都负有责任。利奥波德由此提出了著名的“ISB原则”：“当一个事物有助于保护生物共同体的和谐、稳定和美丽的时候，它就是正确的，当它走向反面时，就是错误的。”[1]这一原则实际上将生物共同体的完整、稳定和美丽视为最高的善，共同体的“好”才是真正的“好”。

美国著名环境哲学家卡利科特秉承“大地伦理”的观点，在此基础上提出了一种基于道德情感的以生态系统健康为中心的环境伦理。他指出：

20世纪生物共同体的发现有助于我们意识到需要一种环境伦理（一种审慎之需）。然而，为了应对此需要，按照利奥波德和其他人

1 利奥波德. 沙乡年鉴[M]. 侯文蕙，译. 长春：吉林人民出版社，1997：193-194，213.

的看法，一种源于功利主义的伦理并不够。一种恰当的伦理，一种截然不同的环境伦理——可能是基于爱、尊重，基于拓展性的伦理情感——可能是重建人类与作为一个整体的、人类亦属于其中的生物共同体之和谐的唯一有效的途径。[1]

相对于利奥波德，卡利科特更强调自然生态的一种动态和弹性的平衡，而非难以实现的理想化平衡状态，他由此提出了一个更具实践指向和现实针对性的道德命令："当一个事物对生物群落的干扰发生在空间和时间的正常程度上，它就是正确的，当它走向反面时，就是错误的。"[2]此外，卡利科特还提出了两条务实的二阶伦理原则，即在更古老、更亲近的共同体中的责任重于无人格、更疏远共同体的责任，源自较强利益的责任重于较弱利益的责任（如基本利益重于非基本利益）[3]，以此方式（确定义务的优先性）化解人与生态共同体之间的利益冲突。

利奥波德和卡利科特的观点启示我们，反思人与大地的关系、人与地球的关系，以生态共同体的视野设计城市，将生态共同体视为"价值之母"，把关怀对象从人类扩展到整个城市生态系统。人不是城市共同体的唯一主人，城市中的其他生命、其他自然物等大地成员，对生态系统的平衡都发挥着不可替代的作用，也应受到尊重，人类的行为、城市的建设与发展要顾及整个城市生态系统的整体利益，

1 卡利科特．众生家园：捍卫大地伦理与生态文明[M]．薛富兴，译．北京：中国人民大学出版社，2019：68.
2 CALLICOTT J B. Beyond the land ethic: more essays in environmental philosophy[M]. New York: State University of New York Press, 1999: 138.
3 CALLICOTT J B. Beyond the land ethic: more essays in environmental philosophy[M]. New York: State University of New York Press, 1999: 76.

不能仅仅根据人类的需要和利益来评价和安排城市（也包括不能仅仅根据当代人的需要来评价和安排城市），城市发展不能威胁到自然系统的健康与后代人类及其他物种的生存，应最小化城市设计及开发过程中对自然环境和生物群落的不利影响，促进城市环境中人和自然环境建立积极联系。

2. 在深层生态学理念基础上确立本土化生态智慧

除大地伦理之外，挪威哲学家阿伦·奈斯（Arne Naess）创立的深层生态学（deep ecology）是整体主义环境伦理最有影响力的流派。作为一种环境伦理的深层生态学，之所以比只关心人类利益的主流环境主义（即浅生态学）"深"，不仅因为它关心整个自然界，更因为它旨在对造成当代生态危机的深层问题，如主客二分认识论、人类中心主义和消费主义价值观进行深入反思，试图通过促进价值观和制度的改变来化解人与自然的矛盾。奈斯把自己的深层生态学称为一种"生态智慧 T"（Ecosophy T），并认为不同社会文化因其传统与哲学思想的不同而有各自独特的生态智慧，如可以有生态智慧A、B、C……他的生态智慧有两个终极原则，即自我实现和生物中心主义的平等。他所说的"自我实现"有极为独特的含义，指的是人应与整个地球生态形成一种"最大化共生"、"自己活也让别人活"（live and let live）、"最大化多样性"的关系，只有这样，所有存在物的潜能才能实现。[1]生物中心主义的平等指的是地球生物圈中所有的有机体和存

1 NAESS A. The deep ecological movement: some philosophical aspects[M]//George Sessions. Deep ecology for the twenty-first century. Boston: Shambhala, 1995: 80-81.

在物，作为相互联系和整体的一部分，都具有平等的内在价值。

奈斯的生态智慧中，最具价值观转型意义的是他强调“手段俭朴，目标丰富”（simple in means but rich in ends）的生活方式之转变。[1]1984年，奈斯与乔治・塞逊斯（George Sessions）提出了深层生态学运动应遵循的八大原则或“八大基本纲领”，这一纲领在强调地球上生命平等和自然的内在价值、保护生命形态多样性和生态复杂性的基础上，从制度和观念转变的层面提出了一些生态环境运动的行为要求。例如，第七条是有关价值观的变化，他们强调人们应懂得欣赏富有内在价值的生活质量，而非仅仅追求生活标准的提高。[2]由此可见，深层生态学不仅是一种生态智慧，其本身就是一种致力于当代社会环境可持续的生态文化力量，旨在促进人们价值观和生活方式的转变。

深层生态学的环境伦理理念对城市设计领域建构适应生态文明的价值准则有重要启示。深层生态学通过从价值层面深度追问环境危机的根源，主张环境危机之彻底解除，有赖于人类的价值观、伦理态度和社会结构的根本性变革，它鼓励保护而非盲目扩张；鼓励发展重“质”而不应只重“量”；提倡物质生活的简朴，更多追求精神充实；鼓励从整体观照自然生态而非片面重视某一方面。长期以来，城市规划、城市设计在化解城市环境危机问题上的误区，就是把注意力过于集中在环境破坏的表面症状上而不是深层原因上，从而陷入“头

1 NAESS A. Ecology, community and lifestyle: outline of an ecosophy[M]. Cambridge: Cambridge University Press. 1989: 82.

2 NAESS A. The deep ecological movement: some philosophical aspects[M]//George Sessions. Deep ecology for the twenty-first century. Boston: Shambhala, 1995: 68.

痛医头，脚痛医脚”式的治理困境，忽视反思与纠正城市设计在解决城市环境问题上存在的价值偏颇，如“经济理性”和“发展优先”观念支配下的工具理性膨胀和价值理性缺失，片面人本主义理念所体现的人类中心主义价值取向等。故而，唤起城市人的生态良知，确立符合本土生态智慧和环境伦理价值取向的城市设计理念，将是解决城市生态环境问题的治本之道。正如景观生态规划的奠基人伊恩·伦诺克斯·麦克哈格（Ian Lennox McHarg）所说：

在探索生存、成功和臻于完善的过程中，生态观点提供了非常宝贵的洞察力。它为人们指明了道路，人应成为生物界的酶，即生物界的管理人员，提高人—环境之间创造性的适应能力，实现人的设计与自然相结合。[1]

（二）和谐宜居观与环境正义观：基于社会可持续的城市设计价值观

社会可持续性概念的内涵非常宽泛，西方学界存在不同视角、不同层面的界定。理查德·斯特恩（Richard Stren）等学者指出：“社会可持续性指的是与城市和谐演进相适应的发展（或增长），旨在营造一个有利于包容不同文化和不同社会群体，且同时还能促进社会融合以及提升所有人生活质量的环境。”[2]阿米尔·赫拉曼普（Amir

1 麦克哈格．设计结合自然[M]．芮经纬，译．天津：天津大学出版社，2006：238.

2 STREN R, POLESE R. Understanding the new sociocultural dynamics of cities[M]// POLESE M, STREN R. The social sustainability of cities: diversity and management of change. Toronto: University of Toronto Press, 2000: 15-16.

Ghahramanpouri）等学者指出，“社会可持续性”的内涵除了社会公平之外，还包括人性需要的满足、福祉、生活品质、社会互动、凝聚与包容、社群意识和场所感等丰富内容。[1]尼克拉·丹普西（Nicola Dempsey）等学者认为，城市社会可持续性是一个动态的、多维的概念，其中最核心的两个维度是社会平等与可持续的社区。[2]

国外许多城市都将社会可持续视为一种城市政策框架，但对社会可持续的理解或强调的方面不尽相同。例如，加拿大温哥华市重视的是社会融合；美国博尔德市重视的是城市宜居性；加拿大渥太华市强调可负担的住房建设；澳大利亚阿德莱德市强调社区服务与社区活力；阿联酋迪拜强调街道生活；丹麦奥尔堡则关注城市的社会福利功能，尤其关心无家可归者和社会弱势群体的利益。[3]由此可见，城市社会可持续性是一个语境依赖性概念，其具体内涵及其路径并没有也不需要统一标准，每个城市的历史文化基因不同，制度不同，经济发展水平不同，所面临的主要城市问题不尽相同，但社会可持续性的价值观内核却是基本一致的，即强调社会公平、社会和谐以及不同群体生活质量的普遍提升。我们应建构基于中国本土城市的可持续价值观，这些价值观的确立将对城市设计及其政策选择产生重要影响。

作为一种为人创造场所并主要关注城市公共空间环境设计的活

1 GHAHRAMANPOURI A, LAMIT H, SEDAGHATNIA S. Urban social sustainability trends in research literature[J]. Asian social science, 2013(4): 185.
2 DEMPSEY N, BRAMLEY G, POWER, et al.. The social dimension of sustainable development: defining urban social sustainability[J]. Sustainable development, 2009(5): 297.
3 DAVIDSON M. Social sustainability and the city[J]. Geography compass, 2010, 4(7): 875-876.

动，城市设计是关注城市综合品质、控制引导城市空间发展的一种公共策略，旨在提升城市空间组织的质量，创造宜居的城镇环境。按照吴志强等学者的观点，城市的发展状态由三个方面的平衡关系来界定，即城市人的空间需求与自然的依存关系、城市人的空间需求与社会之间的分配关系、城市人的空间需求与时间之间的演进关系，城市规划就是建立和维护这三个方面的平衡。[1]从城市设计层面看，建构基于社会可持续性维度的价值观，关键是处理好城市人的空间需求与社会之间的分配关系，避免对弱势群体的空间剥夺，建构以空间公平理念为核心的价值观，主要表现在两个方面：和谐宜居观与环境正义观。

1. 和谐宜居观：以空间公平为基本导向的价值观

社会可持续性表现在城市层面，就是城市除了在自然环境条件方面，更要在人文社会条件方面适宜于人居住，是人们无论现在还是将来都想在此生活和工作的地方。从这个意义上说，宜居的城市就是可持续的城市。城市宜居性不仅要注重有利于市民生存与发展的物质环境方面的功能性宜居，如人居环境高质量、交通便捷可达、公共服务设施健全，还要注重人文发展要素，尤其是保障城市公平。基于社会可持续性的宜居城市是公平之城，是面向所有人的包容性城市，要让城市人都有获得感，拥有平等的工作、享受与发展的机会。2015年12月召开的中央城市工作会议提出，把“建设和谐宜居城市”作为中国城市发展的主要目标，在“宜居”之前冠以“和谐”修饰，突出的是

1　吴志强，刘朝晖．“和谐城市”规划理论模型[J]．城市规划学刊，2014（3）：15.

一种追求平等、包容、和睦、平衡且具有中国传统文化特质的贵和价值观。

城市设计关注如何更好地满足市民的空间需求，以此为导向的和谐宜居观主要体现在空间权利平等性、空间设计市民参与性和场所包容性等方面。从空间权利平等性来看，作为市民基本权利的空间权应得到有效保障，即在城市空间的生产中，不能因空间的政治化、权力化和资本化而使一部分人基本的、正当的空间权利被挤压和剥夺。对该问题，列斐伏尔、大卫·哈维和爱德华·W. 苏贾（Edward W. Soja）等一批学者从社会正义的价值观视角进行了深入反思与批判，以寻求符合公平价值的空间生产路径，解决都市空间资源生产与配置不平等、不平衡等空间非正义性问题。借鉴西方及我国学者有关城市正义理论的研究成果，吸取西方国家城市化和城市更新中空间异化的教训，我国的城市设计应确立以彰显空间公平为基本导向的价值观，具体内涵参见表6-1。

从空间设计市民参与性来说，城市设计的公众参与既是城市设计的内在价值要求，也是实现空间正义的重要路径。城市设计的核心是关注城市公共价值领域的物质空间设计，主要以提高城市公共环境品质为基本目标，公共性是其内蕴的价值属性。城市设计的公共性，决定了其方案设计、编制和实施过程中应当体现公开性和民主性，确保市民意见能反映在公共决策中。

场所包容性是反映城市设计公平性和城市宜居性的重要指标。所谓场所包容性，指的是通过良好的城市设计，使环境最大程度不受使用者年龄、能力、社会背景等的限制，即可被所有市民平等使用，而不会因此受到伤害或排斥。这里良好的设计指的是一种包容性的城市

城市空间公平的基本要素　表6-1

城市空间公平要素	基于城市设计的空间公平要素
• 空间的平等性	• 市民平等地占有或分享空间资源
• 空间的差异性平等	• 优先保障弱势群体的基本空间需求
• 参与性（保障市民平等参与有关空间生产和分配的机会）	• 建构目标明确、方法适宜、多方共赢的城市设计公共参与机制
• 空间的开放性	• 创造市民可自由进入且有吸引力的公共空间
• 避免空间的社会隔离，促进社会融合	• 控制居住空间分异，促进空间融合
• 均等化城市公共服务	• 城市公共服务设施的空间公平分布并具有可达性
• 尊重不同空间的多样性文化	• 营造差异性空间，避免空间均质化

设计，它虽然与城市无障碍设计和“通用设计”有密切关系，但并不完全等同。区别在于包容性设计强调的是充分考虑人的多样性并消除不必要的障碍，让城市公共空间、基础设施和房屋建筑易于接近、便于使用，给所有人包括老年人、残障人士平等的空间使用权。糟糕的城市规划、城市设计和无序的城市发展往往会产生和强化社会排斥，削弱场所的包容性。对于城市设计师而言，确立包容性的城市设计价值观对建构和谐宜居的城市空间至关重要。

2. 环境正义观：环境利益与负担的公平分配

城市中人与环境的关系不是孤立的，它只能在人与社会关系的展开过程中得以维系，并与各种城市问题包括城市设计问题密切相关。20世纪80年代美国出现的城市环境正义运动，针对的是美国城市在规划设计和选择有毒废物填埋场时存在的不平等现象，它关乎少数族群和低收入人群是否能享有平等的城市环境权。标志性事件是1982年美国北卡罗来纳州沃伦县（Warren County）抗议事件。该县的非裔美国人和低收入居民举行游行示威，抗议在阿夫顿社区附近建造用于储存从该州其他14个地区运来的聚氯联苯废料垃圾填埋场。虽然中国城市不存在环境权益种族上的不平等现象，但环境风险和负担的空间分配不均衡问题同样存在，因污染企业项目和邻避设施（如垃圾填埋场、垃圾焚烧厂、变电站等）选址而引发的环境群体性事件或“邻避运动”不时出现。

所谓环境正义，核心内涵指的是“在环境资源、机会的使用和环境风险的分配上，所有主体一律平等，享有同等的权利，负有同等的义务”[1]，概言之即环境利益与负担的公平分配以及环境责任分担上的公平。环境正义可以在三个维度上展开，即国际层次、地区层次、阶层或群体层次。关涉城市设计的环境正义，主要针对的是阶层或群体层次上的环境正义问题，强调城市政府和城市规划政策在环境利益分配方面，应使全体市民都能够得到公平对待，避免环境权责上的分配不公，同时市民能够有效参与环境决策过程。“公平对待”意味着，对于城市中的任何群体，不论是强势群体还是弱势群体，都拥有共享城市自然环境资源和优质景观资源的权利，都不应当不合理地承担由工业、市政、商业等活动以及地方政府环境项目与政策实施带来的消极环境后果，尤其是要处理好邻避设施选址的公平问题。现实地看，

1 洪大用，龚文娟. 环境公正研究的理论与方法述评[J]. 中国人民大学学报，2008（6）：71.

“公平对待”的关注对象主要是城市弱势群体，因为弱势群体常常成为环境破坏与污染的最直接受害者，他们没有能力选择生活环境，更无力应对污染带来的健康损害。“有效参与”意味着可能受到影响的社区居民有机会参与将影响其环境或健康的规划项目的决策过程，且在决策过程中他们的意见会得到充分考虑。总之，作为一种用社会公平价值观来解决城市环境社会问题的价值取向，环境正义观应成为城市设计者自觉的价值诉求。

（三）尊重城市文化多样性：基于文化可持续的城市设计价值观

文化可持续性的内涵如同社会可持续性一样，不仅含义宽泛，也是一个动态发展的概念。罗伯特·艾克瑟森（Robert Axelsson）等学者提出了四种标准以阐释文化可持续性内涵，具体包括：一是文化活力、多样性、互惠或社会资本，二是文化景观，三是文化遗产，四是文化接触、文化参与及文化消费。[1]从价值观层面看，主要体现在文化多样性和文化活力方面，这也是强调文化可持续发展的《文化多样性与人类全面发展——世界文化与发展委员会报告》所重视的核心价值观。

文化多样性是城市之所以为城市的重要特质之一，城市文化多样性既是城市文明进步的动力，也是城市保持活力的命脉以及城市可持

1　AXELSSON R, ANGELSTAM P, DEGERMAN E, et al.. Social and cultural sustainability: criteria, indicators, verifier variables for measurement and maps for visualization to support planning[J]. Ambio: a journal of the human environment, 2013, 42(2): 215-228.

续发展的源泉。琼·哈瓦奇斯指出："正如生物多样性是生态可持续性的重要组成部分一样，文化多样性对社会可持续发展至关重要。不同的价值观不应该仅仅因为宽容而受到尊重，而是因为我们为了生存必须拥有多样化的观点，以适应不断变化的境况而迎接未来。"[1]生态系统维持生物圈的方式与文化基础支撑城市生命体的方式有相似之处，即多样性维持平衡，多样性带来生命力。《文化多样性与人类全面发展——世界文化与发展委员会报告》指出："世界各地环境条件的恶化已经引起了国际社会广泛关注。大量的发展项目都试图解决这一问题，但是许多办法并不成功。失败的原因之一便是没有重视环境管理的文化维度。"[2]在我国，有关城市可持续发展的理念和政策框架，"文化可持续性"常常被忽视，其影响或制约环境绩效的作用很少被提及，即便是联合国开发计划署发布的年度《中国城市可持续发展报告》，也只运用城市人类发展指标和城市生态投入指标衡量中国大中城市的可持续发展程度，缺失城市文化维度的评估指标。就当代中国城市发展而言，对于文化可持续性的威胁是一个值得警惕的问题。伴随快速城市化和城市更新进程，城市环境及生物多样性都遭到不同程度的破坏，文化多样性也日渐减弱，城市设计层面的主要表现是：城市文化遗产及其环境遭到破坏，重视整体一致的视觉秩序而忽视真实多样的城市生活，城市和街区地方特色式微，场所感缺失，城市形态趋同和蔓延现象，本土性城市环境智慧消失，等等，这些问题

1 JON H. The fourth pillar of sustainability. Culture's essential role in public planning[M]. Champaign: Common Ground Publishing Pty Ltd, 2001: 14.

2 联合国教科文组织世界文化与发展委员会. 文化多样性与人类全面发展：世界文化与发展委员会报告[M]. 张玉国，译. 广州：广东人民出版社，2006：137.

既会影响城市文化生态的健康发展，也会影响城市的生态和社会的可持续性。

当代不少学者从不同视角反思生态环境与不同文化背景和文化传统的关联，尤其是多样化的本土知识、传统经验与环境平衡之间的关系。这里本土知识不仅指人类代代相传的实践经验，也指本土化的价值观念系统，它们往往能够较好地利用自然与历史的馈赠，成功适应不断变化的自然环境，使人与自然保持动态的平衡关系。例如，詹姆士·C. 斯科特以分析那些试图改善人类状况的项目是如何失败为案例支撑，提出了一个涉及本土知识（地方性艺术）和传统经验的概念——“米提斯”（Métis）。他认为，“‘米提斯’包括了在对不断变化的自然和人类环境做出反应中形成的广泛实践技能和后天获得的智能”[1]。本质上说，“米提斯”是一种植根本土的多元化实践智慧，也是不同地方的祖先遗训和民间智慧。例如，建于公元前256年并使用至今的四川都江堰水利工程，依据当地的地理、地势和地形状况，因地制宜，就地取材，以无坝引水为典型特征，是蕴含“米提斯”式智慧的“生态工程”（图6-2）。一些大规模的社会工程包括城市规划项目失败的重要原因是对“米提斯”的忽视，即不注重本土知识和传统文化。当代城市设计领域，总结和传承我国古代留下的“米提斯”，具有不可忽视的价值。

1　斯科特．国家的视角：那些试图改善人类状况的项目是如何失败的[M]．王晓毅，译．北京：社会科学文献出版社，2004：429.

图6-2 都江堰水利工程鱼嘴分水堤

实际上，不可能有一个标准化的、千篇一律的、通用型的可持续城市发展模式，只有与不同城市文化相适应、“和而不同”、“各美其美”的可持续发展模式。美国学者安德鲁·巴斯亚哥（Andrew Basiago）以巴西库里蒂巴、印度喀拉拉邦和墨西哥纳亚里特州为例，说明了这些发展中国家的城市，正是基于各自独特的文化模式而形成了特色不同、路径不同的可持续发展策略，从而使经济可持续、社

图6-3　巴西库里蒂巴独特的玻璃管状车站快速公交系统
来源：https://diariodotransporte.com.br/2017/03/20/

会可持续和环境可持续性得以有机整合。[1]曾获得全球可持续城市奖的巴西城市库里蒂巴，以其独特的玻璃管状车站快速公交系统（bus rapid transit，简称BRT）而著称（图6-3）。库里蒂巴的BRT被认为是一块文化试金石，是这座城市在面对私人交通工具发展挑战时做出的有力回应。美国俄勒冈州的最大城市波特兰，以打造全世界最具可持

1　BASIAGO A D. Economic, social, and environmental sustainability in development theory and urban planning practice[J]. Environmentalist, 1999(19): 145.

续能力的城市为核心目标，建构了适合自身城市文化特质的可持续发展路径。如依托热爱户外活动的市民文化，建设自行车友好城市，推行“密路网、小街区”以及“完整社区”规划模式等。这两个城市正是基于本土化的可持续发展策略，使经济可持续、社会可持续、文化可持续和环境可持续性得以有机整合。可见，可持续发展语境下的城市发展模式，呈现的是一种经济发展与自然共存、生物多样性和文化多样性共生的格局，是多样化文明要素能够和谐互动的有机模式。

尊重和坚持城市文化多样性并将其内化为城市设计价值理念，是城市保持文化活力的必然要求。简·雅各布斯在《美国大城市的死与生》中得出的基本结论是充满活力的街道和城市都拥有丰富的多样性。约翰·伦德·寇耿等学者提出，多样性是21世纪城市设计的基本原则之一，并将多样性主要理解为视觉多样性和混合使用最大化两个方面[1]，这两个方面有助于推进城市文化多样性生成。仇保兴强调多样性是我国城市可持续发展的核心理念之一，他将城市多样性具体归纳为五种类型，即街道风格多样性、空间格局多样性、建筑与园林绿色多样性、产业的多样性和城乡环境的多样性。[2]这五种类型除产业多样性之外，都是与城市设计有直接关联的城市文化多样性的具体表现。当代城市设计应依据多样性原则，既面向未来又保护传统，鼓励地方文化特质发掘与城市设计结合，推动文化多样性导向的城市更

1 寇耿，恩奎斯特，若帕波特．城市营造：21世纪城市设计的九项原则[M]．赵瑾，俞海星，蒋璐，等，译．南京：江苏人民出版社，2013：84.

2 仇保兴．紧凑度与多样性（2.0版）：中国城市可持续发展的两大核心要素[J]．城市发展研究，2012（1）：2-3.

新，通过设计塑造多元文化，使不同地域、不同历史文化背景下的城市可持续发展呈现多样化和本土化的特性（表6-2）。

基于城市设计的文化多样性基本要素　表6-2

• 城市形态独特性和可意象性	• 公共空间包容性与混合使用
• 城市肌理丰富性	• 空间审美品质多元化
• 街道风格多样性	• 尊重空间异质性（有不同的聚居态）
• 建筑风格多样性（且不同年代建筑并存）	• 较多和保存较好的历史文化遗产
• 城市设计"米提斯"的传承	• 文化景观丰富

总之，可持续发展包含四个支柱性概念，即经济可持续性、环境可持续性、社会可持续和文化可持续，它们相互制约，如果任何一个支柱不稳固，那么整体系统都将是不可持续的。在我国，无论是理论研究、政策运用还是实践模式层面，社会可持续性和文化可持续性作为可持续发展重要支柱都受到忽视，其影响或制约环境绩效的作用很少被提及，城市设计领域也不例外。对城市设计而言，社会可持续性的核心是公平的资源分配，因而推进公共空间资源公平分配是确立城市设计师专业价值观的重要内容。文化可持续性的核心是促进城市文化多样性并提升城市文化活力，这为城市设计提供了基本的价值导向，文化可持续性的核心是促进城市文化多样性并提升城市活力，这为城市发展政策框架提供了基本的价值导向。毕竟，没有文化活力的发展，只是一种没有灵魂的经济增长。无论社会可持续性，还是文化可持续性，虽然很难进行量化评估，但城市设计师需要在确立正确价值观的基础上接受挑战，能够像做经济分析和环境分析一样，将社会

分析和文化分析纳入城市设计工作框架，建构城市空间设计的社会和文化可持续评估机制。唯有如此，才能走向真正的可持续城市设计，才能充分发挥城市设计解决未来城市问题的巨大潜力。

二、环境伦理视野下的低碳城市建设

在全球气候变化对人类生存环境影响日益加剧的趋势下，以降低能源消耗和二氧化碳排放为直接目标、以低碳经济为发展方向并最终实现经济、社会和环境可持续发展的低碳城市建设，已成为当代城市的一种新的发展模式与价值追求。尤其是随着2020年“3060”“双碳”目标（即二氧化碳排放力争2030年前达到峰值，力争2060年前实现碳中和）的提出，中国的城市转型，更面临摆脱化石燃料快速增长、向碳中和发展转变的战略机遇。

近年来，低碳城市和“双碳”目标城市建设成为学术界的研究热点。有关学者就低碳城市的内涵、空间规划策略、环境政策工具、国际与地方实践、低碳生活模式等问题作了大量研究。但从总体上看，学界许多人士对低碳城市和内涵的理解、对低碳城市发展路径的探讨，往往囿于传统学科的研究范式，大量文章是在讨论技术性和空间策略性路径，局限于低碳能源技术、绿色建筑技术、低碳规划技术、环境政策工具、空间管理对策在城市中的应用，而对人文因素对碳排放的影响、对低碳城市建设的人文路径的关注与研究却远远不够。而且，对低碳生活模式的研究，也仅仅停留在实践低碳生活的具体策略和技巧方面，对低碳生活方式背后的价值取向和美德伦理的研究较少。

显然，低碳城市发展中的一些问题与困惑，仅仅限于技术维度是很难解释的。例如，为什么“看上去很美”的低碳城市理念，在实践中却举步维艰？为什么尽管有相对成熟的低碳技术，但是却没有被相关经济部门和企业尽可能地利用？由此导致的问题是，我国新型城市高度碳化的现象十分严重，造成城市环境破坏严重。[1]在绿色低碳生活方式方面，为什么许多市民了解节能减碳和绿色消费的知识，但在实际生活中却并没有采取行动？有学者基于2004年至2018年中国285个城市的面板数据，检验低碳城市试点政策对城市居民绿色生活方式形成的影响，研究发现：低碳城市试点政策虽然通过增加试点城市绿色产品供给的手段，提高了城市居民绿色生活水平，但却未能显著强化城市居民绿色消费意识。[2]低碳城市建设绝不仅仅是一种通过技术创新和规划设计策略减少碳排放的过程，而是一项系统的社会工程，更是一种新价值观的重塑和环境美德的形成与内化过程。正如邹德慈院士所言：“低碳是城市能否永续发展的重要条件，也是城市能否永续发展的精神支撑。因为低碳不仅仅是指物质上的降低排放，低碳更是城市居民的道德准则，如果我们全体城市居民没有低碳的道德概念，低碳也很难实现。”[3]基于此，本书主要从环境伦理进路，探讨低碳城市的人文路径，旨在使低碳城市建设走上更加和谐公正的发展之路，同时也为推进绿色城市设计与低碳城市规划工作奠定价值基础。

1　石卿. 绿色城市设计与低碳城市规划：新型城镇化的趋势[J]. 城市住宅. 2021，28（S1）：111.
2　曹翔，高瑀. 低碳城市试点政策推动了城市居民绿色生活方式形成吗？[J]. 中国人口·资源与环境，2021（12）：101.
3　邹德慈. 低碳、生态、宜居：21世纪的理想城市[J]. 中国建设信息，2010（13）：8.

（一）低碳城市建设路径：技术、制度与人文的“三位一体”

有学者指出：“对于低碳实现这样具有经济性、环境性、社会性的大问题，应充分认识其中包含的技术、规划、政策、制度、习惯、意识形态等要素及要素间的关联，应全面考虑政府、企业、市民社会、非政府组织等利益相关者的不同目标与诉求，应避免‘单打一’的思维和决策，努力寻求‘多赢’的方案和决策以解决低碳实现中的‘锁定’问题，通过低碳化实现‘社会—经济—环境’的可持续发展。”[1]低碳城市建设作为低碳实现、低碳发展的关键因素，同样是具有经济性、环境性、社会性的大问题，是社会、经济、环境和人文一体化的发展。基于此认识，低碳城市建设至少包含三个重要的路径选择，即技术路径、制度路径与人文路径。

技术路径通过提升能源使用效率能够直接降低碳排放量，是建设低碳城市的重要工具和基础性手段。低碳城市的技术路径主要包括：通过调整能源结构，发展清洁、可再生能源等手段达到能源低碳化目标；将低碳、“双碳”目标融入城市规划和城市设计体系，构建与城市绿色低碳相适应的空间格局；在设计与运行环节推行建筑节能和低耗能的绿色建筑技术；大力发展道路交通工具的节能技术和新能源汽车、建立立体化多层次的绿色交通运输体系，等等。概言之，全方位优化空间、产业、交通和能源结构，是促进绿色低碳发展的基本技术

1 解利剑，周素红，闫小培. 国内外“低碳发展”研究进展及展望[J]. 人文地理，2011（1）：22.

路径。其中，绿色城市设计技术如城市发展“碳足迹”这类城市规划和设计工具，是具有减碳效益的重要技术路径。技术路径固然重要，但终究只是一种工具性手段，不能寄希望于单纯依靠技术方式解决碳排放和环境问题。国外有学者研究发现，若不考虑行为变化，即使最显著的技术进步也不能帮助实现碳削减的目标。[1]

制度路径是政府实施低碳城市战略的重要政策与管理工具，是低碳城市目标与效果之间的重要桥梁，旨在保障低碳城市治理主体的行动与低碳城市的目标相一致。广义上说，“制度”实际上是一种行为规则体系或行为模式。因此，为达成低碳城市目标，依一定的程序由社会性正式组织来颁布和运用的相关规则、运行机制和政策工具，都属于制度路径。从目前低碳城市建设的国内外实践来看，制度路径主要有以下四种：

第一，通过市场机制和建立市场规则来解决碳排放问题的市场化制度路径。具体手段有：发展碳排放权交易市场，2013年我国启动了试点碳排放权交易市场，2021年启动了全国碳排放权交易市场，通过市场机制推动实现“排碳有成本，减排有收益”；建立健全资源定价机制；建立旨在减少二氧化碳排放的各项税收调节制度；推行对清洁能源、绿色建筑等低碳技术的研发与实施给予财政补贴的激励性政策等。

第二，作为一种公共政策、公共治理的城市规划和城市设计路径。城市规划是城市未来发展的空间蓝图，是由政府（行政机构）为

1　秦耀辰，张丽君，鲁丰先，等．国外低碳城市研究进展[J]．地理科学进展，2010（12）：1460.

合理配置和利用城市土地与空间资源、保障和实现公共利益、对城市开发与建设中涉及的社会利益所进行的权威性分配，是低碳城市建设的重要源头。城市规划的政策导向性作用，主要体现在城市空间规划（如复合式土地利用、紧凑型城市布局、城市绿地规划、生态碳汇廊道等）、城市交通规划（如高效的公共交通系统、降低居民出行能耗）和城市产业规划（如低碳经济产业链、低碳产业园区建设）三个层面，通过低碳目标体系和控制指标体系，来具体指导城市用地的开发建设。城市设计贯穿城市规划全过程，是国土空间治理、公共空间治理的重要方法，可以在城市空间治理中发挥独特的平台作用，"城市设计可以通过对建设用地的用地功能、空间形态和生态环境等建成环境要素进行管控来引领城市低碳发展，使碳排放的形式、数量与强度在一定程度上得以固化，实现对建设用地碳排放的'锁定效应'和'统筹功能'"[1]。

第三，通过社区治理和公众参与机制等来引导低碳生活方式走上社会化制度路径。社区是社会治理和环境治理的基础单元。以社区为依托，建立低碳社区示范项目和碳普惠机制，与居民共同寻求降低能源消耗的社区发展模式，以点带面推动创建低碳社会，是低碳城市建设的重要路径。例如，2019年发布的《浙江省未来社区建设试点工作方案》提出了未来社区的建设思路，其中"低碳"是未来社区建设的重要场景，要求通过各地试点将智能科技、低碳生活与社会治理深度

1 张小平，李鹏，宁伟，等. 低碳导向下的淄博市中央活力片区城市设计[J]. 规划师，2021（21）：51.

融合，进行积极有益的实践探索。近年来，我国很多地方开始尝试建立一种碳普惠机制，即鼓励公众参与低碳行动，让更多人改变生活方式，每个参与低碳行动的人都能从中获得收益。具体做法包括建立碳积分制度，即个人每次参与低碳行动所创造的减排量可以换算成积分，积分可以进一步兑换成一些奖励权益。比如2020年成都推出了“碳惠天府”公益平台。在其小程序里，人们可以绑定自己的步行、骑车数据等，这样就能获得“碳惠天府”平台的碳积分。

第四，通过颁布和完善相关法律和行政法规而实施的管制性路径，为低碳城市建设提供法治保障。例如，我国在2007年全国人大常委会通过了修订后的《中华人民共和国节约能源法》（2016年、2018年又分别进行了修订）；2021年，《中共中央 国务院关于完整准确全面贯彻新发展理念做好碳达峰碳中和工作的意见》明确提出，要制定“碳达峰碳中和”的专项法律。清华大学“中国长期低碳发展战略与转型路径研究课题组”的研究报告指出：中国的低碳排放路径要“从以行政和经济手段为主，逐步过渡到以法治手段为主的阶段。要将节能低碳相关的约束性目标、强制性标准、设计规范等尽快纳入法规保障。应加快完善碳市场等相关法律，建立稳定的市场预期。要严格法规标准的落实执行，通过维护法治的权威性，推动绿色低碳发展落到实处”[1]。

低碳城市建设的人文路径主要体现在新价值观重塑、环境美德培

1　中国长期低碳发展战略与转型路径研究课题组，清华大学气候变化与可持续发展研究院．读懂碳中和：中国2020—2050年低碳发展行动路线图[M]．北京：中信出版集团，2021：643.

育、消费主义的生活态度和社会风尚变革等方面，这是最常被忽视的方面，因为它不像技术路径和制度路径那样，能够对城市能源使用总量和结构产生直接影响，有立竿见影的短期效果。然而，正如20世纪70年代以来人们对环境危机根源的反思，业已从经济、技术层面逐渐深入到文化、价值层面一样：人类若要从根本上解决环境问题，必须要对人与自然的关系做出批判性考察，并对人类生活的各个方面尤其是价值观念、生活态度等精神领域进行根本性变革；若要真正实现低碳城市的理想目标，同样也应当从经济、技术和制度层面逐渐深入到文化、价值层面。低碳城市绝不仅仅是一种应对全球变暖的应急之策，或一种新的城市建设模式，它意味着人类城市文化的一次深刻变革，它在价值观、伦理观、审美观和消费观上都与以全球性的消费主义文化为重要特征的现代城市文化有质的区别，甚至需要我们重新定义何谓优质生活，何谓美好生活。因而，只有实现了思想观念、价值取向的相应变革，回归城市发展的本原，才能使低碳城市建设不仅低碳，而且使人们的生活更美好。从更深层次上来说，低碳城市建设的路径甚至是人类城市文明的一次重建过程。恰如美国著名城市理论家刘易斯·芒福德所说：

如今，我们开始看到，城市的改进绝非小小的单方面的改革。城市设计的任务当中包含着一项更重大的任务：重新建造人类文明。我们必须改变人类生活中的寄生性、掠夺性的内容，这些消极东西所占的地盘如今越来越大了；我们必须创造一种有效的共生模式，一个地区、一个地区地，一个大陆、一个大陆地不断创造下去，最终让人们生活在一个相互合作的模式当中。如今的问题在于如何实现协调，如何在那些更重要、更基本的人类价值观念的基础上，而不是在人为财死、鸟为食亡的权力欲和利润欲的基础上进行协调。[1]

（二）低碳城市建设的环境伦理进路

低碳城市建设的技术路径与制度路径固然重要，但若忽视以环境伦理为核心的人文路径，到头来可能只是扬汤止沸，难以建构真正意义上的低碳城市。因此，“要想真正达到并实现人类与生存环境系统的和谐同在和永续利用，只有在人们的极端个人主义人生观、价值观等得到抑制，在高度自觉的环境伦理道德观念指引下，纠正已经被部分人严重扭曲的生产目的性和消费行为习惯，建立起一个‘低熵’社会，善待环境，关爱万物，这样，对避免人类的环境灾难才能起到釜底抽薪的作用，除此将别无他途。因此，说到底，‘低碳’问题就是一个环境伦理道德问题”[2]。

环境伦理涉及人类在处理与自然和环境之间关系时，应当采取怎样的行为以及人类应负有什么样的责任和义务等问题。环境伦理的出现表达了人类试图通过对人类与自然环境伦理关系的重新认识，改变人类原有的以对自然界的征服掠夺为手段、以无节制地消耗自然资源为代价的发展方式，达成人与自然新的和谐统一的意愿。环境伦理主要包括三个层次的问题：伦理理念、伦理准则和伦理美德。伦理理念牵涉人类如何看待自然生态环境的一整套思维模式、思想方法和思想观念，它更多地指人类对待自然、对待环境的根本态度；伦理准则是

1　芒福德. 城市文化[M]. 宋俊岭，李翔宁，周鸣浩，译. 北京：中国建筑工业出版社，2009：8.

2　邝福光. 低熵社会：低碳社会的环境伦理学解读[J]. 南京林业大学学报（人文社会科学版），2011（1）：50.

作为在社会发展和日常生活中面临生态环境问题时，处理人与自然、人与人之间关系的行为准则；伦理美德则致力于回答人在与环境交往中存在何种美德，以及如何培养有环境美德的个体。依此，低碳城的环境伦理进路便可从环境伦理理念引导、环境伦理规范制度化以及环境美德培育三个层面展开。

1. 环境伦理理念引导

环境伦理的基本理念在本书第四章进行了概述。总体上说，环境伦理所提倡的城市生态共同体共生和谐理念、城市环境正义理念和城市代际公平理念，为低碳城市建设提供了价值导向与道德支撑。

第一，城市生态共同体共生和谐理念旨在强调城市绝非远离自然的人工构筑物，而是人与自然紧密联系的复合生态系统。它要求确立以维护城市生态平衡为取向的生态整体利益观，以人与自然共同体的视野和角度来设计城市。人只是城市生态共同体中具有最高主体性的成员，不是城市共同体的唯一主人，人类的行为要符合包括人类自身在内的整个城市生态系统的整体利益。这一理念对自然的内在价值的肯定，并不会导致否定城市生态系统对城市发展的工具性价值。相反，对城市自然内在价值的认识与承认，将警醒人们思考自己的发展行为，学会在社会发展、城市建设中摆正自己在自然界中的位置，清醒地认识到人类自身发展对城市生态系统应尽的管理者、维护者的责任和义务。伊恩·伦诺克斯·麦克哈格在其著作《设计结合自然》中表达了类似的价值观。他认为，自然环境和人是一个整体，人类只是生态共同体的管理员，人类依赖于自然界而生存。麦克哈格让更多的景观设计师意识到一个基本事实，即人和自然的关系不是一种外在关系，不是人类的生活在一端，“自然”在另一端，而是共同在“这里”，自然就在我们的身边。因此，设计师对城市空间的创造，必须“自然地”利用自然环境，尽量减少对自然环境的不利影响。他说：

无论在城市还是乡村，我们都十分需要自然环境。为使人类能延续下去，我们必须把人类继承下来的，犹如希腊神话里象征丰富的富饶羊角一样的大自然的恩赐保存下来。显然，我们必须要对我们拥有的自然的价值有深刻的理解。假如我们要从这种恩赐中受益，为勇士们的家园和自由人民的土地创造美好的面貌，我们必须改变价值观。[1]

我们不应把人类从世界中分离开来，而要把人和世界结合起来观察和判断。愿人们以此为真理。让我们放弃那种简单化的分割考察问题的态度和方法，而给予应有的统一。愿人们放弃已经形成的自取毁灭的工作生活习惯，而将人和自然潜在的和谐表现出来。世界是丰富的，为了满足人类的希望仅仅需要我们理解和尊重自然。人是唯一具有理解能力和表达能力的有意识的生物。他必须成为生物界的管理员。要做到这一点，设计必须结合自然。[2]

第二，城市环境正义理念促使低碳城市建设尊重资源的公平分配，致力于在城市与区域低碳化过程中寻求生存权、发展权的平等，致力于建设区域平衡、人际公平的低碳和谐社会。环境正义一般在三个维度上展开，即国际层次、地区层次和群体层次。国际层次的环境正义实际上将“共同的人类身份”视为正义的主体，主张在国家之间

1　麦克哈格．设计结合自然[M]．芮经纬，译．天津：天津大学出版社，2006：10.

2　麦克哈格．设计结合自然[M]．芮经纬，译．天津：天津大学出版社，2006：11.

公平分配自然资源和温室气体的排放权。低碳发展的城市环境正义问题，是一个涉及全球气候正义的大问题，“今天，最基本的伦理问题是如何投入和分配有限的资源，以执行防止、减轻和适应气候变化这三重任务，以便把受害者的数量减到最少。气候变化成了一个全球气候正义问题”[1]。《联合国气候变化框架公约》及《京都议定书》所达成的“共同但有区别的责任原则”[2]，就是环境正义原则在国际层面的一种具体体现。地区层次的环境正义主要关注一国内部城乡、不同地区，甚至一个城市不同区域在获得环境利益与承担环保责任上的不协调现象，强调在环境问题上付出与所得应对称，即容纳废弃物的地方应从产生废弃物的地方得到合理补偿。群体层次的环境正义，则强调城市政府和城市规划政策在环境利益分配方面，应使全体城市居民都得到公平对待，即对于城市中的任何群体，不论是强势群体还是弱势群体，都不应当不合理地承担由工业、市政等活动以及地方政府低碳环境项目与政策实施所带来的不利后果，尤其是保障弱势群体拥有平等享受基本资源的权益。

第三，城市代际公平理念强调当代人及当代人与未来各代人分享资源和环境利益应有平等权利，要求当代人应以人类整体利益为目标，在满足自己的需要时，不损害和剥夺后代人满足其需要的权利。

1 司徒博. 为何故、为了谁我们去看护?环境伦理、责任和气候正义[J]. 牟春，译. 复旦学报(社会科学版)，2009(1)：74.

2 “共同但有区别的责任原则”主要含义是，阻止全球变暖，全世界每个国家都有责任，但发达国家已经抢先排放多年，如美国是全球最大的二氧化碳排放国，累计“贡献”了全球排放“存量”的27%，远高于其他国家。因此，先发展国家与后发展国家在责任上应有区别，后发展国家对温室气体的限控义务应该轻一些，同时有权从发达国家获得必要的资金支持和技术援助来推动减排。

城市代际公平理念体现为一种特殊的责任理念，专指当代人对后代人的前瞻性、关护性伦理责任。环境伦理强调环境权不仅适用于当代人类，而且适用于子孙后代。因此，确保子孙后代有一个适宜的生存环境，当代人责无旁贷。

2. 环境伦理规范制度化

为切实体现城市环境伦理规范的制约效力，使环境伦理规范内在于低碳城市建设，成为低碳城市建设的结构性要素，就必须要使环境伦理规范走向制度化层面。

首先，应将环境伦理规范融入低碳城市建设相关从业者的职业道德与职业实践，制定明确的、有针对性的职业伦理准则，并系统化甚至是法规化为伦理章程（或伦理法典）。美国学者迈克尔·戴维斯（Michael Davis）认为："伦理章程并不仅仅是一种好的建议或鼓励性的陈述。它更是一种行为标准，这种标准把某种道德义务强加于每一个职业成员，并要求其在实践行为中遵守它们。"[1]城市规划和城市设计是低碳城市建设的重点领域之一。与此相适应，相关专业协会和职业组织的伦理章程，应制定适应低碳社会要求的环境伦理准则与实践指南，促使每个职业成员用一种对环境负责的方式行动。在一些国家，建筑与城市规划、城市设计职业群体的伦理章程中早已增加了环境伦理准则，以此来规范和引导从业者的职业行为。例如，1999年美国持证规划师学会（American Institute of Certified Planners，简称AICP）制定的《道德与职业操守守则》，第一条是"规划师必须特别

1 DAVIS M. Thinking like an engineer[M]. New York: Oxford University Press, 1998: 111.

关注当前的行为可能带来的长期后果”，第六条是“规划师必须尽力保护自然环境的完整性”[1]。

其次，应将环境伦理评价贯穿低碳城市建设的全过程，尤其是尝试设立相关专业的环境伦理审查委员会等规范执行机构。设立专业的环境伦理审查委员会，能够使环境伦理评价成为一项贯穿低碳城市建设全过程的有组织的常规性工作。环境伦理审查委员会的主要职责是负责对能源、建筑、交通发展方面的技术活动，以及重大的城市规划与建设工程项目等，进行独立的环境伦理咨询、审查、监督与评估，对环境伦理准则和相关环境保护法规的贯彻情况进行持续监督，以确保其符合环境伦理与可持续发展的基本要求。同时，环境伦理审查委员还可以创造一个公共空间和对话平台，对城市建设和发展中有争议的重大环境决策问题进行伦理听证，以使利益相关各方能够最终达成共识。作为环境伦理准则的解释机构和实际执行环境伦理规范的功能性组织，为了保证环境伦理审查委员会工作的客观性和公正性，其成员不仅要有行业专家和环境伦理学家，还应包括法律专家以及普通公众代表、利益相关者代表。

最后，有限度地使环境伦理规范法制化，使环境伦理的要求在法律上得到体现。环境伦理规范法制化指在环境伦理建设中，将一定的环境伦理原则和道德规范转化或规定为法律制度。因为只有赋予某些为人们普遍接受的底线层次的环境道德以法律效力，并由此而获得

1 美国持证规划师学会道德与职业操守守则（美国持证规划师学会1999年10月版）[J]. 陈燕，译. 城市规划，2004（1）：18.

强制性的地位之后，才能切实减少城市建设中只顾眼前利益、局部利益而不顾远期生态利益的行为，使低碳城市建设获得可靠的法制保障。2009年8月17日，国务院颁布《规划环境影响评价条例》，根据该条例，国务院有关部门、设区的市级以上地方人民政府及有关部门，对其组织编制的土地利用的有关规划和区域、流域、海域的建设、开发利用规划，以及工业、农业、畜牧业、林业、能源、水利、交通、城市建设、旅游、自然资源开发的有关专项规划，应当进行环境影响评价。由此，我国低碳城市建设和环境保护又多了一个法律武器，有利于从规划源头预防环境污染和生态破坏，促进经济、社会和环境全面协调可持续发展。2015年1月起实施的新《中华人民共和国环境保护法》规定："未依法进行环境影响评价的开发利用规划，不得组织实施"，强化了规划环境影响评价对于城市规划的重要性。

3. **环境美德培育**

自20世纪70年代环境伦理产生以来，绝大多数环境伦理学流派的理论建构都以规范伦理学为范式，旨在探求人与自然之间应遵循的环境伦理规范体系。然而，环境伦理规范的外在性与他律性、规范与人们行动之间的"知易行难"及"知行不合一"、环境伦理规范的普遍性与实践主体存在差异等问题，使人们对环境伦理规范的实践效能产生了巨大怀疑。由此，在环境伦理领域出现了从规范伦理到强调实践导向和关注人内在品质、实践智慧的美德伦理之转向。环境伦理视野中的低碳城市建设，尤其应适应环境伦理学发展的这一趋势，关注对符合低碳社会价值观的具有环境美德的理想人格的培育，强调以日常低碳生活实践、行为习惯为基础的对幸福和美好生活的追求，这是低碳城市建设的最终落脚点。

如前所述，低碳的实现不仅取决于技术创新与经济发展模式的变革，更取决于人们生活态度和生活方式的改变，而生活方式的转变，从根本上说是由人们的价值观以及在此基础上形成的作为一种实践品质的环境美德所推动的。丹麦首都哥本哈根是低碳经济和低碳发展的先锋城市，2012年哥本哈根整体气候计划以减碳为出发点，争取在2025年成为世界首座碳中和城市。哥本哈根的经验，除了低碳经济模式、选择坚持公共空间的发展道路以及政府政策支持外，更与哥本哈根人在日常生活中崇尚并实实在在地践行“低碳生活”的环境美德息息相关。例如，丹麦作为高纬度地区，其寒冷的自然条件并没有阻碍其成为自行车最为普及的国家。丹麦全国20%的通勤出行方式为骑自行车，44%的10岁至16岁学生骑自行车上学；哥本哈根45%的通勤出行方式为骑自行车。[1]市民还坚持户外锻炼，尽量少用跑步机；洗涤衣服后让其自然晾干，少用洗衣机甩干；减少空调对室内温度的控制等。

关于环境美德的具体内容，有学者认为，人与自然平等原则、人与自然共享命运原则和自然大于人原则，是环境美德伦理的理论基础。立足于此，在处理人与自然的关系时，当代社会公民应具有这样的品格，即“面对对象自然时，人应当尊重、同情和关爱自然；面对环境自然时，人应当感恩、依恋和敬畏自然”[2]。也有学者将“敬”“仁”“俭”作

1 薛露露. 自行车的回归：哥本哈根对中国的启示[EB/OL].（2016-12-14）. https://wri.org.cn/insights/return-of-bicycle-copenhagen-implications-for-china.

2 薛富兴. 艾伦·卡尔松环境美学研究[M]. 合肥：安徽教育出版社，2018：474.

为环境美德的核心德目。[1]针对低碳城市建设，最重要的环境美德就是“节俭”。与作为传统美德的节俭观有所不同，低碳社会要求的节俭并非要求大家“勒紧裤腰带”，退回到节衣缩食的社会，这里的“节俭”主要是从节约使用资源和减少物质生活给生态环境带来的压力的角度来界定的，倡导市民应当抑制贪欲、适度消费、物尽其用，摒弃对奢侈、浪费、炫耀的消费主义和物质主义生活态度的追求，改变以高碳消费偏好为特征的生活方式。

培育公民的环境美德，首先需要社会大力倡导并营造一种藐视奢华，以节俭为荣、以简朴为美、以简约为品位的社会风尚，提升人们的生态良知，从一点一滴改变人们的生活习惯入手，从节电、节气、绿色出行和废弃物回收这几个环节的生活细节入手，逐步实践低碳生活方式，并通过宣传低碳生活践行者或经典绿色人物的理想人格和生活事迹，对公众加以示范和影响。

三、追求公平的绿色福利：城市绿色空间规划设计的正义之维

城市绿色空间具有多重福利，是健康、宜居的城市人居环境的基本特征。事实上，许多为现代城市规划设计奠定基础的19世纪和20世纪早期的城市学者，在绿色空间与人类健康以及应该如何规划设计绿

1　姚晓娜. 追寻美德：环境伦理建构的新向度[J]. 华东师范大学学报（哲学社会科学版），2009（5）：68-69.

色空间方面进行了早期探索，如本书第三章所述霍华德提出并推行的田园城市运动。然而，是不是只要依据人均公共绿地面积和服务半径等指标规划建设了绿色空间，就一定获得居民认可，就实现了绿色空间规划正义？对此，简·雅各布斯曾以一个事例说明事情远非如此简单。纽约东哈姆莱特某住宅区规划了一块长方形草坪，却成为居民的眼中钉，甚至催促有关部门将其铲除。某社区工作者询问其中原因时，居民通常的回答是“这有什么用?”或“谁要它?”另一位居民说出了详细理由：“他们建这个地方的时候，没有人关心我们需要什么。他们推倒了我们的房子，将我们赶到这里，把我们的朋友赶到别的地方。在这儿我们没有一个喝咖啡或看报纸或借五美分的地方。没有人关心我们需要什么。但是那些大人物跑来看着这些绿草说，‘岂不太美妙了！现在穷人也有这一切了’。”[1]这个事例从一个侧面反映了城市绿色空间发展背后复杂的价值逻辑，不考虑社区需求和人群差异而简单地按指标规划设计绿地，有可能削弱绿色空间的福利效益，绿色空间规划设计应贴近市民真实需求并提升生活质量，而不仅仅是总体城市美化。同时，绿色空间规划设计还要特别关注绿色福利在利益分配上的公平性，尤其是当城市设计者过度强调绿色空间的积极价值时，有可能忽略绿色空间发展的社会影响。基于环境正义视角，审视城市绿色空间的多重价值，探讨城市绿色空间规划设计面临的正义性问题，具有重要的理论与现实意义。

1 雅各布斯. 美国大城市的死与生[M]. 金衡山，译. 纪念版. 北京：译林出版社，2006：11-12.

（一）作为公共福利的城市绿色空间

城市规划和城市设计是分配城市绿色空间资源、设计良好绿色空间的重要手段。所谓城市绿色空间，指的是由园林绿地、城市森林、立体空间绿化、都市农田和水域湿地等构成的绿色网络系统。[1]世界卫生组织从更广义的视角将城市绿色空间界定为“所有被任何种类的植被覆盖的城市土地”，主要由道路绿化、社区绿地、公园景区、休闲场地、绿道廊道、郊野游径构成。[2]欧盟“城市绿色环境”项目定义城市绿色空间时注重其公共福利功能，城市绿色空间指“城市范围内，为植被覆盖，直接用于休憩活动，对城市环境有积极影响，具有方便可达性，服务于居民的不同需求，总之，可以有效提高城市或其区域的生活质量”[3]的空间。城市绿色空间是基础性公共物品，不直接与经济利益挂钩，市民能够平等、合理、非排他性地享用。近年来，随着城市生态文明建设快速推进，绿色空间在城市规划和城市设计中的重要性日益突出，同时绿色空间在提升市民福祉方面的价值也越来越被重视。米克·列侬（Mick Lennon）等学者指出：“虽然长期以来人们认识到诸如空气质量恶劣和各种形式的污染分布等环境‘坏事’给健康和福祉带来了负面影响，但最近人们越来越多地将注意力集中在诸如生物多样性和城市绿色空

1　李锋，王如松．城市绿色空间生态服务功能研究进展[J]．应用生态学报，2003（3）：527.

2　The WHO Regional Office for Europe. Urban green space and health: intervention impacts and effectiveness[R]. Bonn: World Health Organization, 2016: 7.

3　转引自：陈春娣，荣冰凌，邓红兵．欧盟国家城市绿色空间综合评价体系[J]．中国园林，2009（3）：67.

间分布等环境‘好事’对健康的潜在积极影响方面。”[1]

城市绿色空间除了具有改善城市环境、提升城市生物多样性、调节区域气候条件、缓解城市热岛效应等生态系统服务功能之外（这些生态服务功能反过来又与人们的生活质量和环境舒适度紧密相关），作为一种公共福利的城市绿色空间的功能和价值，至少还体现在以下三个方面：

第一，绿色空间对公共健康有积极贡献。许多相关研究包括世界卫生组织发布的相关报告证实[2]，设计良好的绿色空间鼓励和吸引居住在附近的人们进行更多的体育休闲活动，有助于改善市民的健康状况。同时，绿色空间为市民提供了与自然环境接触的机会，对减轻压力、改善情绪、促进心理健康有独特作用。第二，城市绿色空间具有积极的社会意义，为社会互动与社会交往提供游憩活动场所。绿色空间还可以营造一种场所精神，增强社区认同感和社会凝聚力。这两项功能表明，城市绿色空间有助于市民生活宜居性提升，它是一种宜居性的绿色福利。第三，城市绿色空间还提供一种审美福利。哲学家门罗·比尔兹利（Monroe Beardsley）最早提出“审美福利”的概念，他认为审美福利是公共福利的一部分，如同身体舒适、信仰自由、个

1 LENNON M, DOUGLAS O, SCOTT M. Urban green space for health and well-being: developing an “affordances” framework for planning and design[J]. Journal of urban design, 2017(6): 780.

2 The WHO Regional Office for Europe. Urban green spaces and health: a review of evidence[R]. Bonn: World Health Organization, 2016. The WHO Regional Office for Europe. Urban green space interventions and health: a review of impacts and effectiveness[R]. Bonn: World Health Organization, 2017. LEE A C K, JORDAN H C, HORSLEY J. Value of urban green spaces in promoting healthy living and wellbeing: prospects for planning[J]. Risk management and healthcare policy, 2015(8): 131-137.

人隐私等一样是美好生活的组成部分。[1]绿色空间使城市人能够得益于自然的“烟云供养”，这种带给人审美愉悦感的绿色景观就是一种审美福利。概言之，城市绿色空间为城市人提供了获得健康生活和美好生活的重要条件，是一种不可或缺的绿色福利。由此，我们应当考虑这种绿色福利在城市环境中是如何被公平分配的以及实际的使用绩效。正如世界卫生组织的报告《城市绿色空间：一个行动纲要》所言：“城市绿色空间是绿色基础设施的组成部分。它是城市公共开放空间和公共服务的重要组成部分，可以为城市社区的所有成员提供促进健康的环境。因此，有必要确保绿色空间便于所有群体进入，并在城市内得以公平分配。”[2]正是在此意义上，城市绿色空间规划设计与环境正义问题紧密相关。

早期环境正义运动主要针对有毒废物填埋场这类邻避项目选址存在的族群不平等现象，环境正义研究者也主要从环境不公视角认识环境正义，考察边缘或弱势群体在污染或资源开采方面所承受的不成比例的负担或环境风险。进入21世纪尤其是近10年来，环境正义研究视角发生了转向，即在强调自然环境对人的健康和福祉有积极贡献的基础上，拓展了传统环境正义的维度，环境正义的分析框架包括一系列与绿色经济、可持续发展及城市宜居性相关的主题，如便捷且可负担的绿色交通系统、合理的土地利用与精明增长、绿色空间可达性、可负担的健康住宅、低收入群体和少数族群获得更好的人居环境等。

1 BEARDSLEY M. Aesthetic welfare[J]. Journal of aesthetic education, 1970(4): 10.

2 The WHO Regional Office for Europe. Urban green spaces: a brief for action[R]. Bonn: World Health Organization, 2017: 2.

当代环境正义研究者仍然关注环境不公，但研究视角从环境污染的分布不公平和不成比例的负担，扩展到获得绿色空间和其他绿色基础设施等环境资源上的不平等、不均衡。温德尔·C. 泰勒（Wendell C. Taylor）等学者指出："环境正义不是一个静态的概念。环境正义运动的第二波浪潮致力于城市设计、公共卫生、户外休闲空间（如公园）的可达性和质量。"[1]大卫·施朗斯伯格（David Schlosberg）认为，环境正义理论在三个关键领域得以发展，即有关"环境"的界定、环境不公产生的原因分析以及环境正义概念的多元性。首先，当今环境正义视域中的"环境"概念的内涵更为宽泛，指的是帕特里克·诺沃尼（Patrick Novotny）所说的"我们生活、工作和娱乐的地方"，这个环境定义显示了环境正义关注的重心是日常生活的环境状况而非濒危物种或荒野景观。其次，有关环境不公的原因，超越了对不公平现象的简单描述，同时深入分析这种不公平现象背后的深层原因和产生机制。最后，早期环境正义仅聚焦于分配正义，当今环境正义框架不断扩展，发展出参与、承认、能力等正义维度。[2]由此可见，在正义的多元主义维度影响下，近年来环境正义关注的重点不再只局限于环境资源的分配正义，而是引入参与正义、能力正义等正义框架。

1 TAYLOR W C, FLOYD M F, WHITT-GLOVER M C, et al.. Environmental justice: a framework for collaboration between the public health and parks and recreation fields to study disparities in physical activity[J]. Journal of physical activity & health, 2007(S1): S53.

2 SCHLOSBERG D. Theorising environmental justice: the expanding sphere of a discourse[J]. Environmental politics, 2013(1): 38-40.

环境正义内涵的扩展及环境正义范式的新变化，使作为公共福利的城市绿色空间规划设计所面临的环境正义问题日渐重要。尤其是我们将要阐述的城市绿色空间悖论——“绿色绅士化”，更是一种由大规模绿色空间干预所引发的新的环境不公现象，亟须以环境正义为视角加以反思，探索符合环境正义理念的城市绿色空间发展之路。

（二）环境正义视角下城市绿色空间规划正义的多维框架

随着当代环境正义理论维度从分配正义扩展至集分配、参与、能力等正义维度于一身的集合体，城市绿色空间规划正义也同样构成一个多维框架，主要包括三个维度，即基于分配正义的空间可达性、基于参与正义的空间多样性和包容性、基于能力正义的空间可用性。

1. 分配正义：城市绿色空间可达性

早期环境正义聚焦环境风险不公平分配的议题。虽然当代环境正义范式已发生转向，向分配以外的正义维度扩展，但环境分配正义自始至终是环境正义的核心内涵。戴维·米勒（David Miller）认为，当我们谈论和争论社会正义时，我们所讨论的主要是“生活中好的东西和坏的东西应当如何在人类社会的成员之间进行分配”[1]。环境正义中的分配正义，指的就是环境利益和福利（“好的东西”）与环境风险和负担（“坏的东西”）的公平分配问题。针对城市绿色空间，就是作为一种环境资源和环境福利的绿色空间应在社会成员之间进行公平分配。如何分配才是公平的？在当代西方诸正义理论中有不尽相同的

1　米勒. 社会正义原则[M]. 应奇，译. 南京：江苏人民出版社，2001：1.

价值标准，对绿色空间资源分配最有借鉴价值的当属平等主义的正义原则，其代表是美国政治哲学家约翰·罗尔斯的正义原则，他的分配正义进路几乎主宰了当今社会的正义研究。罗尔斯以平等为核心理念的正义原则虽然针对的是社会基本结构，即一个社会主要的政治、经济和社会制度，并不直接规定某一领域的分配原则，且主要关注社会"基本善"的分配，但却为社会其他领域的分配行为提供了基本限制，即正义要求在社会成员之间平等地分配基本权利和义务，"所有的社会基本善——自由和机会、收入和财富及自尊的基础——都应被平等地分配，除非对一些或所有社会基本善的一种不平等分配有利于最不利者"[1]。依循罗尔斯的分配正义原则，绿色空间分配正义基本的价值要求就是：作为市民基本权利的绿色空间权利应得到保障，应平等地分配所有绿色空间资源，同时注重对弱势群体绿色空间权益的保护。

从绿色空间规划设计视角看，衡量是否平等分配绿色空间的关键指标是可达性。可达性一般用于衡量绿色空间可以接近的便捷程度，邻近性也可以作为类似测量指标。可达性并不只是某一地点地理空间属性的体现，它是保障居民公平、便利地获取绿色空间福利的基本前提。戴颖宜等学者以广州市20个典型社区为例，调查并剖析了绿色空间对不同类型社区居民休闲性体力活动影响的作用机制，发现显著因子前两项分别是"到最近公园广场的距离"和"邻里绿化覆盖率"。[2]

1 罗尔斯. 正义论[M]. 何怀宏，何包钢，廖申白，译. 北京：中国社会科学出版社，1988：292.

2 戴颖宜，朱战强，周素红. 绿色空间对休闲性体力活动影响的社区分异：以广州市为例[J]. 热带地理，2019（2）：243.

这说明可达性显著影响居民对绿色空间的使用效能。作为判断绿色空间资源是否公平分配的基本尺度，可达性的不平衡反映了绿色空间分配不公平的状况，“在过去20年里，随着人们意识到城市绿色空间对公共健康的重要性，城市绿色空间可达性的不平衡已经成为一个重要的环境正义问题”[1]。

近年来，我国城市绿色空间发展较快，但绿色空间可达性不平衡问题依然较为突出。例如，赵英杰等学者基于GIS技术，基于步行、骑自行车、驾驶机动车三类交通方式对南京市公园绿地可达情况进行了评价，结果显示：公园绿地可达性呈现由中心城区向四周逐渐减弱的趋势，三种出行方式下可达性很好的区域面积都没有超过全市面积的10%。[2]表面上看，城市绿色空间可达性的不平衡主要表现为物理可达性的不平衡，即绿色空间地理分布的不均衡，但从绿色空间的使用效能来看，其实可达性的不平衡还体现在居民是否能够方便地使用绿色空间的不平衡上，即有效可达性的不平衡。物理可达性与有效可达性之间的差别，可以通过比较各种影响可达性的障碍（如使用成本、开放程度、空间可利用率、社区安全、可步行性等指标）来区分，绿色空间发展中存在的某些权力化、资本化现象，也可能挤压和剥夺一部分人享用绿色空间的有效可达性。

城市规划、城市设计通过将绿色空间可达性要求转化为刚性的规

1　WOLCH J R, BYRNE J A, NEWELL J P. Urban green space, public health, and environmental justice: the challenge of making cities 'just green enough'[J]. Landscape and urban planning, 2014 (5): 235.

2　赵英杰，张莉，马爱峦．南京市公园绿地空间可达性与公平性评价[J]．南京师范大学学报（工程技术版），2018（1）：84.

划指标和城市设计管控要素，使环境分配正义原则得以落实。例如，《北京城市总体规划（2016年—2035年）》提出构建多类型、多层次、多功能、成网络的高质量绿色空间体系，2020年建成区公园绿地500米服务半径覆盖率由现状67.2%提高到85%，到2035年提高到95%。《首都功能核心区控制性详细规划（街区层面）（2018年—2035年）》提出构建文脉清晰、全民共享的绿色空间体系，大幅提升绿色空间开放度、功能复合度与空间品质，到2035年人均公共绿色空间面积由现状6.37平方米左右提升至8平方米，逐步提高绿化覆盖率（图6-4）。《上海城市总体规划（2017年—2035年）》提出织密绿地网络，按照地区公园2千米、社区公园500米的服务半径推进公园建设，构建完善的绿地系统。这些规划指标包括人均指标，至少保障了绿色空间的物理可达性，为实现绿色空间的公平分配奠定了基础。同时，城市规划应确保将山水湖河岸线和绿色景观标志地区规划为公共绿地和公共开敞空间，防止这些区域由封闭性社区或某些单位和社会集团所独占，导致居民享用绿色空间有效可达性不平衡。

绿色空间可达性对环境资源的公平分配有着举足轻重的意义。然而，可达性只是判定绿色空间环境正义信息基础的一个特定信息，不能因此将绿色空间的环境正义问题简化为可达性，毕竟规划层面的绿色空间地理布局指标不能满足不同群体的差异性需求。

2. 多样性和参与正义：城市绿色空间包容性

绿色空间环境正义问题除了要考虑如何公平分配绿色空间资源，还应该考虑绿色空间的差异性需求和品质优劣。简·雅各布斯认为："只知道规划城市的外表，或想象如何赋予它一个有序的令人赏心悦目的外部形象，而不知道它现在本身具有的功能，这样的做法是无效

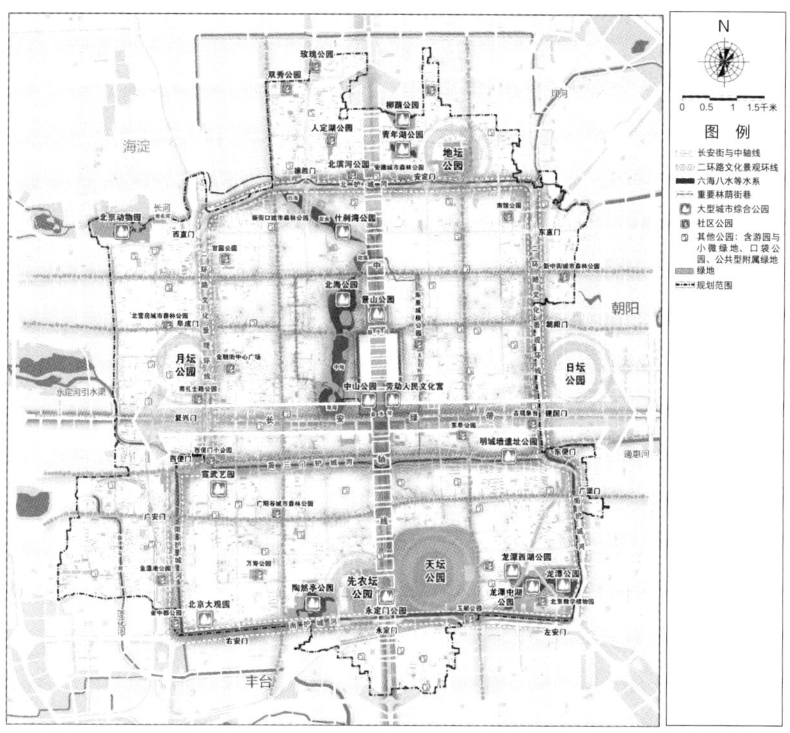

图6-4 《首都功能核心区控制性详细规划（街区层面）（2018年—2035年）》蓝绿空间结构规划图

来源：《首都功能核心区控制性详细规划（街区层面）（2018年—2035年）》（图纸），图019

的。”[1]雅各布斯判定城市规划好坏的价值逻辑是好的城市是充满活力的，而活力主要源于城市的多样性。这个价值标准也适用于评价绿色空间。绿色空间的价值不仅体现于其城市审美功能，它们还应是一种有机嵌入城市的绿色空间，应根据绿色空间的不同服务对象提供不同类型的绿色空间，使之产生不同的用途，吸引广泛的人群，成为城市的活力之地。“简而言之，为实现多元、活力、邻里尺度的城市主义目标服务的绿色空间符合雅各布斯式的模式。”[2]实际上，在城市规划和城市设计领域，多样性原则业已成为一个共识性的价值准则。约翰·伦德·寇耿等学者提出，多样性是21世纪城市设计的基本原则之一，多样性主要指的是视觉多样性和混合使用最大化两个方面。[3]绿色空间多样性既体现在满足生物多样性要求的绿色景观多样性设计上，也包括可以满足人群多样性需求和支持多样性活动的绿色空间规划设计。

如果说雅各布斯提出了一种基于多样性原则的绿色空间正义的价值标准，那么苏珊·S.费恩斯坦的正义城市理论，则为考察绿色空间正义性提供了一种更为全面的分析框架。费恩斯坦正义城市理论的三个基本价值目标是“公平”“多样性”和“民主”，且这三个价值目标应当相互平衡。其中，从城市规划视角来看，公平主要指的是空间安排上不同地点获得的资源应平等，多样性主要指的是空间功能的混

1　雅各布斯．美国大城市的死与生[M]．金衡山，译．纪念版．北京：译林出版社，2006：11．
2　CONNOLLY J J T. From Jacobs to the just city: a foundation for challenging the green planning orthodoxy[J]. Cities, 2018, 91(8): 5.
3　寇耿，恩奎斯特，若帕波特．城市营造：21世纪城市设计的九项原则[M]．赵瑾，俞海星，蒋璐，等，译．南京：江苏人民出版社，2013：84．

合用途以及公共空间和住宅区中不同群体的融合，民主指的主要是城市规划公众参与的民主决策机制。[1]作为正义城市价值目标的公平、多样性和民主，同样可以延伸至对绿色空间正义性的考量。其中，多样性与雅各布斯的观点有类似之处，公平对应于绿色空间分配正义，民主则对应于环境正义中的参与正义。

参与正义本质上是一种程序正义。好的绿色空间规划设计是一个开放而包容的过程，其程序公正的核心是有效的公众参与。作为识别绿色空间需求最直接的途径，公众参与绿色空间规划设计可以提升政府绿色空间规划的科学性、精准性和透明性，尤其是通过协商互动尽可能全面了解居民偏好和真实需求，避免绿色空间供给与市民需求错位。同时，公众参与有利于发挥公众对绿色空间规划的监督作用，使各方利益的相对均衡，使绿色空间规划设计最大限度地服务于公共利益。达成有效的公众参与，应遵循两个原则：一是建构公众参与的民主规划程序，搭建以社区为主体的公众参与平台，使所有的利益相关者都能参与绿色空间规划过程，提供平等的审议、信息沟通和达成共识的机会；二是处理好公众参与中公平与效率的矛盾，坚持公平优先原则，即便公众参与有可能影响绿色空间发展效率，仍需广泛和深度吸纳公众意见。除了公众参与，有学者提出可将生命医学伦理的知情同意原则引入环境程序正义[2]，即绿色空间规划设计过程应充分披露信息，尤其要向利益相关者披露应予以公开的关键性信息以及可能的益

1 费恩斯坦. 正义城市[M]. 武烜，译. 北京：社会科学文献出版社，2016：56-84.

2 LOO C. Towards a more participative definition of food Justice[J]. Journal of agricultural and environmental ethics, 2014(5): 806-807.

处或潜在风险，并使其充分理解其影响，真正拥有“知情同意权”。总之，绿色空间福利不能简单地通过政府相关部门规划设计“良好的绿色空间”来分配，因为何谓“良好的绿色空间”不只是一个规划技术问题，更是一个与公众利益紧密相关的价值问题，公众参与是保障绿色空间包容性发展的关键要素。

3. 能力正义：城市绿色空间的可用性

罗尔斯正义论框架下建构的城市绿色空间发展的价值标准，强调的是环境产品和资源的分配正义，而且这种正义标准只关注普遍的制度设计，对人的差异性重视不足。然而，绿色空间的分配正义，并不总是带来绿色福利的公平实现。就改善城市生态功能和提升城市总体绿色福利而言，两者的因果关联是确定的，但若就每个市民所能够享用的绿色福利而言，则并非如此。正如詹姆斯·康诺利所说：“从空间统计的角度看，绿色空间绩效具有很强的非平稳性（nonstationarity）——即绿色空间绩效在空间上分布不均匀。简单地将绿色空间的福利普遍化，就可能忽略不同收入和种族、族裔群体对这些福利的不同利用程度，同时忽视了其可能带来的不利影响。”[1]正因为如此，目前绿色空间环境正义研究不仅强调基于可达性的分配正义，而且进一步探讨绿色空间的质量及其如何发挥作用、如何与居民的“使用能力”结合起来，如何影响居民的福利。正是在此意义上，著名经济学家阿马蒂亚·森提出的能力正义思想被引入环境正义的分

1 CONNOLLY J J T. From Jacobs to the just city: a foundation for challenging the green planning orthodoxy[J]. Cities, 2018(6): 5.

析框架。

森认为，衡量社会正义的价值标准不仅要看商品和资源的分配是否公平，更要看被分配的商品和资源是否转化为了可行能力，“一个人的‘可行能力’指的是此人有可能实现的、各种可能的功能性活动组合。可行能力因此是一种自由，是实现各种可能的功能性活动组合的实质自由（或者用日常语言说，就是实现各种不同的生活方式的自由）”[1]。因此，人的福利获取要依据获得有价值的功能性活动的能力来评估。可行能力方法强调的不仅是总体或平均的福利，更是个体功能发挥方面所体现的实质自由，即每个人在有效可及的选项和“能做什么”方面可获得的实际福利。森认为，资源平等与可行能力平等之间事实上并非总是一致，他提出的可行能力方法关注个体在功能上的差异和实际生活品质，而不是个体所占有的资源，因为不同的人将资源转化为优质生活的能力和机会是不同的，很多情况会导致转化障碍，如人们的年龄、肢体、性别等个体差异会导致需求多样化与能力缺失。[2]对绿色空间规划设计而言，安全性和治安状况不佳、无障碍设施不完善、对儿童和老人不友好的设计、可进入性不足、未能提供满足不同群体需要的多种活动等因素，都会使一部分人在使用绿色空间时面临更多障碍，不能有效利用绿色空间，进而不能实现绿色福利公平化。故而实现绿色空间正义，要求绿色空间的规划设计不仅应重视空间供给及其可达性和均衡分布，还应关注设计干预措施，保障个

1　森. 以自由看待发展[M]. 任赜，于真，译. 北京：中国人民大学出版社，2002：62-63.

2　森. 正义的理念[M]. 王磊，李航，译. 北京：中国人民大学出版社，2012：237-239.

体实际拥有的相关可行能力不被削弱或剥夺，让所有居民都可以无障碍地使用绿色空间来增进健康和福祉。

此外，绿色空间设计中存在的以大片禁行草坪为主的“橱窗式装饰”现象，虽然有利于城市景观审美，但可用性低，不适合积极的休闲健身活动。因此，绿色空间规划设计不能仅满足于“单一底线式”指标控制，还应注重绿色空间日常功能服务的空间绩效水平，提升绿色空间的品质和“可用性”，吸引更多的人使用绿色空间来增进健康和福祉。在这方面，米克·列侬等学者提出，有必要超越传统的环境正义方法，提出一个更有活力的框架，将绿色空间质量和“使用能力”结合起来，将绿色空间视为具有广泛潜在用途的多维空间。[1]由此，他们基于绿色空间的使用维度，提出名为“可供性之星”（affordances star）的提升绿色空间质量框架（图6–5）。他们认为，必须承认不同的人有不同的生理和心理能力、兴趣和需求，不仅人与人不同，而且同一个人也会受动机、时间和衰老的影响而在这些方面有所不同，这些因素影响着他们如何使用绿色空间，因而如果不尊重差异、不考虑多种维度而简单或标准化地规划设计绿色空间，就有可能降低这些空间潜在的健康和福祉效益。米克·列侬等学者从空间（如地形）、尺度、时间、物件或对象（如树木、长凳、自行车道）、活动（如爬山、慢跑、观鸟），以及与这些维度相关的人的生理和心理

1 LENNON M, DOUGLAS O, SCOTT M. Urban green space for health and well-being: developing an ‘affordances’ framework for planning and design[J]. Journal of urban design, 2017(6): 779-780.

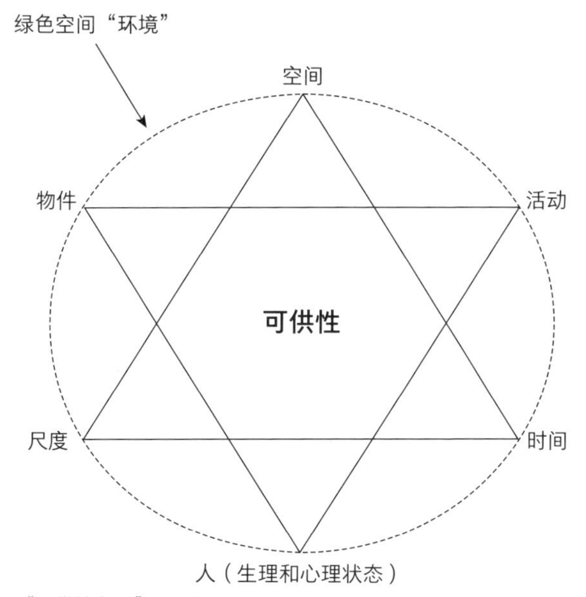

图6-5　“可供性之星”：提升绿色空间质量框架
来源：LENNON M, DOUGLAS O, SCOTT M. Urban green space for health and well-being: developing an ‘affordances’ framework for planning and design[J]. Journal of urban design, 2017(6): 785.

状态六个维度，提出了绿色空间的可用性框架。该框架将城市绿色空间环境设想为功能支持的关系配置系统，强调设计师应对绿色空间的使用和感知有更细致和动态的理解，考虑如何最大限度地发挥绿色空间对居民健康的益处，而不是简单地衡量其分布指标。他们提出，在使用“可供性之星”框架时，城市设计师除了要考虑“人”和“时间”的各种关联之外，还要考虑与“空间”、“物件”（objects）和“活动”的多重关系，该框架旨在提供一个实用的概念框架，以此作为一种工具增加绿色空间的使用频率及参与性活动，从而提高绿色空间提升居民健康和福祉的品质。[1]

总之，环境正义要求不能仅重视整体上绿色空间资源的分配形态和可达性，还应在要素配置方面提供满足各类人群需要的多元服务，重视让绝大多数人具有可行能力的“可供使用性”设计，建立全人群友好的多元化公共绿色空间，尤其需要优先关怀那些由于能力不足而处于弱势地位群体的绿色空间需要，同时注重为不同群体在特定的基本条件获得满足的前提下用自己的方式定义美好生活留下空间。世界卫生组织的报告《城市绿色空间：一个行动纲要》提出的城市绿色空间设计的四项原则，为“可用性”设计提供了指南，是环境正义导向的绿色空间干预的可行路径（表6–3）。

世界卫生组织城市绿色空间设计原则　表6–3

序号	基本原则	具体策略
1	让绿色空间靠近人	• 在居住区附近建设街道绿化、城市公园及绿径 • 城市居民离家300米以内的距离有公共绿色空间 • 确保城市绿色空间适宜且有质量，使之适用于所有人群和使用者

1 LENNON M, DOUGLAS O, SCOTT M. Urban green space for health and well-being: developing an ‘affordances’ framework for planning and design[J]. Journal of urban design, 2017(6): 786.

续表

序号	基本原则	具体策略
2	回应多样化需求，规划多种类型的绿色空间	• 考虑各种类型的城市绿色空间——街道绿化、大小公园、绿道等，以满足不同需要 • 不应过度设计只支持特定功能或只吸引特定使用者的绿色空间，应该有利于所有人群活动
3	通过简单的设计提高城市绿色空间的使用舒适性	• 建立清晰可见的入口或入口区域 • 适合不同季节（照明、排水、材料等） • 关注安全问题（灯光、能见度、可达性） • 提供基础设施，如长凳、垃圾桶、厕所等
4	考虑城市绿色空间的维护需求	• 通过定期维护让使用者感到绿色空间安全、干净和管理良好 • 运用维护友好型设计，避免昂贵或复杂的维护要求 • 种植不会导致过敏或过敏可能小的植物，特别是多栽种便于维护的本地植物

来源：The WHO Regional Office for Europe. Urban green spaces: a brief for action[R]. Bonn: World Health Organization, 2017: 11.

（三）警惕绿色绅士化：城市绿色空间干预与环境正义

美国纽约高线公园是一座建在原工业铁路货运专用线上的线型空中花园，是城市废弃设施再利用为绿色空间的经典案例（图6-6）。高线公园原址是建于1930年的连接肉类加工区和哈德逊港口的货运专用高架铁路，总长2.4千米，距离地面9.1米。1980年停运后，一度面临被拆除的局面，但最终得以保存并被改造成一块“漂浮在曼哈顿空中的绿毯”。一直以来，高线公园都是引领都市工业设施再利用和绿色空间设计的成功范例，受到世界各地城市的效仿。然而，近年来却出现不少对高线公园模式的质疑。2017年2月，“高线之友”联合创始

图6-6 纽约高线公园

人罗伯特·哈蒙德（Robert Hammond）对高线公园的设计及其对周边区域的影响进行了修订性评估，他说："我们想为社区做点什么。但最终我们失败了。我希望我们不是问设计应该是什么样子，而是问我们能为社区做些什么。人们面临的问题比设计更大。"[1]哈蒙德反思了高线公园没有给周边社区带来普遍福利的问题，高线公园的成功为高档房地产发展提供了便利，随着楼价和租金上涨，小商户和中低收入

1 BLISS L. The High Line's next balancing act [EB/OL]. (2017-02-07). https://www.citylab.com/solutions/2017/02/the-high-lines-next-balancing-act-fair-and-affordable-development/515391/.

居民难以负担而被迫迁离，反而加剧了社会不平等，令这一区域走向“绿色绅士化”。

绿色绅士化（green gentrification）是“绅士化”（gentrification）现象在绿色空间发展项目（一般是指通过新建、整治、恢复、再利用等方式实施的大中型绿色景观项目）上的具体表现。“绅士化”作为一种率先出现在西方发达城市的社会空间现象，核心特征是高收入阶层对低收入阶层的置换，即空间上的“阶层替换”。肯尼思·古尔德（Kenneth Gould）和塔米·刘易斯（Tammy Lewis）在《绿色绅士化：城市可持续发展与环境正义之争》一书中，通过分析纽约布鲁克林不同社区绿色空间福利分配不均衡这一现象，将绿色绅士化视为一种环境正义问题，并将绿色绅士化定义为城市绅士化的一个分支，即“环境舒适设施（environmental amenities）吸引较富裕居民群体而排挤低收入居民”[1]。更具体地说，“绿色绅士化”指随着特定区域绿色空间发展和环境质量提升，可能导致周边土地和房价上涨，从而迫使本应成为绿色福利获益者的弱势人群被迫离开该区域。梅丽莎·切克（Melissa Checker）认为，环境（绿色）绅士化建立在城市环境正义运动的物质和理论成就基础上，是环境正义行动的意外后果，它使公平服从于以利润为目的的发展，是一种吸引大量富裕居民涌入从而取代低收入居民的高端环境再开发。[2]

国外学者的一些相关研究表明，城市绿色空间发展有可能引发或

1　GOULD K, LEWIS T. Green gentrification: urban sustainability and the struggle for environmental justice[M]. London: Routledge, 2017: 26.

2　CHECKER M. Wiped out by the “greenwave”: environmental gentrification and the paradoxical politics of urban sustainability[J]. City & society, 2011(2): 212.

加剧绅士化现象。如詹姆斯·康诺利的研究结果显示，1990年至2014年，纽约的绿色空间发展与绅士化呈显著正相关。[1]我国城市绿色绅士化现象虽然不如西方一些发达城市明显，但也出现了一些绅士化症状。例如，居民贫富差距拉大及社会分层加剧造成了居住空间分异趋势，高收入阶层有更多机会和更强的经济实力占有环境质量优越、绿色景观良好的居住空间资源，尤其是如果绿色空间成为房地产投资者的一种营销工具时，更是如此。例如，北京朝阳公园板块作为“公园地产”而兴起，2000年以来，随着朝阳公园扩建为四环以内最大的城市公园，毗邻朝阳公园的高端住宅区纷纷拔地而起，成为公认的“富人区”。又如，一些城市滨水封闭高档社区紧贴城市绿色景观开发建设的高档休闲娱乐设施，一定程度上可能导致对优质绿色空间资源的排他性占有，实质上也是一种特殊形式的绿色绅士化。

近些年来，西方城市“反绿色绅士化”的讨论日趋增多，不少学者开始关注绿色空间项目尤其是大型绿色空间项目所带来的潜在问题。绿色绅士化最主要的负面效应就是可能导致“绿色不平等”，助长环境资源、绿色福利享用上的不公平。从生态公正的角度看，追求并拥有良好的绿色空间是每个人的权利，并非富人或特殊利益集团的专利，作为公共物品的绿色空间应充分体现平民性和共享性价值，而不应该借由金钱、权力强化其等级性和特权性。为了抑制绿色绅士化可能带来的负面影响，实现绿色资源分配的整体公平性，城市规划、

1 CONNOLLY J J T. From Jacobs to the just city: a foundation for challenging the green planning orthodoxy[J]. Cities, 2018(6): 5-6.

城市设计作为空间资源配置的调控工具和公共政策，应当处理好公平与效率、经济可持续与社会可持续的关系，通过适宜的城市绿色空间干预措施，实现绿色空间福利公平化。

在面向环境正义的绿色空间干预抑制绅士化方面，有学者已进行了很好的探索。这其中，比较有影响的是威妮弗·蕾德伦（Winifred Curran）、珍妮佛·R. 沃尔科（Jennifer R. Wolch）等学者提出的“恰到好处的绿色”策略（just green enough approach）。[1]该策略旨在解决城市绿色绅士化问题，主张一种自下而上的小规模和分散化的绿色空间干预模式，提出城市绿色空间规划设计应关注社区居民的需求，而不是以市场机制和经济利益为驱动的绿色空间项目，同时强调绿色空间的规划者、设计者和生态学者等要明确绿色空间的公共价值属性，促进公平的绿色空间发展，提高公共健康水平。威妮弗·蕾德伦等学者以一个较为成功的绿色空间案例说明了何谓“恰到好处的绿色”。这就是纽约布鲁克林绿点（Greenpoint）社区。过去十年，当地居民及民间团体积极参与该社区的绿色空间规划。他们不希望这个地区因为环境整治而成为类似“公园、咖啡馆加河滨步道”模式的旅游景观。他们达成了一个有凝聚力的社区愿景，即绿点社区的绿色空间改造要达到美

1 CURRAN W, HAMILTON T. Just green enough: contesting environmental gentrification in Greenpoint, Brooklyn[J]. Local environment, 2012(9): 1027-1042. WOLCH J R, BYRNE J A, NEWELL J P. Urban green space, public health, and environmental justice: the challenge of making cities 'just green enough'[J]. Landscape and urban planning, 2014(5): 234-244.

化整洁的目标，让本地居民享受美丽的海滨，同时又能保持原有的土地使用功能并使原住民不因此而被迫迁离，即不会带来绿色绅士化。[1]

西方学者的研究成果对当前我国城市绿色空间规划中如何警惕并防止绿色绅士化及其负效应有一定的启示，如何平衡城市绿色空间发展与社会正义之间的关系，在保障弱势群体利益的基础上公平地分配绿色空间资源，使之真正成为普惠的民生福祉，也正是当前我国城市绿色发展和生态文明建设亟待解决的问题。

阿马蒂亚·森指出："以人们享有的实质自由来看待发展，对于我们理解发展过程及选择促进发展的方式和手段，都具有极其深远的意义。"[2]就作为一种公共福利的城市绿色空间的发展而言，通过环境正义的价值引领，提升人们享有绿色空间福利的实质自由，对绿色空间规划设计公平性目标的实现以及方式手段的选择，也具有深远意义。随着当今环境正义内涵的扩展及环境正义维度的多样化，绿色空间规划设计所面临的正义性问题已从原来关注的焦点——基于分配正义的空间可达性，扩展至基于参与正义的城市绿色空间多样性、包容性以及基于能力正义的城市绿色空间可用性，这样的转变凸显了城市绿色空间规划设计对公平的绿色福利目标的追寻，即所有市民不受社会政治经济地位、可行能力和居住区域的影响，都能够平等获得、充分利用和普遍受益于城市绿色空间所带来的福利，这是环境正义视角下城市绿色空间规划设计的根本价值目标。

1 CURRAN W, HAMILTON T. Just green enough: contesting environmental gentrification in Greenpoint, Brooklyn[J]. Local environment, 2012(9): 1028-1030.

2 森. 以自由看待发展[M]. 任赜，于真，译. 北京：中国人民大学出版社，2002：25.

四、现代城市规划设计与公共卫生：历史逻辑、价值审视与善治之道

城镇化带来的人口高密度和高流动性使公共卫生安全挑战主要集中在大城市。与此同时，伴随建成环境与公众健康获得感的联系加强，城市规划和城市设计日益被视为解决公共健康问题的重要手段。在此背景下，如何激活城市规划设计与公共卫生的联系，将公共健康目标切实融入城市规划设计全过程，成为一项重要的理论与实践议题。有鉴于此，本书将从追溯现代城市规划设计与公共卫生关系的历史逻辑入手，阐释连接两者的核心价值原则，为构建公共健康导向的城市规划设计提供一定的理论支撑。

（一）现代城市规划设计与公共卫生关系的历史逻辑

现代城市规划与公共卫生的出现，在人类文明发展史上至今不到200年。追溯两者关系的变迁，发现大致经历了“同源而生”“渐行渐远”“重新回归”三个阶段，期间两者关系时而紧密，时而疏远，“城市化的出现及其特有的相关问题导致了公共卫生和城市规划学科的演变。虽然产生于应对城市化需求和由此产生的卫生问题的共同必要性，但在过去200年间，这两个学科之间的关系时好时坏”[1]。

1　CHINMOY S, WEBSTER C, GALLACHER J. Healthy cities: public health through urban planning[M]. Cheltenham: Edward Elgar Publishing, 2014: 11.

1. “同源而生”：应对城市化引发的公共卫生危机

现代城市规划和公共卫生的产生，都以应对城市公共卫生危机为契机，正如致力于健康城市研究的美国学者杰森·科尔本（Jason Corburn）所说：“现代公共卫生的出现旨在解决城市规划师同样关注的部分问题，包括城市传染性疾病的暴发，以及使无序的城市更为有序。”[1]

19世纪，在率先工业化和城市化的英国，出现了城市环境恶化、空气污染、住宅拥挤、污水和垃圾处理设施奇缺等城市问题，导致霍乱等传染病此起彼伏，带来了严重的公共卫生危机。1842年，被誉为英国“公共卫生观念之父”的埃德温·查德威克负责起草了《大不列颠劳动人口环境卫生状况调查报告》，发现疾病、人口死亡率与不同居住区环境条件密切相关，提出通过改善城市环境卫生来阻止疾病传播，强调公共住房建设和改善社区卫生的重要意义。[2]查德威克的调查报告产生了重要影响，推动了1848年《公共卫生法》颁布，这是人类历史上第一部综合性公共卫生法案，开创了公共卫生物质环境规划治理的先河。此外，1854年伦敦发生的“宽街霍乱”疫情也是一个重要分水岭。内科医生约翰·斯诺（John Snow）绘制了被称为“死亡地图”（Ghost Map）的霍乱点示图（图6-7），通过空间统计学资料发现霍乱的传染源并非空气，而是宽街公共水泵污染后的水源。这一发现加速推动了以修建城市污水处理设施为主的公共卫生运

1 科尔本. 迈向健康城市[M]. 王兰，译. 上海：同济大学出版社，2019：25.
2 CHADWICK E. Report on the sanitary conditions of the labouring population of Great Britain[R]. Edinburgh: Edinburgh University Press, 1965.

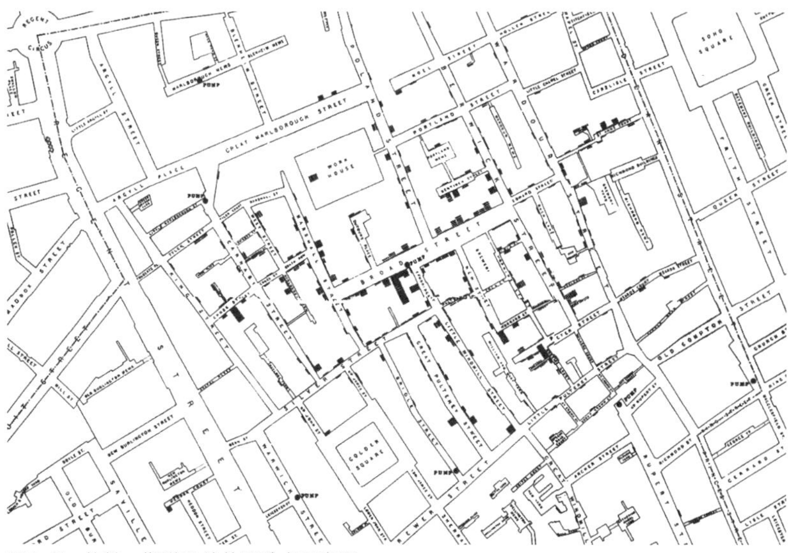

图6-7　约翰·斯诺手绘的霍乱点示意图
来源：维基百科共享资源

动，对注重地区调查和人口地图的现代城市规划设计方法产生了重要影响。

19世纪中期，改善公众健康的社会需求催生了现代公共卫生，而公共卫生集中于城市环境治理的一系列措施，也成为现代城市规划设计实践的先驱。城市化进程所带来的公共健康问题，给城市原有的市政管理模式、公共设施、公共空间设计和公共住房建设带来了巨大挑战，需要公共卫生人员、城市规划师、市政工程师合作应对。可以这样说，这一时期城市规划师的职业角色与公共卫生官员有诸多重叠。无论是在欧洲还是在美国，城市规划和城市设计逐渐成为一个与公共卫生密切相关的现代学科，两者基于对房屋通风、城市排水和被誉为“城市之肺”的公园绿地对市民健康重要性的共识，紧密合作，共同提出了城市供水和排水设施建设、贫民区更新治理、公园绿地规划设计等解决城市公共健康问题的干预性和预防性措施。

除了共同应对公共卫生问题，社会不平等也使城市规划与公共卫生有更密切的关联。早期工业化城市的社会不平等突出体现在居住条件方面，对此恩格斯1844年在《英国工人阶级状况》一文中，通过21个月的亲身观察和交往，对英国工业化城市空间不平等状况和工人阶级非人道的生活条件进行了深入调查。他描述工人所居住的贫民窟：“这是城市中最糟糕的地区的最糟糕的房屋，最常见的是一排排的两层或一层的砖房，几乎总是排列得乱七八糟”，“这里的街道通常是没有铺砌过的，肮脏而坑坑洼洼，到处是垃圾，也没有排水沟，有的只是臭气熏天的死水洼。”[1]当时英国工人阶级与资产阶级居住在不同区域，工人住宅位于市中心的贫民窟，而资产阶级居住在有新鲜空气的郊区别墅。因此，随着19世纪英国城市公共卫生改革兴起，一方面要改善工人阶级的居住条件，为他们提供适当的住房，另一方面要为民众尤其是下层阶级提供公园、绿地等“呼吸场所”，改善其身心健康状况，这些诉求逐渐成为社会改革家的重要目标，而建设公共住房、规划设计公园绿地正是城市规划的基本职能。

在美国，1908年，本杰明·马什（Benjamin Marsh）发表了《城

1 马克思，恩格斯. 马克思恩格斯全集：第2卷[M]. 中共中央马克思恩格斯列宁斯大林著作编译局，译. 北京：人民出版社，1957：306-307.

市规划要公平对待劳动人口》一文，提出城市规划应当承认和保障“公民享有闲暇、健康、生病时得到照顾、在正常条件下工作和在不损害其健康或效率的条件下生活的权利”，他提出的城市规划基本职能大多与公平地维护市民公共健康有密切联系。如由市政府决定房屋选址及人口密度，为市民提供适当的交通工具，根据社区发展需要提供足够的休憩用地、公园、游乐场并确保其合理分布，最终目标是实现公共健康与福祉被公平享有。[1]

与此同时，一批有社会责任感的思想家和社会改革者提出了一系列解决19世纪城市问题的思想和方案，构成了现代城市规划和城市设计运动产生的直接动力和思想基础。例如，埃比尼泽·霍华德提出了兼具城市和乡村优点的田园城市理论，他认为“田园城市是为安排健康的生活和工业而设计的城镇；其规模要有可能满足各种社会生活需要，但不能太大；被乡村带包围”[2]（图2-13～图2-15）。田园城市设想在城市规划设计过程中引入如工业区、住宅区、公共空间和绿地的分区规划理念，针对的是19世纪英国工业化进程中人口大量从农村涌入城市造成的社会问题，希望改良资本主义城市形态，通过限制人口和规划设计公共绿化带解决公共健康和其他社会问题。这一时期社会改革者的城市批评和社会改革方案，“起初不叫‘现代城市规划运动’，直到足够多的人接受劝导后，都认可‘城市规划可以对幸福、健康、富裕，特别是对城市居民，最终是对整个国家做出重要的必需

1　MARSH B. City planning in justice to the working population[J]. Charities and commons, 1908, 19(18): 1514-1518.

2　霍华德．明日的田园城市[M]．金经元，译．北京：商务印书馆，2019：XIX.

的贡献’这个观点时，这件事才被冠以‘城市规划运动’之名”[1]。由此可见，现代城市规划产生的直接促发因素是公共卫生需要，最初的基本目标是改善城市居民尤其是低收入者的健康状况。可以说现代城市规划从诞生之时起，作为政府治理城市病的有力工具，就背负着通过社会改革抑制贫富阶层居住环境不平等、提升公共健康福祉的使命。

2. 从“渐行渐远”到“重新回归”：激活城市规划与公共卫生的联系

19世纪中期，公共卫生领域重视通过物质环境干预治理“环境瘴气”（垃圾、废水、空气污染等）的方式来控制疾病，因而与城市规划及空间设计结合得较为紧密，“然而，随着对细菌、传染病和疫苗有了更好的认识，公共卫生的重点从社区工程和城市设计转移到了基于医学原理的模式”[2]。19世纪后期，基于医学原理模式的公共卫生开始出现。例如，英国公共卫生专家约翰·西蒙（John Simon）在1848年至1855年担任伦敦卫生官期间，将公共卫生监督重点放在物质环境卫生管理和建设方面，如排水沟清理、房屋规划与通风、供水设施建设、墓地管理等，但1865年之后，在他担任英国中央卫生署卫生官之时，便将公共卫生的重心逐渐转向实验室研究和接种疫苗等医学干预措施。

19世纪下半叶是科学家发现病原菌的黄金时代，也见证了微生物

1 赖因博恩. 19世纪与20世纪的城市规划[M]. 虞龙发，等，译. 北京：中国建筑工业出版社，2009：23.
2 DUHL L J, SANCHEZ A K. Healthy cities and the city planning process: a background document on links between health and urban planning[M]. Copenhagen: WHO Regional Office for Europe, 1999: 1.

和细菌理论作为公共卫生主要理论范式的演变。公共卫生的研究与实践逐渐从调查、改善城市物质环境和基础设施的路径，转向实验室研究和特定免疫计划的干预措施，即治疗和疾病管理开始取代物质环境干预策略。但总体上看，在这一时期，“虽然微生物学范式主导了公共卫生研究，但社会学范式的公共卫生还在继续发挥作用，公共卫生与规划策略的重新定位在一定程度顺应了卫生改良运动中社会改革家的思路。尤其是针对城市的公共卫生问题，重点是促进清洁、卫生和健康的住房建设”[1]。

20世纪以来，随着城市规划与公共卫生这两个领域日益专业化，两者之间的联系与合作反而日益弱化，这其中一个重要原因是“筒仓效应”（silo effect），即高度专业化导致城市规划与公共卫生之间形成“隔行如隔山”的专业藩篱，两者的独立性越来越强，相互之间的合作越来越少，缺乏水平层面的协同机制。一方面是公共卫生日益强调其所涵盖的传染病防治和疾病的早期诊断与预防是高度专业化的工作，另一方面城市规划日益由技术化思维支配，并热衷于探索未来城市形态的蓝图规划，由此公共卫生和城市规划渐行渐远，两个领域的工作在很大程度上变得互不相关。对此，杰森·科尔本指出：“各个领域的日益专业化切断了曾经共同的知识基础以及城市规划与公共卫生的共同实践。专业化还帮助建立了专门的官僚机构，形成了‘筒仓’，并建立了一支由受过专门训练的技术官僚组成的精英队伍，这

1　CHINMOY S, WEBSTER C, GALLACHER J. Healthy cities: public health through urban planning[M]. Cheltenham: Edward Elgar Publishing, 2014: 18.

进一步切断了各个领域之间的联系。”[1]

公共卫生和城市规划渐行渐远的状况，从20世纪中后期开始出现了转折性变化，有了重新激活和再度链接的动力，甚至探讨公共卫生、人类健康与城市规划的关系成为一个热门课题。究其原因，一方面是一批城市规划、城市设计学者开始反思现代城市形态和规划模式所引发的公共健康问题，探究城市规划设计与健康公平之间的关联，认为了解城市环境如何影响公共卫生的结果是一项紧迫的优先事项，城市规划设计应作为一种公共治理方式更好地促进公共健康。另一方面，虽然公共卫生专业人员仍然相信可以通过个人治疗或团体干预来促进公共健康，但越来越多的卫生专家认为，健康是由除医学领域之外的许多因素共同决定的，并将环境列为影响健康的重要因素。对于慢性病和传染病，卫生专家开始提倡一种多层次的方法，包括审查建成环境和自然环境状况，以确定这些环境因素如何导致或引发不健康的结果。[2]

除此之外，伴随人们对城市卫生不公平和弱势群体健康状况的日益关注，公共卫生越来越成为一个社会问题而非医学问题，不同人群的公共健康受环境、经济、政治、生活方式等社会文化因素的影响显著。与此同时，世界卫生组织的相关研究表明，150多年来，大量不断深入的研究证明，城市规划及管理方式对居民的健康产生了重大影

1 CORBURN J. Reconnecting with our roots American urban planning and public health in the twenty-first century[J]. Urban affairs review, 2007, 42(5): 689.

2 MALIZIA E E. Planning and public health: research options for an emerging field[J]. Journal of planning education and research, 2006, 25(4): 428.

响，而城市规划干预重新被视为解决城市公共健康问题的重要手段，倡导通过重塑城市环境来创造和保持城市优势，城市规划、城市设计体系应明确纳入旨在改善城市卫生状况的目标和政策，作为向主要决策者发出城市卫生行动重要性的信号。[1]正是在上述背景下，我们需要重新激活城市规划设计和公共卫生之间的历史联系，恢复城市规划和公共卫生的紧密合作关系，共同推进公共健康治理。

（二）连接城市规划与公共卫生的核心价值原则

基于对现代城市规划设计与公共卫生关系历史逻辑的梳理可以看出，现代城市规划从诞生之时起，就背负着通过社会改革抑制贫富阶层居住环境不平等、提升公共健康福祉的使命，思想基础有鲜明的价值诉求。当代重新激活城市规划设计和公共卫生的联系，无论从思想基础还是治理策略来看，应彰显其价值担当。

当代城市应如何重建城市规划与公共卫生的联系？杰森・科尔本认为，首先需要解决的问题是："如何能使城市规划回到解决健康和社会公平问题的根本目标？当代城市规划进程（不仅仅是物质结果）与健康公平的联系是什么？何种新的政治流程有助于重建规划和公共健康之间的联系，并集中解决城市中导致健康不公平的社会因素？"[2]可见，科尔本强调城市规划应回归解决健康和社会公平问题

1 RYDIN Y, BLEAHU A, DAVIES M et al.. Shaping cities for health: complexity and the planning of urban environments in the 21st Century[J]. Lancet, 2012, 379(9831): 2082-2098.

2 科尔本. 迈向健康城市[M]. 王兰，译. 上海：同济大学出版社，2019：1.

的“初心”，将健康公平之维视为连接现代城市规划与公共卫生的价值链条。2020年5月，在全球暴发“新冠”病毒感染疫情的背景下，世界卫生组织和联合国人居署共同编写了《将健康纳入城市与区域规划实用手册》(*Integrating Health in Urban and Territorial Planning: A Sourcebook*)，倡导重建和加强公共卫生与城市和区域规划关系时应注重健康公平，“一个重要的考虑因素是公平性，因为在城市区域内和城市区域之间，健康的机会和结果存在很大的差异。该手册的前提是，公共卫生和城市规划都以获得公平、平等的结果和基本公共服务为目标”[1]。

“公平”是关乎城市发展价值诉求的根本问题。作为价值原则的公平，强调社会资源包括社会福利和社会负担的恰当分配，体现的是社会共同体分配关系合理性的基本价值标准。虽然有关公平的思考无法脱离社会历史语境和政治生态，但以亚里士多德为代表的古代思想家的正义观仍具有现代价值。亚里士多德明确把正义与平等联系在一起，认为“正义以公共利益为依归。按照一般的认识，正义是某些事物的‘平等’(均等)观念”[2]，尤其是他提出的对平等的因素同等对待与对差异的因素区别对待的分配原则，对卫生服务公平性研究有重要启示。当代正义论的卓越代表约翰·罗尔斯提出的“作为公平的正义”理论，同样为分配关系合理性提供了一个极为有用的价值框架。

1 Urban planning crucial for better public health in cities[EB/OL]. (2020-05-21). https://www.who.int/news-room/feature-stories/detail/urban-planning-crucial-for-better-public-health-in-cities.

2 亚里士多德. 政治学[M]. 吴寿彭，译. 北京：商务印书馆，2008：152.

阿马蒂亚·森认为，在任何关于社会公平和正义的讨论中，疾病和健康问题必须被视为主要关切，健康公平是理解社会正义的核心。[1]健康公平作为关乎城市发展价值合理性的底线尺度，是社会公平的基本维度。总体上看，当代学者对健康公平的理解有不同的侧重点，有的基于权利正义强调“健康权平等”，即认为健康是基本人权，应平等满足所有人的健康需求。如保拉·布拉夫曼（Paula Braveman）认为，健康公平是基于公平分配原则的伦理概念，主要指不同群体尤其是强势群体与弱势群体之间在由社会因素决定的健康方面不存在系统性差异。[2]有的基于分配正义强调“卫生资源平等”和“卫生服务平等”，重视卫生资源合理配置问题，强调公共卫生资源的恰当分配。玛格丽特·怀特黑德（Margaret Whitehead）在广义的健康公平概念下，进一步区分了健康公平和卫生服务公平的不同含义。她认为，健康公平“意味着理想情况下，每个人都应该有平等机会来实现其全部的健康潜力，或更务实地说，如果可以避免，任何人都不应在实现这一潜力时处于不利地位”；卫生服务公平指的是“平等地获得同等需要的现有卫生服务，平等地利用同等需要的卫生服务，平等地为所有人提供同等质量的卫生服务”[3]。健康公平是一个多维概念，与城市规划有直接关联的维度主要是卫生资源配置及卫生服务公平性。从卫生资源需求与卫生服务利用的公平性视角，卫生服务公平还可进一步划分为横向和纵

1 SEN A. Why health equity?[J]. Health economics, 2002(11): 659-660.
2 BRAVEMAN P. Defining equity in health[J], Health policy and development[J]. 2004, 2(3): 256.
3 WHITEHEAD M. The concepts and principles of equity and health[J]. International journal of health services, 1992, 22(3): 429-445.

向的卫生服务公平。横向公平主张具有相同需求的人应平等获得相同的关注和服务资源，纵向公平强调有不同需求的人应以不同的方式适当地被对待，有更多服务需求人应得到更多的关注和服务资源。[1]

作为分配城市公共健康产品的重要手段，城市规划设计视域下的卫生服务公平，狭义上看，指以公平原则调整规划行为对不同社会群体产生的卫生服务资源方面的不同分配效应，主要包括医疗卫生服务设施的质量和可达性。依循罗尔斯提出的“作为公平的正义”理论，卫生服务资源分配正义的基本要求是平等分配所有公共健康服务资源，同时注重对不同需求者及弱势群体权益的差别性保障。广义上看，由于公共健康产品的内涵除了疾病医学领域，还包括公共环境卫生、生态环境等方面，因而卫生服务公平还包括对公众健康有益的空间福利或有害的空间负担的合理分配。本书主要从狭义层面阐释卫生服务公平，聚焦公共卫生资源和设施的公平分配问题，具体而言，主要体现在以下两个方面。

首先，确立全民健康导向的城市规划和城市设计，通过提升公共健康资源的共享性，推进卫生服务公平。全民健康导向的城市规划和城市设计旨在提供更加均等的健康权利和机会，实现让城市规划、城市设计服务于全体市民健康的价值目标，其具体要求是具有公共属性的医疗卫生保健资源和设施均等配置。2016年10月，中共中央、

1 CULYER A J. Equity-some theory and its policy implications[J]. Journal of medical ethics, 2001, 27: 276.

国务院印发的《“健康中国2030”规划纲要》将公平公正作为推进健康中国建设应遵循的基本原则，确定健康中国的战略主题是“共建共享、全民健康”。2017年《中国健康事业的发展与人权进步》白皮书提出，人人有权享有公平可及的最高健康标准，坚持公平普惠原则，逐步缩小城乡、地区、不同人群健康水平的差异，保证健康领域基本公共服务均等化。可见“共享性”被确立为国家公共健康事业发展的核心价值。共享作为一种价值理念，必须与资源的分配公平原则相结合，否则容易成为一句空洞的口号。从整体上看，衡量共享性的基本指标是公共资源配置和公共服务均等化程度。针对公共健康服务，共享性要求城市规划、城市设计应确保公共卫生设施均等供给。从公共卫生设施规划视角看，衡量是否均等供给的关键指标是地理可及性，即其可以接近的便捷程度。当前我国城市规划在城市总体规划和控制性详细规划层面，普遍提出了构建覆盖城乡、服务均等的健康服务体系，并根据城镇圈、社区生活圈或服务人口和服务半径设置医疗卫生设施，使健康服务均等化要求获得基本保障（图6-8）。但需要强调的是，服务均等的要求不仅体现在可量化的规划指标方面，还包括公共医疗卫生设施的质量，这方面的健康服务不均等问题较为突出，尤其是优质医疗卫生资源配置不均衡问题亟待解决。从城市规划层面看，首先需要明确政府主体责任，统筹城市内部不同区域和不同层级优质医疗卫生机构的数量，公共医疗设施专项空间规划从按行政级别布局向按健康服务需求布局转变，确定干预措施的优先顺序，有针对性地调整优化，保障优质医疗资源下沉和区域资源共享的城市医疗联合体建设顺利进行，最大限度实现居住空间医疗公共服务均等化。

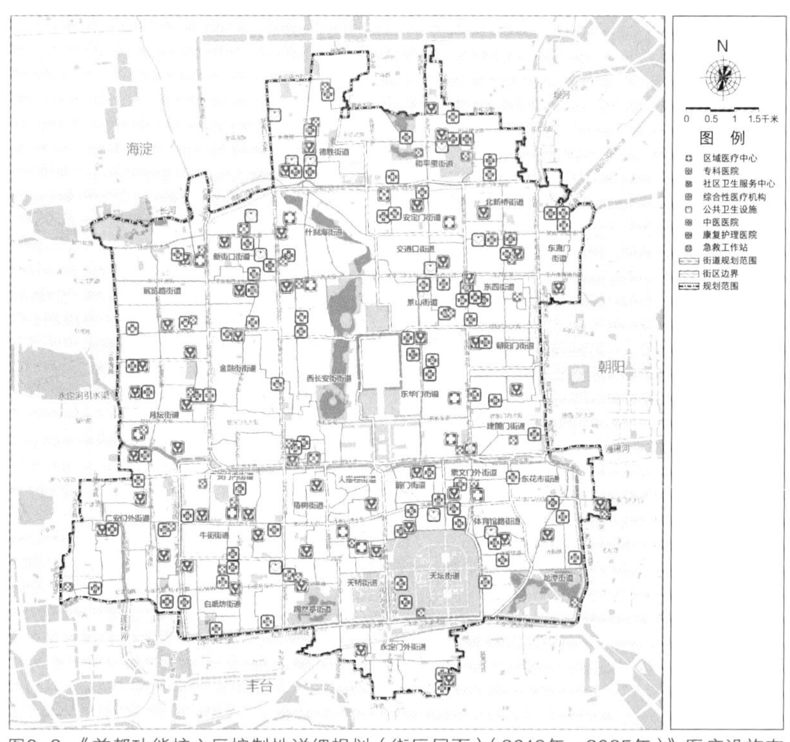

图6-8 《首都功能核心区控制性详细规划（街区层面）（2018年—2035年）》医疗设施布局规划示意图

来源：《首都功能核心区控制性详细规划（街区层面）（2018年—2035年）》（图纸），图021

其次，通过纳入包容性理念的城市规划和城市设计政策，促进和强化健康公平。卫生服务公平强调均等化的公共健康福利供给，但均等性共享是一个渐进过程，均等性并不等于绝对相等和简单的平均化和无差异化。实现卫生服务公平，还需要优先关怀、包容特定群体的差异化需求。“包容”作为一个与公平、人道关怀有密切关联的价值概念，强调在处理健康公平难题时应联系具体境遇，关怀人群差异化需求，而不是仅仅诉诸普遍原则。尤其要强调的是，“需求”的概念是医疗卫生资源分配的一个关键性因素。卫生服务公平性要求，除了医疗卫生资源均等化之外，还要根据不同人群对医疗卫生需求的差异确定资源分配和获得医疗卫生的机会。它重点要审视和解决两个问题：一是包容谁，二是包容什么。“包容谁”即包容的主要目标群体是哪些。就卫生服务公平要求而言，指的是在获得健康福利过程中处于相对弱势或不利地位的群体，如城市外来人口、低收入人群、残疾人、老年人、慢性病患者群体等。从深层次看，“包容谁”还涉及分配公共卫生资源和公共医疗服务时，弄清楚在普惠基础上谁失去了应得到的利益；是否有某些群体被排斥在共享之外；谁是潜在的健康脆弱群体，尤其是查明哪些人最容易受到卫生政策变化的影响和最不可能利用现有卫生服务资源；哪些群体的健康行为选择可能受到社会和经济因素的严重限制。关于“包容什么”，有学者指出：“面向健康公平的规划研究，重点应关注健康状态和健康决定因素的分布在不同人群中的差异，聚焦年龄、收入、社会地位等固有差异造成的资源可及性影响，在此基础上思考以城市规划来促进全民健康的可行干预路径。”[1]对城市规划和城市设计而言，主要解决的是空间包容性和可达性问题，即在确保所有居民获得基本医疗卫生设施和公共健康服务的基础上，进一步探讨医疗卫生设施的质量及其如何发挥作用，如何与居民的“使用需求”和“使用能力”结合起来，如何影响居民的健康福利，尤其需要优先关怀那些出于身体原因、能力不足和社会原因而处于弱势地位群体的医疗卫生设施需要。通过改善弱势群体的健康福祉而缩小卫生服务差距，是衡量健康公平进展的基本标准。

（三）重建城市规划设计与公共卫生关系的善治之道

重建城市规划与公共卫生的紧密合作关系，除了秉承19世纪末以来对社会公平的价值追求之外，更应在新时代背景下通过探索善治之道，重建城市规划、城市设计与公共卫生共同作为城市治理手段的法律、政策和行动机制，更好地满足公众的医疗卫生需求，降低公共卫生安全风险。

作为一种能够实现公共利益最大化的良好公共管理思想，善治理念早已不局限于管理学和行政学领域，而是广泛运用于各个领域，这其中就包括城市规划和公共卫生，两者作为城市治理的重要组成部分，共同服务于城市健康促进。对城市规划而言，它既是一种专业实

1 甘霖，王雅捷，加雨灵．健康公平视角下的脆弱群体健康风险识别与规划应对[C]//中国城市规划学会．活力城乡　美好人居：2019中国城市规划年会论文集（规划实施与管理），2019.

践，更是一种公共政策和政治过程，是一种对公共健康有系统影响的环境控制机制和健康治理工具，“城市规划有助于构建影响公共健康的社会、物质和经济‘善物与恶物’的分配结构，并解释持续存在的城市健康不公平现象。换句话说，城市规划通过其正式和非正式的机构、微观和宏观政治，以及贯穿我们的日常活动，从就业、食物供应到社区环境质量、住房质量，再到公共卫生服务的社会分配，而成为健康的结构性决定因素”[1]。建构城市规划与公共卫生关系的善治之道，除了法治层面的良法善治之外，还要注重以下两方面政策创新和机制建设。

首先，构建城市规划、城市设计与公共卫生的合作治理机制。公共健康作为一种关乎民众福祉的公共事务，需要多部门合作治理才能有效应对其复杂性并强化其回应性。作为一种管理模式创新的合作治理（collaborative governance）是20世纪后期发展起来的概念。柯克·爱默生（Kirk Emerson）等学者认为，合作治理指“公共政策制定和管理的过程和结构，使人们能够建设性地跨越公共部门、各级政府或公共与私人领域的界限，实现通过其他方式无法实现的公共目标”[2]。合作治理能够有效连接不同部门和领域，是一种可以实现善治之道的治理模式。基于本书语境，合作治理有特定含义，主要指城市规划、城市设计与公共卫生

1 CORBURN J. Equitable and healthy city planning: towards healthy urban governance in the century of the city[M]// DE LEEUW E, SIMOS J. Healthy cities: the theory, policy, and practice of value-based urban planning. New York: Springe, 2017: 31.

2 EMERSON K, NABATCHI T, BALOGH S. An integrative framework for collaborative governance[J]. Journal of public administration research and theory, 2012, 22(1): 2.

基于对公共健康目标的共同追求，在发挥各自优势的同时，实现三者相互服务与合作、协同处理公共健康事务和促进公共安全的过程。

如前所述，现代城市规划、城市设计一个可贵的历史经验是从其产生之初便承担了城市治理的使命，积极与公共卫生、市政工程等部门合作应对公共卫生危机。这一历史经验在当代可以通过合作治理模式延续下来，推动城市规划、城市设计与公共卫生深度合作。若说19世纪末20世纪初城市规划与公共卫生的合作方式，主要是通过颁布法律、提高环境质量和修建城市污水处理系统等治理措施，解决了严重的公共卫生问题，那么当今城市规划、城市设计应在建构合作治理的框架下，继续与公共卫生协同，共同为健康场所营造提供可循的证据，与当代公共卫生流行病如新型传染病、肥胖及相关慢性病作斗争，防范公共健康风险，提升公众健康水平。

在合作治理路径上，首先需要在政府内部建构城市规划、城市设计与公共卫生沟通协作、联合行动、协同供给、共享信息和资源，以及突发公共卫生事件应急处置的合作治理框架，形成促进健康的政策合力。在这方面，《将健康纳入城市与区域规划实用手册》（以下简称《手册》）集成了联合国人居署、世界卫生组织以及全球众多机构近年来的研究成果，在肯定将健康和福祉置于规划过程中心地位所具有的经济与伦理功能的基础上，提出了基于将健康纳入规划过程的城市规划与公共卫生合作的四个维度和基本框架[1]，可在立足我国国情的基础

1 UN-HABITAT, World Health Organization. Integrating health in urban and territorial planning: a sourcebook[R/OL]. 2020. https://apps.who.int/iris/handle/10665/331678.

上适当借鉴。《手册》所提出的将健康纳入城市与区域规划的四个维度分别是：一是基本的规划和立法标准，旨在避免健康风险，如确保化学品和其他有害物质得到安全管理；二是制定规划设计准则，限制有损健康的生活方式或加剧不平等的环境，如限制以汽车为导向、孤立的城市开发模式；三是构建更健康的生活方式的空间框架，如鼓励交通枢纽附近的紧凑城市发展，提供更安全的步行环境、公共空间以及自行车或公共交通工具；四是城市与区域规划进程构建健康的多重共同利益，如慢行城市（slow city）建设，对老年人或儿童友好的城市倡议等。《手册》所指的城市和区域规划指一系列不同类型的规划设计活动，涵盖了广泛的地理尺度和时间框架，且在每个国家的运作模式也将是不同的。地理尺度上，超国家的规划可以涵盖大型的交通、能源和水利项目，而在最小的尺度上，规划设计可以针对城市的一排行道树或公共空间中一条长凳的位置和设计。但无论尺度与时间框架如何不同，将公共健康纳入城市规划设计过程一般都要经历四个阶段，分别是问题诊断（人口需求评估、场所健康评估）、方案制定（行之有效的证据、健康影响测试建议）、规划实施（支持包容性和公众参与）以及监测和持续评估（报告健康成效、持续性的数据收集）（图6-9）。

在通过健康城市规划促进城市规划与公共卫生合作方面，一些欧洲城市率先进行的实践表明，城市规划和卫生机构之间合作治理的路径主要是建立健康综合规划系统，该健康综合规划系统的五个关键要素有借鉴价值。第一是部门间和机构间合作，以便能够相互探讨健康的影响因素，并在机构职责范围内寻求综合解决办法；第二是强有力的政治支持，这有助于确保采取一致的方针和获得所需的资源；第三是在有关土地使用规划、交通运输、住房和经济发展等政策中将公共卫生与环境、

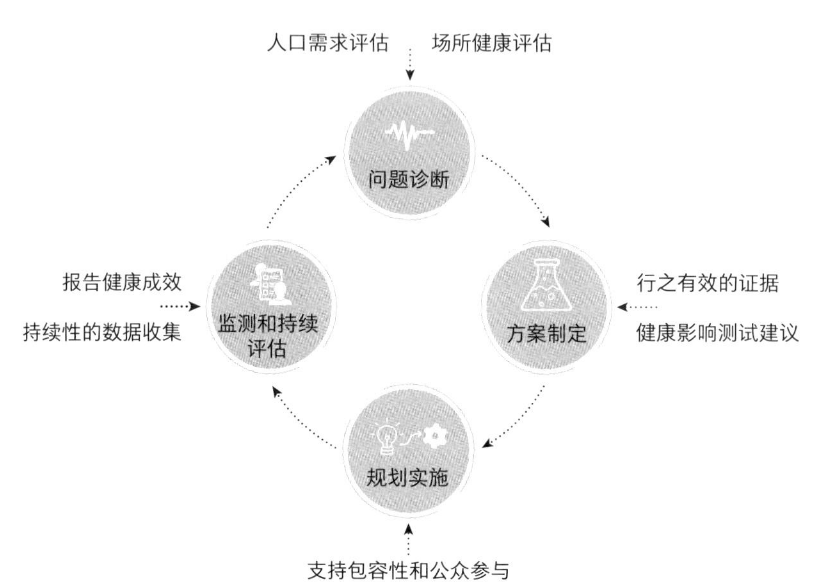

图6-9 公共健康纳入城市规划过程的四个阶段
来源：UN-HABITAT, World Health Organization. Integrating health in urban and territorial planning: a sourcebook[R/OL]. 2020: 27. https://apps.who.int/iris/handle/10665/331678.

社会和经济问题充分结合起来，并将公共健康作为规划的核心要素；第四是公民以及私人、公共和志愿者部门等利益攸关方积极参与政策进程；第五是有一套充分反映公共健康目标并使其具有可操作性的规划工具，如生活质量监测、卫生影响评估、战略可持续性评估、城市潜力研究等。[1]

1 BARTON H, GRANT M, MITCHAM C, et al.. Healthy urban planning in European cities[J]. Health promotion international, 2009, 24(S1): 198.

其次，从城市规划视角看，基于世界卫生组织提出的旨在改善人群健康的公共政策制定方法——“将健康融入所有政策”，探索将健康集成到城市规划、城市设计政策中的可行方式。除了在城市规划政策制定、体检评估、实施绩效各个环节融入公共健康目标要素指标外，探讨城市空间发展与积极的出行方式，即步行、跑步、骑自行车和其他形式的体育活动之间的关系，已经成为城市设计最受关注的主题。近年来发展起来的、旨在通过城市空间环境设计营造健康生活方式的“积极的城市规划设计”（active city planning and design），是城市设计在积极地与交通规划、公共空间设计、提供更多日常锻炼机会的建筑空间设计等方面为提高全民健康水平而做出的新探索。正如萧明所说：

所谓“积极的城市规划设计”并非一种新兴的规划理论和方法，而是强调健康问题导向的思路，从增加人们的日常身体活动、增进人们的整体身心健康水平这些具体目标出发，对城市规划和设计的方方面面进行反思和探讨，明确目前的城市环境对积极生活方式的威胁，从而切实地改善建成环境，达到促进公共健康、提高生活品质的目的。[1]

通过城市规划和公共卫生多部门共同制定城市设计导则的方式应对公共健康问题，也是一种可行路径。例如，2010年美国纽约市汇集纽约城市规划部、设计与施工部、健康与心理卫生部、交通部联

1　萧明.“积极设计”营造康体城市：支持健康生活方式的城市规划设计新视角[J]. 国际城市规划，2016（5）：81-82.

合研究健康问题的相关成果，由市政府组织编写了《积极设计导则：促进体育活动和健康的设计》（*Active Design Guidelines: Promoting Physical Activity and Health in Design*），总结了城市规划、城市设计与公共卫生合作的历史经验，提出了一系列有针对性的措施预防城市公共健康危机，为纽约市及其他城市的建筑师和城市设计师提供设计指南，帮助他们营建更健康的建筑、街道和城市空间，从而改善民众的健康和福祉。其中“积极设计”（active design）指的是鼓励爬楼梯、步行、骑自行车、使用交通工具、积极的娱乐活动和健康饮食的环境设计。同时，积极设计不仅有利于公众健康，而且有利于环境可持续和促进通用设计（universal design）。该指南在城市设计方面提出了社区、街道和户外空间的设计策略，鼓励积极的交通和娱乐活动，包括步行和骑自行车。其主要建议措施包括：开发和保持城市社区的混合土地使用；改善交通和交通设施；提高广场、公园、开放空间和娱乐设施的可达性，最大限度地发挥其积极作用；设计方便的、行人友好的街道；通过开发连续的自行车网络，并结合安全的室内和室外自行车停车等基础设施，为自行车休闲和交通提供便利，等等。[1]在我国，2020年北京市规划和自然资源委员会编制的《北京街道更新治理城市设计导则》虽然并非针对促进体育活动与公共健康，但该导则所

1 Active design guidelines: promoting physical activity and health in design[R/OL]. 2010. https://www1.nyc.gov/site/planning/plans/active-design-guidelines/active-design-guidelines.page.

明确的街道更新设计治理，如顺畅出行、可靠设施、开放界面、安全静稳、绿色出行、生态街道、智慧街道、消极空间、街道景观以及有效管控等，对于营建更健康、更具活力、更以人为本的街道空间有积极意义（图6-10）。此外，随着全球“新冠”病毒加速传播，2020年2月8日，国家卫生健康委与住房和城乡建设部联合发布了《新型冠状病毒肺炎应急救治设施设计导则（试行）》，在选址、建筑设计、结构、给水排水、采暖通风及空调、医用气体等方面，为各地集中收治新型冠状病毒肺炎患者的应急救治设施改造、建设提供了具体设计指南，实际上就是通过特定项目专项设计导则，建构了城市规划和公共卫生机构的共同责任结构，值得在其他相关项目上推广。

图6-10 《北京街道更新治理城市设计导则》关于行人空间使用特征的图示

应建立公共卫生与城市规划、城市设计预警风险协同机制。2020年开始的“新冠”病毒引发的重大疫情，促使研究者重新审视加强城市规划、公共卫生、健康地理学等学科跨学科研究合作的必要性，如何将详细精准的城市形态信息、城市空间数据与病毒溯源及传播、健康暴露风险结合分析，如何在城市规划中适时评估城市环境状况，从而在未来及时发现城市公共健康安全问题，更好地进行风险与危机管理决策，这些问题都呼唤建立公共卫生与城市规划的预警风险协调机制。

公共卫生风险是一种复合型风险和危机，分部门、分灾种的危机预警管理体系难以有效应对未知风险，应建立预警风险协同机制，有效利用政府间的行政资源配置能力，加强公共卫生与城市规划等相关部门的风险研判、信息沟通与资源配合协同机制建设。建构城市规划与公共卫生之间的预警风险协同机制，尤其应借鉴欧洲环境卫生决策提倡采用的预警原则（precautionary principle），将其作为重新联系城市规划与公共卫生的重要策略。该原则作为一种分析和决策框架，从“首先，不伤害”（first, do no harm）的希波克拉底誓言出发，挑战了“命令与控制”环境卫生监管模式，它要求即使面对不确定的情境，但可能会引起有害于人类健康或环境的威胁时，就算其因果关系没有被科学充分证明，即在没有确凿证据的情况下，公共卫生部门与城市规划等部门也应合作审查预防方案，采取预防措施。预警原则要求在面临不确定性时即采取行动，将环境卫生科学和政策从描述问题转向首先确定解决办法。[1]可见，预警原则要求不得以缺乏科学上的确定性为由，推迟采取防止公共卫生风险的措施。此外，侧重评估规划项目对特定人群分布及其健康的影响，定期编制的城市规划层面的“公共健康安全指标报告”，针对城市生物灾害与疫病的城市专项灾害风险评估，绘制可视化疫情隐患或分布空间地图等，都是城市规划与公共卫生协同预警、防范健康安全风险的规划工具。

总之，通过梳理城市规划与公共卫生关系的历史逻辑，发现现代城市规划从诞生之时起，就背负着改善城市卫生条件、预防公共卫生危机、抑制健康不平等的使命，其历史进程与公共卫生有着特殊的关联。伴随快速城镇化及发展不平衡引发的公共卫生安全和健康隐患挑战加剧，有必要让城市规划、城市设计和公共卫生再联合，形成紧密的合作关系。连接城市规划、城市设计与公共卫生的核心价值原则是卫生服务公平性，应确立全民健康导向的城市规划理念，通过提升公共健康资源共享性以及纳入包容性理念的城市规划政策，推进卫生服务公平，建立基于预警原则的公共卫生与城市规划、城市设计风险协同机制，使城市规划、城市设计真正成为促进公共健康的有力工具。

1 CORBURN J. Reconnecting with our roots American urban planning and public health in the twenty-first century[J]. Urban affairs review, 2007, 42(5): 699.

五、增强社区空间韧性与应对公共卫生危机

社区是城市和社会治理的基本单元，是城市公共卫生危机治理的直接主体和基础环节。疫情防控时期，社区不仅是居民日常生活和学习工作的主要场域，而且也成为居民特殊时期的“安全岛”。从城市规划、城市设计视角思考社区空间治理如何更好地应对公共卫生风险与危机，一个重要的思路就是将韧性理念与社区空间治理有机结合，增强社区韧性，强化抵御风险的适应能力，使之成为城市公共卫生危机治理的微观基础。

（一）社区韧性的内涵及其在公共卫生危机背景下的新拓展

韧性（resilience）原为工程力学、机械学领域使用的概念，指材料面对外力扰动时弯曲、反弹和恢复平衡而不致断裂的性质。20世纪70年代以来，韧性理念从工程学和生态学领域被引入灾害社会学和城市学等诸多领域，为防范灾害风险和城市安全发展带来了全新视角，韧性也从一种具有冗余性、稳健性、适应性等系统特征的概念，发展为蕴含规范愿景的集成能力。韧性有两个突出特征，即内在性（在非危机时期能很好地发挥作用）和适应性（灾害期间能够灵活反应），它可以应用于基础设施、机构、组织、社会系统或经济系统。[1]有学

1 CUTTER S L, BARNES L, BERRY M, et al.. A place-based model for understanding community resilience to natural disasters[J]. Global environmental change, 2008, 18(4): 601.

者提出“韧性红利”（resilience dividend）概念，强调韧性不仅有助于城市和社区应对风险和灾难，而且它可以刺激经济发展、提升环境可持续性和社会凝聚力，还能够激发积极转变的学习能力。[1]

面对前所未有的城市化进程、气候变化和公共卫生危机，当今世界城市发展理念正经历“韧性复兴”，韧性为综合防灾和城市可持续发展提供了新思路，韧性城市正成为城市发展新范式。在城市韧性研究领域，萨拉·梅罗（Sara Meerow）等学者提出了一个有影响力的城市韧性定义：“城市韧性是指城市系统及其所有的社会生态和社会技术网络跨越时空尺度的能力，即在面临扰动时保持或迅速恢复所需功能、适应变化和快速改善限制当前或未来适应能力的系统。”[2]简言之，城市韧性是指城市系统面临不确定扰动和风险灾害时，能够维护公共安全、社会秩序并维持城市健康及可持续发展的正常运行、恢复和适应能力。研究城市韧性有不同视角，这里将聚焦城市规划设计视域下韧性城市的空间微观单元——社区韧性（community resilience）。

社区韧性也称社区恢复力，其具体内涵不同学科的理解不尽相同。如在灾害社会学领域，一般将社区韧性理解为社会生态系统思维与发展心理学和心理健康领域的融合，强调面临风险和灾难时社区应对危险和压力并从危机中快速恢复的能力。在城市规划和城市设计领域，韧性作为一种新的城市发展价值理念，无论在城市层面还是社区

1 RODIN J. The resilience dividend: being strong in a world where things go wrong[M]. New York: Public Affairs, 2014: 295-296.

2 MEEROW S, NEWELL J P, STULTS M. Defining urban resilience: a reviews[J]. Landscape and urban planning, 2016, 147: 39.

层面都受到广泛重视。城市韧性和社区韧性除了强调城市和社区防灾减灾能力，注重防灾减灾规划以及灾后恢复重建规划，还常常与“可持续性”概念相关，将韧性提升与社区可持续发展联系在一起，将其视为有利于推动城市和社区可持续发展和包容性增长的重要路径。如2016年第三次联合国住房和城市可持续发展大会通过的《新城市议程》，提出环境可持续和有韧性的城市发展目标，包括建设有韧性和可持续的城市和人类住区。《上海市城市总体规划（2017—2035）》中提出，上海要建设“更可持续的韧性生态之城”，突出底线约束、低碳韧性的城市绿色发展路径。

当前国际国内一些有代表性的韧性城市、韧性社区评估框架普遍注重物理韧性与社会韧性指标的有机结合。物理韧性作为韧性城市、韧性社区建设的物质支撑，指的是城市和社区硬件与自然环境方面的韧性，强调维护生态环境安全，优化物理基础设施，合理布局并提升应急公共空间和基础设施的稳健性、冗余性和灵活性，主要包括基础设施韧性和物质环境韧性。社会韧性侧重提升城市韧性软实力，主要包括制度韧性和公众韧性素养。其中，制度韧性主要指城市运行的各项制度设计的自组织力和应变调适能力，包括区域协同能力、动员组织能力和社会资本的作用；公众韧性素养主要指通过应急安全宣传教育，给公众有效地传达所需的各类风险和灾害信息，提高人民群众的风险防范和紧急避险等安全意识。美国洛克菲勒基金会2013年至2019年实施“全球100个韧性城市”项目，与国际工程咨询公司奥雅纳合作开发的城市韧性框架（the city resilience framework，简称CRF）和城市韧性指数（the city resilience index，简称CRI），确定了四个维度的韧性，分别是居民健康与福祉、经济与社会、基础设施与环境以及领导力和战略，该韧性框架强调为了提升城市韧性，一个城市必须具备有效的城市领导力、良好的基础设施、社会凝聚力和集体认同感，突出了对城市韧性软实力的重视。[1]

总体上看，在有关社区韧性的理论探讨与实证研究中，针对气候变化、自然灾害、社区抗灾能力和灾害影响之间关系的研究很多，但针对重大突发公共卫生事件的研究相对欠缺。相应地，对社区韧性内涵的理解，包括实证层面的方法测度、韧性框架和策略，实质上主要针对社区在抗击自然灾害（如地震、台风、暴雨、洪涝等气象灾害和地质灾害）和防治环境污染（如空气污染、水污染、垃圾污染等）方面的能力。如臧鑫宇和王峤所言："城市韧性研究的焦点仍然是解决气候变化和自然灾害引起的扰动问题。"[2]例如，英国伦敦以应对极端天气事件为目标，于2011年发布《管理风险和提高韧性：我们的适应性战略》，强调在适应性规划中关注洪水、高温和干旱等气候风险，与此相适应的韧性策略和行动计划主要针对的是对气象灾害的预防和应对。2012年美国纽约在经历了造成严重人员和财产损失的桑迪飓风之后，为吸取教训，制定和确立了韧性城市设计准则，2013年，时任纽约市长发布《一个更强大、更具韧性的纽约》规划，其韧性策略针对的主要也是气象灾害。

2020年以来，在应对"新冠"病毒传播疫情这一突发公共卫生危

1 Rockefeller Foundation, Arup. City resilience index: understanding and measuring city resilience[R/OL]. https://assets.rockefellerfoundation.(2016-02-01).org/app/uploads/20171206110244/170223_CRIBrochure.pdf.

2 臧鑫宇，王峤. 城市韧性的概念演进、研究内容与发展趋势[J]. 科技导报，2019（22）：95.

机的过程中，中国城乡社区表现出了强大的组织动员能力和良好的适应能力。从中国各个城市社区所采取防控措施的执行力度、综合效果来看，在应对重大突发公共卫生事件能力方面，社区响应是不平衡的，不同社区之间存在高低强弱的差异。韧性强的社区对公共卫生危机带来的不确定扰动的适应和调整能力较强，而韧性弱的社区相对而言适应性不足。这种情况一方面反映了社区韧性的强弱差异，另一方面疫情危机下社区治理的应对经验也拓展了社区韧性的内涵，尤其是让我们重新认识社区韧性资源要素构成及要素权重。具体而言，主要表现在两个方面：

第一，基于应对“病毒式传播”急性冲击的复杂性、关联性、不确定性以及对保持物理距离（包括隔离）重要性的认知，突出社区韧性是一个复杂的过程，是人、社区、组织、社会和环境相互作用的结果，是在一个持续变化且以不确定性危机为特征的环境中运行并应对潜在风险的集体能力。相对于自然灾害发生之后相对可预期的次生风险，新型传染病引发的公共卫生危机由于其时间与空间维度的巨大不确定性和未知风险，让每个人都可能持续身处危险之中，因而如何在不确定性危险中快速找到确定性的应对方法并有效执行，成为判断社区韧性强与弱的重要指标。此外，疫情灾害不仅给人类的生命和财产安全带来巨大损害，还会造成严重的社会后果，妨碍社会功能正常运行，因此在社会功能非正常运行状态下社区的适应与调整能力，同样也是社区韧性的重要指标。

第二，针对重大突发公共卫生事件，社区韧性资源要素的取舍与重要性排序应有所调整。相对于建成环境及物质设施的规划与建设，更有效地发挥制度及组织环境优势，促进社区提升应对公共卫生危机的社会资本，显得更为重要。以往的社区韧性资源要素构成方面的研究具有很大的共性，一般都强调自然环境、建成环境、经济要素、制度和组织环境以及社会资本等方面的要素，并且较为强调经济因素和环境资源要素在社区韧性要素构成中的重要作用。有学者基于应对公共健康危害，通过指标选取的方式提出了社区韧性的资源要素体现在自然环境、建成环境、社会资本、经济资本和政府制度五个方面，并通过对广州社区的实证研究，确定五个子系统恢复力对公共健康危害社区总恢复力的贡献率表现为：经济资本恢复力＞自然环境恢复力＞社会资本恢复力＞政府制度恢复力＞建成环境恢复力[1]，在应对“新冠”病毒疫情引发的重大公共卫生事件过程中，政府制度恢复力和社会资本恢复力对公共健康危害社区总恢复力的贡献程度显著提升。政府制度与管理机制是决定危机应对系统有效运行的结构性要素。我国政府主导下多元参与的社区治理模式，尤其是行政主导的网格化社区管理模式，在公共卫生重大事件应对中能够通过集中统一领导的指挥机制，短时间内迅速动员各种组织、人员和财政资源，提高执行能力和应对效率。

当然，政府主导的社区治理体制并不是万能的，需要社区社会资本等非制度要素和社会力量补充和完善，社区社会资本要素的重要性日益凸显。应对疫情的一个重要启示是，居民团结起来应对灾难的方式是社区保持韧性能力的关键。进言之，以共同应对疫情为目标的集

1　杨莹，林琳，钟志平，等．基于应对公共健康危害的广州社区恢复力评价及空间分异[J]．地理学报，2019（2）：269-280.

体合作行动能够自下而上形成共同遵守的规则，增强邻里之间的合作与信任关系，形成共同体精神，即增进社区社会资本。基于对社区社会资本的认识，在以往的规划视角下，社区韧性研究强调的主要是社区公共空间的设计与营造，旨在促进社区居民更多地直接交往与互动。应对突发传染病引发的重大公共卫生事件，考验的是社区居民能否团结起来相互监督、相互支持，依赖的是社区成员的共同行动。不同于国外城市以利益相关者参与为核心的韧性协同治理，我国韧性城市建设协同治理的核心是"政社协同"，即各级政府及其部门与社区协同。政府在城市韧性治理格局中居于安全管理、资源配置、行为引导等方面的主导地位，是统筹各方参与者的枢纽，社区则是应对公共安全危机、提升城市韧性的基础环节，是韧性城市网络的联结纽带，是中国特色的城市安全联防联控体系运行的基层单元。

社区韧性内涵的上述新变化，为城市设计者建构社区空间韧性策略的专业响应提出了新的要求，同时也为建设中国特色社区韧性路径提供了新的思路。

（二）建构应对公共卫生危机的社区空间韧性策略

实际上，灾害风险管理一直是城市设计的重要组成部分，"将韧性思维与城市规划设计相结合，是建设城市韧性的关键"[1]。城市设计视角下的社区韧性实践，注重的是社区的物质空间韧性问题。社区物

1 山形与志树，谢里菲. 韧性城市规划的理论与实践[M]. 曹琦，师满江，译. 北京：中国建筑工业出版社，2020：3.

质空间是社区韧性的支撑系统，主要包括社区的自然环境和建成环境及其相应的公共服务设施和基础设施。为应对重大公共卫生事件的急性冲击，应重点在以下几个方面提升社区物质空间韧性，补齐社区空间设计和基础设施的短板，切实提高社区应对公共卫生危机的韧性。

第一，社区韧性空间设计与社区空间治理有机结合。社区空间治理是由社区党组织、社区政府、社区居民、社会组织、物业服务企业等治理主体为实现社区空间合理配置、优化社区空间秩序而形成的治理结构和治理过程。实现社区韧性空间设计与社区空间治理有机结合，首先要处理好基于公共卫生安全的社区空间治理主体之间的多元共治关系。按照2017年颁布的《中共中央　国务院关于加强和完善城乡社区治理的意见》，以及民政部、国家卫生健康委印发的《新冠肺炎疫情社区防控与服务工作精准化精细化指导方案》精神，要健全社区党组织领导，社区自治组织、社区卫生服务机构负责，社区物业服务企业、社区经济社会组织积极协同的社区防控机制，形成多元主体参与的社区共治格局。社区空间规划设计的专业人员作为参与社区治理的专业协助者，其所做的韧性空间设计不是简单地将城市设计落脚于社区层级，它应是综合评估、有效链接社区各类资源的空间设计，需要了解、整合与协调社区内不同利益主体的诉求，形成共识性的设计方案，尤其是要注重社区空间设计的居民参与，避免社区空间设计与居民真实生活需求脱节。实际上，近年来在规划设计界兴起的居民参与式社区规划，对社区公共事务的影响并不局限于物质空间规划设计层面，同时也是强化社区治理的有效路径。参与式社区规划提供的不只是居民介入社区物质空间设计的一种方式，也是社区居民参与治理其共同的生活空间的过程。

其次，注重城市设计在促进社区社会资本发育方面的作用。如前所述，社会资本因素在提升社区韧性中的作用增强了，启示城市规划、城市设计学科应打破学科壁垒，社区规划设计不能只集中于居住区物质环境和工程防灾减灾方面的设计、改善与提升，还需要关注社区精细化治理和社会资本培育问题。城市设计在社会资本培育中的作用，既可以体现在精心规划设计以人为本的社区公共空间，为满足居民交往与促进居民运动健身创造适宜的物质环境条件上，又可以通过发挥规划引领的作用，主动作为，促进社区建构和优化社会网络来增强社区社会资本，推动社区借助数字化工具完善社区功能，提升社区韧性。

第二，转变社区公共服务设施配套理念，从公共卫生安全角度推动社区空间更新改造，合理布局公共卫生设施、社区减灾防灾空间及社区物流设施。以往社区空间治理较为注重美化社区环境，营造适宜美丽的社区公共活动空间，相对忽略减灾防灾的空间需求。韧性是一系列能力的集合，其中冗余性和灵活性是社区韧性研究者普遍认同的核心韧性能力，有助于建构可以承受冲击和压力的系统和资源，以及使用替代策略促进社区快速适应与恢复。疫情防控过程中，社区合理配置设施服务空间冗余，或者设施和空间可以根据抗疫实际需要进行临时改造、扩建或扩容，对于做好疫情防控有重要保障作用。例如，为应对“病毒式传播”急性冲击，无接触购物这种新模式应运而生。据2020年统计，北京超4000个社区推广了无接触购物新模式。该模式主要是利用小区内外合适的闲置空间，增设快件柜（箱）等无接触配送设施并利用无接触配送设施进行配送（图6-11）。然而，有相当一部分居住小区受条件所限，小区出入口空间狭窄逼仄，没有合适的冗

图6-11　北京市海淀区某社区无接触快件配送设施

余空间安装物流基础设施。后疫情时期推进社区空间更新和精细化设计时，应完善和增加公共卫生监测与应急用途设施，提升小区空间冗余能力（包括出入口区域门岗应急空间、可满足临时需求的隔离安置处等），同时配合垃圾分类行动，优化环卫设施相关空间设计。北京等城市强调要健全和完善城市防灾减灾体系，特别是公共卫生应急管理体系，编制防疫专项规划，这将为社区应急公共设施改造和建设提供具体设计指南。

第三，进一步加强老旧住宅小区综合整治，提升老旧小区韧性能力。相对而言，城市老旧社区由于基础设施老化落后、公共空间和基础设施资源配置不足、缺乏物业管理、居住人口复杂且社区成员自有资源薄弱等，是社区治理工作的痛点，也是城市公共卫生安全危机治理中的薄弱环节。孙立等学者选取北京朝阳区八里庄东里社区等老旧社区进行调研，结果表明，老旧社区存在空间冗余能力低、环境韧性差，环境品质较低、适应能力较低、空间边界不清、防灾应急能力较低等问题。[1]有鉴于此，城市要以更新强化公共安全为契机，加大推动老旧小区环境和配套设施综合整治力度，全面开展老旧社区韧性评估，及时弥补老旧社区公共空间和基础设施的公共安全漏洞，加快老旧小区企业化物业管理进程，提升城市老旧小区空间的韧性。

当前我国城市社区发展正面临着提高社区治理能力的重要任务，其中，增强社区应对包括重大卫生安全突发事件在内的韧性能力，是实现社区精细化治理的重要环节，需要从城市设计与城市治理的理念转变、制度设计和治理策略层面加以高度重视。

1 孙立，田丽. 基于韧性特征的城市老旧社区空间韧性提升策略[J]. 北京规划建设，2019（6）：111-112.

第七章 城市设计治理与城市更新伦理

规划者、建筑学家、城市设计者——简言之“城市规划专家”——都面临一个共同的难题：如何在城市重写本上规划和建造下一个层次，既满足未来的需要，又不会破坏先前产生的一切。[1]

——［美］大卫·哈维

1 哈维．正义、自然和差异地理学[M]．胡大平，译．上海：上海人民出版社，2010：478.

随着当代城市设计从设计构思和空间形态设计逐渐转变为深层次的城市空间治理，随着城市设计逐渐融入我国城市规划编制体系并转变为各层级规划管理的管控依据，城市设计作为一种公共政策引导和城市治理工具的作用日渐突出。与此同时，在以人为核心的新型城镇化背景下，基于城市设计与城市规划的城市更新，作为推动中国式现代化城市高质量发展的综合愿景和空间治理行动，经历着深刻的城市发展和城市设计价值转型。因此，本章将聚焦城市设计治理与城市空间更新的价值维度，主要探讨两个问题，即城市设计治理伦理与城市更新伦理。在本章最后，以北京老城为例，尝试建构基于历史景观叙事和公共空间整合的城市设计治理路径，以此探索历史文化名城更新过程中文化遗产的整合性保护策略。

一、从蓝图走向善治：城市设计治理伦理

在我国，自2015年底中央城市工作会议提出加强城市设计工作以来，国家和地方规划主管部门越来越重视“从蓝图走向善治”的城市设计治理，城市设计技术规范工作也逐渐从“设计导向”向“管控导向”转变。在此背景下，厘清城市设计治理的内涵和特征，明确城市设计治理的价值目标，审视城市设计治理工具的合理性，将具有重要的理论与现实意义。

（一）城市设计治理的内涵与特征

城市设计治理是“治理”（governance）在城市设计领域的运用和拓展。20世纪90年代以来，“治理”理论在公共领域兴起并成为研究热

点，有关治理问题的研究文献可谓汗牛充栋。当代治理理论的主要创始人之一詹姆斯·N. 罗西瑙（James N. Rosenau）将治理界定为一系列社会活动领域的管理机制，他指出："治理不仅包括政府的活动，而且还包括许多其他路径，通过这些手段，'控制'以目标的形式发出指令，推动政策执行。"[1]R. A. W. 罗兹（R. A. W. Rhodes）总结了"治理"的六种用法，即作为最小政府管理方式的治理，作为公司管理的治理，作为新公共管理的治理，作为善治（good governance）的治理，作为社会—控制体系的治理，作为自组织网络的治理。[2]乔恩·皮埃尔（Jon Pierre）认为，基于城市视角，治理应该被理解为一个融合与协调公共和私人利益的过程，他根据城市治理的不同路径特征，定义了四种不同的"理想"城市治理模式，分别是以政府提供高效专业的公共服务为路径的"管理型治理"（managerial governance），注重参与式民主路径的"合作式治理"（corporatist governance），公共和私营部门密切合作且特别着眼于经济增长的"促进增长的治理"（pro-growth governance）以及国家主导旨在促进公众福利的"福利型治理"（welfare governance）。[3]

在我国，从20世纪90年代后期即研究治理问题的学者俞可平认为："治理一词的基本含义是指官方的或民间的公共管理组织在一个既定的范围内运用公共权威维持秩序，满足公众的需要。治理的目的是在各种不同的制度关系中运用权力去引导、控制和规范公民的各种

1 ROSENAU J N. Governance in the twenty-first century[J]. Global governance, 1995(1): 14.
2 RHODES R. The new governance: governing without government[J]. Political studies, 1996(6): 652.
3 PIERRE J. Models of urban governance: the institutional dimension of urban politics[J].Urban affairs review, 1999, 34(3): 372-396.

活动，以最大限度地增进公共利益。所以，治理是一种公共管理活动和公共管理过程，它包括必要的公共权威、管理规则、治理机制和治理方式。”[1]郭定平基于政府治理维度，认为治理主要是政府与各种组织和个人合作解决社会公共问题、促进社会公共利益的过程，治理的重点在于优化结构和提高效能。[2]当代社会治理概念早已不局限于管理学、政治学、经济学领域，而被广泛运用到其他学科领域，这其中也包括城市设计。广义治理的概念还运用于不同层次，主要涉及全球治理、国家治理、政府治理和社会治理等层次。总体上说，不论从哪种视角理解当代治理理念，不论对治理的理解存在何种争议，有一个基本共识是：治理与政府通过分权和共治等方式更好地管理公共事务，“寻求语境共识，治理是配置主体责权利的制度安排”[3]。

将“治理”概念引入城市设计领域并进行系统化理论阐述，当属英国城市设计学者马修·卡莫纳。在《设计治理：城市设计子领域的理论化》一文中，他探讨了政府（公共部门）干预城市设计的基本原理，界定了城市设计治理的本质和概念框架。马修·卡莫纳认为，作为一种国家干预城市空间规划设计的工具，城市设计治理古已有之，“所有形式的设计治理，本质上都是政治性的，是政治过程的一部分，而这一过程就是对‘好’设计本质的判断”[4]。对城市设计而言，有关“好设计”最基本的价值判断标准，如果说古代社会更多受

1 俞可平. 论国家治理现代化[M]. 北京：社会科学文献出版社，2014：24.
2 郭定平. 上海治理与民主[M]. 重庆：重庆出版社，2005：15.
3 杨开峰，邢小宇，刘卿斐，等. 我国治理研究的反思（2007—2018）：概念、理论与方法[J]. 行政论坛. 2021（1）：125.
4 CARMONA M. Design governance: theorizing an urban design sub-field[J]. Journal of urban design, 2016(6): 727.

制于宗教或礼制之权威，那么现代社会政府干预城市设计的宗教目的明显减少，判断“好设计”的基本价值标准以广泛的“公共利益”动机（表7-1）代之，是在协调公共利益与私人利益的基础上，确保公共利益最大化。马修·卡莫纳认为，设计治理主要关注的是政府或公共部门在设计和塑造城市建成环境方面的作用，“设计治理”（design governance）可定义为：“在设计建成环境的方法及其过程中，由政府批准的干预过程，旨在塑造无论是在过程还是结果方面都清晰的公共利益。”[1]

国家干预城市设计的“公共利益”动机　表7-1

动机	阐释
福利动机（welfare motivations）	从最基本的意义上说，许多设计规范旨在保护公众和个人免受一系列人为和自然的健康与安全问题的影响。这些措施包括保障消防安全、结构稳定性、采光和通风、道路安全，以及避免污染和疾病等
功能动机（functional motivations）	关注的是建成环境的适宜性和日常效率，例如，鼓励行人和车辆自由通行，用途和活动多样化，提供日常生活必需的基础设施和便利设施，以及促进建筑物和空间的日常管理
经济动机（economic motivations）	经济效益一直是政治关切的关键问题。有很多人认为，任何形式的控制都对经济活动和自由市场运行有抑制作用。然而，在特定地区通过促进特定类型、形态和密度的发展，良好的设计也被视为刺激当地经济增长的一种手段，并作为一种提供经济红利的手段

1 CARMONA M. Design governance: theorizing an urban design sub-field[J]. Journal of urban design, 2016(6): 720.

续表

动机	阐释
愿景动机（projection motivations）	该动机与领导者想要塑造一个特定的地方形象有关，也许是为了鼓励投资或吸引特定类型的企业和个人来到一个城市或地区
公平动机（fairness motivations）	个人或企业基于自身利益最大化的行动，可能会以牺牲他人或公共资源为代价（有时被称为“公地悲剧”）。设计管控可以尝试以一种不会对他人权利造成过度影响或减少共同资源的方式来保障私有产权
保护动机（protection motivations）	保护重要的历史资源、自然资源和环境是一个关键问题。面对城市大规模快速变化，近几十年来该问题变得更加突出，它不仅包括保护问题，而且还包括强化历史的及当代的地方特色
社会动机（societal motivations）	社会动机涵盖了所有其他类别的动机，但更具体地说包括宜居性、营建宜人的环境、公民的自豪感和参与程度、减少犯罪、包容性、健康和社会效益等。城市设计从业人员长期以来一直认为，设计得更好的公共环境可以带来这些好处
环境动机（environmental motivations）	有关环境保护的争论越来越成为城市治理议题的核心。建成环境通过适应性设计，节能、效率设计，公共交通，混合和使用强度设计，绿化等，在落实这一议题中发挥了很大的作用
审美动机（aesthetic motivations）	当讨论“设计”时，视觉的审美关注往往是最主要的因素。尽管审美的无形本质使其难以评估，但审美仍然至关重要

来源：CARMONA M. Design governance: theorizing an urban design sub-field[J]. Journal of urban design, 2016(6): 707.

马修·卡莫纳将“设计品质”（design quality）视为城市设计治理的核心概念，并从审美、项目、场所和过程质量四个维度界定了“设计品质”的基本要求（表7-2）。卡莫纳还进一步从价值追求、工具方法和主体责任三个层面，明确了城市设计治理的三个基本特征：第一，符合公共利益；第二，设计过程中运用多种手段；第三，设计治理是政府的基本责任。[1]

马修·卡莫纳对城市设计治理内涵的认识，蕴含明显的道德价值取向。一定意义上可以说，城市设计治理是一种关涉公共利益生产以及最大限度地增进公共利益的道德治理过程，它是道德治理和社会治理体系的重要构成。作为对城市空间发展进行公共干预的公共政策和管制手段，城市设计过程不仅包括技术层面的设计方案成果，也包括将技术性设计成果转换为管控政策的城市设计管理机制，唯有如此，城市设计才能产生实质作用，也才能保证城市公共空间等公共产品优质、公平供给。在此意义上，可以说，城市设计不存在所谓价值无涉的纯粹“技术性”设计，城市设计决策是政治性和价值性决策，包含着基于一定价值倾向的选择、协商、摩擦和分歧，以及平衡多方面利益并最终达成共识的过程。相比于城市设计管理，城市设计治理具有以下特征。

第一，作为一种“善治”的城市设计治理，强调目标的伦理价值性。简言之，善治是治理的一种理想状态和道德状态，“善治被界定为公共利益最大化的公共管理。善治是政府与公民对社会公共生活

1　CARMONA M. Design governance: theorizing an urban design sub-field[J]. Journal of urban design, 2016 (6): 720.

城市设计品质的概念框架　　表7-2

品质概念	范围与限制	规范性框架
审美品质（aesthetic quality）	即使是最有限的概念化设计，在建筑、城市或景观设计中审美也常常作为首要考虑因素，其重要原因就是建筑师和城市设计师的专业培训，专注于将物理“视觉”作为首先要在艺术、美学层面上被创造和评判的因素	英国皇家美术委员会（Royal Fine Art Commission，简称RFAC）为“什么样的建筑才是好建筑”定义了六个标准，用以指导其设计评审活动，分别是：秩序和统一、（建筑功能的）表达、设计的完整性、平面与剖面、（令人愉悦的）细节以及（与周围环境的）融合
项目品质（project quality）	从更大的视角来看待设计，包含了维特鲁威提出的建筑三原则，即坚固、适用和愉悦原则（又称坚固、适用和美观原则），这些原则包含了对功能和审美的重视。但无论项目是建筑、桥梁还是绿色基础设施，往往都是孤立的项目，只是在一个确定的空间边界对特定对象的质量评估	2001年和2006年英国建筑与建成环境委员会（Commission for Architecture and Built Enviroment，简称CABE）更新了RFAC的标准，强调“什么是一个好的项目”。更宽泛的标准包括：（场地和建筑规划）组织清晰、秩序、表达和表现、建筑宏图的适当性、完整性和诚实、（连贯而非武断的）建筑语言、规模、一致性和对比、方向与前景、细节和材料、建筑环境服务和能源使用、灵活性和适应性、可持续性、包容性设计和美学。同时，该建议还概述了文脉的重要性，如何理解项目在其文脉中的重要性，以及如何规划一个地点，重点是项目的复杂维度，而不是具体位置

续表

品质概念	范围与限制	规范性框架
场所品质（place quality）	再次扩大关注范围，超越项目和场地，扩展至更大的“场所”，包含了使用、活动、资源和场地等物理组成部分的所有复杂的交互维度，还包含了特定的干预（如单个项目）以及如何与整体以及它们所处的复杂环境相互作用和影响	各种规范性框架都总结了场所的特征。例如，美国公共空间项目场所图则定义了四个成功的场所的“关键属性”：社交性、可达性和联通性、使用和活动、舒适性和观赏性。同时，英国政府在设计和规划体系方面的导则，极大影响了21世纪英国城市设计的政策和实践，推动了七个方面的议题：即特征、连续性和围合性、公共空间的质量、活动的便利性、可读性、适应性、多样性。这些规范性框架表明，对场所的关注从物理和空间的维度扩展到场所使用者的实际体验和实用性
过程品质（process quality）	最后一种类型与之前的品质概念不同，它不仅关注设计“什么”，还关注“为什么”“如何”和“何时”设计。换句话说，这个场所、项目或愿景是如何被塑造或创造出来的，基于什么目的，由谁来塑造？为什么干预在影响该地区的所有其他变化过程的背景下是正确的？何时发生变化以及过程是如何促进或阻碍变化的？	在这种意义上，设计并不仅仅指特定类型的结果，还包含了各种过程，通过这些过程（有意或无意地）建构了环境。马修·卡莫纳将其描述为一个场所塑造的连续体，或者说是一个由历史定义的、各种不同的开发规范和实践所决定的元过程，这些规范和实践因地而异；在当地当代政治经济背景下确定并修改，并由一组特定的利益相关者的权力关系加以界定。设计不是一系列孤立的片段，而是一个连续的整合过程，有时干预措施侧重于塑造特定项目的物理环境，有时则在日常的场所使用过程中，通过对场所的使用和管理方式塑造社会环境

来源：CARMONA M. Design governance: theorizing an urban design sub-field[J]. Journal of urban design, 2016(6): 710.

的共同管理，是国家与公民社会的良好合作，是两者关系的最佳状态”[1]。一般认为，善治的基本要素包括合法性、透明性、责任性、法治、回应、有效、参与、稳定、廉洁和公正等。基于善治的价值诉求理解城市设计治理，就是将其看作一种达成并服务于公共利益最大化这一良好目标取向的城市设计过程和方式。善治理念下的城市治理研究，旨在进一步探讨良好的城市治理问题（good urban governance）。弗兰克·汉德瑞克斯（Frank Hendriks）提出了良好的城市治理的五个核心价值：即响应（responsiveness）、效率（effectiveness）、程序正义（procedural justice）、韧性和制衡性（counterbalance）。其中，响应和效率反映的是善治价值的输入和输出方面，指的是治理模式不仅考虑民众的要求（即做出响应），还要基于这些要求采取有效行动（即有效）；程序正义体现的是过程价值，与善治过程中连接输入和输出的整个行动链有关；韧性和制衡性体现的是制度价值，其中韧性指的是治理制度的自我支持性和动态稳定性，制衡性指的是利益的平衡、相互制衡的力量和责任的制度化等。[2]2000年5月，联合国人居署提出的良好城市治理的七条规范性原则在世界范围内产生了广泛影响，这些规范包括可持续性、权力分散、公平性、效率、透明度和问责制、公众参与和公民作用、安全性，而且这些规范是相互依存、相辅相成的。[3]作为一种“善治”的城市设计治理，同样应遵循上述核

1 俞可平．论国家治理现代化[M]．北京：社会科学文献出版社，2014：55.

2 HENDRIKS F. Understanding good urban governance: essentials, shifts, and values[J]. Urban affairs review. 2014 (4): 566-569.

3 UN-HABITAT.The global campaign for good urban governance[EB/OL]. (2002-03-01). https://unhabitat.org/sites/default/files/download-manager-files/Global%20Campaign%20on%20Urban%20Governance.pdf..

心价值和规范性原则，并在城市设计治理过程中融入上述价值理念和原则。

第二，作为一种“共治”的城市设计治理，强调路径的多元主体参与性与合作性。城市设计治理与城市设计管理最大的不同，体现为参与主体的多元性和权力关系的分散性，即强调多主体共治的作用。如果说传统的城市设计管理体现的是一种主要依靠政府权威，并由公共机构制定和实施的城市干预政策，是一种自上而下的“政府做主、大包大揽”的管理过程，那么城市设计治理体现的则是一种依靠政府及其公共机构、社会各界资源（如社会组织、私人机构）和城市居民多元协商、共同参与的上下互动的合作管理过程，其重点是社会网络而不是等级关系。对此，马修·卡莫纳指出，相比作为一种公共政策或设计规范的城市设计（过于强调政府影响设计结果的控制作用），城市设计治理的概念不局限于监管视角，它本质上是一种复杂的共同责任概念，突破了简单的公共、私人的二元对立以及政府法定责任的限制。[1]“共治”要求城市治理的重心不断下移，使城市设计治理的基础不是政府控制，而是政府把某些社会功能交给更合适的机构或组织，是多元治理主体互动合作并各展其长。一方面，它可以降低政府的城市管理成本，提高城市管理的效率；另一方面，有助于提升城市治理行为的合理性，更好地实现城市的公平正义。在此意义上，城市设计治理是对传统城市设计管理方式的超越，是城市设计管理民主化

1 CARMONA M. Design governance: theorizing an urban design sub-field[J]. Journal of urban design, 2016(6): 726.

的体现。

第三，作为一种“法治”的城市设计治理，强调的是治理程序和治理工具的合法性和制度性。法治是城市治理体系的基石，坚持依法治理，运用法治思维和法治方式破解城市治理难题，也是城市设计治理的重要着力点。从应用形态的角度，可以将城市设计概括为两种类型：以提供理念为主的城市设计和以控制项目开发为主的城市设计。[1]后者作为一种城市开发控制尤其是对城市物质形态进行控制的公共干预手段，通过引入城市设计控制要素、控制导则、控制性详细规划附加图则等方式，使其具有“类法规”的强制性实施效力。有学者指出，国际经验表明，城市设计管控的实施过程涉及法律、行政、经济和政治机制，设计管控必须有法可依，城市设计策略应当纳入法定规划的控制条文。[2]

在我国，长期以来，城市设计是一种辅助性的非法定规划，不能作为直接管理城市空间的法律依据。[3]由住房和城乡建设部颁布并于2017年6月1日起实施的《城市设计管理办法》，使城市设计首次获得了法规支撑。此后许多城市开始加快城市设计制度化进程。例如，北京市2019年修订实施的《北京市城乡规划条例》提出，“本市建立贯

1 赖志敏．开发控制：城市设计作为操作手段的再认识[J]．规划师，2005（11）：98.

2 上海市规划和国土资源管理局，上海市规划编审中心，上海市城市规划设计研究院．城市设计的管控方法：上海市控制性详细规划附加图则的实践[M]．上海：同济大学出版社，2018：序.

3 在我国，有的城市通过将城市设计纳入已经建立法定地位的控制性详细规划的方式，确立城市设计的法定地位。如2010年颁布实施的《上海市城乡规划条例》规定：“对规划区域内的建筑、公共空间的形态、布局和景观控制要求需要作出特别规定的，在编制或者修改控制性详细规划时，规划行政管理部门应当组织编制城市设计。城市设计的内容应当纳入控制性详细规划。”

穿城市规划、建设和管理全过程的城市设计管理体系”，“城市设计具体管理办法由市规划自然资源主管部门制定”。2021年1月5日起施行《北京市城市设计管理办法（试行）》作为北京城市设计领域的一项重要规范性文件，将城市设计工作分为管控类、实施类和概念类三类分别管理。其中，管控类城市设计与总体规划、分区规划、控制性详细规划等国土空间规划相衔接；实施类城市设计与城市规划管理、规划许可以及城市综合整治（治理）和公共空间环境品质提升项目相衔接，都具有类似法定规划的属性。在此背景下，作为一种“法治”的城市设计治理，其内涵主要包括两个方面：一是要善于运用法治思维和法治方式解决城市设计治理中的困境和难题，推动城市设计管理从技术操作手段、技术管控政策向综合运用法规制度和公共政策工具转型，以此强化法治工具在建构和维护城市空间秩序方面的刚性作用。二是作为一种“法治”的城市设计治理更为重要的意义在于，为城市设计的公众参与和城市设计审查监督制度提供健全的法律制度保障，创新、完善促进市民参与的机制和工具，使公众能够有效地参与城市设计的公共决策过程。

（二）城市设计治理的价值原则

城市设计治理活动中，不同主体存在不同的利益诉求，利益关系复杂，城市设计治理价值原则能够为合理调整利益关系提供基本的规范性指导。基于城市设计满足人民日益增长的“美好生活需要”这一核心价值诉求，从伦理视角考察，城市设计治理主要应遵循以下三项价值原则。

1. 保障公共利益：城市设计治理的底线价值原则

城市设计治理的公共性本质，决定了城市设计必须以服务和实现公共利益、公共福祉为基本遵循。也就是说，无论现实中城市设计的直接服务对象是谁，它都担负着为公共利益而设计的社会使命。"设计治理是为美好生活世界创造、发展而赋能的重要手段。"[1]城市设计治理服务的公共利益既是现实的，可以通过城市公共设施、公共空间等公共物品的供给及公共服务的运行加以实现，又是多维度的，体现在满足人民群众美好生活需要的各个层面。马修·卡莫纳指出，在20世纪，作为一种政府干预设计手段的城市设计治理，其目的或动机是一系列广泛的"公共利益"——它包括福利（保障公众健康和安全）、功能（基础设施的便利性）、经济（促进经济增长）、愿景（塑造特定的地方形象）、公平（避免"公地悲剧"，保障公共利益和个人利益）、保护（保护城市自然和历史文化资源）、社会（宜居性和良好的公共环境）、环境（可持续发展与绿色城市）和审美（充满美感的环境）[2]（表7–1）。城市设计治理正是基于上述公共利益动机，通过政府、市场、市民等多元主体的共同参与，避免政府和市场在城市空间调控过程中"失灵"而损害公共利益，使保障公共利益最大化的城市设计得以落实。

城市设计治理所关涉的维护市民空间权利平等性、空间分布（包括公共资源配置）的公平性与正义性，是保障城市公共利益的重要体

1 邹其昌. "设计治理"：概念、体系与战略："社会设计学"基本问题研究论纲[J]. 文化艺术研究，2021（5）：56.

2 CARMONA M. Design governance: theorizing an urban design sub-field[J]. Journal of urban design, 2016(6): 706-707.

现。从空间权利平等性来看，作为市民基本权利的空间权应得到有效保障，即在城市公共空间的生产中，不能因为空间权力化和资本化等空间异化现象，使一部分人基本的、正当的空间权利被挤压或排斥。从空间分布的公平性和正义性来看，保障公共利益原则涉及的主要是公共空间和公共资源的均衡分布与配置，正义性要求涉及的主要是对弱势群体空间权益的有效保护（表7–3）。

城市设计治理中基于空间公平价值的公共利益目标要素　表7–3

市民空间权利平等性	空间布局的公平性与正义性
• 市民平等占有或分享公共空间资源 • 市民平等参与有关空间生产和分配的机会 • 营造市民可自由进入的开放性公共空间 • 避免公共空间占有与使用的私有化、商品化带来的空间排斥现象 • 避免优质城市空间和景观资源的排他性占有	• 城市公共空间和公共服务设施分布的均衡性 • 城市公共空间和公共服务设施的同等可达性 • 保障弱势群体的空间权利，满足其空间需求，提供充足的公共福利设施 • 公共场所包容性，使其最大程度不受使用者年龄、能力、社会背景、收入等限制 • 控制居住空间分异，促进空间融合

城市设计活动中，实现公共利益最大化已成为价值共识。然而，问题的关键是，公共利益判断上的多样性和不确定性，社会利益诉求的矛盾性和利益表达能力的失衡性，城市空间商品化导致的对商业利润的过度追求，以及政府“干预失灵”，都可能导致城市设计活动偏离公共利益的价值取向。城市设计治理的关键正是旨在克服上述因素对公共利益的侵蚀。

2. **以人为本：城市设计治理的核心价值原则**

将以人为本的价值原则运用于城市设计，便是人本设计或人性化设计；将以人为本的设计，通过公共干预和良好的管理手段加以落实，便是人本的设计治理，其目标就是将以人民为中心的理念落实到城市设计的各个环节。城市设计表面上以城市物质空间环境的优化为基本目标，然而城市设计工作绝不是简单地“做方案”或“画图”，它涉及市民的切身利益，是影响人的生存状态和生活方式的行为。“城市设计的目标不仅是单纯意义上的城市空间环境的塑造和完善，更重要的是围绕‘如何为人服务’的城市系统营造与政策落实。”[1]纵观近现代城市规划和城市设计思想的发展历程，一直贯穿着一个基本理念和设计主旨，即以“人”的感受为出发点，关心和满足人的需求，全面提高人的生活质量。改革开放以来，我国经历了世界历史上规模最大、速度最快的城镇化进程之后，“以人为本”重新成为城市建设和城市设计的主流价值。《城市设计管理办法》强调开展城市设计，应当坚持以人为本，创造宜居公共空间。《北京市城市设计管理办法（试行）》提出，城市设计要遵循以人为本原则，以改善民生服务、创造宜人空间为目标，不断提升老百姓的获得感、幸福感和安全感。可以说，一切为了人的美好生活，既是城市设计根本的伦理价值追求，也是衡量一切城市设计工作成功与否以及人居环境优劣的核心原则（具体目标要素参考表7-4）。

1 卓伟德，王泽坚，张若冰. 转型时期我国城市设计供给对策思考[J]. 城市建筑，2018（1）：48.

城市设计治理以人为本价值原则的基本要素 表7-4

以人为本的城市设计政策要素	人性化城市设计要素
• 采取用户需求的配置模式，提升公共空间和设施规划与实际需求在空间上的匹配度 • 建构精准的人口跟踪管理机制，在预判人口结构的基础上制定公共空间和设施供给政策 • 差异化的公共空间与设施的配置引导 • 细分针对弱势群体公共服务设施的基本类型，体现对弱势群体的精准服务定位 • 以市民要求为出发点，实现有效的公众参与	• 以满足市民对城市空间安全性、健康性、便利性为基础的空间宜居性设计 • 城市空间能够综合不同用途，有足够的多样性 • 城市空间尺度人性化 • 空间设计尽量满足不同群体的需求与偏好 • 注意对人群细分的关怀，承认差异性基础上的包容性公共空间设计 • 人与环境能够互动的场所感和对场所认同的营造

以人为本的价值原则如同公共利益原则一样，已成为价值共识，重要性毋庸置疑。但以人为本这一“老生常谈”同公共利益一样，在城市设计中常常有意无意被轻视或遗忘。例如，城市设计对大尺度城市区块进行“无差别化”指标设定及控制，不仅可能造成城市空间千篇一律，更难以满足市民的多样化需求；一些城市在街道环境整治、街道设计、街区整理中，重视的是街道垂直界面整治、亮化工程等城市形象快速提升的设计要素，但却没有从完善公共服务设施与更好地体现城市细节关怀等方面，切实关心和满足市民的日常生活诉求。以人为本难以落到实处有一个重要原因，就是亨利·丘吉尔所说的“一个最难解的悖论”，这个悖论就是为大众制定的规划，总是由少数人

进行专权式的管控。[1]由此可能导致古希腊神话“普洛克路斯忒斯之床”所隐喻的消除差异、强求一律的现象。若政府用“普洛克路斯忒斯之床”式的设计规范和管控方式强求城市风貌统一和城市空间秩序一律，通过自上而下的设计管控决定城市空间状态，忽视不同个体、不同人群的需求和偏好，或城市设计师总是以专家姿态，用自己的价值观和生活方式来界定使用者的生活空间，其结果必然是“以政府意志为本”“以规划者的理性意志为本”，忽略大众真实而多样化的需求，让以人为本成为一句“看上去很美”的空洞口号。基于此，通过良好的城市设计治理，改变城市设计决策过程主要由政府指令和专家主宰的“专权式”管控模式，走向一种基于多元治理主体、适应城市精细化和特色化发展的城市设计治理模式，是落实以人为本价值原则的必然要求。

3. 公众参与：城市设计治理的程序价值原则

公众参与不仅是城市设计治理的重要工具，更是良好的城市治理的内在要求。作为一种“善治”的城市设计治理，其本质规定和基本要素必须包括体现程序正义的公众参与。联合国人居署提出的良好城市治理的规范性原则中，不仅明确提出了公众参与原则，而且其他的一些原则如“权力分散”“公平性”“透明度和问责制”都与有效的公众参与直接相关。其中，“权力分散”旨在提升满足公众优先需求的政策响应力，最大限度地发挥公众参与城市治理的潜力；“公平性”主要指保障参与决策制定过程的公平性，强调只有权力共享才能导致

1 丘吉尔. 城市即人民[M]. 吴家琦，译. 武汉：华中科技大学出版社，2016：145.

公共资源获取和使用上的公平性，要确保不同性别、不同收入水平的公民都能平等地参与决策；“透明度和问责制”则通过政府的信息公开及其有义务接受公众监督的规定，为有效的公众参与提供了制度保障。[1]在当代城市设计尤其是城市更新设计过程中，公众参与、包容性和透明度的问题重新获得了关注并被优先考虑，而且这些做法是在“城市治理”的名义下加以概念化的。[2]

治理视角的公众参与是对公共行政管理合法性和伦理性的要求。在此意义上，所谓公众参与，是指“公共权力在进行立法、制定公共政策、决定公共事务或进行公共治理时，由公共权力机构通过开放的途径，从公众和利害相关的个人或组织获取信息、听取意见，并通过反馈互动对公共决策和治理行为产生影响的各种行为”[3]。城市设计治理的公众参与，既包括公共决策层面的参与，即政府及公共机构在制定公共政策过程中的公众参与，也包括具体的城市空间开发项目上的公众参与。

公共决策层面的参与对应于作为一种公共政策的城市设计，目的是通过公众对空间政策制定和编制的参与，使全社会达成对城市空间发展和目标愿景的共识，使之能够反映社会群体的价值观，保障城市设计决策的民主化，不断从人民需求出发调整城市设计政策，增强政

1 UN-HABITAT. The global campaign for good urban governance[EB/OL]. (2000-12-13). https://unhabitat.org/sites/default/files/download-manager-files/Global%20Campaign%20on%20Urban%20Governance.pdf.

2 BADACH J, DYMNICKA M. Concept of ‘good urban governance’ and its application in sustainable urban planning[J]. IOP Conference series: materials science and engineering, 2017, 245: 4.

3 蔡定剑. 公众参与：风险社会的制度建设[M]. 北京：法律出版社，2009：5.

府的回应性。城市空间开发项目的公众参与对应于作为一种场所营造的城市设计，目的是通过公众尤其是利益相关者对设计方案的协商、制定、实施、监督等过程的参与，对城市保护更新或地段开发，尤其是公共空间设计和社区规划中的行为产生一定的影响，并尽可能达成设计过程中各方利益的相对均衡。概言之，建立目标明确、方法适宜、多方共赢的公众参与机制是城市设计治理的重要路径。

在我国，公众参与业已成为城市设计决策过程的基础环节和城市设计行政管理体系的法定环节。对此，无论是《中华人民共和国城乡规划法》还是《城市设计管理办法》，都有明确规定。《城市设计管理办法》第十三条规定："编制城市设计时，组织编制机关应当通过座谈、论证、网络等多种形式及渠道，广泛征求专家和公众意见。审批前应依法进行公示，公示时间不少于30日。城市设计成果应当自批准之日起20个工作日内，通过政府信息网站以及当地主要新闻媒体予以公布。"《北京市城市设计管理办法（试行）》不仅将公众参与视为城市设计的基本原则，第十五条规定："城市设计组织编制部门应在编制过程中，广泛征求有关部门、专家和公众的意见。管控类城市设计与相对应的城市规划一并开展公众参与工作；实施类城市设计应在前期调研及成果完成阶段，由组织编制单位联合责任规划师，依托街道办事处及社区，采取座谈会、问卷、现场调研或其他方式充分收集和听取当地居民和相关权益人的意见。城市设计成果报审前，组织编制机关应通过政府网站或便于查询的场所进行公示，公示时间不少于30日。"此外第二十条还规定："市规划自然资源主管部门应聚焦本市城市公共空间品质提升，开展对本市重要区域和主要街道两侧城市公共空间城市设计成效的实时监测、定期评估和群众满意度评价。"

（三）城市设计治理工具的伦理审视

城市设计治理的价值原则为评判城市设计治理行为提供了基本的价值标准，它是城市设计目标是否合理，应为谁而设计以及设计所达到的结果是否恰当的伦理评判标准。然而，城市设计治理行为的价值合理性以及它所带来的社会价值不可能自发地实现。“工欲善其事，必先利其器。”若没有（或没有选择）合理有效的城市设计治理工具，其价值目标就可能停留于理念层面而无法产生实际作用。治理工具指的是为实现特定公共政策目标的一系列备选机制，这些工具可以控制和指引城市设计活动，也有助于市民利用相关城市设计政策或参与其制定。良好的城市设计治理是治理价值合理性与治理工具合理性的统一，即是说，除了要审视城市设计价值目标的合理性之外，还要审视城市设计治理“何以可能”及其治理工具在伦理上是否恰当的问题（表7-5）。

城市设计治理政策工具的伦理约束　表7-5

价值约束类型	问题类型
目标约束	设计治理工具符合维护公共利益的基本价值目标吗？ 设计治理工具合法吗？
过程约束	设计治理工具符合规则公平和程序正义原则吗？ 设计治理工具的运用是否人性化？ 设计治理工具有良好的回应性吗？
后果约束	设计治理工具能够被市民普遍接受或认可吗？ 设计治理工具所带来的收益与成本得到了公平分配吗？ 设计治理工具能否服务和谋求社会长远利益？

马修·卡莫纳提出的城市设计治理概念框架中，治理工具是其不可分割的重要构成。他提出了四个附加的概念区别，以此确定设计治理的内涵与范围，分别是：第一，支撑设计治理的“工具与管理”。包括从设计研究到设计审查，从设计政策到实际的命题设计，从设计竞赛到直接的财政支持或其他辅助设计过程。其中，如何正确选择与管理设计治理工具是构建一个积极有效的设计决策环境的关键。第二，设计治理的重点是“过程与产品”，它要求过程与结果的一致性，既要追求好的城市设计过程，也要追求好的城市设计成果。第三，“正式的或非正式的”设计工具与设计过程。正式的工具主要指法定化的设计治理工具，如被立法认可的区划条例，但城市设计还存在大量非正式的工具（如设计奖励计划、提高设计能力的教育计划），这些工具可以补充或增强正式设计工具的效能。第四，“直接的或间接的”设计治理模式。直接的设计治理模式指的是针对具体的、实际的空间设计项目的管控，间接的设计治理模式针对的是通过设计导则等公共干预手段获得能够营造高品质场所的决策环境。[1]马修·卡莫纳还提出了一个完整的设计治理工具包，他称之为设计治理工具类型学。其中，他将正式的设计治理工具总结为三个类别，即引导（导则）（guidance）、激励（incentive）与控制（control），将非正式的设计治理工具总结为五个类别，即证据（evidence）、知识（knowledge）、提升（promotion）、评估（evaluation）、援助（assistance）。[2]需要注意的

1 CARMONA M. Design governance: theorizing an urban design sub-field[J]. Journal of urban design, 2016(6): 723-724.

2 CARMONA M. The formal and informal tools of design governance[J]. Journal of urban design, 2017(1): 1.

是，马修·卡莫纳提出的城市设计治理工具包中，没有直接提及社区参与和公共参与，原因是他认为参与不是一项单独的工具，而是一种支持正式或非正式设计治理工具的活动，具有特殊地位。

马修·卡莫纳提出的城市设计治理工具包，采用类型学方法，以政府干预强制性的强弱为变量，将设计治理工具划分为正式的与非正式的两类，扩展和深化了设计治理的概念框架。马修·卡莫纳强调，两类治理工具都有明确的公共价值目标的指引性，并应以组合方式发挥作用。就我国城市设计治理而言，由于城市发展的阶段性特征、社会经济政治环境条件不同，虽然不宜照搬该城市设计治理工具包，但它对我国城市设计治理政策工具的创新与完善，仍有重要的借鉴价值。

随着我国近年来国家和地方规划主管部门越来越重视城市设计管理工作，城市设计技术规范工作也从“设计导向”向“控制导向”转变，马修·卡莫纳阐述的一些城市设计治理工具在我国也逐渐得以运用。例如，一些城市利用将城市设计要素嵌入控制性详细规划这一手段，实现了有法定效能的设计控制。上海自2011年以来开始推行控制性详细规划附加图则的设计管控制度（附加图则是一个各类控制要素的集合，是对城市设计方案的提炼以及法定化的成果），从而明确了“控规”层次城市设计的法定地位。《上海市控制性详细规划技术准则》规定，公共活动中心、历史风貌地区、重要滨水区与风景区、交通枢纽地区等为重点地区。无论是一般地区还是重点地区，都要编制普适图则作为规划管控的法定依据，而在重点地区，还需编制附加图则作为设计管控的法定依据，由此形成完整的开发控制体系。[1]又如，近年来不少城市纷纷编制各类城市设计导则，提出城市设计导则采用刚性控制与弹性引导相结合的方式，以属性化、量化指标为基础进行设计控制。例如，2019年底，广州市规划和自然资源局编制并发布《广州城市设计导则》，管控内容分为总体城市设计导控、重点地区城市设计导控、地块城市设计导控三个层级，通过分级分类分要素进行城市设计导控，形成多层次、全方位的城市设计导则，指导下层级城市设计编制和城市建设。总体上看，目前我国城市设计治理制度建设尚处于发展初期，政策工具以控制和引导工具为主，缺乏激励性、协调性和赋权性政策工具，尤其是适应存量规划时代新要求的政策工具还有待探索。

本书主旨不是探讨城市设计治理工具的具体类型，而是基于对价值合理性的审视，提出建构和完善我国城市设计治理工具时应处理好的基本关系，主要体现在以下两个方面：

1. 城市设计治理政策工具选择效率与公平的关系

对于作为一种公共政策的城市设计而言，公平和效率是两个不可偏废的价值目标。公平主要指维护或追求一种社会成员在利益分配上的相对均衡。效率则要求政府在资源的有效配置和公共政策制定中，能够用最小或较小的成本达到预期目标，或者说能在收益和成本之间

1 上海市规划和国土资源管理局，上海市规划编审中心，上海市城市规划设计研究院. 城市设计的管控方法：上海市控制性详细规划附加图则的实践[M]. 上海：同济大学出版社，2018：73-74.

取得最佳平衡。莱斯特·M.萨拉蒙（Lester M. Salamon）提出的新治理政策工具关键性评估标准中，既有公平性要求，又有效率性（有效性）要求。他认为公平性标准有两层含义：首先是基本的公平，即收益和成本在符合条件的人之间大体平均分配；其次与“再分配”有关，指将利益收益向弱势群体倾斜，确保所有的人都能获取平等的机会。效率性（有效性）要求则主要指一项行动实现其预期目标的程度。[1]凯文·林奇强调，好的城市形态与决策过程的价值要素紧密相关，好的城市形态既要有效率，更要体现公平。林奇认为效率广义上指的是一种维持平衡的标准，即城市在某些性能上达到一定水平而不降低另一些性能的水平。狭义上看，一个有效率的城市就是一个具有高度可及性的城市。所谓公平，林奇指的是城市环境收益的分配公平，他的结论是：“生命力的平等、可及性的平等、私人或小群体的领域控制的平等，包括对后人所做的保护、对儿童成长环境所做的规定，都是环境公正中最重要的内容。”[2]

公平对于效率而言所具有的价值上的优先性，保障公共利益最大化的城市设计目标，决定了在选择城市设计治理工具时，应避免工具主义或技术至上的倾向，在公平与效率发生矛盾的时候，突出公共政策“公共性”的本质要求，采取“公平优先”的政策取向。玛丽亚·T.贝利（Mary T. Bailey）认为，公共治理工具的正当性并非来自效率或绩效的提升，更重要的是它必须确保政策符合民众的期望，并

1　萨拉蒙. 政府工具：新治理指南[M]. 肖娜，等，译. 北京：北京大学出版社，2016：19.

2　林奇. 城市形态[M]. 林庆怡，陈朝晖，邓华，译. 北京：华夏出版社，2001：163.

且能够为社会带来长远的利益。[1]城市设计过程中，选择“治理工具”时为了效率而忽视公平的现象并不鲜见。比如，在绿地系统规划设计方面，主要依靠服务半径覆盖率、人均绿地面积等指标进行控制，但实际的城市空间却可能存在绿地布局与人口结构、供需关系不匹配的公平性缺失现象；一些快速推进、有指标化进度要求的城市治理工具有可能存在不太人性化的倾向而损害民众的获得感；一些市场化政策工具有助于提升城市公共资源、公共服务产品的供给效率，但却可能造成一些民众不能享受城市发展成果而成为利益相对受损的群体。可见，对城市设计治理而言，效率表明城市公共产品供给总量增加，但不能表明城市公共产品的分配状况合理。当城市设计的政策工具不能有效维护公平价值，甚至丧失了保障公共利益的基本功能，就是“坏的工具”。因此，在城市设计领域，应围绕在坚持公平的基础上提高效率的思路改进公共治理工具，实现共享城市空间发展成果的基本理念和城市设计政策工具两者的有机统一。

2. 城市设计治理政策工具体现的实质正义与程序正义的关系

对城市设计治理工具价值合理性的审视，不但要关注政策工具实质性内容的合理性，而且要关注公共干预决策和施行过程、程序的独立价值与道德合理性。实际上，这里涉及公共政策运行过程中实质正义与程序正义的问题。简言之，实质正义就是公共政策所追求的价值

1 BAILEY M T. Beyond rationality: decision-making in an interconnected world[C]// BAILEY M T, MAYER R T. Public management in an interconnected world. New York: Greenwood Press, 1992: 40.

目标和价值原则，而程序正义作为实现公共政策目标的手段，是对体现公共政策价值目标的具体制度、程序、规则的遵守。

对城市设计治理工具而言，程序正义指的是在政府的城市设计治理实践中，应当遵循合理的规则与流程，运用各种政策工具的程序要合理、合法。对此，以公众参与为例加以说明。一方面，公众参与作为城市设计治理的重要价值原则，体现了城市设计治理的实质正义要求，是使城市治理过程更加公开、平等和民主的基本路径，这也是将公众参与上升至法定化高度的重要原因。另一方面，公众参与也是体现城市设计治理程序正义的关键工具，应遵守合理的规则加以落实。有学者指出，与其他政策领域的公众参与相比，城市规划中的公众参与具有两方面的特殊性。一方面是城市规划中的公众参与主体面临广泛性和有效性的冲突，因而需要通过合理的机制设置实现公众参与的有效性和代表性的平衡；另一方面城市规划中的公众参与又面临政策、知识不对称的问题，普通公众参与城市规划和城市设计决策存在有心无力的情况。[1]由此给城市设计公众参与提出的要求是设定合理有效的程序规则，让城市设计的公众参与更具实质性意义，更有实效。

总体上看，虽然我国城市设计的公众参与在制度层面有了基本保障，但与有效的、完善的程序正义之间尚有不小距离。罗尔斯提出，“完善的程序正义”有两个特点：第一，对什么是公平的分配有一个

1　田闻笛．城市规划中的公众参与：逻辑、经验与路径优化：以社会治理现代化为视角[J]．社会主义研究，2019（1）：113-114.

独立的标准；第二，设计一种一定能达到想要的结果的程序是可能的。[1]就城市设计治理的公众参与而言，价值性的标准是明确的，但达到有效公众参与的程序性标准还有待完善，对公众程序性权利的保障也不充分。此外，城市设计治理过程及其政策工具具有可见性、透明性，即政策工具可以传递充足、真实、易懂的信息，充分保障公众的知情权，同样是程序正义的基本要求。

总之，随着当代城市设计从技术层面的空间设计走向具有公共政策属性的空间管理活动，城市设计治理作为确保设计成果得以有效实施的新管理模式应运而生。如何通过良好的治理让城市设计成果落地，发挥城市设计提升城市环境和公共空间品质、保障城市公共利益的积极作用，是当前城市设计工作面临的重要挑战。城市设计内蕴的公共性属性，决定了城市设计治理的内容、工具和程序都应体现以公共价值为基础的合法性、伦理性要求。法国学者皮埃尔·卡蓝默（Pierre Calame）曾说："伦理远不是治理这块蛋糕上的一点樱桃，而是治理不可分的部分。"[2]城市设计治理亦如此。从伦理视角审视和阐释城市设计治理，为当代我国城市设计治理模式尤其是政策工具的创新提供了价值指南和基本原则，也为城市设计管理研究开辟了一个全新的问题域。

1 罗尔斯. 正义论[M]. 何怀宏，何包钢，廖申白，译. 修订版. 北京：中国社会科学出版社，2009：66-67.

2 卡蓝默：破碎的民主：试论治理的革命[M]. 高凌瀚，译. 北京：三联书店，2005：72.

二、新型城镇化背景下城市更新的伦理审视

作为实现以人为核心的新型城镇化的关键路径，城市更新已上升至国家战略高度。2021年《中华人民共和国国民经济和社会发展第十四个五年规划和2035年远景目标纲要》明确提出：实施城市更新行动，推动城市空间结构优化和品质提升，保护和延续城市文脉，杜绝大拆大建。城市更新与强调城市空间结构优化和品质提升的城市设计紧密关联。迪特·福里克认为，城市更新的概念包含了以前城市设计性整治或者城市整治的概念，如更新和清除那些不利于健康的建筑空间关系。在“社会城市”计划和“街区管理”等框架中，由于一个地区的更新会经历漫长而困难的过程，建筑空间方面的措施将起到关键性的作用。[1]段进认为，城市设计在不同工作层次推进城市更新工作，而不同层次所体现的状态也有所不同：在城市整体层面主要表现为生态修复和城市修补，在区段层面表现为城市有机更新，在社区层面则体现为微更新。[2]

城市更新可追溯到第二次世界大战后西方国家城市中心衰败社区所进行的大规模推倒重建式再开发。1958年在荷兰海牙召开了首届城市更新研讨会，从较广义的视角界定了城市更新，认为城市更新包含地区再开发、地区修复和地区保护。总体上看，率先推进城市更新的西方城市，其城市更新是适应经济转型的一种空间治理过程，“工业

1　福里克．城市设计理论：城市的建筑空间组织[M]．易鑫，译．北京：中国建筑工业出版社，2015：99.

2　段进．城市设计与城市更新[EB/OL]. http://m.planning.org.cn/zy_hybg/504.htm,2021-10-29/2022.02.12.

化带来了贫民窟等城市问题，去工业化使这些问题更加严峻，并使得传统城市空间无法满足经济转型的新要求。从这个角度出发，城市更新是对传统空间结构的改造，这一改造成功与否影响着城市能否顺利转型”[1]。当代城市更新逐渐从注重城市物质空间的改善和整治，转向城市经济、社会、环境、文化等方面整体提升的战略行动，其目标日益综合，远远超出了城市整治或翻建的含义。彼得·罗伯茨（Peter Roberts）对城市更新的界定产生了广泛影响。他指出：城市更新是“旨在解决城市问题，并使已发生变化或提供改善机会的地区的经济、物理、社会和环境状况得到持久改善的全面、综合的愿景及行动”[2]。安德鲁·塔伦（Andrew Tallon）总结了当代英国城市更新普遍关注的主题，主要体现在几个方面：物理环境，城市更新试图改善建筑空间环境，并关注环境的可持续性；生活质量，城市更新是为了改善特定社会群体的物质生活条件以及当地的文化活动或设施；社会福利，城市更新努力改善某些地区和某些人口的基本社会公共服务；经济前景，城市更新努力通过创造就业机会或通过教育和培训，提高低收入群体和地区的就业前景；在城市更新过程中，从政府管理到治理的转变，以及更广泛的公共政策转变，凸显了伙伴关系、社区参与和多个利益相关者在城市更新过程中的重要性。[3]可见，城市更新的目标并非仅仅表现为通过更新改善人居环境，促进衰退区域走向复兴，

1 李文硕．美国城市更新再认识：以纽约市为中心的研究[J]．史学月刊，2022（2）：115.

2 罗伯茨，塞克斯，格兰杰．城市更新手册[M]．周振华，徐建，译．2版．上海：格致出版社，上海人民出版社，2022：22.

3 TALLON A. Urban regeneration in the UK [M]. 2nd edition. London and New York：Routledge，2013：8.

而是通过系统性城市空间治理解决城市问题，从经济、环境、社会和文化诸方面全面推动城市可持续发展。

新型城镇化背景下，城市更新作为推动中国特色社会主义现代化城市高质量发展的综合愿景和治理行动，正经历着深刻的城市发展价值理念转型。时任住房和城乡建设部部长王蒙徽指出："实施城市更新行动，总体目标是建设宜居城市、绿色城市、韧性城市、智慧城市、人文城市，不断提升城市人居环境质量、人民生活质量、城市竞争力，走出一条中国特色城市发展道路。"[1]这一总体目标蕴含了城市更新的多重价值，对城市可持续发展极其重要。以下将聚焦城市更新的价值维度，从空间人本伦理、空间正义伦理和空间治理伦理视角，审视和反思城市更新面临的伦理问题，思考"城市更新应当做什么"，揭示城市更新与社会伦理问题的相互关系。

（一）城市空间的生活本质：城市更新与空间人本伦理

从城镇化发展的价值取向看，新型城镇化之"新"的突出特征是"以人为核心"，始终把人的需要、人的福祉、人的发展放在中心位置，落实到城市更新层面，要求城市更新从偏重物质环境改善的形体主义向全面提升人民生活质量的人本主义转变。实际上，在城市规划和城市更新价值理念上强调以人为本并不"新"。近现代城市规划和城市更新理论与实践历程，一直贯穿着以人为本的价值理念。然而，在我国城镇化高速发展的进程中，人本逻辑往往被片面追求城市空间

1　王蒙徽．实施城市更新行动[J]．城市勘测，2021（1）：6.

规模扩张的增长逻辑和资本逻辑所压制而失落，城市更新暴露出城市建设存在人性化欠缺、公共服务设施配置不平衡、城市文脉破坏和记忆断裂等问题。市场机制导向的城市更新如同城市空间发展加速器，让城市面貌日新月异，但它又可能打破原有相对均衡的城市利益格局，带来社会群体间相对剥夺感、社会支持网络重构和社区认同感降低等社会成本。新型城镇化被冠以“以人为核心”的限定词，其实是一种价值纠偏，不仅是对“以资（物）为本”的市场化进程中城市社会问题的回应，也意味着城市更新价值观的伦理衍变。

刘易斯·芒福德反思当代城市快速发展中忽略人本目标的倾向时，提出了值得我们警醒的问题：

我们是处在这样一个时代：生产和城市扩张的自动进程日益加快，它代替了人类应有的目标而不是服务于人类的目标。我们时代的人，贪大求多，心目中只有生产上的数量才是迫切的目标，他们重视数量而不要质量。在物质能量、工业生产率，在发明、知识、人口等方面，都出现了这种愚蠢的扩张和爆炸。随着这些活动的量的增加和速度的加快，它们距离合乎人性原则的理想目标也越来越远了。[1]

谈到城市未来的发展之路时，刘易斯·芒福德颇富深意地提出，城市今后还要经历更大的变化，但迫切需要更新的并不是物质方面，“我们必须使城市恢复母亲般的养育生命的功能、独立自主的活动、共生共栖的联合，这些很久以来都被遗忘或被抑止了。因为城市应当

1 芒福德. 城市发展史：起源、演变和前景[M]. 宋俊岭，倪文彦，译. 北京：中国建筑工业出版社，2004：581.

是一个爱的器官，而城市最好的经济模式应是关怀人和陶冶人”[1]。城市更新表面上更新的是物质环境，但更新过程中所面临的诸多问题归根结底不是“物”而是“人”的问题，通过城市更新让城市成为“爱的器官”，而不仅仅是“居住的机器”，能够关怀人和陶冶人，既是城市更新的伦理价值追求，也是衡量城市更新好与坏的重要价值原则。亨利·丘吉尔说：“民众对规划的接受程度并不取决于民众对复杂成就的理解，而是取决于对直截了当的目标的认知：目标就是对社会、对民众有益。”[2]对于由城市规划、城市设计所引领的城市更新而言，尤其如此。城市更新以人为本的目标要素参见表7-6。

新型城镇化背景下城市更新以人为本的目标要素　表7-6

以人为本城市更新政策目标要素	以人为本城市更新设计目标要素
• 确立城市更新中人的主体地位，改善人居环境，提供高品质生活空间 • 控制和减少城市更新的社会成本，保护社会网络 • 有效的社区参与和公众参与 • 了解居民需求，尊重和回应居民需求的多元性与复杂性 • 针对目标人群需求精细化定位，公共空间与老旧居住区实施差异化更新策略	• 基于城市空间安全性、健康性、便利性、使用均好性的更新设计 • 包容性空间更新，满足不同群体尤其是弱势群体的需求 • 城市空间多样性 • 可达性和适应性 • 场所感与场所认同

1　芒福德．城市发展史：起源、演变和前景[M]．宋俊岭，倪文彦，译．北京：中国建筑工业出版社，2004：586.

2　丘吉尔．城市即人民[M]．吴家琦，译．武汉：华中科技大学出版社，2016：129.

除表7-6所列以人为本目标要素之外，城市更新的人本逻辑要注重以下两个方面。

1. 超越增长范式，增强人民福祉，朝着满足人民美好生活需要的宜居城市目标迈进

对于城市建设和更新发展而言，“增长是手段，人民是根本；市场是手段，人民是目标。如果增长无法带来更美好的人民生活，这种增长是无意义的甚至失败的。以人民为本，将重塑增长方式，也将真正塑造市场经济的‘社会主义底色’和‘中国特色’”[1]。新型城镇化背景下城市更新并非不重视经济增长，而是要超越增长范式，不以速度和规模扩张为城市更新单维目标，向基于人本逻辑的城市发展目标多元化转变，尤其是要从人民群众对城市生活宜居性的需求入手，回应人民群众对美好生活的向往，建设宜居城市。

宜居城市指的是在生活环境条件和人文社会条件方面适宜人居住和生活的城市，是面向所有人的城市，是以人为本的城市，是有助于提升所有居民身体、社会和精神福祉的城市系统。宜居城市主要包含功能性宜居、人文性宜居和审美性宜居三个方面。功能性宜居侧重城市更新的人居环境方面，整治居住品质不佳的区域，补齐基础设施和公共服务设施短板，建立完善的城市防灾和应急防疫体系，满足市民对城市空间安全性、生活方便性和出行便捷性等的需求。人文性宜居则突出社会和谐和城市活力的价值目标，城市更新面向更加公平、包容和有活力的城市，让城市人感到各得其所，在政治、经济、文化等

1 何艳玲. 中国行政体制改革的价值显现[J]. 中国社会科学，2020（2）：41.

各个方面能够获得尊重和机会，共享城市更新的成果。审美性宜居指的是城市环境美化和塑造城市特色要素，使城市环境给人带来美的感受，让人们产生愉悦感和家园之情。概言之，城市更新的最终落脚点是城市宜居，是创造优良美丽的人居环境，使人民群众有更多的获得感和幸福感。

2. 强化人文关怀意识，回归城市空间的生活本质，推动城市空间人性化

人文关怀意识作为城市更新的一种价值关切立场，是对每个人尊严与符合人性生活条件的肯定，是对不同个体的权利、价值及利益的确认和保障，有助于城市更新在更深层次关注人的生存状况改善与社会和谐发展，实现城市更新建设人文城市的重要目标。回归城市空间的生活本质，则昭示了在从投资驱动和规模扩张转为存量提质和内涵发展的城市更新背景下，城市更新的日常生活转向，即城市更新紧紧围绕更好地改善人的日常生活这一核心目标，推动城市高质量发展。列斐伏尔说："正是在日常生活中，正是通过日常生活，实现人化。"[1]论及"日常生活批判"这一术语的实际意义时他说："日常生活批判是在廷巴克图、巴黎、纽约或莫斯科人的生活里，发现什么必须改变、什么可以改变，什么是必须和可以得到改造的问题。日常生活批判是批判性地提出人们如何生活的问题，或他们的生活如何不好的问题……批判意味着可能性，可能性还没有实现。批判的任务旨在

1　列斐伏尔. 日常生活批判：第1卷[M]. 叶齐茂，倪晓晖，译. 北京：社会科学文献出版社，2018：150.

揭示这些可能性都是什么、没有实现的是什么。"[1]列斐伏尔的观点对确立城市更新的价值基点颇具启迪性。没有一个人性化的城市不从关注市民的日常生活需求开始，城市更新需要在居民的日常生活里发现和确定什么需要改变、什么必须改造，城市更新所推进的城市空间治理和空间优化，是赋予城市形态、城市空间以日常生活的意义，是重视城市空间改造对市民日常生活的影响，是为普通人提供更宜居、更好的日常生活空间，这就是实现空间人性化的过程。

20世纪60年代以来，随着人们对功能主义主导的城市更新运动进行反思与批判，现代主义城市更新的价值基础和方法论受到了挑战。功能主义、增长主义主导的城市更新之所以受到质疑，原因在于它缺失人文关怀的价值关照，忽略体贴民众日常生活需要的人性化维度，走上高度理性化和功能单一化的歧路。例如，列斐伏尔批判了法国新城规划及其住宅建设让日常生活的许多方面变得更糟糕并失去深度，他认为以必需的功能主义为基础的新城规划和建设，个人的情感需求和社会需要常常被忽视，"每一个城镇的详细规划都隐藏着一个日常生活计划"，"新城把日常生活条件简化到不能再简单的程度，同时，竭力去'组织'日常生活……公寓大楼常常被建设成'生活机器'，居住区是维持工作之余的生活的一台机器"。[2]简·雅各布斯犀利地批判了美国大规模城市更新忽视真实城市生活运转的复杂性和人的多样化需求，追求塑造城市环境同质化秩序，但却让城市失去多样性和活

1 列斐伏尔．日常生活批判：第2卷[M]．叶齐茂，倪晓晖，译．北京：社会科学文献出版社，2018：251.

2 列斐伏尔．日常生活批判：第2卷[M]．叶齐茂，倪晓晖，译．北京：社会科学文献出版社，2018：304.

力。“文化中心无力支持一家好书店；人行道不知所终，也不见散步的人；快车道让城市伤痕累累。这不是对城市的改建，而是对城市的洗劫。”[1]南·艾琳批判了现代主义城市设计包括20世纪50年代至60年代城市更新所遵循的形式追随功能的信条，在过去一个世纪里，城市化进程只把城市视为一部机器的观念，使城市空间发展忽略了对人性化、多样化、联系性的关注。“人们普遍认为现代城市的规划和设计是一张缺乏地方特性的蓝图，一个无名无姓的、非人性化的空间，一个只有大量建筑物和供小汽车通行的地方。”[2]

当代城市更新背景下，上述批判仍深具警示意义。目前我国城市更新依然存在“见物不见人”，片面强调城市发展“物性指标”，追求整体统一的秩序，缺乏人文关怀的现象。不少更新改造后的城镇区域呈现多样性丧失和包容性空间缺失的状态。虽然城市更新理论层面以人为本的价值观早已成为共识，但在实践中以人为本的价值理念一定程度被架空，城市更新实施后的效果偏离以人为本的“初心”，一个重要原因是对人群的特性和社会的差异性、需求的复杂性、生活的多样性尊重和关切不够，仍以与资源挂钩的“城镇人口”视角和“一刀切”式的实施路径为主，没有向尊重差异性和多元性诉求的人群视角转变，以满足多层次、个性化、高品质的民生需求。因此，“当前国内城市空间研究亟待确立并巩固‘人本逻辑’范式，这不仅由于我国目前正处于推进新型城镇化建设的关键时期，更是因为‘以人为

1　雅各布斯．美国大城市的生与死[M]．金衡山，译．纪念版．南京：译林出版社，2006：2.

2　艾琳．后现代城市主义[M]．张冠增，译．上海：同济大学出版社，2007：3.

本’是符合我国国情的根本价值遵循”[1]。

此外，克里斯·默里（Chris Murray）等学者从心理学视角对城市更新的研究，也为加强城市更新的人本伦理提供了有益启示。他们认为，在西方战后和后工业化时期，城市更新经历了一个关键转变，即从主要关注建成环境改善（城市更新1.0）到同时关注建成环境中的人的活动（城市更新2.0）。2016年以来，第二个潜在的转变正在出现，即“城市更新3.0”，其特征是借鉴心理学方法寻求理解存在于场所与人之间的亲密联系和共生效应，主要表现在以下几个方面：其一，把“人和场所”放在一起思考，而不是孤立起来。“场所”体验在很大程度上决定了我们的发展和福祉。理解空间政策和规划的心理影响应当成为城市政府和城市更新从业者的核心概念。其二，将城市理解为“自我系统”（ego systems）和生态系统，我们仍然太过频繁地从机械而非有机体的角度来看待城市，我们将城市视为机器，而不是有机的生命体。我们需要智慧城市，但我们也需要情商高的城市，它能够理解人类的基本需求。其三，从心理学视角探讨城市问题及其解决方案，如城市贫困和不平等的心理影响，什么有助于“良好”地进行公共参与，如何提升社区资本和建立对城市环境的心理韧性等。[2]

（二）城市空间的公平诉求：城市更新与空间正义伦理

推进新型城镇化背景下以人为本的城市更新，让所有人平等享有

1 谢欣然. 从“资本逻辑”走向“人本逻辑”：当代城市空间生产的伦理演变及其中国实践[J]. 人文杂志，2021（1）：75.

2 MURRAY C, LANDRY C. Urban regeneration 3.0: realising the potential of an urban psychology[J]. Journal of urban regeneration and renewal, 2020, 13(3): 231-240.

城市空间权利、获取空间资源，满足美好生活需求，就必须抑制唯增长逻辑和资本逻辑主导引发的空间不公平现象，实现空间正义转向，促进更加公平地实施城市更新。

以欧美为代表的城镇化先发国家近百年城市更新的历史表明，大规模城市更新引发空间隔离、空间剥夺等空间非正义问题，“许多不公平的社会历史可以通过公共基础设施来‘解读’，历史上看，由于实施城市更新的政策框架往往忽略发展过程中关涉的脆弱因素，因而对人和环境的社会福祉和生态福利都产生了有害影响”[1]。20世纪六七十年代，在英国、美国等国家，“大扫荡式”的城市更新，引发了内城衰退、城市贫困、居住隔离、环境恶化等严重的社会问题，并导致振聋发聩的批判与广泛的公众抗议。英美一些国家的城市爆发了主要针对大型住房开发项目和高速公路规划的抗议和抵制活动。“曾经为能观望绿色公园而兴奋，然而此时从卧室的窗口外望，他们发现映入眼帘的是M32号高速公路的高架桥，伸向布里斯托市中心。面对这个城市梦魔，人们采取抗议的形式不拘一格。在伦敦，新架设的‘西行干线’离住宅仅有咫尺，一些居民干脆从卧室的窗口挂出横幅，上书：‘把我们救出这个地狱吧。’这些城市抗议凸显了一种价值缺失：规划和规划决策依托于价值判断，即人们对希望建造哪种类型的环境的价值判断，而系统理论学者和理性过程理论学者都轻视了或完全忽略了它的存在。”[2]这一时期城市更新引发抗议的一个重要原因

1　BASSETT S M. The role of spatial justice in the regeneration of urban spaces: Groningen, the Netherlands[D]. Urbana-champaign: Urbana-Champaign University of Illinois at Urbana-Champaign, 2013: 2.

2　泰勒. 1945年后西方城市规划理论的流变[M]. 李白玉，陈贞，译. 北京：中国建筑工业出版社，2006：73.

是将经济竞争力视为城市发展首要目标，忽略社会成本，城市更新以牺牲其他价值为代价优先考虑资本利益和经济增长，从而导致空间冲突和城市危机。夏铸九指出，在美国，这一时期，“城市更新”是帮房地产商炒地皮的同义词，是脏字眼。[1]过度重视城市更新的经济维度、效率维度，忽视社会维度和人文维度，让商业价值、市场价值凌驾于人本价值和环境价值之上，必然引发诸多空间正义问题。

相对于欧美国家，肇始于改革开放的中国高速城镇化进程中的城市更新，一方面取得了有目共睹的成就，另一方面在资本逐利和政绩导向的双重驱动下，同样存在空间不正义现象并付出了较大的环境代价，损害了社会的公平与和谐，亟待以空间正义原则对其进行规约。例如，城市更新开发过度市场化以及缺乏有效公众参与等，导致城市更新过程中缺失市民视角和人性空间；由于许多地方城市更新建设存在重效率、轻公平的片面化倾向，为了保经济发展优先而忽视兼顾公平，社会公平原则受到一定程度的冲击。表现在城市空间形态方面，主要体现在一些城市存在城市新区、中心区与城乡接合部及“城中村”等城市角落，在城市基础设施、居住区建设、环境整治等方面出现较大反差与不和谐现象。同时，还存在优质的教育、医疗、交通等城市公共产品配置不均衡的问题。尤其是针对“城中村”所体现的城市空间正义问题，有学者指出，“城中村”是城市快速更新的产物，指向“美好生活”和“空间正义”价值诉求的城中村空间治理成为社会治理不可逃避的现实议题，对城中村空间正义的理论探求既体现了

1 余知也. “都市更新为何成为脏字眼?”夏铸九访谈[J]. 公共艺术, 2014（9）: 65.

社会主义新时代的内在诉求，也是城中村空间发展现实的迫切需要，为新型城镇化的推进与新时代国家治理引入了一种新的理论视野与研究框架。[1]

空间正义关涉的是空间生产的整体性伦理问题，“所谓空间正义，就是存在于空间生产和空间资源配置领域中的公民空间权益方面的社会公平和公正，它包括对空间资源和空间产品的生产、占有、利用、交换、消费的正义”[2]。苏珊·S. 费恩斯坦基于城市规划视角探讨正义城市议题时，从“公平”“多样性”和“民主”三个维度列出了城市正义的具体标准，其中“公平”“多样性”清单对我国城市更新规划有一定借鉴价值（表7–7）。

苏珊·S. 费恩斯坦城市更新规划正义标准清单　表7–7

促进公平清单	促进多样性清单
• 新住房开发项目应为收入低于中位数的家庭提供住房，目标是为每个人提供体面的住房和适宜的生活环境 • 不应出于发展经济或维持社区平衡的目的而强迫任何家庭或企业搬迁 • 经济发展项目应该优先考虑员工和小企业主利益 • 基于公共福利严格审查大型项目 • 低廉的公共交通票价 • 规划者应在协商的环境中发挥积极作用，推行公平主义的解决方案	• 分区规划不应被用于歧视性目的 • 地区之间的界限应具有渗透性 • 公共空间有广泛可达性与多样性 • 根据受影响人口的实际需要，应实现用途混合

来源：FAINSTEIN S S. Spatial justice and planning [J]. Justice spatiale/spatial justice，2009（1）：9-11.

1　刘刚．城中村道德适应研究[M]．长春：吉林大学出版社，2020：36.

2　任平．空间的正义：当代中国可持续城市化的基本走向[J]．城市发展研究，2006（5）：1.

从我国城市更新实践出发，追求空间正义应突出以下三方面伦理诉求。

1. 让城市更新的增益惠及所有人，实现城市共享正义

过去几十年高速城镇化下的城市更新，着眼于城市经济增长和基础设施、物质环境总体水平的提升。新型城镇化转向高质量均衡发展的时代要求，决定了城市更新应更加重视机会均等和普惠共享的民生福祉。与此同时，城市空间发展不平衡和包容性不足的问题与美好生活的矛盾愈加突出，在此背景下，提升共享性，以“人人共享”驱动空间正义，克服资本逻辑对社会正义的侵蚀，成为化解城市满足人民群众美好生活需要与城市空间发展不平衡矛盾的关键路径。2016年第三次联合国住房和城市可持续发展大会通过的《新城市议程》提出，未来城市发展应当把“人人共享”放在核心位置，“我们的共同愿景是人人共享城市，即人人平等使用与享有城市和人类住区。我们力求促进包容性，并确保今世后代的所有居民不受任何歧视，都能共享和建设公正、安全、健康、便利、负担得起、有韧性和可持续的城市和人类住区，以促进繁荣，提高所有人的生活质量”[1]。《新城市议程》的城市共享愿景饱含正义的现实诉求，也为我国城市更新指明了价值目标。

提升城市更新之“共享性”，实现共享正义，核心是赋予民众享受城市空间资源的平等权利和机会，为城市所有居民提供均衡良

1 联合国住房和城市可持续发展大会. 新城市议程[J]. 城市规划，2016（12）：20.

好的公共设施和公共空间，确保社会各阶层空间福利均等化，能够平等享有城市更新成果。从实施路径看，实现城市更新之“共享正义”，应通过包容性导向的城市更新政策促进空间公平，主要体现在两个方面：

其一是强化空间包容性，保障公共空间分布和公共资源配置的均衡性，确保所有居民平等享用公共空间、基础设施和公共服务。目前，我国不少城镇除城乡差距外，城市不同区域在基础设施、环境整治、公共空间品质等方面也存在不均衡发展现象，优质的教育、医疗、养老、公共文化等城市公共产品也存在配置不均衡问题。新一轮城市更新要以此为着力点，通过更加公平合理的政策创新，逐渐补齐短板，促进公共资源公平分配、均衡布局与精准匹配。

其二是关注空间使用的能力平等，保障空间福利的公平实现。阿马蒂亚·森认为，综合衡量社会正义的价值尺度不仅要看资源分配是否公平，更要看被分配的资源是否转化为“可行能力”，即一个人有可能实现的、各种可能的功能性活动组合[1]，“可行能力”强调的不是总体福利或平均福利，而是每个人可能获得的实际福利和实质自由。阿马蒂亚·森的“能力正义”理念深化了空间共享正义的内涵。城市更新不仅要关注规划和更新指标所体现的人均数值和平均福利，更要关注居民在空间享用上的差异性和实际生活品质，关注居民尤其是弱势群体需求的复杂性和可行能力的充分实现。

1　森. 以自由看待发展[M]. 任赜，于真，译. 北京：中国人民大学出版社，2002：62.

2. **遵循差别正义原则，保障弱势群体在城市更新中的空间权益**

以阿马蒂亚·森为代表的“可行能力视角”下的正义观，有助于更好地关切经济、体能、智能、处境等方面处于相对不利地位的弱势群体权益。约翰·罗尔斯提出的符合最少受惠者最大利益的差别正义原则，关注社会差异和差异后的平等，实质是区分不同社会群体并予以差别对待，优先关照或以利益补偿作为最少受惠者的弱势群体，提高其社会期望，促使每个社会成员都能够享受到实际利益。差别正义原则启示城市更新应有适度的政策倾斜和优先秩序，保障弱势群体基本的空间权益，限制空间资源在资本逻辑主导下的分配不公平。例如，对于解决城市贫困群体住房问题，完善住房保障体系，深化城市困难群众住房保障工作的政策目标，就是确保城市空间生产符合“最少受惠者的最大利益”。2021年颁布的《上海市城市更新条例》明确规定，确定更新区域时，应当优先考虑居住环境差、市政基础设施和公共服务设施薄弱、存在重大安全隐患的区域，这一规定同样体现了差别正义原则。

从一定意义上说，城市更新既是对城市资源的一次重新配置，也是城市众多阶层和社会群体的一次利益大调整。城市政府应遵循优先考虑弱势群体利益的公平原则，尽量使各阶层或群体，尤其是弱势群体享受到城市更新发展的成果，而不能将城市更新变成加剧空间利益分配不公平的“推进器”。在老城改造和老旧小区改造的城市更新项目中，老城区和老旧小区居民多数属于中低收入阶层，他们中的贫困者更是典型的弱势群体，其占有的组织资源、经济资源和社会资源较少，对外界强加的“保护”与“更新”无能为力。因此，有效保护弱势群体的合法利益，成为城市更新与城市治理的难点与重点。为了实现城市更新公正，首先需要政府改变那些不利于弱势群体权益最大化的更新政策，多倾听弱势群体的呼声，为他们的切身利益和实际困难考虑，提供扶贫济困的政策措施，在更新规划政策引导上以公平为首要目标，通过社会资源和收入再分配等机制，积极化解空间资源占有的矛盾，抑制利益格局失衡态势，这既体现城市更新重要的公共治理功能，又凸显了城市形象的伦理特质。

3. 追求居住空间正义，调控城市更新中居住空间分异、绅士化现象带来的空间重构负效应

虽然居住环境改善是城市更新的基本动力和重要目标，但实际的城市更新进程却在市场机制的强大冲击下引发新的居住问题。20世纪60年代欧美国家大规模城市更新引发了空间冲突，一个重要原因是居住空间隔离加剧阶层分裂。80年代以来，欧美国家新自由主义背景下房地产驱动式城市更新，使城市居住空间变得更加“分化”和“碎片化”，与此同时，城市中心区土地置换、住宅更新和价格上涨所带来的绅士化现象，加剧了社会空间和居住空间的分异和不平等。我国改革开放以来的城市更新和空间重构，与欧美国家相比较，有特殊的政治经济和社会背景，但也表现出一些相似的居住空间正义性问题，如居住空间分异趋势和绅士化现象。

居住空间分异一般是指在城市中不同阶层、不同收入水平的居民，或本地人口与迁移人口聚居在不同空间范围内，从而造成一种居住分化甚至相互隔离的状况。居住空间分异是社会分化、社会分层在城市空间格局上的反映和表征。“人们居住在城市里，‘他们住哪儿、住得怎样’在社会秩序中扮演着重要的角色。‘我们是谁’是‘我们住哪儿’的函数。”[1]虽然我国城市不存在欧美城市居住空间种族化的问题，但改革开放以来，由于居民贫富差距拉大及由房地产开发主导城市更新，我国居住空间分异的趋势日益明显，造成了城市低收入和贫困群体聚居化与外来新移民聚居化现象。城市居住空间分异是与城市发展相伴生的一种常态，也是居民居住状况多样性与复杂性的体现，有一定的现实合理性。

在市场经济条件下，城市居住空间的分异从某种程度上说是一种不可避免的现象，是与城市发展相伴生的一种常态，是居民居住状况多样性与复杂性的鲜明体现，有一定的合理性。从经济学角度看，有利于房地产开发的市场定位与客群定位，增强物业的保值和增值性。从社会学角度看，有助于满足不同社会阶层居民的多元需求，维护同一阶层成员“物以类聚、人以群分”的合群性、共享性。适度的居住空间分异虽有一定的合理性，但过度分化与隔离的居住空间格局，以住房消费能力为基础的阶层分化，有可能导致不利于弱势群体的空间分配，尤其是富裕阶层与贫困阶层之间的社会距离拉大，高收入群体“住房奢侈化”与低收入群体“住房贫困化”状况对比鲜明，可能隐藏诸多负面社会问题，社会不同阶层之间因空间分隔相互交流减少，隔膜加大，社会不和谐和不稳定因素也会有所增加，若不对其进行有效引导与控制，将有损空间正义。因此，城市更新应在规划引领下，充分发挥其作为空间资源配置调控工具和公共政策的作用，通过积极

1 肖特. 城市秩序：城市、文化与权力导论[M]. 郑娟，梁捷，译. 上海：上海人民出版社，2015：191.

引导和合理控制，保证作为公共物品的公共设施、公共空间等非居住性公共资源公平分布，通过构建适宜的居住空间发展模式，缩小不同阶层居住资源差距，改善低收入阶层的居住条件，更新改善低收入聚居区的卫生健康设施、交通和教育配套，使不同阶层、不同群体能在合理的空间配置环境下和谐相处。

西方语境下探讨城市内城空间更新与社会结构关系时，“绅士化”是被广泛讨论的一个概念，一般指“中产家庭迁入城市区域，导致不动产价值提升而具有驱逐贫困家庭的副作用”[1]。21世纪以来绅士化的内涵不断扩张，总体上看它不是一个孤立存在的现象，而是城市中心区住房更新、环境改造和城市土地市场化过程的组成部分，伴随城市空间形象的更新而出现空间上的“阶层替换”。中国语境下的居住绅士化，主要指1998年城镇居民住房改革政策实施以来，伴随旧城改造和城市更新，市中心区域或优质景观、教育、文化资源相对集中的区域在房地产的开发推动下，因其区位和资源优势吸引高收入群体迁入，并因其高昂价格导致中低收入居民被迫迁离。出于社会政治经济制度的差异，我国城市居住绅士化的负面效应远未达到西方族群不平等和冲突的严重程度，但是“在我国社会转型与追求和谐社会的背景下，我们应尽量避免西方绅士化过程中曾经出现的社会问题与矛盾在中国重现，特别要关注的是社会公平、社会极化与空间隔离等问题”[2]。除此之外，随着环境正义问题变得日益重要，城市更新还要警

1　SMITH N, WILLIAMS P. Gentrification of the city[M]. London: Routledge, 2013: 1.

2　宋伟轩. 西方城市绅士化理论纷争及启示[J]. 人文地理，2013（1）：35.

惕“绿色绅士化”，即“环境福利吸引较富裕居民群体而排挤低收入居民的现象”[1]，尤其是绿色空间、绿色景观资源成为城市更新过程中房地产投资者的营销工具时，高收入阶层有更多机会和更强的经济实力占有环境质量优越、绿色景观良好的居住空间资源，从而可能导致“绿色不平等”，助长作为公共物品的环境资源、绿色空间的排他性享用或不公平配置。

（三）城市空间的善治路径：城市更新与空间治理伦理

实现空间正义，需要健全现有的城市治理机制，建构城市空间善治模式。新型城镇化背景下城市更新是政府施行城市空间治理的重要手段，实质是一种城市治理，其目标和功能越来越综合和多元，逐步从注重物质环境改善转变为推动城市经济、社会、环境、文化可持续发展和城市综合系统改良，其实施路径也逐步从政府主导或市场主导模式向多元主体相互协同合作模式转型。概言之，城市更新的公共治理属性，决定了城市更新的目标应体现以公共价值为基础的伦理性要求，并通过善治路径解决城市发展中的突出问题，实现城市公共福祉。

治理本质上是通过协调社会多元利益或化解相互冲突以解决公共问题、实现公共目标的过程。善治是治理的一种理想状态和伦理状态，是使公共利益最大化的公共管理过程，基本要素包括合法性、透明性、责任性、法治、回应和有效。[2]城市领域的善治，体现为一种

1 GOULD K, LEWIS T. Green gentrification: urban sustainability and the struggle for environmental justice[M]. London: Routledge, 2017: 26.

2 俞可平. 治理和善治：一种新的政治分析框架[J]. 南京社会科学，2001（9）: 42-43.

指向城市公共利益最大化绩效的良好城市治理。联合国人居署曾提出良好城市治理的七条原则，即可持续性、权力分散、公平性、有效性、透明度和问责制、公众参与和公民作用、安全性。[1]从伦理视角审视，良好的城市更新空间治理，应符合善治的基本要素和良好城市治理的基本原则。例如，城市更新的治理过程和政策工具应具有透明性，能够充分保障公众的知情权。除此之外，还应特别注意以下两方面伦理要求。

1. 正确界定城市更新的公共利益并明确公共利益的目标要素，使城市更新空间治理以服务和实现公共利益、公共福祉为基本遵循

城市更新行动的启动前提是基于公共利益和公共福祉，城市更新是否保护了公共利益，是否符合广大人民群众的利益，是否使相互分化和冲突的利益主体通过调整而达到利益均衡，并在此基础上实现公共利益的能力和程度，是判断和评价城市更新正当性、伦理性的基本价值标准。服务和增进公共利益与公共福祉就是要将城市更新可能引起的对公众和环境的风险最小化、受益最大化。城市更新只有正确识别公共利益并明确公共利益的具体目标，才能强化公共利益保障的政策引导，指导城市空间资源的有序生产和公平分配。如果受影响的居民不能真正从公共利益的实现中受益，城市更新就永远无法达到可持续发展的预期。因此，政府对“公共利益”的判定具有重要意义，

1 UN-HABITAT. The global campaign for good urban governance[EB/OL]. (2002-03-01). https://unhabitat.org/sites/default/files/download-manager-files/Global%20Campaign%20on%20Urban%20Governance.pdf..

“公共利益”不仅在宏观层面关注城市发展，更在微观层面关注人的需求。[1]例如，若地方政府在拆除重建类城市更新中，对“公共利益”的判断仅受制于宏观增长逻辑和市场逻辑，城市更新便可能出现损害公共利益、使城市更新目标异化的情形。如前所述，马修·卡莫纳将“公共利益”分解为九个具体目标：福利（保障公众健康和安全）、功能（基础设施的便利性）、经济（促进经济增长）、愿景（塑造特定的地方形象）、公平（避免“公地悲剧”，保障公共利益和个人利益）、保护（城市自然和历史文化资源的保护）、社会（宜居性和良好的公共环境）、环境（可持续发展与绿色城市）和审美（充满美感的环境）。[2]城市设计治理是城市更新空间治理的重要构成，上述公共利益目标也是城市更新公共利益的具体表征。进言之，可将城市更新空间治理的公共利益区分为两大类型，物化的公共利益与非物化的公共利益。物化的公共利益主要指具有实体上的共享性、可以落实为公共物品形态的公共利益，如城市基础设施、公共空间（绿地、市民公园、广场等）等，因此，实施城市更新行动时往往会优先对市政基础设施、公共服务设施、公共空间等进行提升和改造。非物化的公共利益主要表现为重要的和理想化的精神与文化价值，如公共健康、城市活力和城市魅力等。在此基础上，可进一步列出公共利益清单，为城市更新空间治理确定目标愿景（表7–8）。

1 ZHUANG T Z, QIAN Q K, VISSCHER H J, et al.. Stakeholders' expectations in urban renewal projects in China: a key step towards sustainability[J]. Sustainability, 2017(9): 1640.

2 CARMONA M. Design governance: theorizing an urban design sub-field[J]. Journal of urban design, 2016(6): 706-707.

城市更新空间治理中公共利益目标清单　表7-8

城市更新物化的公共利益目标要素	城市更新非物化的公共利益目标要素
• 均衡便利的城市基础设施和公共服务设施 • 充足开放的公共空间 • 宜居美丽的人居环境 • 保障性住房供应和老旧居住区更新 • 绿色城市和韧性城市 • 城市历史文化遗产保护 ……	• 公众健康、安全与福祉 • 人文关怀 • 空间正义性 • 城市愿景和城市特色 • 社区归属与社会融合 • 城市集体记忆 ……

2. 以共治促善治，提升公众参与城市更新的实效性，为实现公平正义的城市更新提供保障

“城市更新首先是一个过程，是通过居民、企业经营者、土地所有者以及公共部门采取的行动和措施才得以实现的。”[1]新型城镇化背景下，城市更新空间治理是多元协商共治而非单纯政府主导或市场主导。在城市更新实践中，对公共利益的确认既需要建立人民需求的发现与整合机制，更需要建立公共利益的实现与调适机制，以利益相关方平等参与和利益诉求的畅通性为前提。只有建立信息公开、互动开放的利益表达机制，才有助于在政策制定过程中整合各方利益诉求，促进合民意的城市更新政策形成。因此，要完善政府与其他城市更新

1　福里克．城市设计理论：城市的建筑空间组织[M]．易鑫，译．北京：中国建筑工业出版社，2015：99.

多元主体“多方合作、公众参与、共建共享”的共治机制，搭建全过程公众参与平台，促进多方利益的博弈与协商。这其中，以公众参与为基本路径的政府与公众的互动，对城市空间治理至关重要，有助于提升城市更新的有效性和公平性。

作为良好城市治理的基本原则，公众参与不仅是城市更新空间治理的重要工具，更是降低城市更新社会成本、缓和利益相关者冲突的“钥匙”。走向“善治”的城市空间治理，基本要素必须包括体现程序正义的公众参与，这是对公共治理的合法性和伦理性要求。城市更新的公众参与，指的是通过公众对城市更新法规、规划和政策方案的制定以及城市更新实施过程的参与，对政府主导下的城市更新行为产生一定的影响，使城市更新能够切实体现公众需求和公共利益。在欧美国家20世纪60年代的城市更新浪潮中，伴随公众抗议运动和城市规划价值变迁，公众参与成为城市更新决策过程的基础环节和法定环节。以20世纪90年代开始，公众参与理念在我国城市规划领域受到重视，并逐渐成为城市规划行政管理体系的法定环节，在相关法规中也有了明确规定。

截至2022年2月，已出台的地方一级城市更新条例，如《深圳经济特区城市更新条例》（2021年3月1日起开始施行）、《上海市城市更新条例》（2021年9月1日起开始施行）以及《辽宁省城市更新条例》（2022年2月1日起施行）都明确公众参与是城市更新应当遵循的基本原则之一。《深圳经济特区城市更新条例》作为我国首部城市更新立法，其第十二条规定城市更新部门、各区人民政府应当建立健全城市更新公众参与机制，畅通利益相关人及公众的意见表达渠道，保障其在城市更新政策制定、计划规划编制、实施主体确认等环节以及对搬迁补偿方案等事项的知情权、参与权和监督权。《上海市城市更新条例》第九条规定，建立健全城市更新公众参与机制，依法保障公众在城市更新活动中的知情权、参与权、表达权和监督权。更难能可贵的是，该条例还通过具体条款的规定让公众参与权能够落到实处。如在保障公众知情权方面，要求依托“一网通办”“一网统管”平台，建立全市统一的城市更新信息系统，城市更新指引、更新行动计划、更新方案以及城市更新有关技术标准、政策措施等，应当同步通过城市更新信息系统向社会公布（第十条）；在保障公众参与权、表达权方面规定，市人民政府指定的部门或者机构、区人民政府在编制更新行动计划的过程中，应当通过座谈会、论证会或者其他方式，广泛听取相关单位和个人的意见（第十六条）；在编制区域更新方案的过程中，更新统筹主体应当与区域范围内相关物业权利人进行充分协商，并征询市、区相关部门以及专家委员会、利害关系人的意见（第二十三条）。

虽然我国城市更新的公众参与在制度层面有了基本保障，少数城市依托城市更新条例健全了公众参与机制，但总体上看，在关键的利益相关者的参与深度、参与权益保障、参与程序完善、参与制度平台功能发挥等方面都亟待加强，否则公众参与将可能被简化为不具备制约性力量的程序性环节，最终将有损城市更新的正义性和伦理性。

总之，城市更新因其涉及多元主体利益关系和利益矛盾而成为城市规划中最复杂的一个方面。当代中国的城市更新，已经从大规模增量扩张转型为以存量提质改造为主，是在“城市重写本”而非“白板”上的城市更新。大卫·哈维指出：“规划者、建筑学家、城市设计者——简言之‘城市规划专家’——都面临一个共同的难题：如何在城市重写本上规划和建造下一个层次，既满足未来的需要，又不会破坏先前产生的一切。”[1]其实，这样的难题不仅考验城市规划者，更考验的是城市更新进程中政府的城市治理能力。新一轮城市更新是通过全方位改善人居环境、共建美好生活来构筑城市未来发展优势的，这是中国城市更新的最新迭代，也是城市更新的价值重塑过程，需要对以往城市更新模式进行伦理调适，既要注重城市经济持续发展和城市功能调整，又要突出以人为本和空间正义性价值，将饱含伦理价值的宜居城市、人文城市目标作为城市更新的动力源。

三、城市设计治理导向的历史文化名城保护：以北京老城为例

当代城市文化遗产保护范式，一个明显的转向，就是不断拓展建筑文化遗产的保护类型、保护要素以及保护的时间维度和空间尺度，日益摆脱仅重视文物建筑保护的古典范式，更加注重建筑遗产与城市空间之间形成一种有机交织的动态互动关系。与此同时，空间规划和设计治理在建筑遗产保护中的作用日益凸显。乔克斯・詹森（Joks Janssen）等学者指出：“遗产是一个具有高度可塑性的概念，它的含义不断流变，其实质和意义不断被社会重新定义。从这样一个动态视角来看，不可避免地要在城市规划发展的背景下处理遗产问题并形成

1 哈维．正义、自然和差异地理学[M]．胡大平，译．上海：上海人民出版社，2010：478.

新的方法和实践。”[1]有鉴于此，本节试图以北京老城整体保护为例，提出作为一种历史景观叙事和公共空间整合的城市设计治理导向的保护策略，以期探索历史文化名城保护更新的“整合式保护”之路。

（一）城市设计作为一种整合性建筑遗产保护策略

在当代城市历史文化遗产保护进程中，综合的城市规划和城市设计体系是管理和保护城市历史文化遗产最有效的工具之一。北京城市历史文化遗产保护早已纳入系统化的城市规划政策框架。目前对北京老城建筑遗产的保护，既有《北京城市总体规划（2016—2035年）》保障老城整体保护的政策引领和刚性约束，更有《北京历史文化名城保护规划》《北京皇城保护规划》等专项规划的标准约束。为了保证不同层级规划的有效性和可实施性，使保护规划要求与复杂的老城更新过程和基层实施需求相结合，还需要将保护措施从总体政策和对控制指标的管理，转向更为精细化的城市设计层面的引导与谋划。

城市保护史上，将拥有丰富历史建筑的老城视为需要保护的整体性遗产，是与19世纪末城市规划、城市设计的产生与发展一脉相承的。当一些城市设计的先驱们将城市设计过程视为对城市历史的适应性延续时，一定程度上意味着城市设计与城市保护之间有内嵌性关系。明确将纪念物（monument）概念扩展至一座历史城市的是意大

1 JANSSEN J, LUITEN E, RENES H, et al.. Heritage as sector, factor and vector: conceptualizing the shifting relationship between heritage management and spatial planning[J]. European planning studies, 2017(9): 1654.

利古迹修复专家古斯塔沃·乔万诺尼（Gustavo Giovannoni）。他认识到历史城市保护与现代城市发展之间的矛盾，阐明了建筑遗产与城市空间及其环境氛围的关系，主张“历史性建筑的概念意味着不能离开一个单体建筑所处的环境来定义它，传统城市及城市整体片区的特质，它们的建筑气氛来自‘主要建筑’与其周围环境的辩证关系”[1]。乔万诺尼的观点实际上就是主张通过城市规划、城市设计整合建筑遗产与当代城市形态的关系，使古代肌理有机嵌入现代城市生活。

有关国际古迹保护与修复的《雅典宪章》（1931年）和《威尼斯宪章》（1964年）是从单体建筑保护向周边景观和城市空间环境保护过渡的重要转折。20世纪中期以来，鉴于文化遗产概念不断扩展以及遗产价值评估越来越注重文脉价值，城市遗产保护逐渐被纳入城市和区域规划、城市设计的管理框架，如1975年欧洲建筑遗产大会通过的《阿姆斯特丹宣言》提出，建筑遗产保护是城市和区域规划的主要目标之一，区域规划政策必须有助于建筑遗产保护。2005年国际古迹遗址理事会第15届大会通过的关于历史建筑、古遗址和历史地区周边环境保护的《西安宣言》，强调了建筑遗产、遗址或地区的环境的重要性，提出通过规划工具和规划实践保护和管理环境，其中规划手段应包括相关的规定，以有效控制渐变和骤变对环境产生的影响。在防止重要环境中视觉和空间的不当侵占以及土地的不当利用方面，重要的天际线、景观视线以及任何公共或私人新建设施与遗产建筑、遗址和

1 萧伊．建筑遗产的寓意[M]．寇庆民，译．北京：清华大学出版社，2013. 121.

地区之间有充足的距离是进行评估的关键。[1]总之，伴随遗产内涵的不断扩展，“遗产重新定位于空间发展：从关注孤立的保存到整合性保护，最后是更广泛的遗产规划的概念”[2]。

“整合”指的是使事物有机结合为一体而使之更为完整并凸显其特征的过程。当代城市设计是一种整体的、综合的创造良好场所的设计行为，它的一个独特的社会作用是能够建构、保护和恢复建成环境形态的连贯而统一的体验。[3]罗杰·特兰西克（Roger Trancik）综合了三种主要的城市设计理论，即界定空间的图—底理论、体现关联特质的连接理论以及反映社会的场所理论，在此基础上，他提出了一种趋于整合的城市设计方法，强调渐进主义的有机更新理念，阐述了整合城市环境的空间联系和特定场所精神的空间形态的设计原理。[4]

对于老城的形态格局而言，城市设计的重要性并不在于如何增建新的城市空间，而在于如何恢复并保持城市要素之间的整体性与连续性。城市设计作为一种具有整合性功能的建筑遗产保护工具，体现在它作为一种空间塑造行为，主要用于处理单体建筑遗产与城市空间环境之间的关系，以营造文脉延续、新旧和谐、特色鲜明的城市空间秩序。阿美特·辛哈（Amita Sinha）等学者认为，在建筑遗产保护中，城市设计通过设计遗产路径、开发公共空间系统等方式，可以提高遗

1 张松. 城市文化遗产保护国际宪章与国内法规选编[M]. 上海：同济大学出版社，2007：151.
2 ASHWORTH G. Preservation, conservation and heritage: approaches to the past in the present through the built environment[J]. Asian anthropology, 2011(1): 1.
3 STERNBERG E. An integrative theory of urban design[J]. Journal of the American Planning Association, 2000(3): 267.
4 特兰西克. 寻找失落的空间：城市设计理论[M]. 朱子瑜，等，译. 北京：中国建筑工业出版社，2008：219-220.

产的可读性并提升城市特质，可以让建筑遗产被公众阅读、认识，并被理解为更大的文化景观的一部分。[1]概言之，在当代复杂而动态变化的城市环境之下，城市设计导向的建筑遗产保护模式是一种能够更好地保护城市肌理、整合城市景观和建筑遗产资源的城市保护工具，它将建筑遗产视为由城市空间中各种元素整合而成的特定景观，涵盖了建筑物、街道布局、公共空间、自然景观、界面细部、建筑细节、视觉轴线、眺望景观等。

根据北京市第四次全国文物普查数据，老城现有历史文化资源1012处，其中不仅荟萃了以故宫、天坛为代表的世界文化遗产，区级以上文物保护单位320处，而且还有大量类型多样、数量众多、反映特定时代风貌的历史建筑以及历史街区（图7–1）。尽管北京老城在基本格局及重点文物建筑的保护上成效不错，但从整体保护视角看，存在一些问题亟待解决，且这些问题大都与城市设计相关。一是北京老城33片历史文化街区作为一种片区整体保护方式，总体上遵循的仍旧是被动式的、静态的保护模式，其历史文化价值的整体效应没有充分发挥出来，“中国历史文化保护区作为单体文物和名城的中间层次，为了规避与城市发展之间的矛盾，往往堕入一种‘大’文物的划定方式，追随着单体文物建筑的保护逻辑，多重界线的保护效力伴随着历史文化价值的辐射力而减弱。这在一定程度上是实现片区整体

1 SINHA A, SHARMA Y. Urban design as a frame for site readings of heritage landscapes: a case study of Champaner-Pavagadh, Gujarat, India[J]. Journal of urban design, 2009(2): 205.

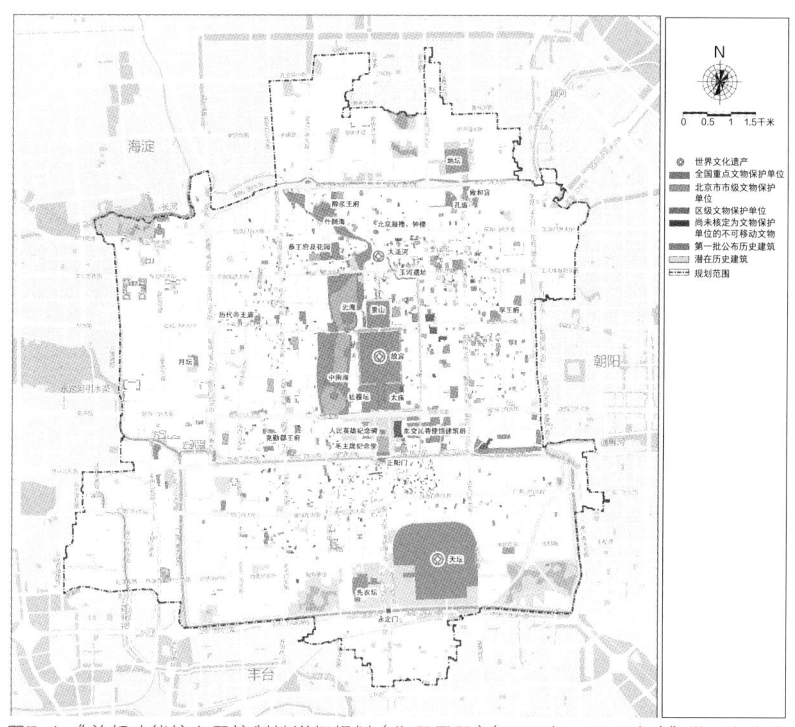

图7-1 《首都功能核心区控制性详细规划（街区层面）（2018年—2035年）》世界文化遗产、不可移动文物及历史建筑分布图

来源：《首都功能核心区控制性详细规划（街区层面）（2018年—2035年）》（图纸），图012

保护的最大障碍[1]。”二是北京老城标志性的“凸”字形平面城郭特征（图7-2），因城墙和城门几近消失而形象模糊，残余的城墙城门遗迹作为关键的记忆元素，由于缺乏景观节点的串连叙事而导致意象性弱。三是老城部分历史景观支离破碎，重要建筑遗产与公共空间要素之间联系薄弱，尤其是一些建筑遗产由于开放性和主题性开发不足，导致无人知晓或无人问津，既难以发挥老城建筑遗产的文化价值，也难以成为场所营造的有机组成部分。

基于此，为了更好地保护北京老城建筑遗产并发挥其整体文化效能，应当有效发挥城市设计的作用，除了采取“特色风貌分区”等管控模式外，面对老城建筑形态新旧并存以及部分建筑遗产碎片化的现实情况，还应注重通过历史景观叙事和整合公共空间的方式，实现建筑遗产和城市环境、公共空间的有机融合。

（二）基于历史景观叙事的城市设计：提升建筑文化遗产的可读性

认识建筑文化遗产在当代城市文化和社会生活中的价值，叙事的维度不可或缺。理解基于历史景观叙事的城市设计，需要界定“景观叙事”的含义。首先，这里指称的“景观”，特指历史景观，其含义与2005年世界遗产与当代建筑国际会议通过的《维也纳备忘录》提出的“历史性城市景观”（historic urban landscape，简称HUL）概念相

1 莫浙娟，荆锋，王世福. 归“真”：现代性与城市遗产交织视界下的巴黎玛黑保护区规划变革[J]. 国际城市规划，2017（3）：145.

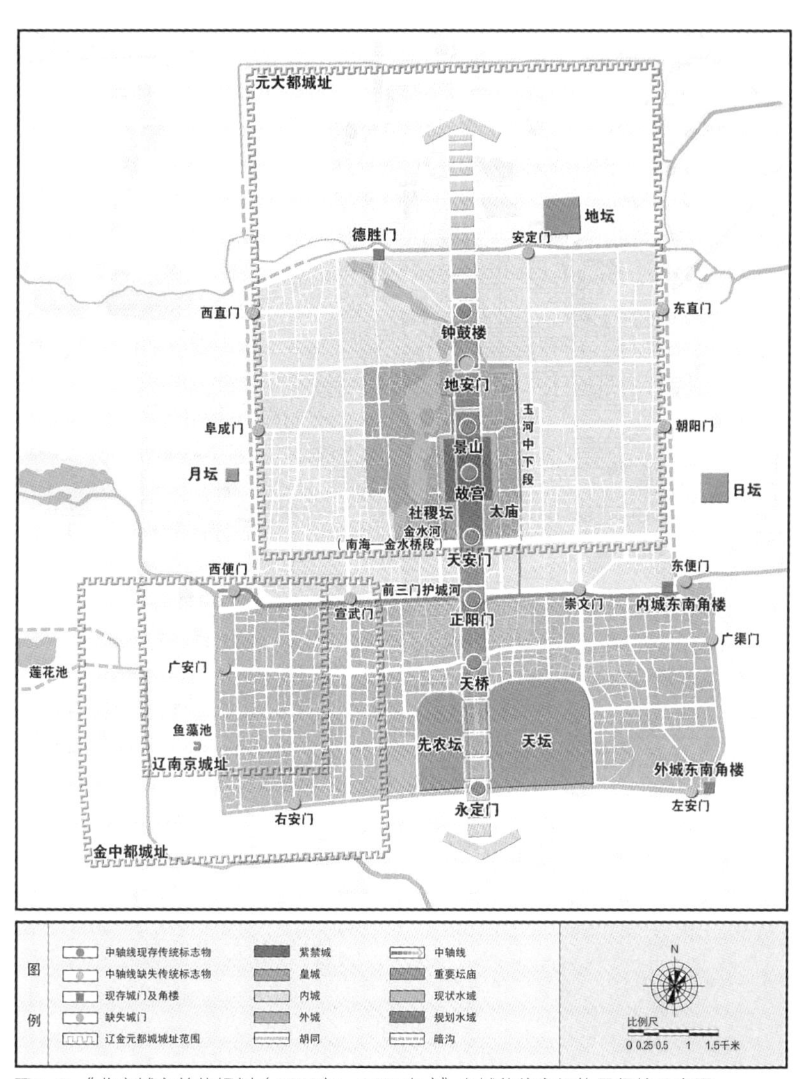

图7-2 《北京城市总体规划（2016年—2035年）》老城传统空间格局保护示意图
来源：《北京城市总体规划（2016年—2035年）》附件，图09

近。2011年11月10日，联合国教科文组织大会通过的《关于城市历史景观的建议书》中，将HUL定义为：

文化和自然价值及属性在历史上层层积淀而产生的城市区域，其超越了“历史中心”或“整体”的概念，包括更广泛的城市背景及其地理环境。上述更广泛的背景主要包括遗址的地形、地貌、水文和自然特征；其建成环境，不论是历史上的还是当代的；其地上地下的基础设施；其空地和花园、其土地使用模式和空间安排；感觉和视觉联系；以及城市结构的所有其他要素。背景还包括社会和文化方面的做法及价值观、经济进程以及与多样性和特性有关的遗产的无形方面。[1]

HUL从理念层面将城市历史区域理解为具有文化价值和自然价值及特性的历史层积的结果，它既具有历史的过程属性又具有当前的现实属性。同时，HUL方法提出了一种在综合性系统视角下思考文化遗产保护的方式，超越了作为一种“建筑集合体”的遗产概念，包含更广泛的城市文脉和建成环境，尤其重视保护文化遗存、历史场所与空间环境（包括人文环境与地理环境）的有机关联性，有助于在历史文化名城整体文脉传承的视角下，走向更具整合性的景观尺度的遗产保护模式。

其次，关于“景观叙事”，较早对此进行系统研究的马修·波提格（Matthew Potteiger）和杰米·普灵顿（Jamie Purinton）认为，叙事对人们的文化体验至关重要，是人们形成经验和理解景观的一种基本

1 班德林，吴瑞梵. 城市时代的遗产管理：历史性城镇景观及其方法[M]. 裴洁婷，译. 上海：同济大学出版社，2017：251.

方法，“‘景观叙事’一词是指产生于景观和叙事间的相互作用和彼此关系。首先，场所构成叙事的框架，景观不但确定或用作故事的背景，而且本身也是一种多变而重要的形象和产生故事的过程”[1]。由此，他们还提出了景观设计中命名（naming）、排列（sequencing）、揭示（revealing）、隐藏（concealing）、聚集（gathering）、开放（opening）等多种叙事策略。其中，“命名”是创造场所感的一种基本策略，场所与社会、历史的联系通过命名得以显现，如对历史文化遗产的保护力求保留和恢复其具有历史意义的名字，同时命名也是一种表示对某个地方的象征性存在、拥有和纪念的基本方式，具有伦理意蕴。“排列”指的是一种景观的叙事序列，一种理想的排序不能脱离故事而存在，而是通过不同的事件排列方式传递不同的含义，如顺序排列所营造的连贯感。“揭示”和“隐藏”旨在说明文化景观是具有历史层积性的“重写本”，需要“设计师们揭示或掩饰厚厚的多层经验、历史和记忆，并把参观者吸引到对场地的诠释和表现中去，被隐藏或被展示的东西讲述了文化价值、神话和认知方式的故事。”[2]“聚集”指的是将事件、人物、过程整合起来，置入有意义的结构，在历史景观叙事中它是一种重获记忆、维护和再造已逝事物的方式。“开放”则将景观诠释置于更宽广、更多元、更开放的视角，以此改变人们理解文化景观的方式。借鉴上述景观叙事策略，并将其运用于历史文化名城的历史景观叙事，有助于营造会讲故事或富有事件情节的关联性景

1 波泰格，普灵顿．景观叙事：讲故事的设计实践[M]．张楠，许悦萌，汤莉，等，译．北京：中国建筑工业出版社，2015：6.

2 波泰格，普灵顿．景观叙事：讲故事的设计实践[M]．张楠，许悦萌，汤莉，等，译．北京：中国建筑工业出版社，2015：167.

观，让建筑文化遗产成为一种具有可读性的叙事框架，激活人、建筑遗产及其所蕴含的史实、故事、集体记忆之间的关联，更好地展示、传达建筑文化遗产的文脉信息和文化内涵。

当代城市设计及其空间发展不仅改变了城市的物理结构，而且还在很大程度上破坏了历史建筑与该地区相关联的故事和意义。“城市整体的连续性不仅体现在物理结构的保护上，还体现在重复使用、情感依恋和（本地）故事之中，因而可使用心理和无形的价值作为设计主题。在城市更新规划或设计中，可通过表现依附于建筑和景观上的观念或故事，增强其联想性和识别性，使居民和游客得以感知。”[1]因此，充分发挥城市设计在重构城市景观叙事方面的独特作用，通过多种叙事手法“讲述”城市景观故事，既可以提升建筑文化遗产的可读性，又有助于增强公众对建筑文化遗产的文化认同感。具体而言，基于景观叙事的城市设计策略主要体现在以下三个方面。

1. 镶嵌起源

“镶嵌起源”指的是在营造城市建筑遗产景观时，通过片区或重点地段的城市设计，精心选择历史遗留物、建筑遗址或片断性历史场景加以残状保护，呈现多元并置的建筑遗产语境，让其“诉说”城市历史起源，增强历史的可触摸感和延续感，唤起公众的集体记忆。“镶嵌起源”策略的意义，除了增强遗产的真实可感性，还体现在阿

1 JANSSEN J, LUITEN E, RENES H, et al.. Heritage as sector, factor and vector: conceptualizing the shifting relationship between heritage management and spatial planning[J]. European planning studies, 2017(9): 1664.

莱达·阿斯曼（Aleida Assmann）所说的“既编码了遗忘，也编码了回忆”[1]，即遗产废墟一方面显示着它对今天的人们来说如此陌生，已消失在远去的历史中，但另一方面它同时也引发了一种回忆的可能性，它在记忆被唤醒的时候重获生命力。

意大利罗马老城被誉为全球最大的“露天历史博物馆”，留给人们的最深印象，就是各种遗址、废墟，如斗兽场、凯旋门、万神殿、公共浴场、皇宫遗址、古罗马时期的城墙及民居的废墟遗迹遍布整个罗马老城区（图7–3），甚至仅仅一根断柱或一段石雕、残墙，都“散落”在老城的大街小巷，无论市民或是游客都可以近距离地欣赏、感受，在两千年时空交叠的奇妙感觉中体会文化遗产的赓续不绝与无限魅力。“镶嵌起源”的叙事策略在北京老城保护中已有所运用，如明北京城墙的“遗珠”东便门一段被辟为遗址公园加以保护，除连接东南角楼西侧的一小段城墙修复成完整形态外，其他城墙残存断面作为北京唯一存留的一段内城城墙被保留下来（图7–4），这些残留的“历史情节”，保留了历史最真实的印记，有助于唤起人们渐渐湮没的城墙记忆。

2. 主题构建

将叙事的方法模式与修辞策略引入城市设计领域的一个重要切入点，就是空间场所主题文化语境的塑造及其空间编排。[2]主题策略

1 阿斯曼. 回忆空间：文化记忆的形成和变迁[M]. 潘璐，译. 北京：北京大学出版社，2016：360.

2 陆邵明. 场所叙事及其对于城市文化特色与认同性建构探索：以上海滨水历史地段更新为例[J]. 人文地理，2013（3）：53.

图7-3 罗马老城的古罗马广场遗址
来源：崔勇 摄

图7-4 北京东便门一段城墙残存断面

是构建空间叙事的重要方法，它往往将场所、建筑遗产与故事有机联系起来，让不同建筑遗产相互关联。英国建筑师简・舍库斯（Jan Sircus）认为，最成功的场所都有“主题”和“故事”，主题是最重要的“大创意”（big idea），它能够提供一种语境，使之成为不同故事或事件的联系纽带。营建成功的场所，城市设计应遵循四个叙事原则，首先是构建主题与结构（组织理念和人流），其次是序列体验（讲述故事或目的）、视觉传达（细节、符号和吸引物）以及参与行为（通过感官、行动和记忆）。[1]简・舍库斯提出的这些叙事原则同样适用于营造老城历史景观。

劳拉・费勒（Laura Feller）等学者提出：“主题框架是对文化资源进行综合性的、文脉性的概览，以及对个别资源的相对重要性进行比较分析的必要工具。”[2]将空间叙事的主题框架策略运用于老城保护，一个可行的路径是运用关联景观和步行路径等叙事手法，基于老城空间遗产资源要素的分布而构建“主题性建筑遗产线路”。它类似于国外一些城市的遗产足迹（heritage trail）保护方式，指运用主题筛选、文化规划和主题阐释等方法，建构点状和线状线路，将具有文化相关性或相同文化主题的建筑遗产资源有机融入整体保护与展示系统，形成一种整合性的遗产保护与再利用框架。作为一种遗产保护策略，“主题性建筑遗产线路”强调遗产保护中的叙事性关联，它不是

1　SIRCUS J. “Invented places”[M]// CARMONA M, TIESDELL S. Urban design reader. London: Routledge, 2007: 126-129.

2　FELLER L, MILLER P P. Public history in the parks: history and the national park service[EB/OL]. (2018-04-01). https://www.historians.org/publications-and-directories/perspectives-on-history/january-2000/public-history-in-the-parks-history-and-the-national-park-service.

孤立地保护单个建筑遗产，而是以共同的叙事主题为纽带，增强单体建筑遗产节点之间的内在联系，更好地传承城市文脉，强化建筑遗产的可读性。同时，“主题性建筑遗产线路”还是以特色建筑遗产资源串连而形成的“文化探访路”，具有带动老城特色文化旅游发展的作用。依据北京老城建筑遗产突出的类型特征和共性文化元素，通过文脉分析和文化主题筛选，可以提炼和打造两种类型的主题线路，一是能够鲜明体现北京古都风韵和城市文化特色的主题线路，如“中轴之路：北京老城中轴线上的建筑遗产”“礼制之路：北京老城皇家坛庙建筑”“王府之路：北京老城王府建筑”等。二是具有较为重要教育价值的主题线路，如“红色之路：北京老城革命纪念建筑遗产”“发展之路：长安街至前三门大街优秀近现代建筑”“名人之路：北京老城名人故居”等。《首都功能核心区控制性详细规划（街区层面）（2018年—2035年）》所示文化传承系统规划图（图7-5），同样运用了主题构建策略，规划设计了10条精品探访线路：中轴线文化探访路，玉河—什刹海—护国寺—新街口文化探访路，南锣鼓巷—雍和宫、国子监—地坛文化探访路，东四—南新仓—日坛文化探访路，月坛—白塔寺—西四文化探访路，故宫—北大红楼—王府井文化探访路，环天安门广场—前门大栅栏文化探访路，新文化街—宣南文化探访路，天坛—先农坛—天桥文化探访路，白云观—三里河路—北京展览馆文化探访路。

3. **节点织补**

近年来在城市更新和老城保护实践中，“织补”日益成为一种能够有效延续和保护城市肌理的城市设计技巧。“织补”是一种形象的说法，就是运用类似“修补匠”般的局部“针灸式”改造方法，修复

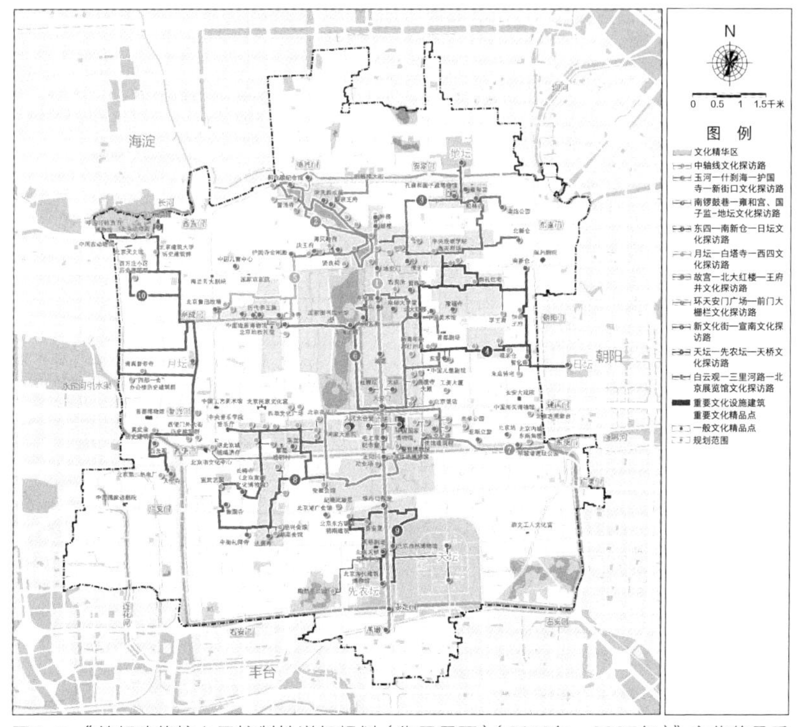

图7-5 《首都功能核心区控制性详细规划（街区层面）（2018年—2035年）》文化传承系统规划图

来源：《首都功能核心区控制性详细规划（街区层面）（2018年—2035年）》（图纸），图014

和整治影响城市文脉延续和古都风貌特征的遗产区域，拆除影响整体风貌的违章建筑，对不完整的、碎片化的老城建筑遗产进行“修补”和“编织”，建构风貌协调、肌理承续的老城景观。吴良镛曾形象地用“百衲衣”来比喻建筑遗产的有机更新。他认为，老城区那些构成城市肌理的破旧老建筑，可以修缮改造的需要顺其原有纹理加以“织补”，这样随着时间的流逝，虽然它成了“百衲衣”，但还是一件艺术品。[1]“修补”老城景观亦如是，关键是新织补的“补丁”一定要延续老城的历史风貌，让新旧元素有机融合，避免“假古董”式的生硬拼贴。

“织补”不仅可以作为延续城市肌理的设计策略，也可以运用于老城建筑遗产的空间叙事。为了整体性保护北京老城建筑遗产，营造历史空间的可读性，不仅需要对空间分布上支离破碎的遗产景观加以主题化建构，而且在同一主题遗产景观的一些重要节点损毁和界面连续性中断的情形下，通过“节点织补”和“填补界面缺口”的方式，断点再续史实节点，赋予历史景观叙事以连续性。例如，永定门是北京老城中轴线的南端起点，是中轴线景观叙事不可或缺的关键性节点。2004年复建永定门城楼的重要意义，就是衔接南中轴线，将中轴线南端“断了的琴弦补上”，恢复老北京的集体记忆符号，实现中轴线的完整性（图7–6）。

“空间叙事常常涉及复杂的地理元素的配置，包括建筑物、标记、纪念物和精心提供的铭文，通过它们提供完整的空间故事线或捕捉历史事件的关键位置和年代关系。”[2]因此，为了建构完整的空间故事线，对体现古都风貌、承载北京老城生活记忆和文化记忆的重要历史建筑节点，不宜复建的，可以通过以建筑遗产标识系统为主要载体的

1 吴良镛. 北京旧城与菊儿胡同[M]. 北京：中国建筑工业出版社，1994：65.

2 AZARYAHU M, FOOTE K E. Historical space as narrative medium: on the configuration of spatial narratives of time at historical sites[J]. GeoJournal, 2008(3): 180.

图7-6　2004年重建后崭新的永定门城楼

"意象性展示"呈现出来。例如，传统中轴线上缺失的节点建筑，如地安门，不宜复建的，都可以采取形式多样的"意象性展示"方式加以"织补"。此外，北京有不少城门原址现已成为立交桥或十字路口，也可以考虑在附近地面上标示该城门位置、形象等方式加以展示。

（三）基于公共空间整合的城市设计：让建筑文化遗产融入城市生活

城市公共空间是城市中最易识别、最易记忆的部分，也是城市特色和社区活力的主要载体。老城公共空间不仅是联系建筑遗产资源的主要空间线索，而且是展示城市形象、承载城市传统风貌特色的空间主体。

城市设计主要以城市公共空间为设计对象，塑造独特的、有活力的公共空间，强化公共空间的脉络是城市设计的基本目标。1889年，被誉为“城市设计之父”的卡米洛·西特阐述了历史城市的格局及公共空间特征，他强调建筑物、纪念物与公共广场之间的关系，揭示了历史城市公共空间美学模式的本质，是其并非建筑物和纪念物的无序集合，而是以公共空间（公共广场）为核心构成了一个连贯有机的整体。他认为，在南欧特别是在意大利的城市，“和过去一样，我们仍然发现将重要的建筑物集中于一个场所，并以能唤起历史记忆的喷泉、纪念物和雕像装饰这一社会生活中心的倾向。而这一切，在中世纪和文艺复兴时期曾经是每一座城市的光荣和骄傲”[1]（图7–7）。西特的观点一定意义上可视为对城市设计导向的建筑遗产保护策略的最早探索。公共空间在建筑遗产保护规划中，作为一个个重要节点能够串联相互割裂的历史文化遗产，营造场所精神，让建筑遗产空间承担起承载文化活动和社区活动的重任。一定意义上说，若没有完善的公共空间体系作为支撑，建筑遗产的保护与再利用很难融入现代城市生活。

总体上看，北京老城与“国际一流的和谐宜居之都”匹配的高质量、多层次、具有文化可识别性的城市空间系统有待完善，尤其是北

1 西特．城市建设艺术：遵循艺术原则进行城市建设[M]．仲德崑，译．南京：江苏凤凰科学技术出版社，2017：26.

图7-7　卡米洛·西特所示佛罗伦萨西闹里广场
来源：西特. 城市建设艺术：遵循艺术原则进行城市建设[M]. 仲德崑，译. 南京：江苏凤凰科学技术出版社，2017：27.

京老城绿色空间较为匮乏，适宜步行和公共活动的空间少，一些街道环境杂乱，对人们感受老城的魅力有较大影响。对于北京老城公共空间整合与营建而言，需要与老城建筑遗产空间的特色肌理和空间品质的提升相结合，充分挖掘老城空间特色，满足市民活动偏好，创造出展现北京历史文化名城风采的公共空间。从城市设计视角看，可依托老城主要建筑遗产和自然景观节点，逐步完善以历史环境保护为导向，注重建筑遗产（在重要建筑遗产周边建立节点广场）、特色街道空间、景观绿道、慢行交通系统与公共活动空间融合发展的北京老城公共空间网络，在此意义上，城市设计发挥着一种空间策划和空间聚合的作用。具体而言，基于北京老城建筑文化遗产的分布特征，可率先从体现传统轴线、城郭形象的历史脉络线索入手，辅之以相关的历史水系环境线索，从以下两个方面构建中观尺度的公共空间历史景观框架：

第一，围绕“一轴”即传统中轴线建构老城公共空间系统。中轴线凝聚了北京这座城市历史文化发展的精髓，是中国古代城市中轴线设计的顶峰，在城市空间序列的节奏变化、空间尺度的把握、空间氛围的营造等方面都达到了很高水准。北京老城中轴线两侧的建筑，除了有皇城宫殿建筑群、皇家祭祀建筑群、外城商肆建筑群以外，更有多条河道、湖泊穿插其中（积水潭、什刹海、北海及中南海水系轴线），还有处于老北京城内城对角线中心点的景山。可利用中轴线节点建筑与自然景观为主要依据，自南向北纵贯永定门、先农坛、天坛、正阳门及箭楼、毛主席纪念堂、人民英雄纪念碑、天安门广场、天安门、社稷坛、太庙、故宫、景山、万宁桥、鼓楼及钟楼14处遗产点，通过历史道路、河湖水系、视线走廊、绿地生态廊道等轴向联系空间，编织串联起各建筑遗产节点广场和各功能板块的城市开放空间系统，构建北京老城“一轴”公共空间的系统框架。

第二，围绕“一墙”即明清北京城墙格局建构老城公共空间系统。1950年7月，梁思成提出关于北京城墙再利用的著名设想（图7–8），基本思路就是将其改造为公共绿色休闲空间——全世界独一无二的环城立体公园，城墙上可以绿化供市民游憩，城楼角楼可辟为陈列馆、阅览室和茶点铺。[1]如今，明北京城城墙只保留着东便门

1 梁思成. 大拙至美：梁思成最美的文字建筑[M]. 北京：中国青年出版社，2007：173.

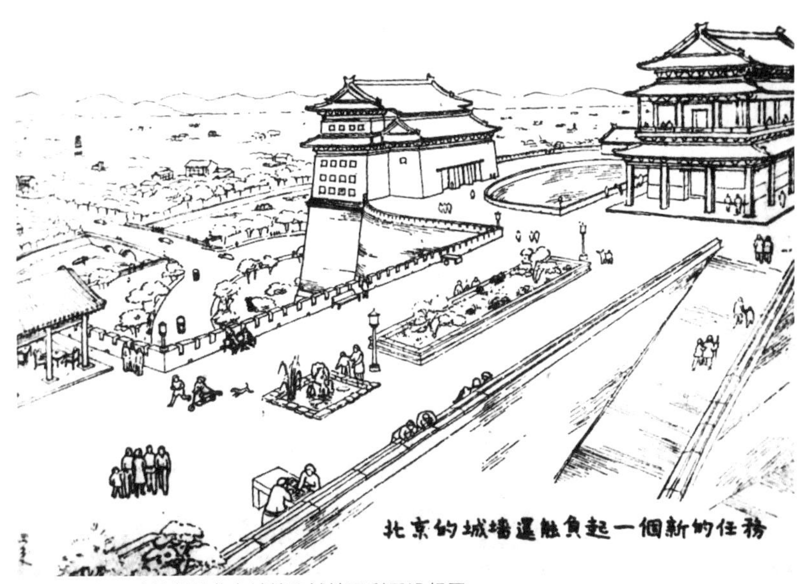

图7-8　梁思成绘制的北京城楼和城墙再利用设想图

至崇文门一段和西便门段两处城墙遗址。城门除正阳门城楼、箭楼和德胜门箭楼可见外（还保留有北京仅存的城垣转角箭楼东南角楼），其他城门已“名存实亡”。现在留在下来的城墙、城门遗迹，使我们无法形成北京“凸”字形城郭的完整意象。因此，为了更好、更为整体性地保护体现北京古都文化的城墙格局，有必要在已建成的城墙遗址公园、二环绿色城墙和建筑遗产节点的基础上（东便门明城墙遗址公园、西便门城墙遗址公园、永定门城楼南北广场及永定门公园、德胜门箭楼广场、德胜公园—北二环城市公园、正阳门城楼广场、建国门古观象台和西二环顺城公园）（图7-9），以展现“凸”字形城郭的

图7-9 作为北京二环“绿色城墙”组成部分的德胜公园

完整格局为基本目标，通过绿地系统、慢行交通系统等将分散的公共空间串联起来，使节点空间之间的联系通道畅通且关联，建构起完整而连续的老城“一墙”公共空间系统框架。

需要强调的是，通过城市设计方法所建构的公共空间框架，梳理、串连了建筑遗产、开放空间与自然景观的特征和关联，作为体现历史文化名城特色的“历史文化斑块”和“历史文化轴线”，要真正发挥其文化休闲空间的作用，还需要通过多元培育，让历史文化遗产不仅仅吸引游客，更能够吸引和服务城市居民，成为集健身休闲、参观体验、文化旅游与文化消费于一体的社会空间。空间活力的激发与营造是一个系统工程，从城市设计层面上看，塑造特色活力区，需要功能交混、城市要素紧凑、以步行为脉络、以公共空间为骨架组合而成，具有良好的可达性和环境特色。[1]伴随上述空间形态学要素的集聚，为提升城市公共空间活力、让建筑文化遗产融入城市生活创造了良好的物质环境条件。

总之，历史文化名城的建筑文化遗产保护不可能脱离城市空间背景。北京老城是在统一规划之下形成的一个不可分割的整体，“是保留着中国古代规制，具有都市计划传统的完整艺术实物”[2]。老城的建筑遗产资源是一种将城市格局、街道和胡同及其布局、历史建筑、自然景观元素以及非物质文化遗产相互融合在一起的历史景观，它是古都北京历史叙事的基本媒介，反映了北京的文化身份和集体记忆。在历史文化名城整体保护尚未有效落实和文化潜力尚未获得充分挖掘的背景下，尝试将城市设计作为一种整合性建筑遗产保护策略，通过历史景观叙事和公共空间整合，提升建筑遗产的可读性、延续性和场所塑造功能，不啻为一种值得实践的遗产保护路径。这种方法是一种最小限度的干预措施，它并非成片更新老城建筑或街区，而是通过城市设计的物质空间要素加以控制引导，凸显老城特色风貌，衔接老城空间板块，动态织补瓦解的城市肌理，唤起人们对老城建筑遗产完整而非支离破碎的认知形象。

1　卢济威，王一. 特色活力区建设：城市更新的一个重要策略[J]. 城市规划学刊，2017（6）：104.

2　梁思成. 建筑文萃[M]. 北京：三联书店，2006：14.

主要参考文献

中文文献

古籍及注疏

[1] 白本松．春秋穀梁传全译[M]．贵阳：贵州人民出版社，1998.

[2] 班固．汉书[M]．颜师古，注．北京：中华书局，1962.

[3] 陈澔．礼记集说[M]．万久富，整理．南京：凤凰出版社，2010.

[4] 陈立．白虎通疏证：上册[M]．吴则虞，点校．北京：中华书局，1994.

[5] 程国政，路秉杰．中国古代建筑文献集要：明代　上册[M]．上海：同济大学出版社，2013.

[6] 董仲舒．春秋繁露[M]．凌曙，注．北京：中华书局，1992.

[7] 段玉裁．说文解字注[M]．北京：中华书局，2013.

[8] 管子[M]．李山，译注．北京：中华书局，2016.

[9] 墨子[M]．李小龙，译注．中华书局，2016.

[10] 李诫．营造法式[M]．邹其昌，点校．修订本．北京：人民出版社，2011.

[11] 礼记[M]．胡平生，张萌，译注．北京：中华书局，2017.

[12] 杨伯峻．春秋左传注：上、下[M]．修订本．北京：中华书局，1990.

[13] 杨伯峻．论语译注[M]．北京：中华书局，2006.

[14] 杨伯峻．孟子译注[M]．北京：中华书局，2012.

[15] 尚书[M]．顾迁，译注．北京：中华书局，2016.

[16] 孟元老．东京梦华录[M]．杨春俏，译注．北京：中华书局，2020.

[17]《十三经注疏》整理委员会，李学勤．十三经注疏·礼记正义：上、中、下[M]．北京：北京大学出版社，1999.

[18] 王国维．观堂集林：外二种[M]．石家庄：河北教育出版社，2003.

[19] 王阳明．王阳明全集 新编本：第一册[M]．杭州：浙江古籍出版社，2010.

[20] 魏收．魏书：第5册[M]．北京：中华书局，1974.

[21] 魏徵，等．群书治要译注：第九册[M]．北京：中国书店，2012.

[22] 邬国义，胡果文，李小路．国语译注[M]．上海：上海古籍出版社，1994.

[23] 熊梦祥．析津志辑佚[M]．北京：北京古籍出版社，1983.

[24] 周礼：下[M]．徐正英，常佩雨，译注．北京：中华书局，2014.

[25] 许嘉璐，安平秋．二十四史全译 史记：第一册、第二册[M]．北京：汉语大词典出版社，2004.

[26] 荀子[M]．方勇，李波，译注．北京：中华书局，2015.

[27] 日下旧闻考：一[M]．于敏中，等，编纂．北京：北京古籍出版社，2000.

[28] 张载．张载集[M]．章锡琛，点校．北

京：中华书局，2012.

[29] 吴越春秋[M]. 赵晔，徐天祜，注音. 南京：江苏古籍出版社，1999.

[30] 周礼注疏：上、中、下[M]. 郑玄，注. 贾公彦，疏. 上海：上海古籍出版社，2010.

[31] 朱熹. 四书章句集注[M]. 北京：中华书局，1983.

现代著作

[1] 包亚明. 现代性与都市文化理论[M]. 上海：上海社会科学院出版社，2008.

[2] 卜工. 文明起源的中国模式[M]. 北京：科学出版社，2007.

[3] 蔡定剑. 公众参与：风险社会的制度建设[M]. 北京：法律出版社，2009.

[4] 蔡永洁. 城市广场[M]. 南京：东南大学出版社，2006.

[5] 陈可石. 设计致良知[M]. 长沙：湖南科学技术出版社，2021.

[6] 陈来. 古代宗教与伦理：儒家思想的根源[M]. 北京：三联书店，2009.

[7] 陈平原，王德威. 西安：都市想象与文化记忆[M]. 北京：北京大学出版社，2009.

[8] 陈志华. 外国建筑史[M]. 3版. 北京：中国建筑工业出版社，2004.

[9] 程炼. 伦理学导论[M]. 北京：北京大学出版社，2008.

[10] 丁旭. 城市设计　理论与方法：上[M]. 杭州：浙江大学出版社，2010.

[11] 董鉴泓. 城市规划历史与理论研究[M]. 上海：同济大学出版社，1999.

[12] 杜瑜. 中国传统城市文化[M]. 北京：中国社会科学出版社，2014.

[13] 段进，刘晋化. 中国当代城市设计思想[M]. 南京：东南大学出版社，2018.

[14] 冯时. 文明以止：上古的天文、思想与制度[M]. 北京：中国社会科学出版社，2018.

[15] 傅熹年. 中国古代城市规划、建筑群布局及建筑设计方法研究：上册[M]. 北京：中国建筑工业出版社，2001.

[16] 傅熹年. 中国古代建筑史・第二卷：三国、两晋、南北朝、隋唐、五代建筑[M]. 北京：中国建筑工业出版社，2001.

[17] 甘绍平，余涌. 应用伦理学教程[M]. 北京：企业管理出版社，2017.

[18] 郭沫若. 奴隶制时代[M]. 北京：人民出版社，1973.

[19] 汉宝德. 中国建筑文化讲座[M]. 北京：三联书店，2008.

[20] 贺业钜.《考工记》营国制度研究[M]. 北京：中国建筑工业出版社，1985.

[21] 贺业钜. 中国古代城市规划史[M]. 北京：中国建筑工业出版社，1996.

[22] 侯仁之. 北京城的生命印记[M]. 北京：三联书店，2009.

[23] 黄兴涛，陈鹏. 民国北京研究精粹[M]. 北京：北京师范大学出版社，2016.

[24] 金广君. 图解城市设计[M]. 北京：中

国建筑工业出版社，2010.
[25] 金经元．近现代西方人本主义城市规划思想家：霍华德、格迪斯、芒福德[M]．北京：中国城市出版社，1998.
[26] 金秋野．宗教空间北京城[M]．北京：清华大学出版，2011.
[27] 康有为．康有为全集：第2集[M]．增订本．北京：中国人民大学出版社，2020.
[28] 寇东亮，张永超，张晓芳．人文关怀论[M]．北京：中国社会科学出版社，2015.
[29] 乐嘉藻．中国建筑史[M]．长春：吉林出版集团股份有限公司，2017.
[30] 李德华．城市规划原理[M]．3版．北京：中国建筑工业出版社，2001.
[31] 李建华．道德原理：道德学引论[M]．北京：社会科学文献出版社，2021.
[32] 李建盛．公共艺术与城市文化[M]．北京：北京大学出版社，2012.
[33] 李孝聪．中国城市的历史空间[M]．北京：北京大学出版社，2015.
[34] 李阎魁．城市规划与人的主体论[M]．北京：中国建筑工业出版社，2007.
[35] 李允鉌．华夏意匠：中国古典建筑设计原理分析[M]．天津：天津大学出版社，2005.
[36] 李泽厚．中国思想史论：下[M]．合肥：安徽文艺出版社，1999.
[37] 梁鹤年．旧概念与新环境：以人为本的城镇化[M]．北京：三联书店，2016.
[38] 梁思成．建筑文萃[M]．北京：三联书店，2006.
[39] 梁思成．中国建筑史[M]．北京：三联书店，2011.
[40] 林美茂．公共哲学序说：中日关于公私问题的研究[M]．北京：中国人民大学出版社，2020.
[41] 刘佳燕．城市规划中的社会规划：理论、方法与应用[M]．南京：东南大学出版社，2009.
[42] 刘兴林．战国秦汉考古[M]．南京：南京大学出版社，2019.
[43] 卢风．应用伦理学概论[M]．2版．北京：中国人民大学出版社，2015.
[44] 芦恒．东亚公共性重建与社会发展：以中韩社会转型为中心[M]．北京：社会科学文献出版社，2016.
[45] 秦红岭．城市规划：一种伦理学批判[M]．北京：中国建筑工业出版社，2010.
[46] 秦红岭．建筑的伦理意蕴[M]．北京：中国建筑工业出版社，2006.
[47] 秦红岭．建筑伦理学[M]．北京：中国建筑工业出版社，2018.
[48] 秦红岭．建筑伦理与城市文化：第二辑[M]．北京：中国建筑工业出版社，2011.
[49] 秦红岭．建筑伦理与城市文化：第三辑[M]．北京：中国建筑工业出版社，2012.
[50] 秦红岭．建筑伦理与城市文化：第四辑[M]．北京：中国建筑工业出版社，2015.

[51] 上海市规划和国土资源管理局，上海市规划编审中心，上海市城市规划设计研究院．城市设计的管控方法：上海市控制性详细规划附加图则的实践[M]．上海：同济大学出版社，2018．

[52] 沈瑞英，杨彦璟．古希腊罗马公民社会与法治理念[M]．北京：中国政法大学出版社，2017．

[53] 沈文倬．宗周礼乐文明考论[M]．杭州：浙江大学出版社，1999．

[54] 沈玉麟．外国城市建设史[M]．北京：中国建筑工业出版社，1989．

[55] 孙施文．城市规划哲学[M]．北京：中国建筑工业出版社，1997．

[56] 孙施文．现代城市规划理论[M]．北京：中国建筑工业出版社，2007．

[57] 唐晓峰．新订人文地理随笔[M]．北京：三联书店，2018．

[58] 唐燕，昆兹曼，等．文化、创意产业与城市更新[M]．北京：清华大学出版社，2016．

[59] 唐燕．城市设计运作的制度与制度环境[M]．北京：中国建筑工业出版社，2012．

[60] 童明．政府视角的城市规划[M]．北京：中国建筑工业出版社，2005．

[61] 汪德华．中国城市规划史[M]．南京：东南大学出版社，2014．

[62] 王德福．治城：中国城市及社区治理探微[M]．南宁：广西师范大学出版社，2021．

[63] 王笛．走进中国城市内部：从社会的最底层看历史[M]．修订本．北京：北京大学出版社，2020．

[64] 王富臣．形态完整：城市设计的意义[M]．北京：中国建筑工业出版社，2005．

[65] 王贵祥．中国古代人居理念与建筑原则[M]．北京：中国建筑工业出版社，2015。

[66] 王建国．城市设计[M]．3版．南京：东南大学出版社，2011．

[67] 王鹏．城市公共空间的系统化建设[M]．南京：东南大学出版社，2002．

[68] 王毅．中国皇权制度研究[M]．北京：北京大学出版社，2007．

[69] 吴良镛．北京旧城与菊儿胡同[M]．北京：中国建筑工业出版社，1994．

[70] 吴良镛．广义建筑学[M]．北京：清华大学出版社，2011．

[71] 吴良镛．良镛求索[M]．北京：清华大学出版社，2016．

[72] 吴良镛．人居环境科学导论[M]．北京：中国建筑工业出版社，2001．

[73] 吴良镛．中国人居史[M]．北京：中国建筑工业出版社，2014．

[74] 吴晓群．希腊思想与文化[M]．北京：中信出版集团，2021．

[75] 夏铸久．公共空间[M]．台北：艺术家出版社，1994．

[76] 忻平．从上海发现历史：现代化进程中的上海人及其社会生活：1927–1937[M]．

上海：上海人民出版社，2009.
[77] 许宏. 大都无城：中国古都的动态解读[M]. 北京：三联书店，2016.
[78] 薛富兴. 艾伦・卡尔松环境美学研究[M]. 合肥：安徽教育出版社，2018.
[79] 杨帆. 城市规划政治学[M]. 南京：东南大学出版社，2008.
[80] 杨鸿勋. 建筑考古学论文集[M]. 北京：文物出版社，1987.
[81] 杨宽. 中国古代都城制度史研究[M]. 上海：上海人民出版社，2016.
[82] 杨通进，高予远. 现代文明的生态转向[M]. 重庆：重庆出版社，2007.
[83] 于雷. 空间公共性研究[M]. 南京：东南大学出版社，2005.
[84] 余秋雨. 世界戏剧学[M]. 北京：北京联合出版公司，2021.
[85] 俞可平. 论国家治理现代化[M]. 北京：社会科学文献出版社，2014.
[86] 俞孔坚，李迪华，刘海龙. "反规划"途径[M]. 北京：中国建筑工业出版社，2005.
[87] 张杰. 中国古代空间文化溯源[M]. 北京：清华大学出版社，2012.
[88] 张京祥. 西方城市规划思想史纲[M]. 南京：东南大学出版社，2005.
[89] 张立文. 中国哲学元理[M]. 北京：中国人民大学出版社，2021.
[90] 张汝伦.《存在与时间》释义[M]. 上海：上海人民出版社，2014.
[91] 张庭伟，田丽. 城市读本[M]. 北京：中国建筑工业出版社，2013.
[92] 张庭伟. 中美城市建设和规划比较研究[M]. 北京：中国建筑工业出版社，2007.
[93] 赵冈. 中国城市发展史论集[M]. 北京：新星出版社，2006.
[94] 赵廼龙. 公共空间环境设计[M]. 北京：人民邮电出版社，2019.
[95] 中国大百科全书总编委员会《建筑・园林・城市规划》编辑委员会. 中国大百科全书・建筑・园林・城市规划[M]. 北京：中国大百科全书出版社，1992.
[96] 周加华. 艺林闲思录[M]. 上海：中西书局，2019.
[97] 周进. 城市公共空间建设的规划控制与引导[M]. 北京：中国建筑工业出版社，2005.
[98] 邹昌林. 中国古礼研究[M]. 台北：文津出版社，1992.

外文中译本著作

[1] 阿德里. 城市与压力：为什么我们会被城市吸引，却又想逃离？[M]. 田汝丽，译. 北京：中信出版集团，2020.
[2] 阿伦特. 人的境况[M]. 王寅丽，译. 上海：上海世纪出版集团，2009.
[3] 阿斯曼. 回忆空间：文化记忆的形成和变迁[M]. 潘璐，译. 北京：北京大学出版社，2016.
[4] 艾琳. 后现代城市主义[M]. 张冠增，译. 上海：同济大学出版社，2007.

[5] 安藤忠雄. 在建筑中发现梦想[M]. 许晴舒，译. 北京：中信出版社，2014.
[6] 班德林，吴瑞梵. 城市时代的遗产管理：历史性城镇景观及其方法[M]. 裴洁婷，译. 上海：同济大学出版社，2017.
[7] 贝利. 现代世界的诞生：1780—1914[M]. 于展，何美兰，译. 北京：商务印书馆，2013.
[8] 本奈沃洛. 西方现代建筑史[M]. 邹德侬，巴竹师，高军，译. 天津：天津科学技术出版社，1996.
[9] 比特利. 绿色城市主义[M]. 邹越，李吉涛，译. 北京：中国建筑工业出版社，2011.
[10] 波兰尼. 大转型：我们时代的政治与经济起源[M]. 刘阳，冯钢，译. 杭州：浙江人民出版社，2007.
[11] 波泰格，普灵顿. 景观叙事：讲故事的设计实践[M]. 张楠，许悦萌，汤莉，等，译. 北京：中国建筑工业出版社，2015.
[12] 伯林特. 环境美学[M]. 张敏，周雨，译. 长沙：湖南科学技术出版社，2006.
[13] 勃罗德彭特. 城市空间设计概念史[M]. 王凯，刘刊，译. 北京：中国建筑工业出版社，2017.
[14] 博奥席耶. 斯通诺霍. 勒·柯布西耶全集 第1卷：1910—1929年[M]. 牛燕芳，程超，译. 北京：中国建筑工业出版社，2005.
[15] 卜正民，陆威仪，罗威廉，等. 哈佛中国史01：早期中华帝国：秦与汉[M]. 王兴亮，译. 北京：中信出版集团，2016.
[16] 布克哈特. 希腊人和希腊文明[M]. 王大庆，译. 上海：上海人民出版社，2008.
[17] 布洛赫. 希望的原理：第2卷[M]. 梦海，译. 上海：上海译文出版社，2020.
[18] DOBBINS M. 城市设计与人[M]. 奚雪松，黄仕伟，李海龙，译. 北京：电子工业出版社，2013.
[19] 戴利. 超越增长：可持续发展的经济学[M]. 诸大建，胡圣，译. 上海：上海世纪出版集团，2006.
[20] 德沃金. 至上的美德：平等的理论与实践[M]. 冯克利，译. 南京：江苏人民出版社，2003.
[21] 渡边信一郎. 中国古代的王权与天下秩序[M]. 徐冲，译. 增订本. 上海：上海人民出版社，2021.
[22] 段义孚. 浪漫地理学：追寻崇高景观[M]. 陆小璇，译. 南京：译林出版社，2021.
[23] 费恩斯坦. 正义城市[M]. 武烜，译. 北京：社会科学文献出版社，2016.
[24] 弗莱明，马里安. 艺术与观念：上[M]. 宋协立，译. 北京：北京大学出版社，2008.
[25] 弗雷德里克森. 公共行政的精神[M].

张成福，刘霞，张璋，等，译. 北京：中国人民大学出版社，2003.

[26] 福里克. 城市设计理论：城市的建筑空间组织[M]. 易鑫，译. 北京：中国建筑工业出版社，2015.

[27] 傅立叶. 傅立叶选集：第1卷[M]. 赵俊欣，等，译. 北京：商务印书馆，2011.

[28] 盖尔. 人性化的城市[M]. 欧阳文，徐哲文，译. 北京：中国建筑工业出版社，2010.

[29] 戈特迪纳，哈奇森. 新城市社会学[M]. 黄怡，译. 4版. 上海：上海译文出版社，2018.

[30] 格迪斯. 进化中的城市：城市规划与城市研究导论[M]. 李浩，吴骏莲，叶冬青，等，译. 北京：中国建筑工业出版社，2012.

[31] 格兰尼. 城市设计的环境伦理学[M]. 张哲，译. 沈阳：辽宁人民出版社，1995.

[32] 古朗士. 希腊罗马古代社会研究[M]. 李玄伯，译. 上海：上海文艺出版社，1990.

[33] 谷口汎邦. 建筑外部空间[M]. 张丽丽，译. 北京：中国建筑工业出版社，2002.

[34] 哈贝马斯. 公共领域的结构转型[M]. 曹卫东，王晓珏，刘北城，等，译. 上海：学林出版社，1999.

[35] 哈夫. 城市与自然过程：迈向可持续的基础[M]. 刘海龙，贾丽奇，赵智聪，等，译. 原著2版. 北京：中国建筑工业出版社，2012.

[36] 哈里斯. 建筑的伦理功能[M]. 申嘉，陈朝晖，译. 北京：华夏出版社，2001.

[37] 哈森普鲁格. 走向开放的中国城市空间[M]. 上海：同济大学出版社，2005.

[38] 哈维. 叛逆的城市：从城市权利到城市革命[M]. 叶齐茂，倪晓晖，译. 北京：商务印书馆，2016.

[39] 哈维. 希望的空间[M]. 胡大平，译. 南京：南京大学出版社，2006.

[40] 哈维. 正义、自然和差异地理学[M]. 胡大平，译. 上海：上海人民出版社，2010.

[41] 海德格尔. 存在与时间[M]. 陈嘉映，王庆节，译. 修订译本. 北京：三联书店，2006.

[42] 海德格尔. 海德格尔选集：下[M]. 孙周兴，译. 上海：上海三联书店，1996.

[43] 怀特. 城市：重新发现市中心[M]. 叶齐茂，倪晓晖，译. 上海：上海译文出版社，2020.

[44] 怀特. 小城市空间的社会生活[M]. 叶齐茂，倪晓晖，译. 上海：上海译文出版社，2016.

[45] 霍尔. 城市和区域规划[M]. 邹德慈，李浩，陈熳莎，译. 原著4版. 北京：中国建筑工业出版社，2008.

[46] 霍尔．明日之城：一部关于20世纪城市规划与设计的思想史[M]．童明，译．上海：同济大学出版社，2009.

[47] 霍华德．明日的田园城市[M]．金经元，译．北京：商务印书馆，2006.

[48] 霍普金斯．都市发展：制定计划的逻辑[M]．赖世刚，译．北京：商务印书馆，2009.

[49] 吉罗德．城市与人：一部社会与建筑的历史[M]．郑炘，周琦，译．北京：中国建筑工业出版社，2008.

[50] 卡利科特．众生家园：捍卫大地伦理与生态文明[M]．薛富兴，译．北京：中国人民大学出版社，2019.

[51] 卡莫纳，迪斯迪尔，希斯，等．公共空间与城市空间：城市设计维度[M]．马航，张昌娟，刘堃，等，译．北京：中国建筑工业出版社，2015.

[52] 卡尼格尔．守卫生活：简・雅各布斯传[M]．林心如，译．上海：上海人民出版社，2022.

[53] 卡斯伯特．城市形态：政治经济学与城市设计[M]．孙诗萌，袁琳，翟炳哲，译．北京：中国建筑工业出版社，2011.

[54] 卡斯伯特．设计城市：城市设计的批判性导读[M]．韩冬青，王正，韩晓峰，等，译．北京：中国建筑工业出版社，2011.

[55] 坎尼夫．城市伦理：当代城市设计[M]．秦红岭，赵文通，译．北京：中国建筑工业出版社，2013.

[56] 康帕内拉．太阳城[M]．陈大维，黎思复，黎廷弼，译．北京：商务印书馆，2007.

[57] 柯布西耶．光辉城市[M]．金秋野，王又佳，译．北京：中国建筑工业出版社，2011.

[58] 柯布西耶．明日之城市[M]．李浩，译．北京：中国建筑工业出版社，2009.

[59] 柯布西耶．人类三大聚居地规划[M]．刘佳燕，译．北京：中国建筑工业出版社，2009.

[60] 柯布西耶．走向新建筑[M]．陈志华，译．西安：陕西师范大学出版社，2004.

[61] 科尔本．迈向健康城市[M]．王兰，译．上海：同济大学出版社，2019.

[62] 科尔森．大规划：城市设计的魅惑和荒诞[M]．游宏涛，饶传坤，王士兰，译．北京：中国建筑工业出版社，2006.

[63] 科斯托夫．城市的组合：历史进程中的城市形态元素[M]．邓东，译．北京：中国建筑工业出版社，2008.

[64] 克朗．文化地理学[M]．杨淑华，宋慧敏，译．修订版．南京：南京大学出版社，2005.

[65] 克里格，桑德斯编．城市设计[M]．王伟强，王启泓，译．上海：同济大学出版社，2016.

[66] 克鲁夫特．建筑理论史：从维特鲁威到

现在[M]. 王贵祥，译. 北京：中国建筑工业出版社，2005.

[67] 寇耿，恩奎斯特，若帕波特. 城市营造：21世纪城市设计的九项原则[M]. 赵瑾，俞海星，蒋璐，等，译. 南京：江苏人民出版社，2013.

[68] 库尔茨. 保卫世俗人道主义[M]. 余灵灵，杜丽燕，尹立，等，译. 北京：东方出版社，1996.

[69] 库斯，弗朗西斯. 人性场所：城市开放空间设计导则[M]. 俞孔坚，孙鹏，王志芳，等，译. 2版. 北京：中国建筑工业出版社，2001.

[70] 拉姆. 西方人文史：上[M]. 张月，王宪生，译. 天津：百花文艺出版社，2005.

[71] 拉普卜特. 建成环境的意义：非言语表达方法[M]. 黄兰谷，等，译. 北京：中国建筑工业出版社，2003.

[72] 赖特. 建筑之梦：弗兰克·劳埃德·赖特著述精选[M]. 于潼，译. 济南：山东画报出版社，2011.

[73] 赖特. 一部自传：弗兰克·劳埃德·赖特[M]. 杨鹏，译. 上海：上海人民出版社，2014.

[74] 赖因博恩. 19世纪与20世纪的城市规划[M]. 虞龙发，等，译. 北京：中国建筑工业出版社，2009.

[75] 兰. 城市设计：过程和产品的分类体系[M]. 黄阿宁，译. 沈阳：辽宁科学技术出版社，2008.

[76] 朗. 城市设计：美国的经验[M]. 王翠萍，胡立军，译. 北京：中国建筑工业出版社，2008.

[77] 劳森. 空间的语言[M]. 杨青娟，韩效，卢芳，等，译. 北京：中国建筑工业出版社，2003.

[78] 雷尔夫. 地方与无地方[M]. 刘苏，相欣奕，译. 北京：商务印书馆，2019.

[79] 李约瑟. 中国科学技术史：第4卷物理学及相关技术　第3分册土木工程与航海技术[M]. 汪受琪，等，译. 北京：科学出版社，2008.

[80] 利奥波德. 沙乡年鉴[M]. 侯文蕙，译. 长春：吉林人民出版社，1997.

[81] 联合国教科文组织世界文化与发展委员会. 文化多样性与人类全面发展：世界文化与发展委员会报告[M]. 张玉国，译. 广州：广东人民出版社，2006.

[82] 列斐伏尔. 日常生活批判[M]. 叶齐茂，倪晓晖，译. 北京：社会科学文献出版社，2017.

[83] 林奇，海克. 总体设计[M]. 黄富厢，朱琪，吴小亚，译. 南京：江苏凤凰科学技术出版社，2016.

[84] 林奇. 城市形态[M]. 林庆怡，陈朝晖，邓华，译. 北京：华夏出版社，2001.

[85] 林少伟. 亚洲伦理城市主义：一个激进的后现代视角[M]. 王世福，刘玉亭，译. 北京：中国建筑工业出版社，2012.

[86] 芦原义信. 街道的美学[M]. 尹培桐，译. 天津：百花文艺出版社，2006.

[87] 芦原义信. 外部空间设计[M]. 尹培桐，译. 南京：江苏凤凰文艺出版社，2017.

[88] 罗伯茨，塞克斯，格兰杰. 城市更新手册[M]. 周振华，徐建，译. 2版. 上海：格致出版社，上海人民出版社，2022.

[89] 罗尔斯. 正义论[M]. 何怀宏，何包钢，廖申白，译. 北京：中国社会科学出版社，1988.

[90] 罗杰斯，布朗. 建筑的梦想：公民、城市与未来[M]. 张寒，译. 海口：南海出版公司，2020.

[91] 罗杰斯，古姆齐德简. 小小地球上的城市[M]. 仲德崑，译. 北京：中国建筑工业出版，2004.

[92] 罗泰. 宗子维城：从考古材料的角度看公元前1000至前250年的中国社会[M]. 吴长青，张莉，彭鹏，等，译. 上海：上海古籍出版社，2017.

[93] 马克思，恩格斯. 马克思恩格斯全集：第2卷[M]. 中共中央马克思恩格斯列宁斯大林著作编译局，译. 北京：人民出版社，1957.

[94] 马克思，恩格斯. 马克思恩格斯选集：第1卷[M]. 中共中央马克思恩格斯列宁斯大林著作编译局，译. 北京：人民出版社，1995.

[95] 马克思. 资本论：第1卷[M]. 中共中央马克思、恩格斯、列宁、斯大林著作编译局，译. 北京：人民出版社，2004.

[96] 迈达尼普尔. 城市空间设计：社会—空间过程的调查研究[M]. 欧阳文，梁海燕，宋树旭，译. 北京：中国建筑工业出版社，2009.

[97] 麦克哈格. 设计结合自然[M]. 芮经纬，译. 天津：天津大学出版社，2006.

[98] 芒福德，米勒. 刘易斯·芒福德著作精粹[M]. 宋俊岭，宋一然，译. 北京：中国建筑工业出版社，2010.

[99] 芒福德. 城市发展史：起源、演变和前景[M]. 宋俊岭，倪文彦，译. 北京：中国建筑工业出版社，2005.

[100] 芒福德. 城市文化[M]. 宋俊岭，李翔宁，周鸣浩，译. 北京：中国建筑工业出版社，2009.

[101] 梅赫塔. 街道：社会公共空间的典范[M]. 金琼兰，译. 北京：电子工业出版社，2016.

[102] 蒙哥马利. 幸福的都市栖居：设计与邻人，让生活更快乐[M]. 王帆，译. 南宁：广西师范大学出版社，2020.

[103] 米勒. 社会正义原则[M]. 应奇，译. 南京：江苏人民出版社，2001.

[104] 莫尔. 乌托邦[M]. 戴镏龄，译. 北京：商务印书馆，2006.

[105] 穆勒. 功利主义[M]. 徐大建，译. 上海：上海人民出版社，2008.

[106] 尼采. 偶像的黄昏[M]. 卫茂平，译.

上海：华东师范大学出版社，2007.
[107] 诺伯格-舒尔茨. 场所精神：迈向建筑现象学[M]. 施植明，译. 武汉：华中科技大学出版社，2010.
[108] 诺伯格-舒尔茨. 建筑：存在、语言和场所[M]. 刘念雄，吴梦姗，译. 北京：中国建筑工业出版社，2013.
[109] 诺伯格-舒尔茨. 西方建筑的意义[M]. 李路珂，欧阳恬之，译. 北京：中国建筑工业出版社，2005.
[110] 帕克. 城邦：从古希腊到当代[M]. 石衡潭，译. 济南：山东画报出版社，2007.
[111] 帕克. 城市：有关城市环境中人类行为研究的建议[M]. 杭苏红，译. 北京：商务印书馆，2016.
[112] 培根. 城市设计[M]. 黄富厢，朱琪，译. 北京：中国建筑工业出版社，2003.
[113] 丘吉尔. 城市即人民[M]. 吴家琦，译. 武汉：华中科技大学出版社，2016.
[114] 萨迪奇. 城市的语言[M]. 张孝铎，译. 上海：东方出版社，2020.
[115] 萨拉蒙. 政府工具：新治理指南[M]. 肖娜，等，译. 北京：北京大学出版社，2016.
[116] 桑内特. 肉体与石头：西方文明中的身体与城市[M]. 黄煜文，译. 上海：上海译文出版社，2016.
[117] 森. 以自由看待发展[M]. 任赜，于真，译. 北京：中国人民大学出版社，2002.
[118] 森. 正义的理念[M]. 王磊，李航，译. 北京：中国人民大学出版社，2012.
[119] 沙里宁. 城市：它的发展、衰败与未来[M]. 顾启源，译. 北京：中国建筑工业出版社，1986.
[120] 山形与志树，谢里菲. 韧性城市规划的理论与实践[M]. 曹琦，师满江，译. 北京：中国建筑工业出版社，2020.
[121] 申茨. 幻方：中国古代的城市[M]. 梅青，译. 北京：中国建筑工业出版社，2009年.
[122] 施坚雅. 中华帝国晚期的城市[M]. 叶光庭，等，译. 北京：中华书局，2000.
[123] 斯波义信. 中国都市史[M]. 布和，译. 北京：北京大学出版社，2013.
[124] 斯科特. 国家的视角：那些试图改善人类状况的项目是如何失败的[M]. 王晓毅，译. 北京：社会科学文献出版社，2004.
[125] 泰勒. 1945年后西方城市规划理论的流变[M]. 李白玉，陈贞，译. 北京：中国建筑工业出版社，2006.
[126] 特兰西克. 寻找失落的空间：城市设计理论[M]. 朱子瑜，张播，鹿勤，等，译. 北京：中国建筑工业出版社，2008.
[127] WEISMAN L K. 设计的歧视：男造环境的女性主义批判[M]. 王志弘，张淑玫，魏庆嘉，译. 台北：巨流图书

公司，1997.
[128] 韦伯．经济与社会：第2卷[M]．阎克文，译．上海：上海人民出版社，2020.
[129] 韦尔南．希腊思想的起源[M]．秦海鹰，译．北京：三联书店，1996.
[130] 维特鲁威．建筑十书[M]．陈平，译．北京：北京大学出版社，2012.
[131] 西特．遵循艺术原则的城市设计[M]．王骞，译．武汉：华中科技大学出版社，2020.
[132] 喜仁龙．北京的城墙与城门[M]．邓可，译．北京：北京联合出版公司，2017.
[133] 萧伊．建筑遗产的寓意[M]．寇庆民，译．北京：清华大学出版社，2013.
[134] 肖特．城市秩序：城市、文化与权力导论[M]．郑娟，梁捷，译．上海：上海人民出版社，2015.
[135] 雅各布斯．美国大城市的死与生[M]．金衡山，译．纪念版．北京：译林出版社，2006.
[136] 雅各布斯．伟大的街道[M]．王又佳，金秋野，译．北京：中国建筑工业出版社，2009.
[137] 亚里士多德．亚里士多德全集：第8卷[M]．苗力田，译．北京：中国人民大学出版社，1992.
[138] 亚里士多德．政治学[M]．吴寿彭，译．北京：商务印书馆，2008.
[139] 亚力山大．建筑模式语言[M]．王听度，周序鸿，译．北京：中国建筑工业出版社，1989.
[140] 詹克斯，伯顿，威廉姆斯．紧缩城市：一种可持续发展的城市形态[M]．周玉鹏，龙洋，楚先锋，译．北京：中国建筑工业出版社，2004.
[141] 张光直．美术、神话与祭祀：通往古代中国政治权威的途径[M]．郭净，陈星，译．沈阳：辽宁教育出版社，1988.

中文文章

[1] 曹翔，高瑀．低碳城市试点政策推动了城市居民绿色生活方式形成吗？[J]．中国人口·资源与环境，2021（12）：93–103.
[2] 陈玉琛．列斐伏尔空间生产理论的演绎路径与政治经济学批判[J]．清华社会学评论，2017（2）：136–160.
[3] 陈竹，叶珉．什么是真正的公共空间？西方城市公共空间理论与空间公共性的判定[J]．国际城市规划，2009（3）：44–49.
[4] 范嗣斌，邓东，朱子瑜．北京传统城市中轴线九大特质解析[J]．城市规划，2003（4）：45–47.
[5] 郭璐，武廷海．辨方正位 体国经野：《周礼》所见中国古代空间规划体系与技术方法[J]．清华大学学报（哲学社会科学版），2017（6）：36–54.
[6] 郭齐勇．《礼记》哲学诠释的四个向度：

以《礼运》《王制》为中心的讨论[J]. 复旦学报（社会科学版），2016（1）：41-53.

[7] 何明俊. 包容性规划的逻辑起点、价值取向与编制模式[J]. 规划师，2017（9）：5-10.

[8] 何艳玲. 中国行政体制改革的价值显现[J]. 中国社会科学，2020（2）：25-45.

[9] 洪大用，龚文娟. 环境公正研究的理论与方法述评[J]. 中国人民大学学报，2008（6）：70-79.

[10] 侯秋宇，唐有财. 社会性别视角下的城市社区治理：基于上海市徐汇区社区社会组织“绿主妇”的个案研究[J]. 中华女子学院学报，2017（4）：48-55.

[11] 解光云. 述论古典时期雅典城市的公共空间[J]. 安徽史学，2005（3）：5-11.

[12] 解光云. 希腊古典时期的战争对雅典城市的影响[J]. 安徽师范大学学报（人文社会科学版），2004（5）：579-585.

[13] 解利剑，周素红，闫小培. 国内外“低碳发展”研究进展及展望[J]. 人文地理，2011（1）：19-23.

[14] 黄展岳，张建民. 汉长安城南郊礼制建筑遗址学发掘简报[J]. 考古，1960（7）：36-39.

[15] 邝福光. 低熵社会：低碳社会的环境伦理学解读[J]. 南京林业大学学报（人文社会科学版），2011（1）：44-50.

[16] 赖志敏. 开发控制：城市设计作为操作手段的再认识[J]. 规划师，2005（11）：98-100.

[17] 李明丽. 论《左传》叙事的尊“国”意识[J]. 山东理工大学学报（社会科学版），2021（3）：28-34.

[18] 李莎莎. “城市公共空间”概念辨析与理念再思考[J]. 城市建筑，2021（28）：137-139.

[19] 李文硕. 美国城市更新再认识：以纽约市为中心的研究[J]. 史学月刊，2022（2）：104-115.

[20] 李雪铭，白芝珍，田深圳，等. 城市人居环境宜居性评价：以辽宁省为例[J]. 西部人居环境学刊，2019（6）：86-93.

[21] 李芸. 国际人居环境建设的新理念、新经验、新标准[J]. 学术界，2006（6）：280-285.

[22] 联合国住房和城市可持续发展大会. 新城市议程[J]. 城市规划，2016, 40 (12): 19-32.

[23] 梁鹤年. 哀公问政：孔孟思想对规划理论的启发[J]. 城市规划，2002（11）：58-62.

[24] 刘庆柱. 中华文明五千年不断裂特点的考古学阐释[J]. 中国社会科学，2019（12）：4-27.

[25] 刘宛. 城市设计概念发展评述[J]. 城市规划，2000（12）：16-22.

[26] 刘心武. 城市广场的伦理定位[J]. 北京规划建设，2003（2）：48-49.

[27] 刘兴均. “名物”的定义与名物词的确定[J]. 西南师范大学学报（哲学社会科

学版），1998（5）：86-91.
[28] 卢济威，王一. 特色活力区建设：城市更新的一个重要策略[J]. 城市规划学刊，2017（6）：101-108.
[29] 陆邵明. 场所叙事及其对于城市文化特色与认同性建构探索：以上海滨水历史地段更新为例[J]. 人文地理，2013（3）：51-57.
[30] 牛文元. 可持续发展理论的内涵认知：纪念联合国里约环发大会20周年[J]. 中国人口·资源与环境，2012（5）：9-14.
[31] 齐义虎. 畿服之制与天下格局[J]. 天府新论，2016（4）：54-62.
[32] 仇保兴. 紧凑度与多样性（2.0版）：中国城市可持续发展的两大核心要素[J]. 城市发展研究，2012，19（11）：1-12.
[33] 任平. 空间的正义：当代中国可持续城市化的基本走向[J]. 城市发展研究，2006（5）：1-4.
[34] 施雯，黄春晓. 国内儿童友好空间研究及实践评述[J]. 上海城市规划，2021（5）：129-136.
[35] 孙立，田丽. 基于韧性特征的城市老旧社区空间韧性提升策略[J]. 北京规划建设，2019（6）：109-113.
[36] 孙一民. 践行"精明营建"理想的城市设计实践[J]. 建筑技艺，2021，27（3）：12-14.
[37] 田闻笛. 城市规划中的公众参与：逻辑、经验与路径优化：以社会治理现代化为视角[J]. 社会主义研究，2019（1）：112-117.
[38] 佟新，王雅静. 城市居民出行方式的性别比较研究[J]. 山西师大学报（社会科学版），2018（3）：64-69.
[39] 王宝霞. 阿伦特的"公共领域"概念及其影响[J]. 山东社会科学，2007（1）：14-17.
[40] 王蒙徽. 实施城市更新行动[J]. 城市勘测，2021（1）：5-7.
[41] 翁剑青. 当代艺术与城市公共空间的建构：《艺术介入空间》的解读及启示[J]. 美术研究，2005（4）：103-109.
[42] 吴志强，刘朝晖. "和谐城市"规划理论模型[J]. 城市规划学刊，2014（3）：12-19.
[43] 萧明. "积极设计"营造康体城市：支持健康生活方式的城市规划设计新视角[J]. 国际城市规划，2016（5）：80-88.
[44] 谢欣然. 从"资本逻辑"走向"人本逻辑"：当代城市空间生产的伦理演变及其中国实践[J]. 人文杂志，2021（1）：70-78.
[45] 徐著忆，郑奇锋. 以机会均等代替简单的平均化和无差异化：基于吉登斯"第三条道路"福利观的思考[J]. 人民论坛，2013（3）：156-157.
[46] 薛凤旋. 中国城市与城市发展理论的历史[J]. 地理学报，2002（6）：723-730.
[47] 雅典宪章（1933年8月国际现代建筑学会拟订于雅典）[J]. 清华大学营建学系，译. 城市发展研究，2007（5）：123-126.

[48] 杨超. 城市设计的“基础设施主义”：一种城市可持续发展的国际趋势和空间生产模式[J]. 规划师，2020（19）：58-63.

[49] 杨贵庆. 城市空间多样性的社会价值及其“修补”方法[J]. 城乡规划，2017（3）：37-45.

[50] 杨开峰，邢小宇，刘卿斐，等. 我国治理研究的反思（2007—2018）：概念、理论与方法[J]. 行政论坛，2021（1）：119-128.

[51] 杨莹，林琳，钟志平，等. 基于应对公共健康危害的广州社区恢复力评价及空间分异[J]. 地理学报，2019（2）：266-284.

[52] 姚晓娜. 追寻美德：环境伦理建构的新向度[J]. 华东师范大学学报（哲学社会科学版），2009（5）：65-69.

[53] 叶珉. 城市的广场（上）[J]. 新建筑，2002（3）：4-8.

[54] 尹国均. 作为“场所”的中国古建筑[J]. 建筑学报，2000（11）：51-54.

[55] 俞可平. 治理和善治：一种新的政治分析框架[J]. 南京社会科学，2001（9）：40-44.

[56] 臧鑫宇，王峤. 城市韧性的概念演进、研究内容与发展趋势[J]. 科技导报，2019（22）：94-104.

[57] 张国清. 作为共享的正义：兼论中国社会发展的不平衡问题[J]. 浙江学刊，2018（1）：5-18.

[58] 张小平，李鹏，宁伟，等. 低碳导向下的淄博市中央活力片区城市设计[J]. 规划师，2021（21）：51-57.

[59] 赵松乐，丁华. 由政治思想演变看西方市政空间的发展[J]. 华中建筑，2003（3）：63-65，71.

[60] 赵汀阳. 城邦，民众和广场[J]. 世界哲学，2007（2）：64-75.

[61] 赵英杰，张莉，马爱峦. 南京市公园绿地空间可达性与公平性评价[J]. 南京师范大学学报（工程技术版），2018（1）：79-85.

[62] 卓伟德，王泽坚，张若冰. 转型时期我国城市设计供给对策思考[J]. 城市建筑，2018（1）：44-48.

[63] 邹德慈. 低碳、生态、宜居：21世纪的理想城市[J]. 中国建设信息，2010（13）：8-10.

[64] 邹德慈. 人性化的城市公共空间[J]. 城市规划学刊，2006（5）：9-12.

[65] 邹其昌. “设计治理”：概念、体系与战略：“社会设计学”基本问题研究论纲[J]. 文化艺术研究，2021（5）：53-62.

英文文献

英文著作

[1] BAHRAINY H,BAKHTIAR A. Toward an integrative theory of urban design[M]. Berlin:Sgeringer, 2018.

[2] BARNETT J. Urban design as public

policy: practical methods for improving cities[M]. New York:Architectural Record, 1974.

[3] CAICCO G. Architecture, ethics, and the personhood of place[M]. Hanover and London: University Press of New England, 2007.

[4] CALLICOTT J B. Beyond the land ethic: more essays in environmental philosophy[M]. Albany: State University of New York Press, 1999.

[5] CANNIFFE E.Urban ethic: design in the contemporary city[M]. London, New York: Routledge, 2006.

[6] CARR S, FRANCIS M,RIVLIN L G, et al.. Public space[M]. Cambridge: Cambridge University Press, 1992.

[7] Chan J K H. Urban ethics in the anthropocene: the moral dimensions of six emerging conditions in contemporary urbanism[M]. Singapore: Palgrave Macmillan, 2019.

[8] DAVIS J. The caring city: ethics of urban design[M]. Bristol: Bristol University Press, 2022.

[9] DE LEEUW E,SIMOS J. Healthy cities: the theory, policy, and practice of value-based urban planning[M]. New York: Springe, 2017.

[10] DUHL L J, SANCHEZ A K.Healthy cities and the city planning process: a background document on links between health and urban planning[M]. Copenhagen: WHO Regional Office for Europe, 1999.

[11] FOX W. Ethics and the built environment [M]. London, New York: Routledge, 2000.

[12] GEUSS R. Public goods, private goods[M]. Princeton: Princeton University Press, 2001.

[13] GOULD K, LEWIS T. Green gentrification: urban sustainability and the struggle for environmental justice[M]. London, New York: Routledge, 2017.

[14] HARRIES K. The ethical function of architecture[M]. Cambridge (Massachusetts): MIT Press, 1998.

[15] HAWKES J. The fourth pillar of sustainability. Culture's essential role in public planning[M]. Champaign: Common Ground Publishing Pty Ltd, 2001.

[16] HIRT S, ZAHM D. The urban wisdom of Jane Jacobs[M]. London: Routledge, 2012.

[17] JACOBS J. The death and life of great American cities[M]. New York: Modern Library, 1993.

[18] KOHN M. Brave new neighborhoods: the privatization of public space [M]. London and New York: Routledge, 2004.

[19] LAWRENCE F.Ethics in making a living: the Jane Jacobs conference[M]. Atlanta: Scholars Press, 1989.

[20] LEFEBVRE H. Rhythmanalysis: space, time and everyday life[M]. London, New York: Bloomsbury, 2004.

[21] LYNCH K.A theory of good city form[M]. Cambridge: The MIT Press, 1981.

[22] MADANIPOUR A. Public and private spaces of the city[M]. London, New York: Routledge, 2003.

[23] MASSENGALE J, Victor Dover. Street design, the secret to great cities and towns[M]. Hoboken: Wiley, 2013.

[24] NAESS A. Ecology, community and lifestyle: outline of an ecosophy[M]. Cambridge(England): Cambridge University Press, 1989.

[25] RODIN J. The resilience dividend: being strong in a world where things go wrong[M]. New York: Public Affairs, 2014.

[26] SARKAR C, WEBSTER C, GALLACHER J.Healthy cities: public health through urban planning[M]. Cheltenham: Edward Elgar Publishing, 2014.

[27] SCHLOSBERG D. Defining environmental justice: theories, movements and nature[M]. Oxford(UK): Oxford University Press, 2007.

[28] SMITH N, WILLIAMS P.Gentrification of the city[M]. London, New York: Routledge, 2013.

[29] WASSERMAN B, SULLIVAN P,PALERMO G. Ethics and the practice of architecture[M]. New York: Wiley, 2000.

[30] WRIGHT F L. Disappearing city[M]. New York: William Farquhar Payson, 1932.

英文文章

[1] ASHWORTH G. Preservation, conservation and heritage: approaches to the past in the present through the built environment[J]. Asian anthropology, 2011, 10(1): 1–18.

[2] AZARYAHU M, FOOTE K. Historical space as narrative medium: on the configuration of spatial narratives of time at historical sites[J]. GeoJournal, 2008, 73(3): 179–194.

[3] BARRETT B F D, HORNE R, JOHN FIEN J. The ethical city: a rationale for an urgent new urban agenda[J]. Sustainability, 2016, 8(11): 1–14.

[4] BASIAGO A D. Economic, social, and environmental sustainability in development theory and urban planning practice[J]. Environmentalist, 1999(19): 145–161.

[5] BEARDSLEY M. Aesthetic welfare[J]. Journal of aesthetic education, 1970, 4 (4): 9–20.

[6] CAMPBELL S. Green cities, growing cities, just cities? Urban planning and the contradictions of sustainable development[J]. Journal of the American Planning Association, 1996, 62(3): 296–312.

[7] CARMONA M. Design governance: theorizing an urban design sub–field[J]. Journal of urban design, 2016, 21(6): 705–730.

[8] CARMONA M. The formal and informal tools of design governance[J]. Journal of

urban design, 2017, 22(1): 1–36.

[9] CARMONA M. The place–shaping continuum: a theory of urban design process. Journal of urban design, 2014, 19(1): 2–36.

[10] CHECKER M. Wiped out by the "Greenwave": environmental gentrification and the paradoxical politics of urban sustainability[J]. City & society, 2011, 23(2): 210–229.

[11] CONNOLLY J J T. From Jacobs to the just city: a foundation for challenging the green planning orthodoxy[J]. Cities, 2018, 91(8): 64–70.

[12] CRUZ S S, ROSKAMMB N, CHARALAMBOUS N. Inquiries into public space practices, meanings and values[J]. Journal of urban design, 2018, 23(6): 797–802.

[13] CURRAN W, HAMILTON T. Just green enough: contesting environmental gentrification in Greenpoint, Brooklyn[J]. Local environment, 2012, 17(9): 1027–1042.

[14] DAVIDSON M. Social Sustainability and the city[J]. Geography compass, 2010, 4(7): 872–880.

[15] DEMPSEY N, BRAMLEY G, POWER S, et al.. The social dimension of sustainable development: defining urban social sustainability[J]. Sustainable development, 2011, 19(5): 289–300.

[16] EISENMANA T S, MURRAY T. An integral lens on Patrick Geddes[J]. Landscape and urban planning, 2017(10): 43–54.

[17] HARTMANNA T, JEHLING M. From diversity to justice: unraveling pluralistic rationalities in urban design[J]. Cities, 2019, 91(8): 58–63.

[18] HENDRIKS F. Understanding good urban governance: essentials, shifts, and values[J]. Urban affairs review, 2014, 50(4): 553–576.

[19] JANSSEN J, LUITEN E, RENES H, et al.. Heritage as sector, factor and vector: conceptualizing the shifting relationship between heritage management and spatial planning[J]. European planning studies, 2017, 25(9): 1654–1672.

[20] KASHEF M. Urban livability across disciplinary and professional boundaries[J]. Frontiers of architectural research, 2016, 5(2): 239–253.

[21] KIDDER P. The urbanist ethics of Jane Jacobs[J]. Ethics, policy & environment, 2008, 11(3): 253–266.

[22] LENNON M, DOUGLAS O, SCOTT M. Urban green space for health and well–being: developing an 'affordances' framework for planning and design[J]. Journal of urban design, 2017, 22(6): 778–795.

[23] LOO C. Towards a more participative definition of food justice[J]. Journal of agricultural and environmental ethics, 2014, 27(5): 787–809.

[24] MALIZIA E E. Planning and public health: research options for an emerging field[J]. Journal of planning education and research,

2006, 25(4): 428–432.

[25] MARSHALL S. Refocusing urban design as an integrative art of place[J]. Urban design and planning, 2015, 168(1): 8–18.

[26] MARTINO N, GIRLING C, LU Y H. Urban form and livability: socioeconomic and built environment indicators[J]. Buildings and cities, 2021, 2(1): 220–243.

[27] MEEROW S, NEWELL J P, STULTS M. Defining urban resilience: a reviews[J]. Landscape and urban planning, 2016, 147(3): 38–49.

[28] MOSER C O N. Gender transformation in a new global urban agenda: challenges for Habitat III and beyond[J]. Environment & urbanization, 2017, 29(1): 221–236.

[29] MURRAY C, LANDRY C. Urban Regeneration 3.0: realising the potential of an urban psychology[J]. Journal of urban regeneration and renewal, 2020, 13(3): 231–240.

[30] NTIWANE B, COETZEE J. Environmental justice in the context of planning[J]. Town and regional planning, 2018, 72(1): 84–98.

[31] PACIONE M. Urban liveability: a review[J]. Urban geography, 1990, 11(1): 1–30.

[32] PERRONE C. Downtown is for people: the street-level approach in Jane Jacobs' legacy and its resonance in the planning debate within the complexity theory of cities[J].Cities, 2019, 91(8): 10–16.

[33] Pierre J. Models of urban governance: the institutional dimension of urban politics[J]. Urban affairs review, 1999, 34(3): 273–296.

[34] PLØGER J. The aesthetic-ethical turn in planning: late modern urbanism[J]. Space and culture, 2000, 1(6): 90–101.

[35] RHODES R A W. The new governance: governing without government[J]. Political studies, 1996, 44(4): 652–667.

[36] RODRÍGUEZ-LORA J-A, ROSADO A, NAVAS-CARRILLO D. Le Corbusier's urban planning as a cultural legacy. An Approach to the case of Chandigarh[J]. Designs, 2021, 5(3): 1–23.

[37] SALIKOV A. Hannah Arendt, Jürgen Habermas, and rethinking the public sphere in the age of social media[J]. russian sociological review, 2018, 17(4): 88–102.

[38] SCHLOSBERG D. Theorising environmental justice: the expanding sphere of a discourse[J]. Environmental politics, 2013, 22(1): 37–55.

[39] SEN A. Why health equity? [J]. Health economics, 2002, 11(8): 659–666.

[40] SINHA A, SHARMA Y. Urban design as a frame for site readings of heritage landscapes: a case study of Champaner-Pavagadh, Gujarat, India[J]. Journal of urban design, 2009, 14(2): 203–221.

[41] STERNBERG E. An integrative theory of urban design[J]. Journal of the American Planning Association, 2000, 66(3): 265–278.

[42] SWEET E L, ORTIZ ESCALANTE S.

Planning responds to gender violence: evidence from Spain, Mexico and the United States[J]. Urban studies, 2010, 47(10): 2129–2147.

[43] The WHO Regional Office for Europe. Urban green space and health: intervention impacts and effectiveness[Z]. World Health Organization, 2016.

[44] The WHO Regional Office for Europe. Urban green spaces: a brief for action. World Health Organization, 2017.

[45] TOEPFER K. Women in urban governance[J]. Buildings materials news, 2000(10): 3.

[46] VALENTINE G. The geography of women's Fear[J]. Area, 1989, 21(4): 385–390.

[47] VALENTINE G.Women's fear and the design of public space[J]. Built environment, 1990, 16(4): 288–303.

[48] WHITEHEAD M. The concepts and principles of equity and health[J]. International journal of health services, 1992, 22(3): 429–445.

[49] WHITZMAN C, ANDREW,VISWANATH K. Partnerships for women's safety in the city: "four legs for a good table" [J]. Environment & urbanization, 2014, 26(2): 443–456.

[50] WOLCH J R, BYRNE J A, NEWELL J P. Urban green space, public health, and environmental justice: the challenge of making cities just green enough[J]. Landscape and urban planning, 2014, 125(5): 234–244.

[51] WRIGHT A F. Symbolism and function: reflections on Changan and other great cities[J]. The journal of Asian studies, 1965, 24(4): 667–679.

[52] YOUNG R F. Free cities and regions: Patrick Geddes's theory of planning[J]. Landscape urban plan, 2017, 166(5): 27–36.

[53] ZHUANG T Z, QIAN Q K, VISSCHER H J, et al.. Stakeholders'expectations in urban renewal projects in China: a key step towards sustainability[J]. Sustainability, 2017, 9(9): 1–21.

图书在版编目（CIP）数据

城市设计伦理 / 秦红岭著. -- 北京 : 中国建筑工业出版社, 2024. 8. -- ISBN 978-7-112-30326-7

Ⅰ. TU984；B82-057

中国国家版本馆CIP数据核字第202412UY76号

责任编辑：王晓迪
责任校对：赵 力

城市设计伦理
秦红岭 著
*
中国建筑工业出版社出版、发行（北京海淀三里河路9号）
各地新华书店、建筑书店经销
北京锋尚制版有限公司制版
北京富诚彩色印刷有限公司印刷
*
开本：787毫米×960毫米 1/16 印张：38½ 字数：462千字
2024年12月第一版 2024年12月第一次印刷
定价：**118.00**元
ISBN 978-7-112-30326-7
（43532）